U0301046

中国文库
科技文化类

化学史通考

丁绪贤 著

中国出版集团
中国大百科全书出版社

图书在版编目(CIP)数据

化学史通考/丁绪贤著. -北京:中国大百科全书出版社,2011.10
(中国文库)
ISBN 978-7-5000-8609-3

Ⅰ.①化… Ⅱ.①丁… Ⅲ.①化学史-世界 Ⅳ.①O6-091

中国版本图书馆 CIP 数据核字(2011)第 144939 号

责任编辑：徐世新
整体设计：翁 涌 李 梅
责任印制：王铁生

化学史通考
Huaxueshi Tongkao
丁绪贤 著

中国大百科全书出版社 出版
http://www.ecph.com.cn
北京市阜成门北大街 17 号 邮编：100037
北京瑞古冠中印刷厂印刷 新华书店经销
2011 年 10 月第 1 版 2011 年 10 月第 1 次印刷
开本：880 毫米×1230 毫米 1/32 印张：18.875
字数：441 千字 印数：1-4500
ISBN 978-7-5000-8609-3
定价:42.00 元

“中国文库”出版前言

“中国文库”主要收选20世纪以来我国出版的哲学社会科学研究、文学艺术创作、科学文化普及等方面的优秀著作。这些著作，对我国百余年来的政治、经济、文化和社会的发展产生过重大积极的影响，至今仍具有重要价值，是中国读者必读、必备的经典性、工具性名著。

大凡名著，均是每一时代震撼智慧的学论、启迪民智的典籍、打动心灵的作品，是时代和民族文化的瑰宝，均应功在当时、利在千秋、传之久远。“中国文库”收集百余年来的名著分类出版，便是以新世纪的历史视野和现实视角，对20世纪出版业绩的宏观回顾，对未来出版事业的积极开拓，为中国先进文化的建设，为实现中华民族伟大复兴做出贡献。

大凡名著，总是生命不老，且历久弥新、常温常新的好书。中国人有“万卷藏书宜子弟”的优良传统，更有当前建设学习型社会的时代要求，中华大地读书热潮空前高涨。“中国文库”选辑名著奉献广大读者，便是以新世纪出版人的社会责任心和历史使命感，帮助更多读者坐拥百城，与睿智的专家学者对话，以此获得丰富学养，实现人的全面发展。

为此，我们坚持以邓小平理论和“三个代表”重要思想为指导，深入贯彻落实科学发展观，坚持贯彻“百花齐放、百家争鸣”的方针，坚持按照“贴近实际、贴近生活、贴近群众”的要求，以登高望远、海纳百川的广阔视野，披沙拣金、露钞雪纂的刻苦精神，精益求精、探赜索隐的严谨态度，投入到这项规模宏大的出版工作中来。

“中国文库”所收书籍分列于6个类别，即：(1)哲学社会科学类

(哲学社会科学各门类学术著作);(2)史学类(通史及专史);(3)文学类(文学作品及文学理论著作);(4)艺术类(艺术作品及艺术理论著作);(5)科技文化类(科技史、科技人物传记、科普读物等);(6)综合·普及类(教育、大众文化、少儿读物和工具书等)。计划出版约1000种,分辑出版。自2004年以来,已先后出版四辑,每辑约100种,分精平装两类。2011年时值辛亥革命100周年,特将"中国文库"第五辑作为"纪念辛亥革命100周年"特辑推出,主要收选民国时期原创性人文社科类名著。

"中国文库"所收书籍,有少量品种因技术原因需要重新排版,版式有所调整,大多数品种则保留了原有版式。一套文库,千种书籍,庄谐雅俗有异,版式整齐划一未必合适。况且,版式设计也是书籍形态的审美对象之一,读者在摄取知识、欣赏作品的同时,还能看到各个出版机构不同时期版式设计的风格特色,也是留给读者们的一点乐趣。

"中国文库"由中国出版集团发起并组织实施。收选书目以中国出版集团所属出版机构出版的书籍为基础,并邀约其他数十家出版机构参与,共襄盛举。书目由"中国文库"编辑委员会审定,中国出版集团与各有关出版机构按照集约化的原则集中出版经营。编辑委员会特别邀请了我国出版界德高望重的老专家、领导同志担任顾问,以确保我们的事业继往开来,高质量地进行下去。

"中国文库",顾名思义,所收书籍应当是能够代表中国出版业水平的精品。我们希望将所有可以代表中国出版业水平的精品尽收其中,但这需要全国出版业同行们的鼎立支持和编辑委员会自身的努力。这是中国出版人的一项共同事业。我们相信,只要我们志存高远且持之以恒,这项事业就一定能持续地进行下去,并将不断地发扬光大。

"中国文库"编辑委员会

“中国文库·第五辑”
编辑委员会

中国文库

（第五辑）

【哲学社科类】

孙中山著作选编　陈铮选编 ………………………… 中华书局
黄兴集　湖南省社会科学院编 ………………………… 中华书局
宋教仁集　陈旭麓主编 ………………………… 中华书局
廖仲恺集　广东省社会科学院历史研究所编 …………… 中华书局
朱执信集　广东省哲学社会科学研究所历史研究室编 … 中华书局
中国政治思想史　陶希圣著 ……………… 中国大百科全书出版社
民国政制史　钱端升等著 ………………………… 上海人民出版社
民国政党史　谢彬撰　章伯锋整理 ………………………… 中华书局
经学历史　皮锡瑞著　周予同注释 ………………………… 中华书局
清代学术概论　梁启超著　朱维铮校订 ……………… 中华书局
新唯识论　熊十力著 ………………………… 上海书店出版社
逻辑　金岳霖著 ………………………… 中国人民大学出版社
科学与玄学　罗家伦著 ………………………… 商务印书馆
中国古代经济史稿　李剑农著 ………………………… 武汉大学出版社
中国近代经济史　汪敬虞主编 ………………………… 人民出版社
中国交通史　白寿彝著 ………………………… 团结出版社
中国经济原论　王亚南著 ……………… 中国大百科全书出版社
中国经济思想史　唐庆增著 ………………………… 商务印书馆
财政学　何廉、李锐著 ………………………… 商务印书馆
货币与银行　杨端六著 ………………………… 武汉大学出版社
刑法学　蔡枢衡著 ………………………… 中国民主法制出版社
乡土中国　费孝通著 ………………………… 人民出版社
文化人类学　林惠祥著 ………………………… 商务印书馆
优生概论　潘光旦著 ………………………… 北京大学出版社
西洋文化史纲要
　　雷海宗撰　王敦书整理导读 ………………… 上海古籍出版社
西学东渐记　容闳著　徐凤石　恽铁樵等译
　　钟叔河导读、标点 ……………… 生活·读书·新知三联书店
中国现代语法　王力著 ………………………… 商务印书馆
语言学史概要　岑麟祥编著　岑运强评注 …… 世界图书出版公司

蔡元培教育论著选　　高平叔编……………………人民教育出版社
陶行知教育论著选　　董宝良主编…………………人民教育出版社
中国报学史　　戈公振著………………生活·读书·新知三联书店
陆费逵文选　　陆费逵著……………………………………中华书局
张元济论出版　　张元济著　张人凤　宋丽荣选编……商务印书馆
韬奋文录新编　　邹韬奋著…………生活·读书·新知三联书店

【史学类】

国故论衡　　章太炎撰　庞俊　郭诚永疏证………………中华书局
国史大纲　　钱穆著…………………………………………商务印书馆
通史新义　　何炳松著………………………………………商务印书馆
台湾通史　　连横著………………………生活·读书·新知三联书店
武昌革命史　　曹亚伯著………………………中国大百科全书出版社
辛亥革命与袁世凯　　黎澍著…………………中国大百科全书出版社
北洋军阀史　　来新夏等著…………………………………东方出版中心
中国国民党史稿　　邹鲁编著………………………………东方出版中心
中华民国外交史　　张忠绂编著……………………………华文出版社
西洋史　　陈衡哲著……………………………中国大百科全书出版社
欧化东渐史　　张星烺著……………………………………商务印书馆
清末立宪史　　高放著………………………………………华文出版社

【文学类】

秋瑾诗文选注　　郭延礼　郭蓁编选………………人民文学出版社
邹容集　　张梅编注…………………………………人民文学出版社
陈天华集　　刘晴波　彭国兴编　饶怀民补订……湖南人民出版社
于右任诗词选　　杨中州选注………………………河南文艺出版社
南社诗选　　林东海　宋红选注……………………人民文学出版社
鸳鸯蝴蝶派作品选　　范伯群编选…………………人民文学出版社
文学研究会小说选　　李葆琰编选…………………人民文学出版社
创造社作品选　　刘纳编选…………………………人民文学出版社
太阳社小说选　　李松睿　吴晓东编选……………人民文学出版社
湖畔社诗选　　刘纳编选……………………………人民文学出版社
浅草－沉钟社作品选　　张铁荣编选………………人民文学出版社
《语丝》作品选　　张梁编选…………………………人民文学出版社
未名社作品选　　黄开发编选………………………人民文学出版社
新月派诗选　　蓝棣之编选…………………………人民文学出版社

象征派诗选　　孙玉石编选 ………………………… 人民文学出版社
新感觉派小说选　　严家炎编选 ……………………… 人民文学出版社
现代派诗选　　蓝棣之编选 ………………………… 人民文学出版社
论语派作品选　　庄钟庆编选 ……………………… 人民文学出版社
京派小说选　　吴福辉编选 ………………………… 人民文学出版社
东北作家群小说选　　王培元编选 ………………… 人民文学出版社
七月派作品选　　吴子敏编选 ……………………… 人民文学出版社
西南联大文学作品选　　李光荣编选 ……………… 人民文学出版社
九叶派诗选　　蓝棣之编选 ………………………… 人民文学出版社
荷花淀派小说选　　冯健男编选 …………………… 人民文学出版社
山药蛋派作品选　　高捷编选 ……………………… 人民文学出版社
红楼梦辨　　俞平伯著 ………………………………………… 商务印书馆
中国诗史　　陆侃如、冯沅君著 ……………………… 百花文艺出版社
中国文学发展史　　刘大杰著 ……………………… 复旦大学出版社

【艺术类】

万木草堂论艺　　康有为著 ……………………………… 荣宝斋出版社
中国绘画史　　潘天寿著 ……………………………………… 团结出版社
中国绘画理论　　傅抱石著 ………………………… 江苏教育出版社
中国雕塑艺术史　　王子云著 ……………………… 人民美术出版社
中国陶瓷史　　吴仁敬　辛安潮著 ………………………… 团结出版社
中国戏剧史　　徐慕云著 ……………………………… 东方出版中心
洪深戏剧论文集　　洪深著 …………………………… 东方出版中心
焦菊隐戏剧论文集　　焦菊隐著 ………………………… 华文出版社
中国古代乐论选辑　　吴钊　伊鸿书　赵宽仁　古宗智
　　吉联杭编 ………………………………………… 人民音乐出版社
素月楼联语　　张伯驹编著 ……………………………… 华文出版社
中国书法理论体系　　熊秉明著 …………………… 人民美术出版社
夏衍电影论文集　　夏衍著 …………………………… 东方出版中心
银幕形象创造　　赵丹著　赵青整理 ………………… 东方出版中心

【科技文化类】

自然辩证法在中国　　龚育之著 …………………… 北京大学出版社
科学家谈 21 世纪　　李四光等著 ………… 中国大百科全书出版社
继承与叛逆——现代科学为何出现于西方
　　陈方正著 ………………………… 生活·读书·新知三联书店

中国医学史　　陈邦贤著 …………………………………… 团结出版社
化学史通考　　丁绪贤著 ………………………… 中国大百科全书出版社
科学概论　　王星拱著 ………………………………… 武汉大学出版社
竺可桢科普创作选集　　竺可桢著 ………… 中国大百科全书出版社

【综合普及类】

书林清话　　叶德辉著 ………………………………………… 华文出版社
文坛五十年　　曹聚仁著 ……………… 生活·读书·新知三联书店
张菊生先生七十生日纪念论文集
　　胡适　蔡元培　王云五等编 ……………………………… 商务印书馆
佛教常识问答　　赵朴初著 ………………………………… 华文出版社
词心笺评　　邵祖平著 ………………………………… 复旦大学出版社
西潮与新潮　　蒋梦麟著 …………………………………… 东方出版社

大学丛书

化学史通考

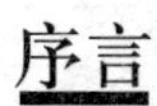

序言

科学史的功用，自有定论。然而中国提倡科学数十年，竟连一本任何专门的或普通的科学史都没有，何其可怜！所以科学史乃现在中国教育界需要最急之书，而化学史尤为一般习科学者所必读。况且西文化学史一类的书籍，又多双贵，又各有各的范围和体裁；中国的一般学子，虽想去买去读，恐怕金钱上或时间上太不经济。为适应那种需要和免除这种困难起见，我于是乃就我平日研究化学史的兴趣，和八年来我在北京各国立学校教授化学史的经验，先编成一部化学史讲义；近来又将它屡次修改，大加扩充，然后这部《化学史通考》才算脱稿。

照以下引言中所讲，近世和最近化学的历史一共不过一百几十年；中古的则在千年以上，上古的则在数千年以上。可是本书依轻重缓急之不同，特别注重近世化学，而中古的次之，上古的又次之。至于最近的，则只稍稍论及。除分析化学史和应用化学史另列二章，作为特史外，本书通史凡二十二章，内分上古的一章，中古的三章，近世的十七章，和最近的一章。中古本包括点金，制药，和燃素三时期，故中古三章里，每期各占一章。近世化学本也分为上，中下三期；在那十七章里，上期和中期各占七章，下期则占三章。总之全书各部务求互相衔接，互相补助而后已。通史所讲的较为详尽，特史则只是本书的附属品；专门论列，请俟异日。

化学史这门功课，自然非专门以上学校里不便详细研究。要知本书内容讲传记者至少的占六分之一乃至五分之一——包括六十以上化学名人的事略在内。这些几乎是老妪都解的。其余的地方亦多从浅显的，其实也是基本的，道理讲起，务使程度低者易于了解，程度高者可以复习。所以我希望本书不但可供大学或专门学校甚至高级中学里学生们的参考，在普通化学教材上，对于各位教员们也有一些贡献。本书所以命名为“通考”者，正是预备普通参考的意思。

信史本不容杜撰，而许多化学上下班材料在中国又不易搜集，考订更说不上！这是作者所最感痛苦而极端抱歉的。此处我必须承认在本书所用许多参考书籍和杂志中，Lowry的作品（参观本书中“西文化学史书目”）要算最有帮助的。再者，本书编了数年，才算告成，承各方面同仁们热烈的期许，殷勤的敦促，和关于印刷上的赞助，我愿表示十二分的感激！本校助教唐君春帆和葛君毓桂帮我校对，尤其特别可感！最后我还要趁着这个机会向沈兼士和胡适之两教授道谢一下，同时向本书读者声明一下。所有道谢者：沈先生尝帮我调查中国点金术的起源，胡先生曾为这件事借些佚书给我看。所要声明者：本书对于这种问题，中国化学史的问题，因为时间，材料，和篇幅的关系，不能有所论列，但很希望将来再专门去讨论。

本书初次出版，错误之处必不能免，如有高明加以指正或批语不胜欢迎之至！

民国十四年十月十日，丁绪贤自序于北大

(1) Robert Boyle 包宜尔
1627—1691

(2) Joseph Black 卜拉克
1728—1799

(3) Henry Cavendish 凯文第旭
1731—1810

(4) Joseph Priestley 普力司列
1733—1804

(5) Karl Wilhelm Scheele 许礼
1724—1783

(6) Antoine Laurent Lavoisier
赖若西埃
1734—1794

(7) Martin Heinrich Klaproth
柯列普老
1743—1817

(8) Claude Louis Berthllet 贝叟来
1748—1822

(9) William Hyde Wollaston
邬列斯敦
1766—1828

(10) John Dalton 多顿
1788—1844

(11) Amadeo Avogadro 阿佛盖路
1776—1856

(12) Louis Jacques Thénard 戴纳
1777—1857

(13) Humphry Davy 兑飞
1778—1829

(14) Joseph Louis Gay-Lussac
盖路赛
1778—1850

(15) Jöns Jakob Berzelius 白则里
1779—1848

(16) Michael Faraday 法拉第
1791—1867

(17) Eilhardt Mischerlich 米学礼
1794—1863

(18) Carl Gustav Mosander 毛山德
1797—1858

(19) Friederich Wöhler 孚勒
1800—1882

(20) Jean Baptiste Dumad 杜玛
1800—1884

(21) Justus Liebig 李必虚
1803—1873

(22) Thomas Graham 格兰亨姆
1805—1869

(23) Robert Wilhelm Bunsen 本生
1811—1899

(24) Jean Servais Stas 许台
1791—1867

(25) Charles Adolphe Wurtz 费慈
1817—1894

(26) August Wilhelm Hofmann
侯夫门
1818—1892

(27) Alexander E. Beguyer de Chancourtois 项古霥
1820—1886

(28) Louis Pasteur 巴斯德
1822—1895

(29) Gustav Robert Kirchhoff
克品多夫
1824—1887

(30) Edward Frankland 弗兰克伦
1825—1899

(31) Stanislao Cannizzaro 坎尼日娄
1826—1910

(32) Pierre-Eugene Marcellin
Berthlot 贝提老
1827—1907

(33) Friedrich August Kekelé
1829—1896

(34) Julius Lothar Meyer 露沙马雅
1830—1895

(35) Francois Marie Raoult 娄尔特
1830—1901

(36) Archibald Scott Couper 库贝
1831—1892

(37) William Crookes 柯鲁克司
1832—1919

(38) Peter Waage 万格
1833—1900

(39) Dmitri Ivanovich Mendeléeff
门德来夫
1834—1907

(40) Johann Friedrich Wilhelm Adolf von Baeyer 巴雅
1835—1917

(41) Cato Maximilian Guldburg
甘德保
1836—1902

(42) John Alexander Reina
Newlands 牛伦
1837—1898

(43) William Henry Perkin 裴钦
1838—1907

(44) Joseph Willard Gibbs 祀不思
1839—1903

(45) Robert John Strutt,Lord Rayleigh 雷一赖
1842—1919

(46) Victor Meyer 玛雅
1848—1897

(47) Henri Louis le Chatelier 沙提利
1850—

(48) Henri Moissan 毛逊
1852—1907

(49) Henri Becquerel 柏贵烈
1852—1908

(50) Jacobus Henricus van't Hoff
范特夫
1852—1911

(51) William Raymsay 雷姆赛
1852—1916

(52) Emil Fishcher 斐雪
1852—1919

(53) Wilhelm Ostwald 敖司沃
1853—1932

(54) Joseph John Thomson 汤姆生
1856—

(55) Carl Freiherr von Welsbacb
威尔司贝
1858—1929

(56) Pierre Curie 居利
1859—1906

(57) Svante Arrhenius 阿希尼俄司
1859—1927

(58) Walther Nernst 奈音司特
1864—

(59) Marie Sklodowska Curie
居利夫人
1867—1934

(60) Theodorde William Richards
黎查兹
1868—1928

(61) Fritz Haber 哈柏
1868—

(62) Fritz Pregl 普通赖尔
1869—1930

(63) Bertram Borden Boltwood
包尔梧
1870—1927

(64) Ernest Rutherford 罗瑟福
1871—

(65) Morris William Travers
托拉若司
1872—

(66) B Smith Hopkins 赫卜金司
1873—

(67) Gilbert Newton Lewis 鲁意士
1875—

(68) Frederick Soddy 苏德
1877—

(69) Francis William Aston 艾司敦
1877—

(70) Irving Langmuir 蓝格米尔
1881—

(71) Georg von Hevesy 赫非赛
1885—

(72) Henry Gwyn Jeffreys Moseley
莫司来
1887—1915

(73) Kasimir Fajans 法强斯
1887—

(74) Frederick G. Donnan 董耐

(75) Dirk Coster 考司特

(76) Luigi Rolla 罗拉

(77) J. Heyrovský 谢罗司基

(78) Harold Clayton Urey 尤赖

(79) Jean Frédéric Joliot 萧立敖

(80) Irène Curie Joliot 萧立敖夫人

目 录

化学史通考引言

人人都知道化学是近世科学之一，同时也都承认它不是凭空的偶然产生的。但是若问某某世纪前后化学之状况如何，当时有那些化学家，他们有什么永可纪念的贡献，其贡献又是怎样得来，可就很难答复。譬如氢（轻气）、氧（养气）、氮肥（淡气）和氯（绿气）各是谁发现的，其发现之年代如何，方法如何，诸如此类，都是很有价值的问题。然非习过化学史者，谁也无从明了。如凯文第旭（Cavendish）如何从空中发现硝酸；多顿（Dalton）如何测定原子量；构造的程式如何起点；平衡的学说如何发达；除非化学史，没有别的书籍可以概括的有统系的告诉我们了。

且说化学这个名词，英文是Chemistry，法文是Chimie，德文是Chemie。它们都是从一个古字来的：

(a)拉丁字Chemia；

(b)希腊字Χημια（chamia）；

(c)希伯来字Chaman or haman；

(d)阿拉伯字Chema or kema；

(e)埃及字Chêmi。

要讲究竟哪个古字是它们的来源，却是不易。有的说它们是从拉丁字来的，有的说是从希腊字来的，有的又说是从希伯来字（Hebrew）或阿拉伯字来的，有的更说是从埃及字来的。议论纷纷，莫衷一是。纵然我们“好读书不求甚解”，但也要知道有这些可能的来源，方觉“差强人意”。诚然，根据种种化学上的事实——不必讲究文字发达的先后，即假定埃及古字是化学这一名词的最早来源，似乎也很正常。然则，这个名词虽说照实在佐证所及，系第四世纪时始见于记载的，恐怕其出世的年代还早得多呢。

这个名词的意义，甚多而又甚晦；就中重要者，约可分为以下6种：（1）埃及；（2）埃及的艺术；（3）宗教的迷惑；（4）隐藏或秘密；（5）黑暗；（6）眼之黑处。

至于为什么有这些意义，还须加以说明。大概因为埃及是有记载的化学诞生的地方，是上古化学极其发达的地方，所以有（1）和（2）的意义。因上古的人视化学为神奇和秘密事业，并带有宗教色彩，故有（3）和（4）的意义。所最奇怪的，要算（5）和（6）的意义。然有三个说法：（i）因为埃及之土黑色，埃及古名Black Land；（ii）因为化学内容看起来是黑暗不易明白的样子；（iii）因为上古化学上曾制造过一种黑色，甚宝贵有用。

我们习过多年化学的人对于西文“化学”这个字的来源和意义，往往完全不知道，实在可笑！不过，那些来源和意义，既如上文所说的那么复杂，若不研究化学史，恐怕无从索解。

因为要做一部化学史，在未动笔之前，我就想到化学史上几个必要条件。这些条件，也是读化学史者应该首先注意的；故将它们论列如下。

（1）**化学史非一部分的化学**　寻常化学作品，无论有机化学，无机化学，物理化学，应用化学，理论化学，实验化学，只各算是一部分的东西；彼此之间，每有鸿沟为界凿枘不入之概。惟化学史能将它们的界限打破，使读者可以观其大略，见其全豹而后已。大凡治学之道，先须由合而分，终须由分而合。惟其能合，一旦豁然贯通，然后觉着头头是道，左右逢源。此时方能受用不尽。化学史乃使化学各部由分而合之工具。

（2）**化学史不以时代为限** 学术是永远进化的——至少也必说是永远变化的。寻常所谓化学，只是现在一个时代的化学。惟化学史不但包括上古、中古和近世的化学，连将来未来的化学，尽有指点我们，让我们可以预测的地方。他并引导我们上条大路，教我们迳起直追，努力向前，不要后于时代。语云，“好自为之，勿令古人笑我拙也！”又云，“后之视今，亦犹今之视昔！”这都不啻为化学史说法，读者当引以为镜。然则，化学史岂有时间上的界限！

（3）**化学史不是单讲结果的** 所有化学教科书，因为只照顾结果，故无论理论上或试验上，凡无结果，结果不良，以及结果与常则相反者，往往弃而不讲。在化学史中，则造因与结果并重，所以不以成败论人；所以能使学者看出化学思想和观察之变迁的线索。况在科学上，惟真实乃有最后结果。阿佛盖路（Avogadro）定律之见弃，纪不思（Gibbs）位相规则之泯没，不过一时之不幸。化学史家只求真实之所在，不管一时之结果。

（4）**化学史讲自然的发达** 普通教化学和读化学的法子，无非拿数百年来乃至数千年来人家继续研究的事实，囫囵吞枣地装到脑袋里，不管它可否消化，弄得一个自然科学反变成一个很不自然的机械。化学史的教法和读法，须合乎一个原则，就是要我们自己去研究那化学一步一步的自然发达，不要勉强硬记那些印板式的事实。

(5) **化学史给我们根本上的知识** 凡是一种学问，不从根本上做起，不能透彻。譬如有人向来只见过墙壁上自来水管和煤气管一开，便有自来水或自来火。他可以竟说铅管或墙壁是水火的来源。照寻常化学的教法和读法，我敢说，一般学者的化学知识与从那“自来水管和煤气管”得来者无异！化学史能从根本上给我们一种训练，为我们打个化学知识的稳当基础。

(6) **化学史注重实在的——简单的或笨重的——观念或手续** 拿前人研究的观念和手续，与现在我们的比较，自然他们的粗疏，我们的细密；他们的笨重，我们的灵巧。然而，没有昔日的粗疏和笨重，那有今日的细密和灵巧？况惟其粗疏笨重，居然能有许多成功，能有许多发现或发明，方觉更属难得。更要知道，化学史是告诉我们这些实在事情的。

(7) **化学史注重研究的精神** 这是各条件中最重要的前人研究的学理或事物，固然与现在的不同；他们研究所用的手续或器具，也许与现在的迥异。但是前人研究的精神，与现在或将来任何研究家所有的精神，总是一样。那么读化学史者，应当于学理事物手续器具之外，学学前人——连我们同时人在内——的精神，好知道我们怎样方可算作研究。况且，科学上研究的方法，或说研究的科学方法，从广义上看来，也是古今大同小异么！

统观以上条件，可见化学史的范围、性质和目的，是将全部化学合拢起来，算一个通盘筹算的账目；也是将上下五千年，纵横九万里的化学思想和观察的成功和失败、影响和趋势，寻出一种条理，订出一种沿革，证出一种因果，使大家可以比较，可以批详，可以推测，可以激发而兴起。观往知来，志在千秋，正是一般史书诏我之事；难道化学史独居例外！所以化学史者，是极活动的，极有兴趣的，而且极有重要关系的，若当它只叙述古人的陈迹，像个死学问或干枯无味的东西，或说像个莫须有的断烂朝报，那就是不善读者食古不化之过，怪不着化学史本身了！

虽然，欲研究化学史常有两层困难：第一，关于上古和中古的。莫说参考资料不易搜罗，即使得之，古时的学说和实验也与现在的不同，即在当时二者亦不相符；理解上既无正当统系，名词上又多互相出入；考订工夫，谈何容易。况化学的诞生和其幼稚的发育，每兴方士和迷信之徒为缘；他们本故意的使人不可究诘吗？第二，关于近世的。化学门类和子目，既可分为十数或数十，每门每目又名有汗牛充栋的作品。所以，近世化学史的参考资料，不患其少，反患其多！况且，最近研究日新月异，莫知其所底止有今日一学说出现，明日另有一事说驳之者；有同是一种试验，同时多人去做，其结果可以互相差异者。彼亦一是非，此亦一是非，非过了若干时间以后，恐无正确之去从。欲一旦兼收而并列之，转述而论定之，一则是不可能的，二则也没有必要。

因有以上种种关系，所以一般化学史的内容和体裁颇不一致。有重在编年者，有重在分类者；有详于上古和中古者，有详于近世者；有专论一小小题目者，有专载少数化学家之传记者；还有偏于概论和批评者；有偏于引述原文，列举表册和给料者。要知道，这些办法各有各的长处，亦各有各的短处。为对于一般学者说法和叙述上之便利起见，本书兼采以下三点：

(I) 年代和门类互为纲目；

(II) 插入名人传记于有特别关系之处；

(III) 以概论和批评助学者的思想和记忆，而以原文，表册和给料为根据或参考。

现在，且就本书之编年和分类大纲加以介绍。化学犹之乎文学，哲学，或其他科学，其发达的时期是由渐而入的。这个时期与那个时期，往往无一定的划分界线。不过下列的几个年代和类别，也是一种很合理的和很方便的分法。

I 上古时代[①]

(1) 实用（Practical）时期——包括前史时代至公历纪元后300年

(2) 理论（Theoretical）时期——纪元前500年至纪元后200或300年

II 中古时代

---

① 中国朝代与西历年分之简单对照表如下：
黄帝朝代—纪元前2697–2598
唐虞期—纪元前2357–2205
夏—纪元前2697–2598
商—纪元前1766–1122
周—纪元前1122–255
西汉—纪元前206–纪元后25
东汉—纪元后25–220
唐—纪元后617–906
宋—959–1275
元—1275–1368
明—1368–1643
清—1643–1911

（1）点金（Alchemical）时期——300～1500年

（2）制药（Iatro-chemical）时期——1500～1700年

（3）燃素（Phlogistic）时期——1700～1770年

III 近世时代

（1）第一期水槽（Pneumatic）时期——1770～1800年

（2）第二期原子（Atomic）时期——1800～1860年

（3）第三期系统（Systematic）时期——1860～1900年

IV 最近时代——1900至现在

在上古时代，埃及，巴比伦（Babylonia），中国，印度，腓尼亚（Phœnicia）等民族，开化甚早；因日用生活之需要，他们实际上的化学练习亦甚久。但当时只求实用，不求原理，故多习焉不察，知其然而不知其所以然。希腊学者富于思想力，并稍稍观察天然现象，于是始有哲论或理论的化学。但自纪元前200年至纪元后300年的中间，希腊衰微，罗马代兴，化学，尤其是理论的，颇有中落之感；等到后来阿拉伯人的时候，才又稍有起色。

公历纪元以后，欧洲各国，上自帝王，下至平民中，无赖之徒往往迷信点金术；以为化学作用，能使铜铅变为金银。及其觉悟，一般宝贵之梦已经做了一千多年了！16和17世纪之间，人类之心理一变。那时欧洲的，犹之乎中国汉晋时的方士和医生，欲利用种种的化学药品，作却病延年之计，是为制药化学时代。自此以后，化学才渐渐脱离迷信而独立。不幸又有燃素学说者，以为凡可燃物质，都含有一种原素，名叫燃素（Phlogiston），为解释燃烧、呼吸和其他现象时必不可少的东西。此说一倡百和，虽当代化学大家，不能将其似是而非之点道破；必至18世纪下半，养（氧）气发现之后，化学乃入于近世化学时代。然在燃素时期中，元素、混合物和化合物已有了分别；化学已渐进为科学的；由定性的渐成为定量的。

近世时代，又可分为三期。自有氧气之发现至有多顿的原子学理为第一期；自有原子学理，至阿佛盖路的臆说复活为第二期；自此臆说复活，至19世纪之末镭之发现为第三期。20世纪以后则为最近时代。在第一期中各种气体相继发现，它们的品性，以及空气之成分，研究得非常详细。故又称为水槽化学（pneumatic chemistry）时期。到了19世纪，则有许多化学定律，如定比例之定律和盖路赛（Gay-Lussac）的容量定律等等，先后成立；则有当量，原子量和分子量之种种测定；而科学式的有机化学，亦应运而生，是为近世时代之第二期。1858～1898或说19世纪后半叶40年间，化学向各方面的发展，都有长进步。譬如无机中周期律，希罕土质，希罕气体和原素镭之发现，有机中立体化学（stereochemistry）之发达，应用化学中人造染料之成功，皆其彰明较著者；而又以物理化学之独树一帜，自成一门，为此时期——近世第三期之特色。譬如游子学理，理化平衡之研究皆是。最近则放射性和其相关问题，就中有电子论，原子数等等，无论已解决或未解决，现在研究的结果，已足为化学，甚至为全部物质科学立一新纪元。不但如此，我们可以稳稳当当地逆料化学上将于很短年限中还有惊天动地的大发现；那时所谓“最近”的某某时期告终，而未来的某某时期开始了。

第一编 上古时代

第一章 埃及，希腊和罗马的化学

1. **总论**——上古化学可分为实用的（practical）和哲论的（philosophical）两部分。所谓实用化学者，与近世实验的（experimental）或制造的（manufacturing）化学不同，不过切于实际日用上之化学现象，以顺应环境之所需要而已。所谓哲论化学，与近世的理论（theoretical or physical）化学不同，不过是哲学式的化学空论或化学式的哲学而已。姑且不论埃及是否化学诞生之地，可是在实用化学一方面，上古之人的，尤其是埃及人的知识很富，技术很精，则可断言。希腊虽不长于实用化学，然而他们的哲论化学，不但在上古化学史中独放异彩，其精辟处——虽然也只是一种空论——直能洞见物质最后之隐微，解释宇宙生成之奥妙，仿佛其说在今日尚有存在之余地。以下分别叙述（甲）上古的实用化学，（乙）上古的哲论化学。前者大部分可说是埃及人的化学，后者科可叫作希腊人的化学。至于罗马人本只在实用化学一方面有多少的贡献，但罗马时期为上古和中古化学的过渡时期，故本章于（甲）上古的实用化学和（乙）上古的哲论化学外，附带的兼论（丙）罗马时期的化学。

（甲）上古的实用化学

2. **实用化学的起源**——科学上的化学自然是近一百多年才成立

的，但是实用上的化学上古早已有了，甚至那时已经发达到很可想像或很可惊讶的程度。大概人们所用的饮食，如油盐酱醋之类，所用的器物，如金银铜铁之类，样样都含有化学作用在内。何况，水，火，土，木，空气等人类所不可一日无者，更是化学上的绝好材料呢！虽然进化有迟速，发现有先后，可是实用化学的历史，差不多与人类的历史同自一天起的；而且凡是开化民族，无不深有赖于实用化学；我们必须承认：因为文明往往受物质的支配。

讲到上古化学的起源，我们可以联想到一个神话式的迷信。据许多化学史家所述，公历纪元前数百年间，腓尼亚（Phœnicia），希腊，犹太，波斯等国对于实用化学之起源，每有一种大同小异的说法流传下来。其说略谓化学乃天上秘术；有天使们因为要取悦于人间之美女子，乃以此等秘术相授；如金银之如何制造，各种宝石之如何可作装饰，衣服之如何染成各色和许多其他化学上的事情。这种说法自然荒诞极了，不过无意中却含有两个真实：第一，化学的作用很大；第二，化学的发达很早。然则古人那种信仰化学崇拜化学的态度，正叫作“其愚不可及也！”

3. 化学史上最古的国家——前史时代，既无记载之可言；有史以后，古人仍是习焉不察。所以上古的化学见诸记载者本来有限。即使有之，或事涉离奇，或语无伦次，不消说了，其展转散佚之后，所余的残编断简足供我们参考者，一则更少，二则有些不是真的。幸而我们参考的资料，本不全靠写出来的记载。从地面遗留的古迹，从地下掘发的古物，从金石上的镌刻或其他器物上的各种艺术，甚至从器物本身和从制造此等器物的材料，往往得着很有价值的考证。

关于上古化学的记载或遗迹，巴比伦，克尔第（Chaldea），中国，波斯，印度，腓尼亚等那一国都有。要知除中国上古的化学在世界化学史中占一卓越地位，当有专书分别考订外，各国中有最早和最可考的化学史者莫如埃及。譬如玻璃，不知其历史者以为这是近世的化学工业，但埃及十一朝代时已有一种雕刻表示一些工人正在制造玻璃，可见至少纪元前2500年前埃及已知玻璃之制法。

譬如化学上的防腐剂，寻常以为是近世的发明，而研究历史者，不得不承认公历纪元前一二千年时埃及已甚精于此术。不然，何以埃及的千百干尸（mummies），例如Rameser王的尸（纪元前1300年）居然可以保存得如此完备。虽然到了近世，尚能用照像法将他的容貌照出，其清楚与数日前才死者无异！况且干尸上的锦绣衣服和其他附属品，都可供给我们以化学上的考古材料；我们因此更可想像埃及是化学史上，尤其是实用化学史上最古的国家。这个说法，随后自见分晓。此处读者应当记者：正惟埃及是化学史上最古的国家，我们才有“化学”这个名词呢（见引言）。

4. **上古的冶金学**——上古的实用化学，可分作两大部分来讲：(I) 冶金学，(II) 其他工业化学。以下先讲冶金学。

从寻常历史，我们已经知道石器时代之后，就是铜器时代，其次古铜时代，又次铁器时代。可见五金用途，上古已习知之。因为金属或有天然的，或易从矿物中还原得之；其不易分离提出者，亦不失为合金之用。中国秦汉以前，炼冶之术已称极盛。据说[①]炎黄之世为中国

①参观章鸿钊：“中国铜器铁器时代沿革考”见所著石雅，农商部地质调查所出版；又见民国七年科学。

始用铜器时代，夏商周为铜器全盛时代；春秋战国为始用铁器时代；战国至汉初，为铁器渐盛时代。东汉至近世，为铁器全盛时代。中国上古制造的金属器物，已经品类繁多，样式各异，或备战征，或佐饮食，或资陈设和装饰，或作音乐之用，或供祭祀之需。凡读过书经，诗经，礼记的，或到过大博物院和古物陈列所的，想可知其大概，见其一斑，此处不必缕述。总而言之，中国在上古冶金学上可算一个先进国家。此外克尔第，埃及，罗马等国亦各以擅长炼冶著名，克尔第人与冶金尤有特别关系。以下且将上古时代对于各种金属之知识，分别略述之。

（1）**金和银** 金和银都有天然的。前史时代金银都已发现，并为人所宝贵，而金的发现，在五金中为最早，亦最为古人所重视。因其颜色、光泽、比重等使人注意的原故。非洲Nubia（or Etheopia）地方——埃及文Nub即金之义——的金矿，上古开采极多。亚洲之印度和Midian（在阿拉伯），欧洲希腊东北之Thasos岛，亦上古著名产金之地。银之产地，则有Armeniat 和西班牙，上古所用之银大抵排尼亚人从这两处运输销售的。

金银都有可箔性，可镀一薄层于各器具，纪元前许久已经知道。纪元前二世纪首先有灰吹法（cupellation process）的记载，与近世所用方法相仿佛。但是金与银的分离法，纪元前尚不知道。无论如何，Archimedes时想必不知道，上古的人，当金银的合金为一种单独金属。

中国俗语常说的“沙底捞金”，上古埃及人也实习之。因为金器之耐久，我们据埃及墓中发现的遗迹，知道纪元前二千年以上，埃及人已用镀金，包括金，镶金各器物。其刺绣上并用有金丝。

银子其初本叫“白金”，埃及人在上古似也用过银币（和金币）。有种最古钱币，是金和银的合金制的，至今还存在；其中原料，大概是从一种天然金矿得来。

（2）**铜，古铜和黄铜** 天然的铜虽然很少，但埃及和Cyyprus等处有之。罗马所用之铜，多得之于Cyprus岛。英文Copper一名词，即从此岛之名引伸出来的。至于化合的铜矿既然很多，又易于提取，故上古埃及人曾铸铜为币及他种器物。

纯铜太软，不适用于兵器。古铜中含有锡，故硬度适宜。古铜知道的很早，除兵器外，纪元前二千年埃及人并用作镜，瓶等物。古铜虽为铜和锡的合金，但锡为古铜中另一成分，埃及记载中却未说过。然则古铜中之锡，乃从不纯之铜矿和炼冶时带进去的。后人方知故意加锡于铜以制古铜。

黄铜乃与锌的合金，其初当作铜上加有一种土质，故有黄色。蒲拉奈（Pliny）尝用铜，炭和天然炭酸锌（calamine）制之。

上古的人，对于铜，古铜，黄铜，没有分别。蒲拉奈的记载中也是如此。

（3）**铁** 不纯的铁，用的很早，然提取或制法实在铜和古铜之后。因铁矿虽多，炼冶时很费技术的原故。要知纪元前2220年，中国人已知钢之制法，并知钢与火候之关系，即所谓tempering[①]。所以

---

① 见Edward Thorpe的化学史，但据沈兼士先生通信，则所谓纪元前2220年中国人书籍钢之制法者，“大约由于禹贡梁州章有，‘厥贡璆铁银镂砮磬’一语，许氏训镂为钢所致，其实铁器到战国时方有（孟子滕文公篇，‘以铁耕乎’，为铁之最初见者），夏初何能有钢？禹贡一书实为战国时所作，则炼钢之术似当至战国始有．”

中国上古的钢，西人很宝贵之。埃及上古，也用过钢铁。在欧洲则Chalybes似为炼铁最早之民族，故我们有含铁水（chalybeate water）一名词。

（4）**铅** 埃及、希腊和罗马人都知用铅，或铸钱币，或作焊剂（solder，二分铅和一分锡）。罗马又用铅管运水，用铅片（sheet lead）铺于房顶。因当时烹饪器具亦用铅制，故屡有中铅毒者。

（5）**锡** 锡为古铜中一部分，埃及记载中虽未提过，但据埃及人墓中的发现，他们用锡很早，并且是颇纯洁的。锡在梵书（Sanskrit）中名Kasira，其亚拉伯文名称和希腊名称都从此出。大概印度用锡，又在埃及之前。后来腓尼亚人才将英国锡矿带到各国。罗马人会用锡镀铜器。

（6）**锌** 古时只知锌与铜的合金，而不知道锌自己。钟铜（bell metal）系锌与铜的合金，亚叙利亚人尝用之。据英国麦尔氏（Mellor）无机化学详论（Treatise），锌之炼冶，原始于印度，由印度乃传至中国。章鸿钊氏[①]则证明锌是由中国传至印度。案亚铅即锌，中国书籍中首先见有亚铅之名者，当推明崇祯时（17世纪初年）宋应星之天工开物。16世纪末年之本草纲目，虽经数百人写成，中尚无之。王琎氏[②]曾用分析及考据证明炉甘石之主要成分即氧化锌（即炭酸锌加热之产物），与铜相合则成黄铜。唐代以后之所谓鍮石[③]即指

① 章鸿钊：“中国锌的起源”（科学第八卷第三期）。

② 王琎：“五铢钱化学成分及古代应用铅锡锌镴考”（科学第八卷第八期，十二年八月）。

③ 陈文熙：“炉甘石Tutty 石 锑”（学艺第十二卷第七号）；章鸿钊：“对于陈文熙氏‘炉甘石 石 锑’一文之商榷”（学艺第十二卷第十号）。

黄铜，他又证明中国用锌之进化可分为四期。第一期起于汉末，终于隋唐。在此期中锌由于不纯之铅于炼冶时夹杂带进去的。第二期在唐代，当时用炉甘石制鍮石以为装饰品。其中锌之分量加增，而不知其为锌。第三期由宋至明初，用炉甘石加入钱币，锌之分量骤加，然仍不知制锌。第四期自明之中叶起，则用炉甘石制成纯锌或黄铜，并用纯锌以制钱币。

在西洋，锌（Zinc）字虽当16世纪时Paracelsus已用过，但锌之制法，乃18世纪初年始被葡萄牙人由中国传到欧洲。相传1740前数年，英国人曾至中国习炼锌法。至锌之真正制造，其晚尚在19世纪之初呢。

（7）**汞**　汞虽有天然的，恐怕埃及人并不知道。纪元前三世纪时Theophrastus始有汞之记载。他说汞是从硃砂（Cinnabar）取得，名为“水银”（liquid silver）。汞化（amalgamation）之法，蒲拉奈说过，他并知金易溶于汞中。

5. **上古的各种工业化学**——工业化学——在上古只好叫做实用化学——可分为食物，饮料，器皿，药品，装饰品等等。我们所以相信埃及上古的实用化学非常发达者，自有种种来源的证据。即如墓壁上的图画[①]乃最关重要者。要知此种知识，既在实用上颇有需要，自然不限于埃及人始有之。以下就上古的化学产物之有重要关系者述其历史。

---

① Warren："Chemistry and Chemical Arts in Ancient Egypt"（J. Chem. Education，Vol. Ⅱ，No. 3 & No. 5.，1934）.

（1）**酒类** 上古祭祀用酒，足证酒为最早的化学工业。酒精可用发酵法制之。中国禹王时代，约公元前2220年已有人能造旨酒。犹太历史上说Noah一到了陆地的时候即种葡萄而饮其酒，则葡萄酒似乎也是纪元前二千余年起首的。埃及当纪元前1880年，曾制造过啤酒。有人说中国向无葡萄酒和啤酒。葡萄酒自东汉时已入中国；而啤酒之输入则在明朝以后[①]。

（2）**酸类** 醋酸为知道最早的酸质。寻常食醋含之，然不过百分之四或五。古时以为果汁中都含有醋酸，其实各异果汁，可含各异的酸，不必皆为醋酸。矿物酸质虽在化学上极其重要，上古却未发现。

（3）**玻璃和宝石** 关于玻璃之发现，有两个说法。第一说是：埃及人因从沙中提金，加入苏达（soda），当作熔剂（flux）。那知苏达与沙同熔，就变成玻璃。第二说是：腓尼亚商人当正从埃及用船运苏达的时候，有一天在Belus河边停船，在岸上预备饮食；因为没有炉灶，他们就用大块苏达支撑水壶煮之；及苏达和沙熔在一处，则得玻璃。这两个说法，都指示玻璃是在埃及偶然发现的，前说尤为可信。用玻璃最古的国家，自然首推埃及，其次就是中国。玻璃珠曾从纪元前千余年的埃及干尸上找出，而最早的埃及玻璃珠大约纪元前3500年已经有了[②]。大宗玻璃常经腓尼亚商人从埃及贩运到希腊和罗马；希腊在纪元前五世纪始知之。蒲拉奈首先说玻璃系沙与苏达熔化而成。用苏达造的是软玻璃，用锅灰（potash）造的是硬玻璃。苏达在埃及湖

---

① 见民国七年三月科学中王 ："中国古代酒精发酵业之一斑."

② 参观Partington教授所作"Bygone Chemical Technology，"见Chemistry & Industry，Vol. 42，No. 26，1923.

岸（Macedonia）上有天然的，锅灰则用植物灰淋水后，在锅中蒸发而得。其初这两样碱类，往往不能分别。

用氧化物能使玻璃有颜色一事，知道的很早。上古红色玻璃中有氧化第一铜，绿玻璃中有氧化第二铜，蓝玻璃中有氧化钴。又当蒲拉奈时，已知黑氧化锰能使玻璃中的颜色退掉。故黑氧化锰又有pyrolusite的名称。蒲拉奈说绿柱玉（beryl），蛋白石（opal），蓝宝石（sapphire），紫石英（amethyst）等宝石，都可假造，但同时也都可辨别出来是不是天然的。

（4）**陶器瓷器和珐琅** 陶器为一种最古的工业，前史时代，自新石器时代（neolithic age）以后，就知道制造陶器。埃及之用陶者轮（Potter's Wheel），早在纪元前4000年。中国陶业起于神农[①]。陶器其初无釉，后来人类进化，才知道用一层釉子，饰于那粗糙的土器上。从有釉的陶器，更加改良，然后乃有瓷器。

瓷器最好用高岭土（kaolin or china clay $Al_2O_3·2SiO_2·2H_2O$）制；是中国发现的，始于汉初[②]。欧洲虽古文明国全不知道瓷器。从13～15世纪，中国瓷始渐入欧洲；但很希罕，仅帝王和贵族家中藏之，当作奇货。所以精细瓷器，英文简直叫作“China”。这个名词，17世纪以前已经有了；莎士比亚的诗中也曾讲过[③]。

珐琅（enamel）乃一种釉子熔于金属器皿表面者。最古的珐琅，

---

① 参观民国十年九月科学中王 ：中国古代陶器之进化观.

② 有人因说文中瓷字是后来增补的，许慎原来中无之，又因瓷字不见于汉人记载，故说中国用瓷当自唐始. 其实不然. 十三经中汉以前所有之字说文中不载者甚多. 且邹阳酒赋中说，“醪醴既成，绿瓷既启.”邹阳乃汉景帝时人，则汉初已用瓷器无疑.（参观章鸿钊著石雅卷上.）

③ 见Measure for Measure，第二回第一幕.

是从纪元前1700年埃及皇后（Queen Aahotep）身上找出来的。巴比伦砖上的釉子，有蓝的，中含矽酸铜；有黄的，中含铅和锑；有暗的，中含氧化锡。据研究珐琅家Labarte的说法，希腊诗人Homer和Hesiod的著作中，“electron”一字，即指珐琅金（enamelled gold）而言。

（5）**革和胰** 生皮（hide）制成熟皮（leather）则名为革，上古制革（tanning）之法，先用油类，后来用树皮等等，与近世的制法颇相似。上古尝用石灰以去生皮上的毛，现在还利用之。有些熟皮，据说是希伯来之王Solomon（纪元前1000年左右）时制的，近世发现出来，仍然保存得很好。

李必虚（Liebig）说，看一国用胰的多寡，即可知其文明程度。可见胰之制法，比较的是很晚的发明。有一种天然土质，叫作滤油土（Fuller's earth），大概系矽酸铅之类，上古尝用以去垢。旧约书中，虽有胰（soap）之名词，但恐系指性能去垢之植物灰而言，非指从动植物油脂所制之胰。自蒲拉奈起，始有制胰之记载。他说德意志和高尔（Gaul）人制胰的法子，系用动植物油脂与灰水相和煮之，再加石灰更好。他又说胰有软硬二种，德意志人都用过。要知胰之真正品性，直至1811～1823年Chevereul仔细研究后大家方才明白；虽然1783年Scheele已经发现胰中之主要成分即甘油，当时还无人注意呢。

（6）**染料** 植物和动物所生的染料，埃及和腓尼亚都常用之。他们知道欲使颜色固定，须用一种定色剂（mordant），如白矾，蓝矾之例。埃及用染色的物件包裹干尸，其早约当纪元前2500年；他们初用靛青约在纪元前1000年。上古最著名的一种染料，是纪元前一千五六百年发现的泰埃紫（Tyrian purple）。这个色质大概是二溴靛青（dibromindigo），乃从地中海所产两种贝介动物（shelfish）提出。印花布（calico-printing）也是上古发现的。近世人造染料中有种系从人造的茜草色精（alizarin）制成的。但天然茜草（madder）的根中含此色精甚多，上古纪元前已经用作染料[①]。石蕊（litmus）和靛青，纪元前也都用过，惟当时靛青似多用于油漆。

（7）**颜料墨和化妆品**　除靛青外，上古颜料（pigments）皆用矿物。当蒲拉奈时，重要者有白铅（white lead $2PbCO_3+Pb(OH)_2$），铜绿（verdigris $Cu(C_2H_3O_2)2+Cu(OH)_2$），也雀石（malachite $CuCO_3+Cu(OH)_2$），硃砂（vermilion or cinnabar）[②]，赭石（ochre，乃褐铁矿及黏土之混合物），洋青（smalt，乃矽石和氧化钴所成），雄黄（orpiment As_2S_3），鸡冠石（realgar As_2S_2），辉锑矿（stibnite Sb_2S_3），烟子和其他。

上古所用之墨，与近世中国墨仿佛，系用烟子和胶制成。

化妆品中希腊用的有白铅，埃及用的有硫化铅——有人误作硫化锑。亚洲和欧洲妇女也用硫化铅涂于眉上，以求美观。白铅，硃砂等上古也用于化妆品。

（8）**药品**　硫化汞（cinnabar），硫化铅（galena），硫化砒（雄黄和雌黄）之类，上古虽知其有毒，却都用于药品。白铅，铜绿，密陀僧（litharge），炭酸镉（cadmia），明矾，苏达，硝和油

---

① 茜草本可作红色染料，但染时若加铁盐，则得紫色；若加明矾，则得红色；若铁盐和明矾并用，则得褐色。

② 砂一名银朱，又名辰砂，因湖南辰州产之，天然者红色，而沉淀得者黑色。

类，上古曾用以制膏药（salves）和其他药品。松香等可作防腐剂，埃及人早已知道而且用过。他们保存干尸之法非常完备，就是一个明证。硫燃于空中后，则得一种无色有臭之气体二氧化硫，性能杀菌消毒。希腊人必然尝利用之。所以荷马（homer）才于其诗中称赞硫黄，说它能将家中邪气（evil spirits）赶掉！

6. **上古化学上的原料**——我们这个时候曾经发现的原素，差不多有一百个，化合物总在百万左右，其中人造的较天然的实在多得很。有了现在如此多的材料，我们当然可以利用各种反应，使各种化学工业发达起来。但在上古，原料一层虽然不是毫无凭藉，然所知者大概不过下列数十种。此数十种者，全靠矿物、植物和动物之来源。况且当日对于如此少数物质之成分，几乎完全不知道，对于它们的物理上和化学上的性质，又无切实的研究。然而上古之实用化学非常发达，这是一件很可注意的事。兹将上古知道的重要物质，略举于下：

(a) 原素——金属中有天然的金，银，铜，汞等；非金属有炭和硫。

(b) 有机物——如糖，醋，蜜，蜡，蛋白，淀粉，松柏油，动物脂，樟脑，珍珠，琥珀，石脑油（naphtha），地沥青（bitumen和asphalt）等。

(c) 盐类——如食盐，卤砂（sal-ammoniac），硝，明矾，绿矾（green vitriol），碱和锅灰等。

(d) 矿物和其附属产物——硫化物则有硃砂，方铅矿，硫铁矿，雄黄，鸡冠石等等；氧化物则有石灰，锡石（tinstone），磁铁矿，石英等等；炭酸化物则有石灰石，孔雀石等等；矽酸化物则有绿玉（即翡翠emerald），黄玉（即璧玺topaz）等等，此外还有各种矿物和其附属产物，此处不必枚举。所当重新声明者，即矿物各酸上古尚未发现的事实。

（乙）上古的哲论化学（希腊时代的化学）

7. **希腊人的化学**——由上所述，可见上古的埃及，中国，印度，克尔第等国留下给我们的化学，不过这“民可使由之不可使知之”的事实。这些事实，又是东鳞西爪，不相连属，有片断而无系统的。到了希腊民族，他们实际上的化学知识，固然是从埃及等国学来的；他们的思想和理论，则格外发达，大有进步。故上古的理论化学，独盛于希腊，虽然，希腊人非化学家他们只重玄想，不重实验，他们的思想和学说，是偏于文学和美术的，是偏于形而上的哲学的。不过他们尝用哲学的方法，讲座科学的问题，他们有些思想和学说在化学上自有多少参加价值。

本章所要讲的，大概可分为两个问题：第一对于基本的物质和其变换，第二对于物质的质点和其性格。第一论的是原素，第二论的是原子。希腊人对于这两个问题，各本种种概念，立了种种学说，以下分别言之。

Ⅰ. 原素问题

8. **泰立司**（Thales）的原素——泰立司乃希腊最早的自然哲学家，生于纪元前六百年左右（640～546 B.C.）。曾住在埃及多年，从学于埃及僧侣。他本长于天算之学，但没著书行世。他的生平事迹，我们多得之于亚力士多德（Aristotle）。泰立司主张宇宙间之基本物质就是水。水为万物之母，万物皆生于水，皆归于水。这个学说，现在看起来很觉好笑。然而水有固体，液体，气体之不同，其变态则尤不止冰和水气，凡所谓“云腾致雨”“露结为霜”之各种现象，那个不是水的作用？然则水在宇宙间好像变来变去，层出不穷，循环不息的样子。泰立司既是生长岛国之人，又受当时思潮的影响，主张这个学说，也就无怪其然。最奇怪的，到了18世纪之末，尚有迷信水为基本物质的人，如van Helmont者（见下）！

9. **安耐西米尼**（Anaximenes）**、郝雷克利他**（Heraclitus）**、菲利卡迪**（Pherekides）**的学说**——研究万物之源的，在希腊不止泰立司一人；对于基本物质的主张，也不止水之一说。纪元前五六世纪时，安氏以为万物的惟一原素是空气，郝氏以为是火，菲氏以为是土（earth）。因为他们只知用脑来冥想，不知用来实验，只知拿哲学的理论，来说明宇宙间的事物，其结果是“日近长安远，日远长安近”，各有各的说法；至于真实之所在，谁也弄不清楚。

安耐西米尼是“自然论”（“On Nature”）的作者。他相信空气不但为生命之源，并以其密度之各异，为万物之来源。空气为永动的，并以热冷之关系，膨胀亦可收缩。郝雷克利他的哲学，认世纪万事万物都是继续的，永变的，而不信事物有真正的存在。因为火之现象最为“变动不居”，所以他认火为物质的惟一原素。土之被人认为物质的原素者，大约系因万物皆生于土皆葬于土的原故。要知当日所谓原素之水、火、土，或空气，非指四者实在的物质，乃指四者所代表之品性。

10. **安培度可鲁**（Empedocles）**的学说——原素变换的问题**——如上所说，原素只有一个，或水或火或土或空气，至安培度可鲁（490~

430 B.C.），始承认有四个原素，即水，火，土和空气。还有一层，他与安耐西米尼大不相同的，就是原素变换问题。安耐西米尼以为物质可以互相变换，例如空气凝结则成云，云凝结则成雨，有雨则有水，水入于土，或受火力或日光则蒸发而复归于空气。这种观念，在上古本也应有尽有，所奇怪的，水能变土之说，必至18世纪下半叶，才被Lavoisier完全辟驳（见下）。可见，非科学不足打破迷信！安培度可鲁认水，火、土，空气为个分明独立的原素。第一个自是调匀的，是无始无终的，不能彼此变换，但四者可以各异比例相混合，以生成各种物质。

11. **亚力士多德**（Aristotle, 384～322 B.C.）——希腊著名大哲，总推苏格拉第（Socrates），柏列图（Plato）和亚力士多德。柏列图是苏格拉第的弟子，亚力士多德又是柏氏的弟子。苏氏与化学之关系很少的，柏列图尝游历亚洲和非洲，与希伯来人，巴比伦人，亚叙利人（Assyrians）和埃及人相交接。他本是唯心学派（Idealistic School）的领袖，对于自然现象，多用演绎法来研究，当时也无多大的影响。亚力士多德尝讲学于Lyceum，讲演时喜欢走来走去，故有逍遥学派（peripatetic School）之称。他当42岁时，被Macedon的王聘请，专教其子亚力山大，即后来之Alexander The Great。相传亚力山大尝资助他做物理的和动物的试验，但他的动物试验虽甚详细，他的物理试验并不精确。

亚力士多德的研究较柏列图格外科学些，可惜他的观察并不根据于试验。举几个例子：（1）柏列图以为铁之生锈，是铁上损失些东西，亚力士多德也信以为真；（2）亚氏又信满盛灰烬的盆，与空盆所容之水一样的多；（3）他说矿当开采完后，可渐渐还原。总而言之，希腊科学所以不进步者，因为他们解释各种现象的方法，只用含混笼统的哲学，而不凭藉确凿的试验。虽然，希腊的自然哲学最有势力者莫如亚力士多德，他的学说在中古时代欧洲思想上有莫大影响。

12. **亚力士多德的四原素学说**——亚氏比安培度可鲁晚百余年，采用水，火，土，空气四原素之说。但他与安培度可鲁又有不同的地方，最要紧的在乎他相信原素是可互相变换的。他的理由，是万物主要之品性有四，即冷，热，干，湿，他认物质乃这些品性结合之表现，每一原素具有两种品性。据算学中配合（combination）的法则，凡是四样东西两两配合，共有六个可能的配合性。因冷和热，湿和干两个实际上不能存在，故只有以下四个配合：

火＝热和干的品性；

空气＝热和湿的品性；

水＝冷和湿的品性；

土＝冷和干的品性。

然则第一原素虽有两个品性，就中一个品性更为显著，为此原素之特点，其又一品性，则此原素与彼原素公共之。于是火以热显，空气以湿显，水以冷显，土以干显。又热为火和空气公共之品性，冷为水和土公共之品性，干为土和火公共之品性，湿为空气和水公共之品性。在亚力士多德心目中，这些原素本来不是具体的实质，而是抽象的二种品性之和。至于品性，既可互相代替，又可有各异的相对比例。例如火中之干，湿克之则得空气；空气之热，以冷胜之则成水。这样看来，我们不得不承认原素变换，是一种可能的学说，而且中国金，木，水，火，土五行相生相克的说法，正与希腊四原素的概念颇觉类似呢。

13. **六原素和第五原素的学说**——物质化分化合之间，似有两种原动力：一个是恨（hate），一个是爱（love），即电学中相驱相吸之义。安培度可鲁当恨和爱也是原素，所以有人说他的原素共有6个。亚力士多德对于原素之数，只采取其水，火，土和空气，而不公认其恨和爱。虽然，亚氏却相信要拿四个原素来完全解明天然现象，未免嫌不够用。所以他假定四原素之外，尚有一个非物质的东西，性似物质学上的——非化学上的——以脱（ether）。这就算作第五原素，后来叫作quanta essentia。点金家以为这是物质最纯之一部，又当这即他们所想象的elixir。他们当这essence是物质的东西，想将它取出。于是第五原素在中古时代变为重要的东西，闹了几百年，还是弄不清楚。其实这样东西实质上并无存在之价值，亚氏早已知道，所生流弊，不是亚氏之过，乃不善学亚氏者之过。

14. **安那塞葛拉（Anaxagoras）的原素**——安那塞葛拉（500～427 B.C.）也著有“自然论”。他对于原素的观念，现在看起来很正当；可惜他所根据的事实有了错误，故其学说不免走入歧途，不能成立。

原来他认原素之数，一如简单物体之数，或说一如物质种类之数——每一物体之各部分其性格都相同者为一种类。他叫这些原素为“homœomeriæ”。这个是永在的，不变的，在空间中为连续的。照这说法，欲知原素的实在数目，势必先去实际的仔细测定一切物体，好知道究竟那样是简单的，那样是混合或化合的，或说一切物体究竟可分作若干种类。这种实际上的测定，不是别的，乃是分析和合成。无奈上古分析和合成的方法太嫌缺乏，其结果，许多物体都当是简单的，每一物体自成一个种类。于是安氏的原素或homœomeriæ非常的多，甚而至于无限！要知Lucippus和Democritus（见下）却是相信此说之人。

安氏以为每一物体含有或多或少之各异homœomeriæ，不过其表现的品性，乃所含最多之homœomeriæ的品性。

又安氏不承认物质中任何地方有空隙（void）之存在，也不承认物体之分割有止境。原素在空间里虽然可以运动，但他假定运动不是寻常原素固有的天性，是因为有一种特别的原素——最轻和易动的——普遍的存在。

II. 原子问题

15. 刘西巴（Lucippus）、德谟可利他（Democritus）和艾皮苦辣（Epicurus）的学说——对于物质质点的概念另有3个希腊哲学家最可纪念，即刘西巴、德谟可利他、艾皮苦辣。本来物质为无数原子所成之说，当纪元前一千余年时，印度人Kanada已经说过，腓尼亚人也早有这个概念。在希腊，则刘氏（纪元前5世纪）是原子学说的发起人，但他自己著作很少，他的学生德氏（470～360 B.C.）却著名，他尝自己说道：

“在我同时人中，我曾游历世界上最大的部分，以探求远方的事物；曾经过或见过最不同的气候和国土，曾听最多数思想家的言论，从来无人对于几何学上的画法和证法能胜过我的——虽埃及的几何学家，也不能胜过我，我在埃及作客共有五年。”

他著有“大宇宙论”（“The Great Universe”），但他的主义在他生前和死后都不受人欢迎，200年后方才复活起来，然多半与艾皮苦辣的哲学无别了。

艾皮苦辣（340～270 B.C.）生于Samos岛，离小亚细亚不远；少时即读德谟可利他的书，及长讲学各处，最后在Athens尝与弟子同住在一个花园中，故他们的学派，即以花园得名。Lange的唯物史（History of Materialism）中说过：“艾氏声言自然界之正当研究，必不当随便提出新定律，必当处处以实在观察过的事实为根据。一丢开观察的方法，我们立刻就失掉自然界的踪迹，我们就走到游手似的幻想路上去了。在别的方面上，艾氏对于天然界的学理，与德氏的几乎完全相同。”

16. **德谟可利他（Democritus）底原子学说**——照德谟可利他的原子哲学，世界上所有的东西最初皆空间与原子所成。空间有无限的大小，原子有无限的数目。原子不但有各异的大小，并有各异的重量；原子是不可入的，即二原子不能同时同占一个空间；原子是动的，是一息不停的，是可相撞的，是有互相驱或互相吸之力的，但是永远不灭不变的。原子是看不见的，不过在定量上方有彼此的区别。他们以为世界上没有品性变更的事，所有变化，都是数量的（quantitative）。所有生长或衰灭，不过是永动的原子的结合或分离。因为这些结合或分离是一刻不停的，所以世界上一生一灭，也无停止的时候。不但物质，连精神也是原子的结合；譬如灵魂，是小的、光滑的、球形的原子所成。动物用呼吸原子的手续以支持生命。

希腊人的哲学很有博大精深，确中肯綮之处，其派别很多，学说亦互有出入，此处不暇备述。单就德氏等的原子学说而言，Freund女士[①]尝将其分为若干条目，并引亚力士多德和罗马人刘克利他司（Lucretius）[②]的话逐一说明之，因其既有趣味，复有关系，以下请转述其大略。

（1）所有物质一概系原子所生成。

“德氏和刘西巴说所有东西，都是各个不能再分的物体所构成。这些物体的数目和状态（forms）都是无限。东西之有分别，因其构造的原素或其地位和排列有了分别。”（Aristotle）

（2）原子之小至于不可思议，但无害其存在或真实。

“多年的变迁以后，指环之里面带薄了，檐水滴下穿石了，犁石之铁在田野损减了，石彻之路被大众步行磨下去了，门前铜像之右手，因经过者与之握手为礼，也损消了。这些东西，如此损失后，我们才见其减少，但在任何一个时候，物体损去的物质造物不令我们看见。又，一样东西因年代和天然变故所以一点一点加上的物质，而不至长成若干程度的大，我们目力仍然不能见之……”（Lucretius）

（3）物质自己是永久的（eternal）；是不灭的，原子也是如此。

“天然定律的第一要义，可说是虽用神力，从来不能无中生有。”（Lucretius）

“除非物质是永久的，以前的一切东西，将已归于乌有，我们所见的随便什么东西，将已从无有新生出来；……因为一切东西，毁坏

① Freund著“The Study of Chemical Composition”.

② Lucretius罗马诗人，很称赞Democritus.

的总较重造的快些。”“最初之物无力可消灭之。”（Lucretius）

（4）原子是不变的，这就包含不能再分的性质。

“……假使最初的东西，可能任何方法使之变更，那末什么东西可以存在，什么东西不能，就无从决定了；简而言之，每样东西的力量，将无可以依据的原理而规定之。”（Lucretius）

（5）原子有形状，大小，排列之不同。

“……我们看见滤器中酒则快快的，而油则慢慢的流过，一定是因为油中的质点或其大小（size）大些，或格外弯曲（hooked）些，缠搅（tangled）些。能使感觉爽快的东西系光滑的，圆的质点所成；其苦（bitter）而粗（harsh）者，乃mere hooked的质点所成。……”（Lucretius）

“这些哲学家们说他们原素之异类（varieties），乃所有其他东西之来源。他们说异类只有3种：状态（forms）之异类，排列之异类，位置（positions）之异类。……例如A和N形状上不同，AN和NA排列不同，Z和N只位置上不同。”（Aristotle）

（6）一切物质的品性，视乎其成分原子之种类及其排列。

“相同的最初物质，往往因其与各异他物化合，或其位置的各异，或其互相授受之运动的各异，变为很不相同的东西……”（Lucretius）

（7）原子恒是动的。这种运动乃原子固有的品性。——刘克利他司尝举太阳光线中之微尘为例，说明原子之运动。

“有种景象常表现于我们眼前。当太阳射入其光线于暗室的时候，试观察之，则见许多细微物体，以各异程序经过寻常假定之空

隙，搀合于光线中，好像小小冲突之下，还有大战，互相追逐，时聚时散，永无停止的时候。”（Lucretius）

刘克利他司还有些比喻以解释原子之运动为寻常所不能见的道理：

“……构成万物之原子都常在那里运动，但是将它们一起来，却非常静止，除非一物以其各个部分单独表示运动，你们对于此事不必奇怪，……因为当群羊在小山上食其喜食之青草时，它们俯首蠕动，各移就承有新露之草，一若被召被请的样子；饱食之下，它们充量的跳跃起来，并游戏似的互相觗触。所有这些景物，我们从远处观之，好像混在一片，并静止在青山上如一个白点一般。”（Lucretius）

亚里士多德在其形上学（Metaphysics）中，尝说Lucippus和Plato相信运动常常存在，但是为什么运动和如何运动，他们不曾说出，Democritus说原子沿直线运动。Epicurus又进一层，说是有时可以稍折其方向。

(8) 原子间有空隙（void）之存在。

主张原子学说的人，承认空隙有实际的存在与实质（material）的存在一样。他们从推理上和经验上所下的证据，亚力士多德和刘克利他司都援引之。例如亚力士多德在其“物理学”中说过：

“……假使没有空隙，空间里即不能有运动会。因为充满后再加任何东西是不可能的。……容量之加增赖乎空隙。”（Aristotle）

刘克利他司说过：

“……为什么这样东西虽不比那样更大，但比他更重要呢！以二物大小相等，而一个较轻，即足证明其中空隙较多；在又一方面，较

重的一个即表示其中质量较多，空隙较少。……”（Lucretius）

要知希腊人士对于空隙之在与否，颇有不同的见解。Democritus固然主张其存在，Pythagoras（纪元前580～500）一派，因为“空隙”（“Void”）为数学中的一个要素，并想应用数学说明万事万物，自然相信此说。但是Xenoophanes（纪元前500左右）一派的人因为假定一元之说（the unity of all being），故谓空隙和运动都不存在，安培度可鲁和柏列图也否认之。

17. **结论**——现在可用客观的态度将上古希腊人的理论化学下一个结论。第一，他们对于原素的数目，首先弄不清楚，有的说是一个，有的说是四个，有的说是五个或六个，还有的说是无限多的。说是一个的，就中又有这个和那个的分别。这种观念固然有些荒诞离奇，然以近世科学眼光观之，何尝无一部分的真实暗含在内！不过这些揣测之辞，只是心理与学理凑合罢了。第二，希腊人的原子概念，与近世的原子学说也有许多相似的地方。然而他们只算是哲学有而非科学家者，也是因为这个道理。W. H. Clifford说得好：

“德谟可利他的原子学说是一种猜想，并不多于猜想。在他人，对于万物之原始都去猜想。他们猜想的途径大不相同；不过德氏偶然遇着个猜想，比任何人的更近乎真实而已。”

（丙）罗马时期的化学

18. **罗马人与理论的和实用的化学**——从公历纪元前146年希腊被罗马征服以后，到纪元后476年西罗马帝国灭亡的时候，中间600多年可称为罗马时代。这个时代虽然轰轰烈烈，然大概不过杀人放火的历史，与化学史可说是“风马牛不相及！”罗马人的武备、法律、建筑等，本来卓然千古，但其学者对于化学只知因袭，不能创造。所以上古化学史上有两件重大不幸的事情：一则希腊人只重理论而轻实用；二则罗马人只重实用而轻理论。希腊人不知观察事物的真确方法在乎试验；罗马人不知如何将事实联络起来下正当的判断作为学理，又不知如何将学理应用于其他事实而试验之。姑且不讲理论一方面了，以罗马盛时版图之辽阔、物力之雄厚，其实用一方面的化学，应如何格外发达，才觉令人满意！可是仔细考察起来，罗马的实用化学大都凭藉前人遗传下来的一些技术，并无什么新的发明或发现，即使有多少改良的地方，也不过零碎的，片段的，而且是年代上应有的进步。所以罗马人在化学上的贡献，除以上连带讲过者外，不必再赘一辞了。

19. **罗马人对于化学的功罪**——化学史家若持严格的批评态度；则罗马人对于化学，不但毫无提倡或发展之功，恐怕他们或有种种摧残的罪过呀！何以故呢？化学在上古乃一种秘密事业，每操于宗教家的手中。当以前异教被耶教代替时，埃及的神秘科学因而发现。于是化学上的事情，希腊和罗马人知道的渐多。无奈埃及上古的记载，多用一种特别纸草（papyrus）写的[①]，当第三和第四世纪时，有许多关于化学的papyri被罗马人故意毁坏了；因为他们恐怕战争时敌人将这些papyri得去！不但如此，上古化学试验室多在庙宇。当第四世纪时，罗马皇帝Theadosius（346~395）下个上谕将许多庙宇毁坏了；the Temple of Serapis， the Serpeum of Memphis， the Temple of Ptah等化学策源之地都在被毁之列。这还不算完事。有亚力山大学院

---

① 有些埃及的papyri，现在尚保存的荷兰之Leyden．但关于点金术最早的papyri只是第三世纪的。

（Alexandrian Academy）者，乃当时学习医学和科学的重要机关，489年也被罗马皇帝Nero毁坏了。后来皇帝Justinian（527～565）也是化学的敌人。他甚且停闭了其余各著名学校，并要杀害异教的学者。这样看来，化学史上的劫运，当以罗马时代为最大！

虽然，当罗马文化中心迁于君士但丁时，Brzantine学者的事业即在乎考订和注释。自亚力山大图书馆被焚（642年）后，他们更继续从事。第八，第九，第十世纪之间，他们的这种贡献不少。然则古代化学所以不绝于世者，罗马人也不无维持之力。可惜他们的书往往不用著述人的名字，而冒古昔哲学家或贵族的名，因之有些无从证实。至于冒名的原故，一半因为化学受了君主的压制，一般人不敢提倡；一半因为耶教方兴，异教的人有些受了逼害，其余的连著书立说也恐怕用真名受累。

20. **蒲拉奈的传略**——蒲拉奈（Pliny，纪元后23～76）是上古化学史上的一个重要人物；上文已经屡屡的提到他了。他的完全姓名是Cains Plinius Sedundus，寻常简称为Pliny或Pliny the Elder；因其侄Pliny the Younger也是稍稍知名这人，故缀“老”“少”字样的称呼以区别之。蒲拉奈是罗马人，纪元后23年生于Verona。他是罗马皇帝Vespasian和Titus的朋友，同时却是个勤读好古、著述等身的学者。他的最著名的作品是一部很完备的“博物学”（Natural History）。这书计有37卷（或说原来共有160卷，但近世流传者只31卷）；最后5卷讲当时的化学很详。他自序中说这书系参考各书2000卷所编成，搜罗的有20000项的事实证明。实际上这书的内容有一部分系转载

Theophrastus①和Dioscorides②的工作。

蒲拉奈的，犹之乎其他上古的，书中本有些不可靠的地方，名词犹觉很晦，例如minium系指汞硫矿（cinnabar），非指铅丹（red lead）；molybdaena系指一氧化铅（litharge），非指钼化物；aes有时指黄铜，有时指铜自己。虽然如此，关于上古——直至西历纪元之初——化学的知识，我们多从蒲拉奈的记载得来。可惜当Vesuvius火山爆裂时，他竟因为去实地考察各种现象，连性命都送掉了。

---

① Theophrastus（纪元前371～286）希腊人，尝继续亚力士多德著“博物学”（Natural History），包矿物学在内。讲矿学的作品这是最早的。

② Dioscorides希腊人（第一世纪人），生于小亚细亚，差不多与蒲拉奈同时。他著有“药品”（Materia Medica）五卷，详选当时所用的一切药品并论其性格。这书盛行者数百年。

第二编　中古时代

第二章　点金时期

21. **阿拉伯人与中古学术之关系**——从亚力山大（纪元前336～323在位）征服亚欧非三洲各国以后，东西文化渐渐沟通。及纪元后六七百年，阿拉伯人先后战胜波斯，叙利亚和希腊化的非洲，回回教主之势力遂与三洲文化有莫大关系。自此以后，在一方面，欧洲的文化固然因罗马中衰陷于黑暗，但在又一方面，东方的文化，同时却如日方升，接连着大放光明，一直照到西方。这都是阿拉伯人的功劳。他们创办些大学校，图书馆，观象台，博物院，试验室和医院，并加以保护。一切上古书籍，他们无不极力搜集；实验的科学，他们也起首正式承认。许多回回教主更都是奖励学术的人。例如Al-Mansour（745～775）曾建设著名大学院于Bagdad城，一时就学者五六千人。

这学院兴盛了数百年，有许多翻译都是在那里做的。当第七，第八和第九世纪时，叙利亚人（Syrians）①颇知研究医学和亚力士多德的学说。他们将希腊书籍译成叙利亚文（Syriac），后来学者又从叙利亚文译成阿拉伯文。第九世纪以后，叙利亚学派渐亡，阿拉伯的译书反占优胜。

---

① Syria在阿拉伯之西北隅，Syrians可说是阿拉伯人之一种。

又，阿拉伯人征服西班牙（711年）后，格外崇尚学术，提倡文化。故自8～14世纪，他们在西班牙各成立了许多大学院，如Academies of Cordova, Granada, Serville, and Toledo等，生徒济济，英法德意的学者相率前往留学。他们又从阿拉伯文的书籍译成拉丁文，这是埃及和希腊的科学间接输入西欧之始。

有以上种种历程，上古和中古的学术才分布于欧洲各国。虽当1492年Moorish民族[①]的势力完全灭亡，然其传播交化之功的确不可泯没。

22. 阿拉伯人与化学和点金术的关系——最近，Holmyard[②]从许多研究后下了一些结论，其大意是：（1）从回教徒（或叫阿拉伯人）起，化学才变成一种科学，不取幻术的方式；才更成一种独立的科学，不是物理或医药的附属品。（2）阿拉伯人的化学，理论与实习并重，并将二者打成一片，不像以前不相为谋的样子。（3）阿拉伯人的化学，当从西班牙传入欧洲时，失落掉不少。欧洲第15世纪的——甚至连第16世纪的——化学程度，恐怕还不及阿拉伯第12世纪的程度。

这些说法虽不必就是定论（这一层Holmyard自已也承认），须知，阿拉伯人一方面既直接或间接地从埃及和希腊，一方面又从印度和其他东方各国承受了很丰富的知识，他们本有在学术上独放异彩的可能性。况且他们对于天算已有这个例子，对于化学安见得不能如此!

可惜，阿拉伯人因偏重了点金术，以为化学中惟一的事业即在乎此。于是，阿拉伯文之有定冠词（definite article）遂系于化学本名之

① 阿拉伯人从第八世纪后与住在埃及的希腊人，罗马人等等合称Moors.

② Holmyard做有Chemistry in Mediaeval Islam，见Chemistry and Industry, Vol. 42, NO. 16, 1923.

前，成了alcemy一名词！[①] Al指阿拉伯文的the, chemy 指chemistry，然则alchemy一字等于the chemistry二字，即点金术乃唯一化学的意义。这个界说不打紧，那知1000多年的化学竟陷于十里雾中，毫无进步之可言，好人推磨的驴子永远跳不出那圈套一般！不过，这不尽是阿拉伯人之过。所最不满人意者，这个界说，加上汞和硫二原素的学说，阿拉伯人所介绍于化学者，在理论一方面，原来不过如此如此！

23. **贾博的事略**（Jabir or Geber，第8世纪！）——寻常所说的贾博，乃第8世纪时阿拉伯人。他的完全姓名有各种很长的写法：（1）Abou-Moussah-Dschafer-al-Sofi；（2）Abu Musa Jaberibu Hayyan the sufi；（3）Abu-abdallah-Jaber-bcn-hayyaæ-al-Kufi。此外还有更长或其他的写法呢！虽说是中古的一个化学大家，尤长于实验，但他的历史多不可考。据说他是Mesopotamia的拜星教徒（Sabeam），属于希腊的血统，但信回回教。他所著书籍很多，较为重要者约有6种：（a）论炉（Of Furnaces）。（b）性格全书（The Great Book of Properties）。（c）120卷（The Hundred and Twenty Books）。（d）完全之探求（Of the Search for Perfection）。（e）完全总论（Of the Sum of Perfection）。（f）真实之发明（Of the Invention of Verity）。

这些书本是用希腊文写的，用阿拉伯文译的，后来又译成拉丁文和英文。但据贝提老（Berthelot）的考订[②]，这些书不是阿拉伯的贾博做的，乃14世纪时旁人冒充的。贝氏说中古时代有两位名贾博的：一位

① 还有化学上常用之字如alcohol，alkali，alembic等，也都是从阿拉伯文来的.

② 最近Holmyard著有“A Critical Examination of Berthelot's Work upon Arabic Chemistry”，见chemistry and Industry，Vol，42. No. 40 and 41，1923。

即寻常所说的阿拉伯人，另外一位虽不能十分证实，大既是个欧洲人或拉丁作者，有时叫作假贾博（Pseudo-Geber），生于1300年左右[①]。总而言之，无论阿拉伯的Jabir和拉丁的Geber是一是二，其中必有一位对于化学——包括实验和理论两方面在内——有很大的贡献。

24. 阿拉伯人对于实习化学的知识——贾博的贡献——阿拉伯人固不长于理论化学，但在实习一方面，许多化学手续，如蒸馏、滤过、升华、烬烧等，他们却很熟悉。贾博尝将各种化学器具，尤其特别者是蒸馏，滤过和灰吹（cupellation）所用大加改良，记载的也很详细。还有水浴锅（water-bath）、灰浴盘（ash-bath）和改良的炉子，当第13世纪左右，也是常用的东西。

第一次说过硫酸、硝酸和王水的就是贾博。他的书中详述蒸馏明矾（Glauber 用的是绿矾）可得硫酸，用硫酸与硝石反应则得硝酸，加硝酸于卤砂（sal-almmoniac）则得王水。王水能溶解金属之王，即黄金，故以命名。又王水在中古后半叶被人当作是大家所要寻求的普遍溶剂，所以更加宝贵。点金时代大家对于苏达、锅灰（potash）或炭酸钠和炭酸钾，不能辨别，而且同是一个炭酸钾，用不同方法取得的，例如从植物灰或从酒石取得的，偏当作不同的物质。贾博尝焚化酒石或海草以分别制取苏达和锅灰。用其取得之酸和其取得之盐基，使生种种反应，贾博就发现许多盐类。硝酸银、氯化第二汞、硫酸第一铁、氯化铔、硼砂等似乎阿拉伯人都制取过或都用过。贾博知道许多金属氧化物和硫化物，又知道金属与汞相合变成汞膏。

---

① Holmyard又有论文辩护阿拉伯的Jabir和拉丁的Geber只是一人。见Nature，Feb，10，1923。

25. **点金术上最早的记载**——点金术从那一年和那个地方起的，现在无从断定，但相传埃及和黑密司（Hermes）者，乃化学或点金术之鼻祖。有许多书籍据说是黑密司做的。要知埃及究竟有没有此人，很是疑问。有的说黑密司系指希腊或埃及之某神，掌学术智慧；有的说他是巴比伦人，但住在埃及；Magnus（第13世纪人）又说亚力山大尝发现黑密司墓中许多宝藏。然则黑氏或者是纪元前很久的人，后来他才得个Trismagistus的徽号，即"三倍最大"的意思。总之，黑密司有非常伟大而且长久的影响，一般点金家无不崇拜他的。他们称点金术为"hermatic art"或"hermatics"。又古时封闭一物后，每附黑密司记号于其上，因此"hermatically sealed"等名词近世尚沿用之。

且说有一种埃及纸稿（papyrus），用希腊文字写的，其中关于变寻常金属为贵重金属之术，有仔细的指示。然此种惑世之术，或系好事者为之。第三世纪之初，侨居于埃及的希腊学者，熟悉蒸馏、挥发、溶解各手续，其著述中并插有粗疏的图画，以表明所用的器具。Zosimus of Panopolis（第三世纪）乃该学者中最早而且最著名的人，他完全承认金属变换之可能。他所著书籍，大都论达此目的之方法，但多杂以宗教迷信之言，以至难于了解。到了第四世纪，点金术始为惟一之化学。要知中国的点金术，在公元前百余年已有记载，最近中西人士且有承认点金术发源于中国者。不过，据东方人上古的传述，似乎点金观念也曾独立地发达于印度。

26. **点金术的概念和其相关的事实**——现在我们的各个金属，在中古时代的学者看起来不是原素，而是成分各异的合金。既然如此，金属变换之说当然可以成立；因为将其成分或加或减，即能使之变来变去。况且，不相似的物质，如水和土和空气，在柏列图和亚力士多德学派尚且当作可以互相变换，岂有相似的金属反而不能互相变换的道理！如果照亚力士多德的说法，第一原素是两个品性配合而成，那末点金术不但是可有的，大概有的，并且是很自然的事了。所以我们可以说，点金术与希腊学者的概念是不谋而合的，或说点金术是从那概念不知不觉的发达出来的。

在又一方面，有些事实或现象，因为古人炼冶学问幼稚，不能真正了解，于是起了误会，引为金属变换之佐证。例如（I）古时鉴别金属之法，最要紧的在乎看其颜色。很早的方书中，已经讲过某种金属加入砒化物，则现白色如银色；赤色之铜，加上天然的炭酸锌（calamine）则现金黄色。（II）照炼冶之结果从方铅矿（galena）而实际上可以取银，从黄铁矿（iron pyrites）而实际上可以得金。又矿石含有金或银者，加铅，所剩无他，只有金或银。这些结果，古时以为是铅铁和某某矿石变为金银之证，而不知其原来已含金、银在内。（III）古时铜矿中有水滴于铁器上，看似铁变为铜，那知系铜液与铁相遇则铜析出存积于铁上的原故。

27. 贾博的硫汞二原素与点金之关系——贾博的书中，对于点金术颇有一种原理，为中古时代后半叶所普遍承认者。他说金属皆硫和汞所成。二者有各异的纯洁程度，并可以各异比例化合之。金属变换，在乎将这二成分随便变更。能成宝贵金属者，尤在汞之纯洁和固定。至于金属能无中生有的观念，西方点金术家多信之。而假贾博书中不载，所载者有一段如下：

“说一物质能从不含它的另一物质生出，是呆话。但因为金属皆含硫和汞，倘若有一部分不足，我们可加些，倘若有余，可减些，若要这事成功，就利用烬烧、升华、澄滤（decantation）、溶解、蒸馏、凝结（结晶）和固定（即fixation）诸技术。有力量的药剂是盐、矾（vitriol）、硼砂，最强的醋酸和火。”

因号称贾博的书籍来源不一，所以其中有些对于寻常天然的硫和汞，和金属中所含的硫和汞不来分别；有的说它们是不得一样的。照第二个说法，金属中的硫和汞不过是抽象的品性，汞能使金属有闪光，有箔性，可熔性，和金属的其他性质。硫性可以燃烧；许多金属在火中发生变化，故硫也存在于金属中。宝贵金属不受火的影响者，几乎完全是汞所成；但这金属与寻常的汞不同的地方，是寻常的易挥发，而这金属不能。所以不能者，在含少许的硫。这都是后来的点金术家的特别见解。

再者，汞有三种特点：第一，它能溶解黄金。theophrastus曾经说过，黄金在金属中本甚难溶解，而汞有此作用，已属特别；况所得黄金溶液，又可作镀金等用处吗？第二，点金家认金属各有多少的蒸发性。而汞适为金属中惟一液体，易于蒸发，其化合物甚且可以挥发。第三，点金家谓贱金先变为银，后变为金；好汞为白色如银，且有光泽，然则汞为点金术上重要之物本是自然的事。至于硫则不然；其所以当作金属中一原素者，全根据于想象和假定，而毫无实验上的基础或证明。不过，有汞则有实在金属特殊之品性，贵金含之最多，而硫则所以使金属加热时有色相之变迁，贱金含之，如上撰述而已。

28. **费来丁的汞、硫和盐三原素与点金之关系**——费来丁（Basil Valentine）不但是点金化学家中后来的健将，并且是制药化学家的先锋官。他的生平多不可考，但就他的著作看起来，他是15世纪后半叶的人，是德国南部一种和尚（Benedictine monk）。在17世纪之初（1602，即他死后百五十余年），有人才将他的重要著作印出；其中有无他人的材料搀进去，或简直书是这时候的人才做的，而冒他的名字，现在不得而知。但他是点金家所很崇拜的。不但这些人，连与点金术绝不相干的也称赞他；不但当时，现在看起来，无论这个作者究竟是谁，也有可以称赞的特点。老实说罢，那时皇帝Maximilian I 看见他的著作也很高兴，就下令要调查著这书的住在那个Benedictine僧院。

相传费来丁著书20余种，如“锑的胜车”（Triumphal Car of Antimony），“上古智者的大石”（On the Great Stone of the Ancient Philosophers）同“秘鑰之关键”（Relation of the Hidden Kdy），“断语”（Concluding Words）和其他，就中以第一种为最要。从这书（有英文译本）我们始有原素锑和其化合物的详细知识（见后）。

且说从贾博到费来丁，中间百余年或说数百年，大家对于金属毫无其他学说或主张，费来丁始假定盐为金属成分之一，连汞和硫共为三大原素。虽这后来加上的第三原素永不像其他两个的重要，但盐之所以自成一原素者（汞和硫二原素见上），因黄金火烧时不熔，仍是固定的；盐之特性恰好也是如此。所以点金家以为黄金必含有“盐”，欲使贱金变为不蒸发的，必须加“盐”。又点金家常使汞固定，亦须加“盐”。读者注意，此处所说的“盐”，与寻常食盐不同，这“盐”并非实在物质，乃是抽象的、理想的、哲学家的，是一种凝固和耐火的性情，犹之乎所谓哲学家的汞和硫。现在且将这三原素所代表品性列下：金属中的汞——指光泽，蒸发性，熔解性，可箔性；硫——指颜色，可燃性，硬度，爱力；盐——指凝固性，耐火性，使汞易化合。

29. **什么是智者石**（the philosopher’s stone）——中古时代，大家相信金属可有各异的纯洁程度，金子也有纯有不纯，欲纯洁之，必加上一种“药品”（“medicine”），点金家以为当贱金正熔的时候，若将“药品”投入其中，则可使之变为贵金。这种药品，有智者石、Magisterium、Elixir、Quintessence和其他名称。Magisterium和Elixir又各分大小两种；大者能使贱金变为黄金，小者只能使变为银。有人又分这种药品为三等：初等的虽能使贱金稍变而不耐久；中等的能变一部分；高等的方能使全变成金。至于分量上的比例：有的说一份智者石可100份金属变换，有的说可100000份，还有的说可1000000份变换。12世纪以前，阿拉伯和希腊作者只说金属变换是可能的，不说其方法；12世纪以后，始有智者石和Elixir之说。考智者石，Elixir，或随便什么名目，本是理想上的东西，然而许多点金家自以为见过甚且用过。有人说智者石是红粉；有人说是黄的；有人说红、黄、蓝、白、绿任何颜色都有！

且说点金术一名词，范围很广。所惜后来点金家失了广义只守狭义。但对于智者石，他们仍视为万能的薄，谓其用处不但可使金属变换，并能祛病延年！照14和15世纪的说法，人有病时，拿极微细的一粒智者石溶于上等酒精，用银杯盛着，夜半时服之，可有奇效。但服后病能就好与否，要看病的轻重和病人的年纪等等。欲养生者，每于春季之始重新服这个药品。这还不算完事，点金家甚至相信智者石的用处可以增长人之聪明，促进人之道德和转移人之运气！他们以为智者石能纯洁人身和人心，犹之乎其能纯洁金属。此处读者最当注意的就是：西洋点金术与中国道家或方士所说的“内丹”，“外丹”的道理完全一致！[①]

30. **智者石的制法**——12世纪以前，学者只说变换之可能，而不说其方法。二三世纪以后，大家重视方法，智者石之说，因之出现；这是后人不及前人聪明的地方。上文说过智者石是理想的东西，实际上既无存在之可言，自然讲不到它的制法。即使它实际上曾经存在，并且有了制法，真正会制的能有几人！曾制的又谁肯说实话？因为点金术所以宝贵者，正在令人莫名其妙，如果其制法一声道破，势必黄金等于粪土，反而一钱不值啦！有时点金家著书立说，或传授信徒，固然不得不说到制法，然说的总是不实不尽。

虽然，智者石确是一般人不惜耗费无量的脑力和手力，牺牲无数的生命和时间，而必欲得而甘心的东西。其结果无论是真是假，不能说道它没有制法。可是当日的实在材料和手续现在无从详考，且也不必详考，不过要于不求甚解之中将这重大内幕揭穿，不得不概括的简明的为读者一述其制法。

较晚点金家相信智者石须用金属制成。他们用的是金，银，汞三者。然不是三金属自己，而是其化合物氯化金（$AuCl_3$）、硝酸银

① 参阅曹元宇：“中国古代金丹家的设备和方法”（科学，第十七卷第一期）。

（$AgNO_3$）和氯化第二汞（$HgCl_2$）。那末，智者石的制法，从头到尾，可分为以下三步。

I. **制备材料**。先仔细使金和银越纯洁越好，所用法子与现在冶金上所用的相似。既得纯金和纯银，再使之溶解。溶解方法在点金家最守秘密：大概溶金的是王水，溶银的是硝酸。有了金液和银液，再加上溶汞于王水或溶氧化高汞于盐酸所得的蚀性升华物（$HgCl_2$），于是制成金、银、汞三者之混合材料。

II. **智者蛋中的泡制**（decoction in the philosopher's egg）。将制成的材料放在“智者蛋”，即一种紧闭之玻器中，紧密封闭之，再一齐放在名叫athanor的特制炉子上，渐渐作长时间的加热，有时一连几个月才算了事。这是模仿金属矿物在地下的生成或泡制。蛋中物体的颜色，点金家非常注意，其初混合物是杂色，加热后顺着次序渐变黑色，灰色，白色，绿色，黄色等等，最后红色。白色和红色两步骤尤其要紧。及变红色，火候恰到好处，于是将剩下来的红粉取出。

III. **固定或发酵**。此步系为增加红色的力量起见。方法是用少量真金先熔于坩埚，次撒少许红粉于其中，热之；再撒红粉，再热之。及相当红粉被真金吸收后，得类似红铅的块子。

有了以上三步，智者石可算完全制成。第四步即当贱金正熔时，加少许此物于其中。照他们的说法，如此即可变贱金为黄金了！

31. **点金家的符号**（symbolism）——中古点金之书连编累牍，不可胜举，我们如果去试读之，无不大失所谓，因为点金家故意隐秘其术的原故。他们利用种种符号图画或谜语，以表示重要的物质器具、颜色和手续。他们共有数百暗号，而尤以用各异的鸟兽和字母的变化为最多。例如关于化学手续：上飞之鸟表示升华，下飞之鸟表示沉淀；蒸馏则用二鸟，挥发则用三鸟；狮吞日月，常用以表示金或银溶于一溶剂；新生胎儿，常用以表示制取智者石手续的完全。关于四原素，七金属和各种颜色，他们的符号是：

水＝海，海豚（Dolphin），或妇人

火＝龙

土＝人或狮

空气＝鸟

黑＝鸦，土星，或铅

白＝鹅，月，或银

红＝火鸾（Phenix），金星，或铜

虹色＝孔雀，火星，或铁

金＝日

银＝月

汞＝行星汞

铜＝金星（Venus）

铁＝火星（Mars）

锡＝木星（Jupiter）

铅＝土星（Saturn）

其用字母变化的地方，大概可分为5种：——

(1) 用几个字中每个的第一字母拼成一字；

(2) 倒拼法；

(3) 不依次序的乱拼法；

(4) 乱拼而又加入不相干的字母；

(5) 用26字母次序中后边的一个代表恰好前边的一个。

此外，点金家还常用寓言述说事实。以上各种的例子，不及备举，单举第一种的：明明要说vitriol一个字，然偏写作“visita interior teræ， rcetificanto invenics occultum lapidem”7个字；因为这7个字的第一字母可拼成vitriol的原故。

总而言之，这些不伦不类的暗号和五花八门的拼法，在我们看起来不是太无意识，就是太嫌费解。然如果一种符号必有一定不变的意义，尚觉差强人意，所最坏的是符号的意义各处并不一致。要知点金术所以风靡一世者，正在其不可捉摸，令人不知其葫芦里卖的是什么药！

32. **点金术与宗教的关系**——从第8世纪罗马政权操于教皇之手，至16世纪之初（1518）卢梭（Martin Luther）提倡宗教革命（Reformation），各国渐渐实话起来，中间七八百年的长时间，乃欧洲宗教势力极盛时代，那知也就是点金术极盛时代。你看那最早最著名的点金家不是阿拉伯的贾博吗？他不是第8世纪的人物吗？你看从16世纪起首以后，点金术虽然尚有百余年的命运不绝于世，他不是已经让位给制药化学吗？大概点金这个迷信与宗教那个迷信，譬如两个长寿1000多年的人，不但他们中年晚年是同安乐共患难的，连他们初出世的时候，简直是双生小儿一般。读者想必记得化学是个“黑技术”（“black art”），共诞生的地方端在埃及的庙宇。诚然，许多主教（bishops）和牧师自己都是点金家。他们的试验室，自然是其教学的附属物。罗马教皇约翰第二十二（Pope John XXII），甚且在其皇宫中设一试验室。不过我们不能说宗教始终一致的永为点金术之护符；有时教皇却也禁止过点金术的练习。要知这毕竟是很希罕的事情。在又一方面，Magnus, Bacon, Basil Valentine和其他点金家，或身为大宗教家，或于其著作中带有多少的鬼神气味，甚且教我们于每一化学处理时，必先祷告一番。这与抱朴子金丹卷中所说的“合丹当于名山之中……”等花样完全相似。

读者注意：中国的点金术恰好与西洋的遥遥相对，为的是前者也与宗教结成不解之缘！此处宗教自然系指道教。历来中国相信点金术者虽然不必都是道家，可是自汉末道家正式成立以后，“金丹”之说遂有所依据或附会，一天盛似一天；至今道家又称为炼士或方士，这都可暗示中国的点金术与道教的渊源。

33. **点金术与帝王的关系**——中古后半叶，欧洲各国的许多皇帝与点金术颇有密切关系。英国的亨利第六（Henry VI）和爱德华第四（Edward IV），法国的查尔斯第七和第九（Charles VII and IX），丹麦的克利司宣第四（Christian IV），瑞典的查尔斯第十二（charles XII），普鲁士的福利得力克第一和第二（Frederic I & II），都是点金术的信徒。德国皇族之崇拜点金术，尤其利害，皇帝Rudolph II的绰号就是“The Hermes of Germany”。他自己有个设备很好的试验室，在其宫中。Leopold I, Ferdinand III，以及the Elector Augustut of Saxony, the Elector John George of Brandenbury，都予点金术以保护。德国又有Hermetic Society，以助其发展。

查他们的心理，其真正有了特别嗜好迷信点金是可能，当作学术去研究的，固然不能说其中一个都没有。但多半可是挥霍无度，欲壑难填，于是异想天开，以为要使国家金钱取之不尽，用之不竭，没有比用点金术更好的了。姑举两个例子：在英国，虽说亨利第六以前的王尝订出法律来禁止点金术，他对于这术，却特别保护；其结果就是假金币流于邻国！在法国呢？法王查尔斯第七正与英国打仗，也就甘心做点金家的奴隶，奉智者石为财神。可是假金的制造如此之多，其流弊还得了吗！

所以当此时代，点金术有时虽大受政府的奖励，有时亦大受其干涉。15世纪时，英国国会通过一条律令，说“自今以后，无论何人，不准制造金银，或用此种制造技术；违者以大逆不道论。”还有一层，有时帝王或太子等将点金家召去，要求其当面做试验，一声试验失败，可就性命不保！因为这个原故，后来帝王才有不相信点金家的，点金家也有不敢相信帝王的。

34. **十三世纪的点金家**——点金术既从埃及、阿拉伯输入法、德、意等国渐渐兴盛起来，到了13世纪，虽著名学者也都研究它。因12和13世纪的点金家，往往自命为“哲学家”（philosophers），故有“哲学家之石”（即智者石）、“哲学家之蛋”等名目。他们以研究当世一切学术为职志。其研究范围，殊不限于化学，然他们对于化学无不涉猎。不过当时（13世纪）点金家之最著名者，当Magnus, Villanovanus, Bacon 和Lully四人。以下请为读者一一介绍。

Magnus（1193或者206～1282）——Albertus Magnus德国人，又叫Albert Groot，他真正名字是Albert von Bollstadt，乃所谓Universal Doctor。他尝做monk, friar, 和bishop；他尝述升华蒸馏等手续，及所用aludels, alembics, water-baths, cupels等器具，尝详论当时所知的各种物

质，例如苛性盐、矾、红铅、砒、酒石精（cream of tartar）和其他的性情和取法。辰砂（cinnabar）虽知道已早，他始说明可用升华法取得。他相信金属乃汞与硫所成。

Annoldus Villanovanus（1235～1312）——法国人，乃著名医生，著有点金书。他和其同时人一样，相信金液为最完全的药品，并认这“aurum potable, i. e., drinkable gold，”是Elixir Vitæ的必要成分。他说虔诚祷告，可助化学的成功！

Roger Bacon（1214～84）——Roger Bacon乃英国第一个点金家，尝学于牛津（Oxford）和巴黎，做过Friar，长于天算和光学，他的化学著作共十几种，有18本是点金书。他被控为巫术惑众，并坐此罪名下狱。他著有论文以自辩护，其中力驳幻术（magic）；以为我们所认为奇怪者，乃由于天然科学知识之缺乏。他于实习化学上虽无什么贡献，然他是实验科学家的先导。那知他对于点金术如此笃信，至承认一份智者石可使百万倍的贱金变换成金，好不奇怪！他说：——

“试看金子的品性，则见其有黄色，甚重，有一定的比重，在一定限度中可以锤薄或引长。假使有人能明白程式，并知用如何必要手续方可任意制得黄色，大比重，引长性等，又假使能知如何可得这些品性至于各异程度，他可用必要方剂，配合这些品性于某某物体，其结果即将某某物体变换成金了。”

Roger Bacon因灯在闭器中必减，证明空气为燃烧所必需。他尝于旅行中从阿拉伯人得知中国火药的配法并介绍于英国。及其死后约40年（1323），英人始用火药于战事。

读者切记，Roger Bacon与Francis Bacon（1561～1626）是很不同

道的两个英国人。前者是个点金家和科学家，后者是个大文学家和大哲学家，尤其是归纳的和实用的哲学家，前者比较的早300多年，而后者的名誉大得多。不过前者主张用科学方法做试验，以研究一切自然现象，这与后者的哲学恰好符合。

Lully（1235～1315）——Raymond Lully或写作Raymondus Lullius，又叫Raimon Lull。关于他的历史，寻常讲的多不可靠。大概他是西班牙人，而为Roger Bacon的弟子。相传一女子胸部患痈瘤（cancer），他因为要给她治病，故极力学化学！他极其相信智者石，甚至大声疾呼的谈道：“倘若海是汞做成的，我将使之变为黄金。”有人说英王爱德华第一尝请他点金以供造币厂中之用，其实当时金币，近人分析起来，并无假金在内。

35. **13世纪后点金术的命运**——14世纪和15世纪上半叶，并无很著名的点金家。读者不要误会，这话不是说点金术从此废去，它的寿命还长得很呢！当这个时期，它的运气还好得很呢！因为英法等国政府，正是都是借重它，所以它反而特别盛行。用合金制造的钞币现有黄白色者，18世纪以前，都以为是点金术的作用。

许多制药化学家，同时也是笃信点金之人，例如Basil Valentine，Paracelsus，和Helmont。有人说Paracelsus和Helmont各曾得了智者石，并曾亲自使贱金变为贵金。Libavius认点金术为已成功的事实。只有最后的制药化学家Tachenius，才疑点金术为不可靠。

进而言之，点金之说既深印于人人脑中，虽当燃素时代之初，尚无公然反对之者。Boyle和其同时的Glauber，Homberg，Kunkel，Stahl和Boarhaave都深信金属可以彼此变换。所以然者，在乎当时对于金属的成分尚无明确的知识。Boarhaave是最后赞成点金术的人。Stahl晚年对之始有怀疑。自此以后，化学家都不相信点金术了，然而局外的人觉悟很慢。18世纪时，伪造的金银尤盛；到了许多骗术被人发现，点金术的命运，才算告终。

36. **点金时代实际上的化学**——点金时代，几乎与中古时代相终始，共有一千几百年。当时化学全部的进步很少。理论一方面，因为有了迷信甚且退化。然在实际一方面，毕竟有此长时间的经过，有多少自然的发达，以下将分头述之。

I. 器具——就积极方面而言，近世所用的化学器具，较中古时代的不知改良过几百次，精细了几百倍。在消极方面，中古与近世所用的化学手续，却是大同小异。阿拉伯人对于此等手续和器具，以前已经说过，后来点金家所用的大半也是这些东西。所特别者，因为他们要模仿天然程序，故所用物品较多，所需时间较久。点金家的重要器具，若如炉子，所谓athanor者，乃一种特别炉子，要使液体在某温度之下作长时间的加热时用之。所谓智者蛋者，乃一完全封闭之玻盆，略似近世的bomb calorimeter，与此炉并用。因智者蛋中的蒸气完全出不来，炸裂危险，时所不免。此外有所谓alembic和aludel，都是用以接受蒸气或挥发物之器具，中古时代常用之。

II. 金属及其化合物——冶金学当点金时代没有进步，但以下事实不可不知。

金——从矿物中提金，仍用古时灰吹法。这法子Geber说的甚详；他知道加硝可使手续快些；又知用此法可将铜和锡与金分开，而银则不能。14～18世纪，用合金制造的假金非常的多。金的化合物知道的有氯化金（$AuCl_3$），即金的溶液。

银——银本得之于西班牙。提取之法，仍与Pliny时所用的一样，即加铅使之同溶。银的化合物知道的有AgCl（？）和$AgNO_3$。

金和银分离法——直到很晚时期，金银分离法还是用上古的cementation process。硝酸的湿法（wet process）Magnus虽已知道，Agricola才熟悉而实在用之。至于测定贵金的量一件事，大家注意很早；精细天平，也有人用过。

汞——西班牙有天然的汞，因辰砂（cinnabar）有红色，致与铅丹（minium Pb_3O_4）相混。汞是这时代重要之物，曾有大宗制造。Basil Valentine说汞的制法，可用sublimate 和caustic lime蒸馏而得。他又述使汞纯洁之法，有的假贾博也说过。汞胸用于包金（gilding）和提取金银汞化合物，知道的有氯化高汞，硫化高汞和其他。

铜，铁，锡，铅——关于这4个金属，无特点可言。不过Basil Valentine说使蓝矾沉淀可以得铜。

锌，铋，钴——三者的矿物，Basil Valentine都说过。但铋和钴尚未用于工业。直至Paracelsus时，锌才被承认为一个原素；古时除制合金外，不知其用处。

锑[①]——在Basil Valentine 以前，虽然锑已用于合金以制造镜，钟和印字模型（printer's type），然这原素和其化合物当15世纪时，占一特别位置者，全是Basil Valentine一手的功劳。有一奇怪故事，说：有人无意中将些锑丢在僧院——Basil Valentine当和尚的所在院中的猪

① 有种冶金业书每一金属自成一本，大概皆专门名家所作，中有一本是王宠佑用英文著的就叫作“锑”。

贪吃它，并且吃后渐渐胖大起来。Basil Valentine想到锑既有益于猪，当亦有益于人，因给锑于某僧人吃。那知这回的结果几乎致命！所以这个金属叫作Antimony，取反对僧人（anti-monk）的意思。Basil Valentine是德国人，锑在德文是Speissglanz，则以上故事，似乎不通；读者当作笑话就得了。

Basil Valentine说用锑的天然硫矿与铁同深，可将锑提出；还详述制取三氯化锑（butter of antimony， $SbCl_3$），盐基性氯化锑（powder of Algaroth, SbOCl），和锑酸钾（potassium antimonate）的方法；他也知道非结晶的（amorphous）硫化锑和$Sb_2S_3+Sb_2S_5$的混合物；他认锑自已和其化合物都可当药吃。虽然，锑的各化合物的成分，他所知者，不过硫化物而已。

另的金属——此外别的金属，当时尚未发现，不过其盐类则多常用者。例如NaCl，KNO_3，NH_4Cl等等，此处不及备举。

III. 非金属和其化合物——除硫外，非金属当点金时代，多未知道。老实说罢，中古时代所知道的物质，有些不过仅知其名，从未加以研究。况且16世纪前，气体一名词尚未出世，点金家那里能梦见什么氢气、氧气、氮气等等呢？至于化合气体，更不消说了。

硫——第8世纪以后，硫即变成重要原素。硫化矿物当时知道的也有些，例如硫化汞、硫化锑、硫化砒等。点金家认硫为金属中一个成分，大约也因为许多金属矿含硫的原故。

炭——钻石，石墨和木炭三者的关系，点金家尚不知道。上古所以宝贵钻石者，多半因其希罕，不必因其好看——钻石不加琢磨，无甚光泽，而15世纪前，尚不知道琢磨的法子。点金家只知石墨能使纸有黑痕，只知木炭有不溶的特性，而不知其化学上的性质。一氧化炭和二氧化碳（CO和CO_2）都尚未发现，有机化学自然更说不到。

砒——砒是13世纪取得的。Magnus说一分orpiment和三分soap同溶则得砒。砒能使铜变白色如银，这个事实与金属变换上有些影响。砒的化合物，As_2S_2今名雌黄（realgar）[1]，古名sandarach；As_2S_3今名雄黄（orpiment），古名arsenicon。二者中古多用之。又As_2O_3古名white arsenic。

37. **点金时期的化学工业**——点金时代的一般工业，没有多大进步，惟关于陶业者有两件事可以注意：（1）陶器上所用的泑子，普通都含锡和铅。（2）玻璃上的颜色，以前系当玻璃正熔时，加入金属氧化物得的；在此时代，则知用色填于已成玻片上，再稍烧之。关于染料者，有3件事可以注意：（1）阿拉伯人介绍Kermes dye（cochineal）于欧洲。（2）Orchilla染料，罗马人虽已知道，13世纪才从东方输入欧洲。（3）蓝色染料，以前系从菘蓝树（woad）得来，此时代渐用靛蓝（indigo）代替。至于定色剂，仍沿上古方法，普遍的都用矾，有大宗制的。

---

① 日本书中orpiment是雌黄，realgar是雄黄，与中文名词恰好相反，大概系从中文转译之误.

第三章　制药时期

38. **费来丁（Valentine）和裴雷塞耳洒（Paracelsus）以前和以后的医药学**——原来点金术的范围很广，不但可使金属变换，并可治人疾病，养人心性。然一般点金家每将广义失掉，偏重狭义，致使中古时代1000余年间，化学的范围有了限度，化学的进步横生魔障，这是学术界一件很可痛惜的事。讲到医药，我们现在知道药品固含有生理关系，然势必根本上先有化学作用。很早的时候，药品完全以植物为来源。阿拉伯人能用蒸馏水、挥发油和酒精作配药。欧洲15世纪以前所用的药方，从阿拉伯人得来，多靠世世相传的法子。当时医生所奉为衣钵者，不外Galen和Avicenna二人。Galen或Glaudius Galenus（130～201）是纪元后第二世纪的罗马医生。他只讲药性，不讲化性；而所谓药性者，也不过沿用亚力士多德的水，火，土，空气四原素的说法。Avicenna（980～1036）是第10世纪左右人，阿拉伯医生；16岁时即以能医驰名，著有“Ganon of Medicine”。15世纪以前，此书乃欧洲医学教科书。费来丁和裴雷塞耳洒始先后——后者尤其有力——一面反对Galen一派医生，攻击世传的药方，一面主张化学的最大作用，不在点金而在制药，唤起医学家、化学家，并一般人注意于化学药品和化学知识之重要。自此以后，大家才知道研究化学的反应和制取化学各物质；化学家不再耗精力去寻那无何有乡的智者石，而以提取化学药品为职志，Agricola, Libavius，和Glauber尤其如此。于是各种丁几（tinctures）、提料（extracts）和精质（essences）遂大用于医药。故从1500年左右，化学史上乃有一次的革命，化学乃不知不觉的猛然进步。

费来丁既倡汞、硫、盐三原素之说，裴雷塞耳洒和之，并推广其说，以为此三原素者不但是矿物所由成，也是动植所同具；不但是金属的根源，也是人身的必要。人之所以疾病者，乃三者多寡状况等等不得其适合之度所致；欲补救之，非用从化学方法制造的药品不可。故化学知识，他认为非常要紧，凡习医的人，一定不可不习化学。费来丁和裴雷塞耳洒都反对Galen四原素各为寒热燥湿中二品性的观念，而裴氏尤甚。他说第一原素，可包含所有品性在内，例如我们可有干的水和冷的火。费来丁所著“锑的胜车”中，有许多制锑之术。他说毒（poison）之一字，只有相对的而无绝对的意义。他说锑对于点金和治疗都是重要的东西；锑自已连其化合物他都用作内服的药。后来虽因有秘制锑药的流弊，欧洲政府有禁止用锑的，然锑的用处却更昭著。裴雷塞耳洒之敢用毒剂，似乎犹过于费来丁。

39. **医药化学家的领袖裴雷塞耳洒**（Paracelsus 1493～1541）——费来丁和裴雷塞耳洒同为医药化学家的领袖；以时代论，前者比较的稍早，然以势力论，后者却更大的多。除前者的生平已经讲过外，此处单讲后者。裴氏瑞士人，其历史有点奇怪。他的名字，完全写出来是Philippus Aureolus Theo-Phrastus Paracelsus Bombastus von Hohenheim。他是16世纪中名誉最盛的一个人物。他生于一村，离Zärish不远。他父亲尝教他医药学和点金术。他先在Basle大学读书，不久就到处游行，不但欧洲各国，亚非两洲也曾到过。1526Basle的长官请他在大学为医药教授。当他第一次上讲堂时，他就将当时所最崇拜最信仰之Galen和Avicenna二人的医书公然烧掉！二年后他因争薪去职，又过他的游行生活。他说他发现了the Elixir Vitae可使人长生，但他自己才48岁，竟因得病发热而死了！

他的功劳在乎从点金势力之下提倡解放，为化学开一新纪元。他的名誉在乎他大声疾呼的痛骂当时的医生，推翻当时的医学。他自命为医学大家，恰好一半靠着运气好，一半靠着胆子大，他竟用些毒剂治好些病；其实他并不懂得科学的性质，也不曾自做化学的研究，或有什么发现。他的医学，乃从知识浅陋的人学来，但格外胆大。他说最利害的东西可变为最有功效的药品，不但汞和锑，他并用铅、铁、蓝矾、鸦片和砒（外用）来治病。但他又迷信多神之说，以为五脏各有神主之。病能治好不能视乎神意，而药品则必用化学方法去制。当时研究的普遍溶剂，他起首叫作alcahest。

40. 其他制药化学家——制药化学家虽多江湖或迷信一派，然而真能自觉，极力改进，或在医学方面有正当的观念，或在化学方面有伟大的贡献者，也有几位，以下可简单介绍。

Van Helmont（1577~1644）——比国人，生于贵族，产业很富，他偏弃而不要，专心求学，以医为业，对于Paracelsus只有一部分的相信。他辨认胃汁中有酸，胆汁中有盐基。他说人胃中酸质太多以致胆汁不够与它中和，就要生病，想调治之，须用盐基性盐；反之，胆汁太多，则用酸性盐。关于化学原理，当时仍相信亚力士多德的四原素和裴雷塞耳洒的三原素之说，惟Helmont主张原素只有一个，就是水。他的理由是万物皆生于水。例如（1）有机物燃烧时往往有水发生。

（2）鱼类依水为生。（3）他的古怪不得试验。他尝栽嫩柳一枝于大盆土中。先将所用之土干燥秤之（200磅），所用柳枝也先秤过（5磅）；栽了以后，不用肥料，不让灰尘等进去，只是每天用极纯洁之水浇之。如此过了5年，然后将柳取出，再使土干燥，再将柳和干燥之土分别秤之。因土之重量实际上没有增减（只少了二两），而柳则长成大树，重的多了（169磅零3两），他于是下个结论说这柳的枝叶根干（164磅）都是用水组成的！Helmont又相信点金之说；其主要目的，尤在发现alcahest。Glauber也要去找这个。但最奇怪的，他们竟没想到找出alcahest时，如何将它保存起来。因为既是普遍溶剂，它将溶解盛它的器皿，势必致一经找出，仍然立刻失掉！

虽然，Helmont对于科学的贡献不少，他提议用天平试验之必要，和用冰点沸点为寒暑表之标准。他信蓝矾中溶铁所析出之铜原存在于液中。他用试验察知水玻璃（water glass）中含有矽石（silica），当前者用酸分解时，后者仍然析出。还有最是纪念者，他在水槽化学尚未出世以前，居然发现了炭酸气。原来一直到Helmont时代，莫说气体与气体，连气体与蒸气也无分别。更进一层讲，气体（gas）一名词，简直尚未出现呢！Helmont才将这个名词介绍给我们。他说蒸气与气体之别，在乎前者较后者易于凝结。他又将他用各异方法发现的炭酸气叫作gas sylvestre；阿莫尼亚，他叫gas pinque。

Libavius（1540～1616）——德国人，他做过Leyden大学的化学教授。因为他的提倡之力，欧洲第一个化学试验室就是设在那里。他对于Paracelsus持平允的批评态度。他所著化学书籍，详于事实，一时用为教科。他的工作，大半是制造药品。四氯化锡（$SnCl_4$）是他发现的，故有“fuming liquor of Libavius”之称。他证明从白矾或绿矾所得之酸，和用硝和硫燃烧所得者同是硫酸。

Sylvius（1614～1672）——荷兰人（？），生于Hanau，当时医学大家。他将Paracelsus或Helmont搀入医学的迷信一概除去。他说动物身体中各生活手续（vital process），无非化学的。他认呼吸和燃烧为类似的现象。他辨动脉血和静脉血。前者现红色，他说因有氧气吸入，他尝大用锑和汞等毒剂为药料，他的学生Tachenius，首先下盐之定义为酸和盐基相合。

41. **制药时代的实验家**——制药时代有冶金家、陶业家和工业家各一位，以下可分别略述之。

Agricola（1490～1555）——Georg Agricola德国人，先习医学，后因久住在Bohemia山里，对于矿石等事物特别有兴趣，故专门研究冶金和矿物学。他著有Dere Metallica， Libri XII，其中备述炼铜（smelting of copper）和从含银的铜矿使银复原法（recovery of silver），又说如何可以提汞，如何盐和醋处理可使汞洁，如何用汞合法（amalgamation）可以提金，和如何使汞复原。其余如铁，锡，铅，锑和铋的炼冶法，他各曾论及。他的工作，在16世纪时最为重要。

Palissy（16世纪）——Palissy法国人（？），乃16世纪的陶业家，他其初不过一个平常陶匠，没受过高等教育，然以多年的专门勤苦，竟得最后的成功。他只信试验的结果；若非经过试验或自己的观察，虽大人物的话，他都不相信。他著有陶业之艺术（L’ Art de Terre）；对于矿物学和农学，也各有研究。

Glauber（1604～1668）——Johann Rudolph Glauber乃德国很早的工业家，生于Bavaria，他的恳切爱国心从其所著“德国的幸福”（“Deutschland’s Wohlfarth”）可以见之。她说凡德国所买的外国货物，其原料系德国出产者，德国应自制造之，并贩运出口卖于外人，他尝用食盐与矾蒸馏得盐酸，名为“muriatic” acid（muria之意义即海）；用硝与矾蒸馏得硝酸；又用绿矾自己蒸馏得硫酸。他利用其取得之溶解金属，得氯化铁，汞，锑和金，可作药品之用。他又了得爆炸酸金（fulminating gold），结晶硫酸钠（$Na_2SO_4·10H_2O$）是他发现的，这个常用的泻药是他介绍给医生的，所以这样东西就叫作“Glauber’s salt”。

42. **制药时代实际上的化学**——制药时代，不过像点金时代十分之一的那么长久，我们自然不指望的化学在这个时代有多大的进步。姑且分作三段讲。

I. 金属和非金属原素——冶金学——用硝酸分享金银法，当15世纪之末，首先在Venice大宗用之。汞合法（amalgamation process），当16世纪时首先用于墨西哥，18世纪之末介绍于欧洲。Puddling造钢法，是Agricola首先说明的，当时认刚为纯洁元素。在16世纪时，锡常用以镀铁（for tinning iron），但其化合物实际上不知道，直至Labavius才发现四氯化锡、锌和铋的性质，制药家渐渐明白，但仍常与锑相混。

中古时代，金属中惟一原素的发现是锑，非金属中是磷，而磷之发现历史又恰恰有点奇怪，好像与锑之发现历史遥遥相应似的！原来baldwin（1600～1682）尝用硝酸处理白垩（chalk），得硝酸钙。此物易吸收水气，但强热之则得无水硝酸钙。因无水硝酸钙能在暗处发光，故名为"phosphorus"。稍迟真正原素，才被Brandt于无意中发现，其法系用蒸发过之尿即浓尿液相和蒸馏即得，但其结果是Kunckel首先于1678年发表的。其初Kunckel一再设计想知道Baldwin和Brandt的发现，但他们谁也不肯告诉他。他不得已，乃亲自去做试验，后来居然也从尿取得原素燐所以Brandt和Kunckel二人，都是燐发现者。

II. 无机化合物——关于各矿物酸的制法，Geber和Glauber都有贡献，以前已经讲过。Glauber又说从硝和white arsenic可制取发烟硝酸。Libavius又证明从白矾，绿矾，硫和硝酸所得之酸都是硫酸。利用盐酸，硝酸，或硫酸与金属、盐类和有机物反应，可得各种化合物，有些为以前所不知或未如此取得的。又从此等反应，则产物之成分，往往可推测而知，不过在制药时代此种知识尚在胚胎期中。各金属氯化物以前是用金属与升华汞同热而得，故假定其中含汞。Glauber等反对此说，因这些产物，他从他所制取的盐酸也可取得。

氯化铔和炭酸铔二者知道的都很早。在上古或中古的时代，氯化铔似乎是从亚洲或非洲介绍到欧洲的，而其制造地尤以上埃及（Upper Egypt）之神庙Temple of Jupiter Ammon为最著名。在此庙中，驼粪用作燃料，氯化铔乃其升华物。其初氯化铔叫作sal-arminicum，后来改作sal-ammonicum，大概都是就那神庙命名。不过，sal-ammonicum本来又用以表示氯化钠和炭酸钠，可见当时不知它们与氯化铔的辨别。Geber说氯化铔可从尿和食盐取得。包宜尔（Boyle）以后，氯化铔又从动物身上各废物，如角、骨等用干蒸馏法得来（先得炭酸铔，加盐酸中和，则变成氯化铔）。因为这个来源，所以从氯化铔放出之阿莫尼亚，叫作"鹿角精"（"spirits of hartshorn"）。

III. 有机化合物——在制药时代，实际上有机物用的渐多，而实在的知识仍然有限。铅糖和盐基性醋酸铅，当时用为药品。虽然酒石酸自己是后来才发现的，吐酒石（tartar emetic）乃用三氧化锑和酒石精（cream of tartar）同烧而得，16世纪用为贵重之药。琥珀酸（succinic acid）和安息酸（benzoic acid）当时已知道了，有些果酸虽未发现，多少总也有人晓得。至于酒精一名词，16世纪时始用之；但第8世纪时已经取过。在制药时代，以脱（ether）虽有人从酒精和硫酸反应发觉之，可惜全未唤起当世的注意。还有“Dippel's animal oil”，乃Dippel用骨使受破坏蒸馏而得，有恶臭。黄血盐（Prussian blue）乃这位（？）将血与苛性钾先烧成灰，再加绿矾而得，这两样可算这时期特别的发现。

此处可以顺便说一声，制药化学家对于动物身体上的产物，如乳质、血液和排泄物之例，在这个时代，考察的很多。

43. **制药时期的化学工业**——制药时期的化学工业可以特别注意者要算陶业染料和造酒。当时陶业所以大有进步者，Palissy（见上）勤苦之力居多，他能固定磁釉（enamel）于陶器上，在Fayance陶器上尤其特别。当16世纪时，意大利Venice的工场所制，现在仍颇重视。又1640年，有人著“玻璃之工业”（“De Arte Vitraria”）一书，其传播之功不小。但此时最重要的发现，是钴蓝玻璃，后来叫做花绀青（smalt）。

关于染料一方面，此时美洲既然发现，东印度与西方也有海洋上之交通，其结果是靛蓝和胭脂虫（cochineal）输入欧洲者更多。定色剂则锡液、铁液、矾液等都用。1540有人著染色教科书。Glauber在染色上也有贡献。

因为制药时代，蒸馏器具大加改良，故造酒这个新工业遂应运而生。当时所造的，多系泼兰第酒（brandy）。此酒初只用于医药，后来渐用为饮料。

第四章　燃素时期

44. 1630伍莱（Rey）对于烬烧加重的解释——寻常，大家总以为在燃素时期的中间，或说1770年以前，实验一方面的化学，除卜拉克（Black）的工作外，都是定性的。而非定量的；在理论一方面，关于燃烧等现象，并不知有空气的关系。其实，金属燃烧后分量加重的事实，Geber的时候已经知道，至16和17世纪时，这种观察尤多而可信。例如Lemery 的Conrs de Chymie（1675）中，说锡和其他金属烧后加重许多。但其中实在分量却未载明；严格讲起来，尚不算是定量的。有个定量上很好事实，是1607年法国医生Jean Rey告诉我们的。他说道有位Bergerac的配药师名叫Brun的，"尝用二磅六两上等英国锡，放于铁器中，在通风炉上强热6小时，不断搅之，但不加任何物于其中，他居然得了二磅十三两白色炉灰；他诧异之下，很想知道这多出的七两是怎么来的。"

有人说因为铁器细屑搀进去了，有人说因为炉烟，还有人说是热等等的关系。惟Rey则断为因空气凝结于锡烬的原故。此外还有铅燃后加重8～10%，他也如此解释。

要知Rey自己并未做试验来直接证明加重的原因。他不过完全从理论上说明所有可能的原因中这不是，那不是，反证出一个最后的是——空气凝结于锡烬——来。况且他只说空气，则不知空气可分作几部分；只说凝结，则不知有化学上的化合。所以他的解释理由很不充足。

45. 1673包宜尔（Boyle）对于煅烧加重的试验和解释——世间奇怪的事多得很！Rey自己没做煅烧的试验，偏有大致不差的解释；包宜尔做了屡次仔细的试验，其解释反而大错特错！且说1673年包宜尔用铜、铁、锡、铅等放骨灰杯或坩埚中在炉内烧之，测得其重量之加增如下：

480 grains 铜加重 30～49 grains

480 grains锡加重 60 grains

240 grains铁加重 66 grains

480 grains铅加重 7 grains（除失落些不计外）

212 grains银加重 2 grains

包氏又恐怕加重由于外边不洁之物。为免除这宗错误起见，乃用两个坩埚合起来，用泥土封好，或用密闭玻璃杯来试验，最可注意的是他在密闭玻杯中使锡煅烧。因为他这个试验，正是后来赖若西埃的试验的张本，他所用手续，与赖氏的（98节）也大概一样，他从二两（2 ounces）锡屑，煅烧后得了一个大块，上有灰色煅灰和些很小珠颗，似是锡屑熔成的；共重2两12格林（grains）。

然则包氏的解释怎样？要替他下答案，须先知道他对于火的概念。原来，包氏在很早的时候已认火焰为实在物质，并且认为是极细微的corpuscles所成。他的1661“怀疑的化学家”中已经说过：火的无数corpuscles，从玻璃隙入于瓶中，可与瓶中物体相结合，以成新物体。因为有了先入为主的成见，所以无论什么现象，在他看起来，都不能彻底；而且以上试验，反促使其成见越发坚固！于是1674年他有

“使火和火焰固定而且可秤的新试验”（“New Experiments to Make Fire and Flame Stable and Ponderable”）的论文；于是他简直认为金属烬烧加重是由于火的质量加上去的。若用程式表示，即

金属＋火＝烬灰。

虽然，包宜尔不是叫作“化学的父亲”（The Father of Chemistry）吗？这个徽号，他何尝担当不起呢？所以以下要介绍他的生平和其各项工作。

46. **包宜尔的生平**（Boyle，1626～1691）——包宜尔，名Robert，英国人，1626年1月25日生于爱尔兰。他是考克公爵（Earl of Cork）之少子，在兄弟中排行第七，连姊妹算则第十四。他初在家中读书，8岁入伊顿（Eton）学校，11岁时即能操法语和拉丁语。他不久往大陆游学，住在法、意和瑞士数年；及至回国，他父亲死了，他才住在他的采田附近，在英国Dorset地方。

现在讲包宜尔与英国皇家学会（The Royal Society）——世界最早的学会——的关系。有“无形学校”（“Invisible college”）或叫“哲学社”（“Philosophical Society”）者，乃当时少数新学家所组织。他们自1645年即非正式地在伦敦彼此家中——有时在Graham College——开会，每星期一次，专门研究实验科学，那时叫作“新哲学”，而禁谈宗教或政治上的事情。包宜尔不久就加入这个团体。后来该社社员多在牛津（Oxford），包氏也于1654年搬去。那里大学中各教员都努力治实在科学，并且于各自试验之下，如有发现，互相通知，以资考证。那无形学校因为有这些人的努力，一天发达一天，不久就变成那皇家学会。1663年该学会受英王查尔斯第二之特许状，设会所于

伦敦。包宜尔乃于1668年又搬到伦敦。自此以后，他往在伦敦终其身。因为这个原故，雷谟赛（Ramsay）文集中才称包宜尔为伦敦大化学家之一。

又，包宜尔（自1680年）做皇家学会会长10余年，直至1691年12月31日他死的时候。他有许多论文载在这个学会出版之哲学汇报（Philosophical Transaction）里。

包宜尔身体长瘦，面带黄色兼有憔悴的神气，其所以能享年65岁，并且做了那么伟大事业者，幸亏他饮食有节，运动有恒。他的为人，温良慈善，蔼然有礼，而又笃于友谊，重于感情。有人说他一生容貌之间从未现出与人失和的西门子，人家也无不敬重他的。

47. **包宜尔的工作**——包宜尔是个理化大家。就物理学而论，1659年他曾介绍空气唧筒，即抽气筒，比以前发明的（1654）好些；又于研究空气之下（1661），发现脍炙人口之定律，即所谓“包宜尔的定律”[①]。他尝发现液质之沸点视空气压力为升降，尝解明虹吸曲管之作用，钟摆之动荡和声浪之传达；尝试验火焰之性质及空气与燃烧和呼吸之关系。他著有流质的历史（History of Fluidity），说物质之所以为流质者，因其所由组成之极微分子只在其表面上互相接触，但有无数空隙错综其间，故各分子易于滑溜，直至遇有外界阻力，乃呈“盂圆水圆盂方水方”之象。他以为液体之必要，大概在乎分子之微小，形相之有定，空隙之满布和激动之多方。包宜尔是注意结晶学最早之一人；他说结晶体的品性，每与其结晶状态等有密切关系。他又

① Mariotte曾独立的发现这定律于17年后。

创用冰盐相和之“结冰混合物”（freezing mixture），以证明冰生于水而容量反大于水的道理。他的方法系用水装满枪杆后，将枪口紧闭，再用盐和雪使水结冰；其结果是枪杆被里面的冰涨裂了。

且说包宜尔在化学上的贡献，不能比其在物理上的贡献少了。第一，他首先下原素的定义；第二，他成立个物质之微点学说（the corpuscular theory of matter）；第三，他首先确认化学分析之重要，并打定其基础。

先是原素一名词，从无一定的意义，故亚力士多德的四原素或裴雷塞耳洒的三原素之说法，17世纪时还有人相信。惟包宜尔才在其“怀疑的化学家”（“The Sceptical Chemist”）一书中极力批驳这些说法，并从而下个定义，大概说惟物体成分之不能分解者为原素。这个定义直至近世尚能适用[①]。包氏逆料原素之数必不止三个或四个，但又认当时之所谓原素有些实非原素。

同时，包宜尔似乎相信原始物质只有一种；所以能成各异原素者，大抵在乎各质点的大小、形状和运动之不同。他相信物质是无数微点（corpuscles）所成，所以这学说就叫作微点学说（corpuscular theory）。照包氏的意思，相异二物体之质点互相吸引，则生第三物体而成化合物；倘此化合物中二成分之交互爱力，小于其中一成分与第四物体之爱力，则此化合物分解而另生第五物体。他认化合物之性格与其成分之性格可以完全不同；化合物与混合物之区别，就在这个地方。

---

① 最近始用原子数（atomic number）来下原素之定义.

包宜尔以为研究万物之成自何质，分为何体，为化学家当务之急。他首先将定性分析订出系统，将许多物体分成各组，又介绍些常用试药，详述其用处。他自已也尝发现各种反应或试法，例如利用石蕊为指示剂，用盐酸生烟法来试验阿莫尼亚和其他。这可算是分析化学的起首。此外他又尝用醋酸铅与石灰蒸馏取出三炭酮（acetone），又用破坏蒸馏法从木中取出木酒精（wood spirit或methyl alcohol）。

要知包宜尔生平之最大事业，端在其以新精神输入化学，自有包氏，化学乃不复为制药或点金之附属品，乃能在科学中独树一帜。他尝说：

“我见世人之醉心化学者，舍制药或点金外无甚见解；我之对于化学，则不以医生或方士之眼观之，而以哲学家之眼观之。”

总而言之，包宜尔是个科学大家，其治理化，绝非有所为而为之，其目的只在研究真实，发现定律，以范围天然各现象。他非常注重试验，所以他又尝说：

“人苟视哲学之进步重于一己之名誉，则易使之恍然于下述的道理：人之所能效力于世界者，莫过于勤在试验上做工夫。……在将所有要解决之一切现象尚未悉心观察以前，不要成立学说。”

包宜尔的著作很多，基重要者计有：

1660，The Spring of the Air；

1661，Sceptical Chemist；

1662，Defence against Linus；

1663，Experiments on colors；

1672，Propagation of Flame in Vacus Boyliano；

1673，New Experiments to Make Fire and Flame Stable and Porderable；

1680，Producibleness of Chemical Principles。

“怀疑的化学家”初出版时是匿名的，后来续出多版，才将他的大名揭出。

48. **胡克司（Hookes）、梅猷（Mayow）和解立司（Hales）的工作**——胡克司，梅猷，解立司三位，都是英国人。胡克司和梅猷与包宜尔同时，但解立司晚他四五十年。他们3人对于化学各有些贡献，尤以梅猷的贡献为最大。

胡克司（Robert Hookes 1635～1702）先做包宜尔的助手，后做皇家学会的书记，但死时很不得意。他性情孤高自大，目空一切；他富于思想，长于发明，著有“Micrographia”，1664出版。此书中对一原理颇能不惑于当世的观念，而有独到的见解。他首先认火焰为正起化学作用的混合气体；他说没有空气，不能燃烧；又说硝之作用，略与空气相同。但他仍信燃烧物体中有“sulphurous principle”放出。

梅猷（John Mayow，1645～1679）为首先用水槽法收集气体之一人。以前收集气体的方法很缺乏，蒸馏时接受器中，有时放水，以吸蒸馏过来的气体。然凡不能遇冷即凝或不溶于水的气体，只好听其失掉。梅氏不但发明水上倒瓶法以收集气体，并知利用玻璃瓶中水面的高下，以测定气体容量之增减。他不但知空气为燃烧或呼吸所必要，并能较他人进了一步。辨别空气中有二成分：一个助燃或呼吸，一个不能。他所以能下这种辨别者，一半赖其水上量气法的发明。他尝用（a）燃烛和樟脑于水上，覆以倒瓶；（b）置小鼠于水，覆以倒瓶等试验，因见瓶中空气容量的减少，才发现一部分空气被用，而一部分空气剩下来。他又进而察知所剩气体比空气稍轻，他的有趣试验，还有可以使空气中二性质更加明了者：（1）燃烛并置一小动物于闭口瓶中，则见烛先灭，动物继之而死；（2）单放动物而不燃烛，则动物活在瓶中的时间可以加倍；（3）瓶中先燃过烛，再放动物进去，则动物立刻就毙。能助燃和呼吸之一部分，他叫spiritus ignoæreous。又因硝在水面下能继续燃烧（包宜尔已经知道），他知硝中含此物；故此部分又叫spiritus nitro-æreous——100多年后才叫作氧气。

梅猷本是个医生，对于呼吸作用，尤有特别见解。当时的人说呼吸使血变凉，他说变热。所以变热者，他说由于nitro-æreal质点与血中可燃质点相化合。依同理，金属烬烧时加重，他说是由于nitro-æreous与金属相化合。他著有“Medico-Physical Works，”1674出版，但他的“De Sale Nitrock Spiritu Nitro-æreo”已于1669出版，可惜他死的时候年纪才34岁！他的缺点，在乎（1）不能从空气中将其spiritus nitro-æreous提出，（2）不能辨别空气和其他气体。

解立司（Stephen Hales，1677～1761）乃一牧师，对于水槽颇有改良。他尝取得氢气和阿莫尼亚；然而他既误信空气为原素，又认各种气体都是变相的空气。所不同者，在乎搀有各种不洁的东西，所以他的工作不必多讲。

49. **柏策**（Becher）**和燃素学说之起首**——柏策（Johann Joachim Becher，1635～1682）德国人。他少年丧父，家中老幼都靠他生活，因之期初他受经济上的影响。但他不久境遇稍好，尽有读书游历等费。后来他被聘为Mainz大学医药教授，又做Archbishop of Elector的医生。他富于思想而拙于实行，长于理论而短于试验。尝提倡世界语，自己发明一万字作这种用处。又提倡化学工业，说煤气火焰可作冶金之用。但其计划往往失败，甚至不得已时逃往外国过些游历生活，最后死在伦敦。他的著作有十几种，最著名者是1669年出版的Physica Sub-terranea。

燃烧为常见之现象。物质燃烧时，往往有光热之变迁。自古迄今，光、热和燃料诸问题，都有研究之必要。希腊人认为原素之一，然他们只要考察万物之本原，并未拿火来作燃烧的解释。“制药家”之所谓硫，既为燃烧之要素，似乎可拿这个说法作为燃烧上第一种解释。阿拉伯人认金属的烬烧与石灰的烧成相类似，这是calx一名词的来源。除此几种事情以外，虽到17世纪上半叶，沿无具体的燃烧学理，柏策的Physica Sub-terranea书中，才说燃烧的作用，在乎分解——燃烧物体之分解，照这说法，物体之不能分解者——原素尤其特别——当然不能燃烧。

柏策以为一切sub-terraneal物体都是水和土（earth）所成。从这二者，我们先有三种要素，名为“三土质”（“three earths”）：（1）terra pinquis，（2）terra mercurialis，（3）terra lapidia。这些拉丁名词的英文译法稍有不同；pinquis译作fatty或combustible；mercurialis译作mercurial或fluid; lapidia译作vitrifiable或strong。这三种土质与硫，汞，盐三原素相对待。照柏策的意见，每一金属都是这三种土质所成。因其比例不同，故金属的品性各异。每一可烬物体——必须化合物体——至少含有两个成分。燃时一个放出一个留下；放出者乃pinquis要素，留下者乃lapidia要素，即calix。柏策尤注意一个假定：每可燃物必含燃烧素（principle of combustibility）。这燃烧素是不别的，乃是pinquis土质，这pinquis土质，虽是硫中一成分，然却不是硫自己。后来Stahl才叫这个为“燃素”或火质（phlogiston）。所以燃素学说，当推柏策为第一发起人。

50. **许太尔（Stahl）和燃素学说**——柏策对于燃烧的说明，虽如上述，然很有不能确定之处。他常希望有人继他的后，完成这种学说。许氏（Georg Ernst Stahl，1660～1734）乃柏策的学生，专业医学，23岁毕业后，即做医学讲师；34岁时，被聘为Halle大学医学科第二教授。他先后共做教习30余年。1716年后，他到柏林做普鲁士王的医生，同时研究化学的真实。他的最要著作，在乎1702年将柏策的Physica Subterranea重新编辑时，加入他自己的Specimen Becherinum;其内容是将他先生的说法扩充起来。故柏策的学说，原来只是燃烧的学说，自有许太尔出，真正燃素学说方才成立。

然则许太尔的燃素学说究竟怎样，Edward Thorpe说过：

“一块木头可以烧着，一块石头不能。为什么呢？许氏说，因为木头含有特别要素，石头含的没有。煤、炭、蜡、油、磷、硫——简而言之，所有一切可燃物体，——都含这个公共要素；这要素（我认为实在物质）我叫作燃素或火质（phlogiston）。于是我认所有可燃物体都是化合物，其中一个成分是燃素。……当一物体燃烧时，燃素分离出来；并且所有燃烧现象——热、光、火焰——都是因为驱逐燃素的剧烈。……燃素为一切化学变化的根本，化学反应，乃燃素作用之种种表现。”

Thorpe又举锌和铅的烬烧为例，说许太尔的判断，是（1）烧后燃素逃掉而残烬剩下；（2）颜色的变更，与燃素逃出的多寡和迟速有关系。又据许太尔燃烧愈利害，愈完全者，必然燃素愈多。故他认烟子（soot）为极纯粹的燃素，而硫、磷中燃素也不少。许太尔较柏策更进一步，说金属残烬，可变为金属自己，所有必要条件不过加上燃素而已。如将红铅（red lead）或锌之白色残烬，与煤、炭，或任何富于燃素之物体强热之，则二者化合，复生金属。这种反应实在就是还原（reduction）。依同理，许太尔尝使硫酸还原为硫，他并由此试验下个结论：硫，犹之金属，是个化合物。金属是残烬和燃素的化合物，硫是硫酸和燃素的化合物。所以燃素只是硫之一成分，而不是硫自己。

包宜尔也尝说过，硫是硫酸和一原素所成。这个原素，他叫“fire matter”。然则许太尔之所谓燃素，似乎即包宜尔的fire matter。要知他们二人的概念，恰好相反：

包宜尔：金属＋燃素＝烬灰

许太尔：金属－燃素＝烬灰

又许太尔虽尝说燃素不是火自己，而是发火之必要情形或品性。但他和其信徒都不能决定燃素究竟是不是实质的东西。其结果这名词在应用上也无这种分别。

51. 燃素学说的用处——燃素本身的存在和品性，当时虽然弄不清楚，然而燃素！燃素！却有神通广大的用处！除燃烧、烬烧和还原上文已解释外，燃素学说，还足说明另外3种现象：（1）金属溶于酸质，可作为金属的分解。其中放出的燃素，与今之氢气相当，其残烬始深于酸液。（2）金属在溶液中换置。例如铜液加铁，则得铁液和铅，燃素学派以为是铁中之燃素移到铜中的原故。（3）生物的呼吸，后来也说是燃素作用。据此，则肺中呼出的多是燃素呢！

这样局部的、枝叶的说法，还不免小看了燃素学说。欲就大处着眼，不可不知时代的关系。盖17、18世纪中间，化学现象东鳞西爪，零零碎碎，譬如航海而无指针，行军而无司令。自有燃素学说，化学才有第一次的系统，才渐渐进于科学的学问。所以，燃素学说在今日看起来不但没有什么价值，反易惹起误会。然在当日，居然风行各国，历百余年，许多大化学家始终为其束缚，不能脱离，其中必有个原故。况化学在这学理之下，始有震铄古今的大发现和一日千里的大进步，假使没有时势的需要，那里能做得到呢？

52. 燃素派所感的困难和其辩护——燃素学说的用处，诚如上文所述的那么样多，那么样大。然其所遇困难，却也有种种：（1）燃素究竟是不是一个实在物质？如果是的，何以没人将它单独提取出来？它的详细品性究竟怎样？（2）既然燃烧、烬烧或呼吸等都是燃素而非空气的作用，那末空气何以为燃烧等所必需？（3）燃烧或烬烧时既然放出一样东西——燃素——那么原来被燃物体的重量，应该减少，何以实际上反而加多？（4）照Bayen的试验，单将红色氧化汞加热，不加燃素自能得汞。（5）照Priestley的试验，氧化空气更能助燃。（6）照Cavendish的试验，氢和燃素恰是一物。这些困难合拢起来，自然给燃素派一个足够致命的打击。

要知燃素派也有种种辩护——派中有些人的确有为主义而牺牲的精神，不到理屈辞穷，总归不肯干休。然则他们辩护之点，在什么地方？第一，正因为燃素学说的用处，有上述的那么多，那么大，许多人就迷信似的去欢迎它，崇拜它，不管它实际上存在不存在，它的详细品性更说不到。第二，柏策和许太尔都认燃烧时空气之作用，在乎吸收燃素或与之化合。但其吸收的力量有限度。在少量空气中，燃烧或呼吸不久即停止者，因那空气已被燃素所饱透的原故。第三，关于燃烧后物体加重的问题：（a）其初大家只照顾定性一方面，对于定量上不去注意。（b）包宜尔的“fire matter”，虽然与燃素大有分别（见上），然他的说法在燃烧加重上自成一解。（c）有人说燃烧或烬烧后，物体密度大些，所以重些。照这说法，似乎一磅铅应该比一磅羽毛更重了！这是不能辨别绝对重量和比重的弊病。（d）最奇怪的有，人说燃素对于地心是相驱的，其重量是负的，所以可燃物体，放出燃素后，反而更重。这本来要算是遁辞；但燃烧时燃素——实在是热的烟气——看起来总是上升，主张此说者，恰好有所藉口。此外燃素派还有多少的辩护，想解决别的困难；无奈理由总不充分，甚至越想辩护越发失败。最后，有些地方他们只好让物理学家去解决了！恰好氧气、氢气、和水的成分等等，都在此时期中发现。于是是燃素学说，才无丝毫保留之余地。

53. **燃素时期德国化学家**——当17和18世纪时，德国没有一个——姑且将柏策和许太尔除外——像英国或法国的大化学家。虽然，Hoffmann、Boarhaave和Marggraf各有特别贡献。他们在此时期，要算3个杰出的角色，以下特为读者介绍。至于Neumann、Eller和Pott，我们知道他们的名字就够了。

Hoffmann（1660～1742）——Hoffmann是Stahl的很好朋友，专门医学，尝做Halle大学医药教授。对于Stahl的学说他只承认其一部分。

1722年，他能辨别白垩（chalk）、苦土（bitter earth）和矾（alum）——三者以前没有辨别。他的最大工作，在乎水的分析。他尝证明水中含有炭酸、食盐、镁化物和钙化物，并说如何试验其存在。他知水中有时含硫或铁而无金、银和砒——以前说水中有这三样。他又尝利用结晶形状，来辨别各种盐类。

Boarhaave（1668～1738）——Boarhaave也是Stahl的同时人。他的境遇，犹之Becher，少年即须自谋生计。习医毕后，即渐渐知名，能有余钱买书籍并成立试验室。后来他在Leyden大学做医药教授，最后又兼化学和植物学教授。这个大学所以能在欧洲各大学中占一优越地位者，正因为有他这样人才做教授！他反对燃素学说的大部分，又反对包宜尔和他人的观念——物体烬烧时有可秤的“fire matter”吸入。当时认相似物质有爱力，他反对之；说相反物质始有之。当时制药化学家说从汞可得更易挥发的物质，但他将汞蒸馏500次，知其不变。

他是有机化学的——动植物学的——分析家之老前辈。他尝仔细考察植物枝叶和其所从生的土质，知植物成分，多从土质（soil）得来；土质中没的，则得自空气。他能一步一步的推知雨水先将土质溶解变为溶液，植物方能吸之，作为滋养料，他又拿动物的乳、血、胆汁和淋巴液来分析，于是断定许多物体从矿物到植物，再从植物到动物。

Marggraf（1707～1782）——Marggraf比Stahl晚四五十年，但他是最信燃素学说的德国人。他是个实验家，尝做柏林科学院试验室的主任多年，他有几个特别发现。

（1）甜萝卜（beetroot）中有糖。1745年，他有一篇论文登在柏林学院杂志上，说胡萝卜（carrot）和甜萝卜的根切碎阴干后，若放显微镜下检察之，可以看见根上有糖的小晶体。这是显微镜用于化学试验之第一次。他又说这糖质可用热酒精或压榨法提取。这篇论文，现在讲起来还觉得津津有味，那知当时却无人注意！一直等到1806年拿破仑的大陆锁港（Continental Blockade）时，这种制糖新工业，德国才起首呢！

（2）取燐酸：Marggraf知道制取磷酸之法有二。（a）燃磷于空中，再溶于水；（b）磷与浓硝酸同热。他又从小便（urine）分离出来microcosmic salt，说其中有磷。

（3）石膏（gypsum）等的成分。他已知硫酸钾放木炭上烧之，有燃硫的气味放出。用石膏和baryta试之，也是如此。所以他断定石膏也是硫酸化物。

此外他尚有许多贡献:例如他知magnesia， alumina与石灰之别；知soda与potash之别——看出它们的火焰不同；又介绍黄血盐为试铁之剂。

54. 燃素时期法国化学家——反燃素家（anti-phlogistonists）中的化学大家，要推法国人做领袖；但在真正燃素时代，法国本无头等化学家。不过Geoffroy、Duhamel、Rouelle和Macquer的工作，各有多少的价值。

Geoffory（1672～1731）——1718～1729年，Geoffroy有几篇论文登在巴黎学院的杂志上，其中有16个爱力表（Tables des Rapports），例如

硫酸	固定碱质
固定（fixed）碱质	硫酸
挥发（volatile）碱质	硝酸
Absorptive earth	盐酸
铁	醋酸
铜	硫酸

这种表的意义和造法，此处可以说明。第二物体互相化合之力，就叫爱力。欲比较爱力之大小，本来不很容易。Geoffroy的假定是：——酸与某盐基反应后所得产物，若加入另一酸质，能将原来的酸赶出，则加入的酸质对于那盐基的爱力比原来酸质大些。为便于比较各酸对于第一盐基的爱力起见，我们可将各酸顺序排列成表，爱力强者在上，弱者在下。依同理，每一酸质也可自成一表，以表示各盐基对于它的爱力的比较。

爱力各表成立最早的要算Geoffroy的各表。他的各表暗示爱力是有恒的，通用了许久，其缺点乃渐发现，尤其是在高温时有些反应与其在低温或常温时恰好相反。例如Stahl找出氯化低汞与银在低温和氯化银与汞在高温时之反应。根据这种观察，Bergman乃分爱力表为二部分，一部分表示固体在高温，一部分表示溶液在低温，之爱力。（虽然如此分法，他认为一部分中爱力各有一定。）

Duhamel（1700~1781）——Duhamel du Morceau能真正取出纯洁的soda；他是首先提议从石盐（rock salt）制取soda的人。他说钾之火焰发紫色（violet），钠之火焰发黄色。他将soda和potash的区别证得格外实在。

Rouelle（1703~1770）——Rouelle是法国一个著名教习；赖若西

埃和Proust，都是他的学生。他对于盐之定义——酸与盐基相化合则成盐——比以前什么人认的都清楚些。他说盐有3种分别：（1）中和的盐；（2）含过剩的酸者，名酸性盐（acid salt）；（3）含过剩盐基者，名盐基性盐。他说那过剩的酸或过剩的盐基，乃化合的，非混合的。

Macquer（1718～1784）——以上所讲的3位都是燃素学说的信徒，然没有Macquer信的那么样利害。他对于燃烧学理，完全没利用定量的方法；但在实验上他的工作还不错。关于染色一门，他尤特别有名。他著有化学字典和教科书。

55. **燃素时期瑞典化学家**——从17世纪下半，至19世纪上半叶，小国如瑞典居然有许多科学家——Heine，Brandt，Cronstedt，Wallerrius，Bergman，Scheele，Berzelius等——著名于世！这些人中，以Bergman和Scheele为燃素或反燃素（anti-phlogiston）时代的化学家；故此处单论列他们二位。

56. **白格门的传略**（Bergman 1735～1784）——白格门（Torbern Olof Bergman）少年时，在Upsala大学读书。他的亲戚要他学法律和宗教，但他自己喜欢学化学和物理。他的第一篇论文，题目是“矾的历史和制法”。1761年他就做Upsala大学的化学教授。Gahn，Gadolin等是他的学生，Scheele是他的朋友。他的工作，载在“理化论文”（“Opuscula Physica et Chemica”），凡六册，死时年纪才49岁！

白格门是一个分析大家。他将定性和定量化学的基础，打得稳稳当当。他首先分析天然水，后来又分析一切矿物。矿物中盐酸不能溶解者，他用炭酸钾溶之。他认吹管为分析上很有价值之工具，并区别其内层和外层的火焰。苏达、硼砂和钠亚磷盐（microcosmic salt）等剂的用处，矿物学家Cronstedt已经讲过，白格门则推广之。硝酸钴液和白金丝（以前只用金或银）则是白格门的学生Gahn介绍的。以前要测定化合物中金属之量，必须先使之还原变为金属自己，白格门才介绍一个新法——只要测定成分有定的金属化合物，即可算出其中金属之量。

包宜尔尝说酸质能使蓝色试纸变红。白格门应用此试法于“固定空气”，断其有酸性；故叫作“aerial acid”。他又知“固定空气”较空气重，并能溶于水，但不知其是个化合物。

57. **许礼的传略**（Scheele，1742～1786）——许礼是古今来一个大发现家。他发现的有机或无机物体不下二三十个，其最著者，如氧和氯，久已脍炙人口。不过，许礼的地位与白格门不同。白格门是个大家教授，名望卓著；许礼则始终不过一个配药师傅。所以许礼的性情、志愿、品格等，因境遇的关系，更有足令人赞叹不置，闻风兴起者。可惜这些地方不但当时泯没不彰，后人也往往失于觉察。以下故表而出之。

许礼名Karl Wilhelm，瑞典人，1742年12月9日生于Stralsund（在德国北部，当时瑞典大城），幼年时先在私塾习拉丁等功课，又改入某中学校，在同学中以敏而好学称。少年即喜欢科学，能运用化学符号。但他父亲是个商人，不能供给他到大学去读书！他年14，乃从Gothenburg的配药师傅Bauch做学徒。这位师傅，待他很厚。他在此凡8年，抽暇尽读当时的化学和配药书籍，一方面又自做试验。所以Bauch给许礼家人的信中，说他应该睡时尚且读他那年龄所不当读的书，或做那大人尚且困难的试验，恐怕于他的身体不相宜Kunckel’s Loboratorium Chymicum和Neumann’s Prælectiones Chymicæ，乃他的侣伴；他勤勤重做这二书中的试验。他所以成个大试验家者，多半得力于此。

1765年Bauch的药店出倒，许礼到Malmö做另一配药师傅的助手，约两年。这两年中，他将他的有限薪水，全用于买书！所买书籍，他读过一两遍后，就记得他所要记的地方，就不再看！他的朋友Retzius说：

“他的天才完全用于实在科学；他绝对不喜欢别的……虽然他有极好记忆力，但似乎只宜于记忆有关化学的事体。”

1768～1770年，他在Stockholm，1770～1775年在Upsala，都是帮别人的配药师傅做事。1775年后，他自己在Köping买一药店专门研究化学，实行那“鞠躬尽瘁死而后已”的主义！

许氏一生，多在穷困忧患之中。他的化学教习，不过几部旧书！他的试验室，不过几处药店的附属房屋！然而他却晏然自得，不灰心，不失望，始终以尽力科学——尤其是化学——为目的；他为真实自己而研究，非为名利而研究；他认科学家为神圣事业，情愿牺牲以殉之。他说：

“乐莫过于从发现生出来的；发现之乐，乃能使心坎愉快的乐。”

果然“有志者事竟成”，他的发现居然能使区区一个配药师傅，当1775年被举为瑞典科学院的会员；乃他死后，他的试验室笔记和通信，居然先后有人为之编次成帙，当他的百五十年诞生纪念日公布于世；甚至有外国女士，特习德文和瑞典文去翻译他的著作；这是何等光荣！何等盛举！

以下列举许礼的工作。

姑且先就发现而言。无机方面，除独立的发现氧、盐酸、阿莫尼亚外，他尝发现氯、锰、baryta、氟化矽、氢化砒和所谓“Scheele's green” $CuHAsO_3$。无机酸质，他发现的还有氢氟酸、砒酸、钼酸、钨酸（tungstic acid，从一种矿石叫作scheelite $CaWO_4$得的）和nitrosulphuric acid。有机酸质，他发现的有蓚酸、酒石酸、柠檬酸、malic，lactic， mucic， uric，gallic和pyrogallic acids。他发现有机酸质的方法，是先制取它们的铅盐和钙盐（都不溶于水），然后再用硫酸使铅或钙沉淀，同时放出游离酸质。读者注意：有机化学，以前几乎完全在黑暗之中，许礼个人居然发现了9个有机酸质，若连无机的计算，他发现的酸质共有15个，恐怕比什么人发现的都多！

至于他项工作：他尝用新法取以脱、氧氯化锑（powder of Algaroth）、炭酸镁、氯化第一汞和磷；尝察知borax, microcosmic salt， 和Prussian blue的品性；又制取氢青酸、奶糖（milk sugar）和所谓他的甘油（Scheele's sweet principle of oils）。在分析一方面，他发现第一铁锰硫酸；分享铁和锰的方法和使矽酸化物分解的方法他也发现过。

他本来不长于理论，不注意归纳方法，又因惑于燃素学说致有许多误会，这都是他的缺点。虽然，这些缺点，只算是美中不足。我们若想到，在一方面，他的凭藉如何的少，他的工作时期如何的短；在又一方面，他所发现的东西如何的多，他所研究的范围如何的广；当然更相信他是古今有数的奇才！

第三编　近世时代（上期）

第五章　二种氧化炭和炭酸化物

58. **卜拉克的生平**（Black, 1728～1799）——Joseph Black苏格兰人，生于法国之Bordeaux。及长，在Belfast和Glasgow读书。在Glasgow时，他尝从Dr. Cullen习化学，不久就做他的助手，又先后在Glasgow和Edinburgh接他的事——1756年做Glasgow大学化学讲师，1766年做Edinburgh大学化学教授。他的重要工作是1755年发表的。因为身体不健，故从1766年以后就没做别的研究，而专门致力于教育事业。他有精细的讲义，讲演时用许多试验为佐证。他的为人又蔼然可亲，所以上他的堂听他讲演的，非常之多！

他的学生Henry Brougham尝看见他将正沸的水或酸，从没有嘴子的杯子倒入一管；杯子离管如此之远，倒时液体直径很小，然而一滴都没泼出！卜氏的讲学桌上，做过各种试验以后，与药品器具未放上去以前一样干净，一滴液体或一点灰尘都没有！

他的身体从来不强健。他尝患吐血和积滞的病，但他注意卫生，饮食有节，居然能活到71岁！他死时的光景，据说毫无什么刺激、发颤，或昏迷不醒人事的征象。原来他正在吃饭的时候，手拿一杯用水稀薄过的牛奶，放在膝上，用手扶住，好像安然无事的样子，牛奶一滴也没泼出，容貌一点也没改变，他已与世长辞了！

59. **1754年卜拉克的特别研究**——因为他身体风弱的关系，卜拉克的作品或试验的工夫很少。虽然，他有一个永远不朽的工作——关于他的“固定空气”（“fixed air”）即炭酸气或二氧化炭的工作。因为要想发现一种“milder alkali”，好用于药品，卜拉克从1752年就起首做maghesia的试验。因为这种试验的结果。他于1754年得了博士学位。1755年，他的论文才发表出来，题目是盐基性炭酸镁、石灰和其他碱质之试验（“Experiments upon Magnesia Alba， Quick-lime, and Some Other Alkaline Substances”）。这论文的论点，本在苛性（causticity）之理解，然其内容包括种种重要测定，其头绪却又很繁。现在为讲述之便，先叙钙化物，其次镁化物的试验，然后归到苛性问题。

60. **卜拉克对于白垩（chalk）和石灰的试验**——此处最好是将卜拉克的试验结果分条列举如下：

1. 白垩被烧时减重44%——他用120格林（grains）白垩烬烧后，气体放出，剩下68格林的石灰，故知白垩原来重量，实在减去52格林，计合44%。

2. 减重由于固定空气之放出——因为照Margraaf的试验，白垩烬烧时，除水之踪迹外，无他物可以凝结；故卜拉克说减重全由于放出之气体，即“固定空气”。

3. 石灰与固定空气化合仍成白垩——卜拉克说石灰与水化合，固然成熟石灰，但遇固定空气，则因石灰与固定空气之爱力更大，故放出水而与固定空气化合，仍成和平性而不溶于水的白垩；故得白色沉淀。

根据这个反应，试验固定空气最便捷之法，自然是用石灰水。然而1757年以前卜拉克却未用此法，而偏用定量试验！他每将若干重量的白垩烧成石灰，再使之与一种气体化合，视其重量复原与否，以定此气体是否固定空气。

4. 空气中和水中各有少量固定空气——用石灰，不是用石灰水，试验而知。

5. 酸和热使白垩放出之固定空气等重——卜拉克以前，虽然久已知道酸和热各能使白垩放出固定空气，但卜氏的发现不仅是定性的，并且是定量的。他证明用酸和用热放出之固定空气，其重量几乎相等。

6. 与白垩和与石灰化合之酸等重——卜拉克又证明要使烬烧前和烬烧后的白垩消化，所需之酸，其重量几乎相等。不过用白垩（烬烧前）则有炭酸气放出，用石灰（烬烧后）则没有。

61. **卜拉克对于盐基性炭酸镁**（magnesia alba）**和煅镁氧**（magnesia usta）**的试验**——此种试验的结果，略与上列各条相似；为求彻底明了起见，特分别举出数项。

1. 盐基性炭酸镁受强热时，减重过半（7／12），变为煅镁氧（MgO）。

2. 盐基性炭酸镁受强热时，有气体放出，这气体即固定空气。

3. 盐基性炭酸镁与酸（硫酸、硝酸、盐酸或醋酸）反应，生气泡，但烬烧后与酸反应则否。

4. 加硫酸于盐基性炭酸镁时，后者放出气泡，变为若盐（Epsom salt）；加于煅镁氧，也得苦盐，但无气泡。

卜氏又试验盐基性炭酸镁加酸时放出气体之重，是否与加热时放出的一样；其结果是用酸放出的（170份放出35份）比用热放出的（120份放出78份）少得多。（他的其余试验都很对，惟有这个错了）。

5. 苦盐液加potash，则得盐基性炭酸镁之沉淀；滤过后，蒸发滤液，则得硫酸钾。

6. 卜氏尝从各异镁盐制取盐基性炭酸镁；其法系加potash于硫酸镁、硝酸镁或盐酸镁。

62. **卜拉克对于苛性的解释**——和平碱质，我们现在知道是指碱金属或碱土金属之炭酸化物，如钾、钠、钙、镁、锰等炭酸化物皆是。苛性碱质和苛性土质（caustic alkalis和caustic earths）指其氢氧化物。可是在卜拉克的时候，去碱金属和碱土金属之发现尚远，莫说炭酸钙和炭酸镁二物都弄不清楚，许多炭酸化物，还都当作是简单原素呢！

且说有两个反应：(1) 是上古已经知道的，石灰石或白垩加热后变为石灰。(2) 是Geber说过的，和平碱质与石灰水同煮，则变为苛性碱质。石灰有苛性，能伤手，制革时用去兽皮之毛，也是久已知道的。自有燃素学说，大家即以为燃素是苛性的原因；石灰所以有苛性者，在乎其从石灰石烧成时，有火的质点（igneous particles）或燃素吸入。那末第一种反应，可用

石　灰　石＋燃素＝石　灰
（和平石灰）　　（苛性石灰）

表示之。及石灰与和平碱质化合，如第二反应，燃素又从石灰移

到碱质中去。那末前者失掉苛性，而后者得之。故其程式是

和平碱质＋苛　性　石　灰＝和平石灰＋苛　性　碱 质
（和平石灰＋燃素）　（和平碱质＋燃素）

惟卜拉克认苛性由于爱力。他见石灰和水化合，则生大热，断定二者具大爱力。因推知碱质所以有苛性者，也因其对于他物有大爱力。

卜拉克生当那个时代，居然能打破当世的观念，能用种种方法，从根本上解决这些问题，其结果不但足以纠正从前和当时之谬解，直为化学开一新纪元——定量试验；我们应当如何敬佩他才是！

63. **卜拉克对于和平和苛性碱质之成分的证明**——关于卜拉克的研究，以上各节所述，读者已了解。惟其要点所在，还有种种。因欲为读者留具体的深刻印象，故再反覆论次之如下。

1. 证和平碱质中有炭酸气——他用120格林的白垩烬烧后，得68格林石灰；研成细末，撒于和平碱质之净液，稍搅后，再将粉末洗净，干燥秤之，得118格林的白垩。他又用相当盐基性炭酸镁化石灰，结果略同。于是从石灰之还原为白垩，即知和平碱质如“锅灰”或苏达中有炭酸气之存在。

2. 证苛性碱质中无燃素——其初大家因苛性碱质是从和平碱质加石灰生成的，故认其中有石灰的成分——间接的认其中有燃素。据卜拉克则不但苛性碱质中没有吸入的燃素，并且是和平碱质中的炭酸气被石灰夺去呢！

3. 和平碱质或苛性碱质与酸的反应——和平碱质与酸化合时生气泡，苛性碱质则否。

4. 变和平碱质为苛性碱质——卜拉克尝将和平碱质（potash）与石灰水相和，得苛性碱质液，及将此液在瓦器中蒸发，他见器之内部被蚀成洞！后来改用银器蒸发，始得固体之氢氧化钾。

5. 变苛性碱质为和平碱质——卜氏又将苛性碱质露置空中二星期，再试之，则从（a）对于酸生气泡，（b）对于石灰水生沉淀，知其变为和平碱质出。

此外卜拉克还连带的发现几件事情：(1) 炭酸钾不能用热分解，(2) 炭酸铔和阿莫尼亚的分别（一是和平，一是苛性），(3) 炭酸钙和炭酸镁的分别（二者加硫酸各放出炭酸气，但前者生沉淀，而后者不生）

64. **海尔孟**（van Helmont）、**卜拉克**（Black）**和凯文第旭**（Cavendish）**对于面料酸气的取法和试法**——“固定空气”，即到气来源很多，海尔孟所知者：(1) 从啤酒或葡萄酒之发酵。(2) 从燃烧木炭。(3) 从白垩加醋酸。(4) 从某天然穴洞（the Grotto del Cane，在Naples附近）。但他只用烛试验。1755年，卜拉克用石灰复原为白垩的方法，证明炭酸钾、钙、镁、铔中，天然水中和寻常空气中，都有固定空气。那时始有各异试法，足以证明固定空气与寻常空气的确有别。但他仍未收集过这气体。1766年凯文第旭才用汞上收气法收集之，才加上比重和溶液——物理上的——试法，并用以证明从发酵和从他法取得的固定空气都一样。他用溶度上的测定，知在温度55°F时，一容水能溶比一容稍多的固定空气，热时可再放出。他比重上的测定，系用膀胱（bladder）装满空气或固定空气，分别秤之。其结果是固定空气比空气重157/100倍，比水轻511倍（正常数值乃是1.53和

530）。他又察知固定空气虽然稍溶于水，但在汞上可以保存至任何长久之时间。故汞上收气法是凯文第旭介绍的。

65. 1772**普力司列**（Priestley）**的取法和试法**——当普力司列发现氧气之前2年，他曾将某量空气闭于水中，再用火镜将此空气中之木炭烧着，则见被闭空气之容量减去1/5，所剩的空气能熄火，不适于呼吸，与氧化氮（NO）或铁屑或硫混合。容量不能再减。将剩下来的气体闭于石灰水上，则现白色沉淀。若用汞代水，即将空气闭于汞上，则木炭烧着后空气容量不减，等加入石灰水，空气乃减1/5。

66. 1772**赖若西埃**（Lavoisier）**的取法和试法**——牛敦尝疑钻石或者是个可燃物质。后来虽有些试验证明其如此，但只将钻石在空中燃烧，仍不能明白其燃烧时的真象。1772年赖若西埃既与Macquer和Cadet联合，证明钻石若不与空气接近，虽受大热不能燃烧；于是他想试验钻石燃烧时究竟变成什么。

他用玻瓶倒立于水上或汞上，瓶中满盛空气（或氧气），再介绍钻石入瓶，用大火镜烧之。他找出无论在水上或汞上，燃烧所生之气体都使石灰水生沉淀；但用汞时气体之容量不变，用水时则容量稍减，于是知所发生的乃固定空气。

石墨（graphite）燃烧时也发生固定空气，这是1779年许礼证明的。

67. 1774**赖若西埃的取法和试法**——1774赖氏从红铅和木炭取得固定空气，但尚不十分明白其成分析及那年曾力司列将其用红氧化汞发现氧气之法告诉他，赖氏才于当年12月间用以下两种试验，断定固定空气之成分。

第一种：他用红氧化汞和木炭在蒸馏瓶中加热，得些气体，恰有炭酸气的性格，即（1）稍溶于水，使水有微酸性；（2）动物放入则死；（3）烛和他种燃物放入则灭；（4）使石灰水生沉淀；（5）与苛性碱质遇，能去其苛性。

第二种：他单用红氧化汞热之，所得气体其性情不但全与固定空气的不合，偏有两相反的特性：（a）比寻常空气更适于呼吸；（b）烛和他种燃物放入其中，比在空气中烧的还有利害。

照第一种的反应，红氧化汞和木炭发生固定空气和汞；照第二种的反应，红氧化汞自己发生氧和汞。所以，知道固定空气是木炭和氧的化合物。

68. **卜拉克、白格门和凯文第旭对于重炭酸化物**（bicar-bonates）**的研究**——1775卜拉克用一大浅碟，盛少许纯洁炭酸钾，露置空气中，两个月后，见有些结晶体析出。于是卜氏发现重炭酸钾；知其中的炭酸气比寻常炭酸化物中的多些，并知其溶度比寻常炭酸化物的少些。1766凯文第旭证明重炭酸化物所含炭酸气，是正式炭酸化物所含的2倍。1774白格门拿重炭酸化物来分析，其其变为正式炭酸化物时，放出一部分的炭酸气和水。

69. 1767**凯文第旭发现炭酸气能使白垩和炭酸镁消化**——重炭酸钾或钠的溶度，固然比正式的少些，而重炭酸钙或镁的溶度，则比正式的多些。当凯氏正将Rathbone Place的水拿来试验时，他找出若将这水煮沸，则有许多炭酸气放出，同时发生白垩之沉淀。然则白垩何以原来藏在水中，必等到煮沸后才被人发现呢？他说因为水中原有过量炭酸气，能使之消化成重炭酸化物，煮沸则炭酸又放出的原故。他的证法，是用炭酸气通入石灰水使之饱透，则得澄净溶液；用少量炭酸气，则得沉淀。

凯氏这个发现，本来平淡无奇；可是有两种重要事情，(I) 石钟乳和石笋（stalactite and stalagmite）的生成。(II) 硬水和软水（hard water and soft water）的道理，都可拿这发现来说明。现在可以连带的讲讲：

（I）雨水或泉水中含炭酸者，能溶解白垩等成一种溶液。在岩石中顺石脊滴下，当正缓缓滴下时，炭酸气有机会逃出。气既逃出，则白垩等固体结晶析出；经数千百年，结晶积累，呈下垂状，叫作石钟乳。其滴至地面，始因炭酸气之逃出而结晶，积累渐高，呈上堆状者，叫作石笋。两种结晶，一自上而下，一自下而上，有时相遇或直柱形。

（II）水有软硬。硬水又分暂时硬性和永久硬性两种。硬水大概因为含有钙和镁的化合物，软水含的没有。雨水是软水，矿泉水多是硬水，海水硬性很大。硬水用于汽锅，多费煤炭；用于洗衣，多费胰子；用于烹茶，多费茶叶；用于煮豆或肉类之硬者，不易烂熟。暂时性硬水中有炭酸气，使炭酸钙或镁消化；煮沸后炭酸气逃出，炭酸化物复生沉淀，硬性可因之去掉。故此种水之硬法，是暂时性的。若水中有钙或镁的氯化物或硫酸化物，则煮沸后不生沉淀，仍有硬性，故名为永久硬水。

去暂时硬性之法有二：（1）煮沸；（2）加石灰；都是凯文第旭知道的。去永久和暂时硬性的法子是用苏达。至于用胰子溶液试验硬性——暂时和永久——的法子，白格门尝于1778年讲过。

70. **炭酸气能使铁或锌消化之发现**——除掉白垩等以外，炭酸气尚能使铁消化。这是1769英国配药师傅Lane发现的。1774白格门也说炭酸气能溶解铁或锌，变为可溶的重炭酸铁或锌，与钙或镁的重炭酸化物大概相似。这个发现，也可连带的解明两种事情：因为（I）天然铁水（chalybeate water）的来历；（II）铁锈的生成，都含有铁被炭酸消化的意义。就铁锈之例而言，其中物理的和化学的变化本来非常复杂，然大概可说是：铁在含有湿气之空气中氧化后，又被炭酸气溶解，于是成重炭酸铁及 重炭酸气，故能使铁继续消蚀不已。

71. 1774**白格门证明炭酸气水有酸性**——包宜尔尝说酸质能使蓝色石蕊变红。白格门应用此试法于固定空气的水溶液，见其能使蓝液变微红色。他又用试验知此水溶液稍有酸味。所以白格门叫固定空气为ærial acid，并于1774年作一论文，详细论其品性。他又知固定空气比空气重并能溶于水，但尚不知其是个化合物。其实，炭酸气的组成是炭和氧，必等到1774年12月间才被赖若西埃证明呢。

72. **一氧化炭**（carbon monoxide）**的发现、取法和性格**———氧化炭，在历史上不似二氧化碳的重要，故此处只连带的略讲几句。这个氧化物是1776年Lassone用氧化锌加木炭，普鲁士蓝（Prussian blue）加强热二法发现的。他见其能燃，呈蓝焰，而知其与寻常inflammable air（氢气）有别者，因其与空气或氧气混合后总不爆炸的原故。1801年Désormes and Clément曾用木炭使炭酸气还原法，木炭使水汽分解法制取一氧化炭。此二方法，前者是制造producer gas，后者是制造water gas 的基础。

73. **容量上和重量上两种氧化炭的组成**——1772普力司列和赖若西埃曾各证明木炭燃于空气或氧气中，除非等到用石灰水或碱质溶液处理后，所有气体的容量不变。这个现象，似乎有点奇怪，其实有个主要的道理，即二氧化碳含它自己容量的氧气。

炭＋ 氧 ＝二氧化炭

1容 1容

我们用间接的方法，也可证明一氧化炭含一半它自己容量的氧气。Berthollet，Cruikshank，Désormes和 Clément各自用试验证明：1容氧化炭能吸收1/2容氧气，变为1容二氧化炭；即化合前和化合后气体的容量不变。至于从二氧化碳变为一氧化炭，则容量加增一倍。

一氧化炭＋ 氧 ＝ 二氧化炭

1容 1／2容 1容

二氧化炭＋炭＝一氧化炭

1容 2容

关于它们重量上的成分，最仔细的和最精确的，要Stas自己和他与Dumas的测定。这种测定的给料和算法，等讲倍数比例时再说。此处单讲二氧化碳的重量成分的另外一个算法——1820年Berzelius和Dulong的算法。

因为氧气的比重是空气的1.1026倍，二氧化碳的比重是空气的1.524倍；但二氧化碳含它自己容量的氧气，所以1.524份二氧化碳中，含1.1026份氧和1.524－1.1026份炭。于是算出二氧化碳的重量成分：氧＝72.35%；炭＝27.65%。

第六章　氮和其化合物

74. **氮的名称、发现和分离**——氮的西文名称和其意义，可以列举如下：

1. Phlogisticated air——普力司列给的，因为他当氮为燃素饱透的空气。

2. Spent air，spoiled air，或foul air——许礼给的，指燃烧后无用，败坏，或污浊之空气。

3. “Nitrous air”——原来是Mayow给的，后来Rutherford沿用之。

4. Alcaligéne——法国Fourcroy给的，因为氮与盐基性（alkaline）阿莫尼亚有关系。

5. Mephitis air——赖若西埃其初给的。

6. Azote——赖若西埃后来给的。取无益于生命之义。

7. Nitrogen——1790左右英国人Chaptal给的，因为氮与硝（nitre）有关系。

8. Stickstoff——德国的名词。取窒碍呼吸之义。

前7个不过是历史上过去的名词，后3个是法、英、德现在通用的名词。

氮气在大气中虽然多于氧气，但因其不很活泼，故必待氧气发现后，大家才渐渐地明白它的品性。首先分离氮气的乃许礼，但1772Rutherford也独立的发现氮，并且他的发现比许礼的发表早些。所以寻常认Rutherford为氮之发现者。Rutherford博士是卜拉克的学生，也是Edinburgh大学的植物学教授。他证明动物呼吸于被闭空气后，不但发生炭酸气，并剩有一种特别气体——氮气。

他取这气体之法，系让动物在被闭空气中呼吸后，再用苛性钾处理，则到气被溶液吸收变为炭酸化物；所剩之气体，偏与炭酸气相似，有灭火和不助生命的品性，惟不溶于苛性钾。

同年普力司列察知炭在闭于水上之空气中燃烧时，能使1/5的空气变为炭酸气，用石灰乳液（milk of lime）吸收后，剩下的气体不助燃也不助呼吸。此气体他叫phlogisticated air。但他其初不知这气体是空气之一成分；首先认氮为空气中一成分者，要推许礼（1777）。

氧气既然发现，又知道它是空气成分之一，于是设法吸收氧气，就可发现空气中之又一成分。这吸收氧气之剂，1775普力司列用的是氧化氮（NO），1777许礼用的是氢氧第一铁或燐。他们用这些方法取得的氮还算纯洁。他们证明其较空气略轻和不助燃烧等品性。

75. 凯文第旭的生平（Cavendish, 1731～1810）——凯文第旭名亨利（Henry），英国人，1731年十月十日生于法国之Nice。他和包宜尔一样，都是贵族。他的父亲是Lord Charles Cavendish，母亲是Lady Anne Grey，祖父是个公爵（Duke of Devonshire），外祖父也是个公爵（Duke of Kent），所以他和包宜尔一样，都有Honourable的尊称。他和包宜尔都没有结过婚，他俩也都是理化大家（包氏更长于物理，凯氏更长于化学），但除此以外，他俩的个性、为人等等却绝对不同。

再说凯文第旭“是学者中极富的人，并且或者也是富人中极大的学者。”他父亲生前虽然每年不过给他500磅，死后（1783）给他的遗产却很多。他的uncle或aunt的大宗遗产也给了他。所以凯氏自己临死的时候，约有130万镑以上的财产！

凯氏2岁丧母；11岁起在Heckney School读书；18岁时考入剑桥大学（Cambridge University），1753尚未毕业即离开那里。此后10年之间，他大概到伦敦研究算学和物理，并将他父亲的马号变作试验室，去做些试验。他的城市公馆在Montague Place和Gower Street旁边，其中重要家具只是图书和仪器。此处他不轻易让人进去。他另有个图书室在Dean Street，Soho；他人可以去借书，他自己去看书时，也照样每借一本先填一张借券。他所喜欢的住宅后来叫作Cavendish House，系在Clapham。他将楼下客厅作为试验室，楼上作为观象台。除非出外参观工厂或为考察地质而旅行以外，他的终身工作是永远不息的，星期日和其余日子在他总是一样宜于作工。所以从他所过的生活看起来，他简直是个机械，不过这机械是最有效率的！1810年三月十日他死于伦敦，年纪79岁。

凯文第旭身材长瘦，脸上带有穷相和枯槁相，衣服是老式的，有时不很整齐。他的声音尖利，最不好说话，说起来也迟疑艰涩得很，但是极其中肯。他一生所说的话，比随便那位像他那么大年纪的人说的都少些。有时他虽然向人说话，却怕人向他说话！人家向他说话的时候，他常常突然离开，同时叫喊起来，好像恐吓或惊扰的样子。我们还有许多关于凯文第旭的故事，以下可分条叙述。

1. 皇家学会开会时，他常常到会，但照例总不开口。有位皇家学会会员说过：

“凯文第旭尝同我们在一处大餐。他低着头屈着身子进来，一手放在背后，并且脱兔下帽来（这帽永远挂在一定的某木椿上）就坐下，对于谁也不注意。如果你想引他说话，他永以羞涩来拒绝……”Wollaston说过：“凯文第旭谈话的法子是永远不对他看，好像向空中说话的样子，但仍恐怕未必能引动他呢。”

2. 凯氏怕见生人。某天晚上正在皇家学会会长家里开谈话会的时候，有人将一位奥国朋友正式介绍给凯文第旭，说那朋友如何慕他的名，如何特别想认识他，那朋友并且说他所以到伦敦来者，大概为的是或有机会与他面谈。那知凯文第旭听了一字也不回答，只管眼朝着地，心中七上八下似的，最后见众人中有个空当，就飞奔似的逃到门前，上了车，一直回家去了！

3. 他也怕看见熟人，尤其是女子！他每天开个菜单，放饭厅桌上，好让女仆照单预备，但不让她与他见面，否则立刻将她辞去。他与他的嗣子每年只见面一次，并且不过10分钟左右。

4. 凯文第旭没有交际。他偶尔为科学上的关系，请几位朋友到他家里吃饭，他永远用一个羊腿待客，别的菜几乎一概没有。有一天他请了4位客人去吃大餐。他的仆人问要预备什么菜；他照例回答道，“一个羊腿”。那仆人接着道，“但是那不够5位吃的。”他说，“那么预备两个腿罢。”

5. 凯氏虽是百万富翁，却不知道钱是怎样用法。他从没捐助一文于公益事业，但有一次帮助过朋友一万镑。原来他的图书室里尝用过一位雇员，不久也就走了。后来凯文第旭与某君偶然谈及这位，他说：“呀！可怜哉此人，他现在好吗，他的境况怎样？”某君道：“恐怕很平常呢。”凯氏说：“我，我，我吗？我能帮他什么？”某君说："给他些生活的费用，他的身体不十分康健呢。""喂，喂，喂，一张一万镑的支票，那够不够？""嗷，先生，多了，多了。"于是那支票也就写了！

6. 当他快死的时候，他将他的仆人叫到床前吩咐道："注意我所说的话——我将死了，当我果死，但必等到那个时候，去到Lord George Cavendish那里报告。"半点钟后，他又将那仆人喊进来，让他将所吩咐的话叙述一遍，他然后说，"对了，将那啦芬特香水（1avender water）给我，去罢。"及至又过半点钟那仆人再进来的时候，他已与世长辞了。

76. **凯文第旭的工作**——凯氏不朽的工作有五：（1）氢气的性格；（2）炭酸气与水的关系；（3）水的组成；（4）硝酸的组成；（5）空气中惰性气体的存在；后3者尤其特别。除本书他处详述这些试验外，下段姑总论他的工作之大概。

凯氏的著作不为不多，但其初他不肯公布于世。自1766年起，直至他死的前一年，他的论文才不断的发表。大概1766年以前，他有两篇颇有价值的论文，但是他死后才发现的。第一篇关于砒和其两种氧化物；第二篇是关于比热和隐热。1766他有"Experiments on Facticious Air"论文；1767有"Experiments on Rath-Place。Water"论文；这两篇讲氢气和炭酸气，比以上两篇重要得多。然在所有他的论文中当以"Experiments 0n Ait"为最重要——水之组成，硝酸之组成和空气中惰性气体之存在，都包括在两篇里面——这种实验是1781年起首做的，1784年才发表的。1783他有"An Account of a New Eudiometer"论文；用这个新制的器具，他做了很精密的测定，即空气中永有20.83

%的氧气。1783、1786和1788，他有3篇物理上的论文。他对于热为实在物质之说很不赞成，但认为物体质点内部之运动。1788他有论文讲酸与碱之中和，这是Richter的当量表（1792）之暗示。1798他有“Experiments to Determine the Density of the：Earth”论文，其结论是地球比水约重5倍。

凯氏是燃素学派之一。当用金属与酸反应时，他不知道氢系从酸得来，而仍误认为从金属得来。他其初又认氢气即燃素，后来改变宗旨，说氢气是燃素加水。虽然如此，他明白承认赖若西埃的氧气犹之乎燃素，也能解释许多化学现象，不过他于此等处不肯骤然变其观念而已。

77. 1784凯文第旭对于“Phlogisticated Air”的试验——氮氧这样东西，虽然赖若西埃起首当作简单物体，但过了许多年后，大家还不信她是个原素。兑飞和白则里尚且当它是某原素的氧化物，差不多到1820，这观念方才打破！

读者注意：现在的氮固然可算是原素，凯文第旭之所谓phlogisticated air，在1895以前，许多化学家也都当它一个原素，惟精密审慎的凯文第旭偏说“在phlogisticated air一名词之下，或实在有许多各异物质混在一处，这是很可怀疑的事。”于是他用过剩氧气与空气混合，使电火花（electric sparks）通过之。再用苛性钾吸收发生之气体，至容量不复减少为止。最后用liver of sulphur K_2S_6 吸收剩下来的氧气。他居然找出“空气的一个小气泡”（“a small bubble of air”）——其实不过占1/120的原来phlogisticated air的总容量——竟与其大部分有了差异！竟于最后剩下来不被吸收！他的判断，是：

“我们大气中各有一部分的phlogsticated air与其余的不同，又不能变为（硝）酸，我们可稳稳当当的断为不能多于其总容量的1/120”。

此处所引的区区“一个小气泡”，说起来好像太觉麻烦，太不打紧，无怪过了100多年也无人去理会它！那知这就是近世，Rayleigh和Ramsay发现许多希罕气体的张本呢！原来大发现家有时在乎能见其大，有时在乎能见其小，惟其小处不肯轻轻放过。所以，试验时既能得准确结果，又能下确凿判断；所以能成个纯粹科学家。凯氏的phlogistieated air的试验，不过是能见其小的一个最好模范罢了！即使就容量论，凯文第旭说的是1/120，Ramsay测定的是1/84，这不过因为器具上的分别，不能说凯文第旭试验得不精确。

78. 1781**凯文第旭从氢氧二气发现硝酸的试验**——硝酸是Geber时代已经知道的东西，怎么到了1781还说它的发现呢！要知此处所用的发现二字，是表示一个令人惊奇的事情，是加重的表示偶然观察出来的意思。原来，1781年不但氢氧二气都发现过了，连水的合成试验，也经普力司列和凯文第旭用燃氢于空气中的方法先后做过。照凯氏的试验，如此所得之水——135格林——本来无味无臭，蒸发到干也没有显然的渣滓。及他不用空气而用氧气，并且用过剩的氧气——37000立方格林（grain measures）的氢和19500的氧——通电使炸时，他所得30格林的水不但颇有酸味，并且用fixed alkali使之饱透后再蒸发之，他居然得到差不多2格林的硝！所以他断定这水中含有硝酸。但是纯洁之氢氧二气被炸后不会发生硝酸。所以他进一步制断：那所有之混合气体搀杂的有少氮气在内。原来，氮与过剩之氧化合先后成氧化氮和过氧化氮（NO和NO_2）二气，及过氧化氮溶于水中，则得硝酸和亚硝酸。

凯氏屡次试验的结果是：（a）当空气与氢气化合时，虽多用空气，所得的水没有酸味。（b）虽直接用了氧气，若所用的只有2%的少量过剩，仍然没有酸味。（c）在又一方面，只要直接用大过剩的氧气，无论氧之取法如何——不必从硝酸化物——常常发现酸味。

从这些结果，我们知道硝酸的生成有两个必要情形：第一是高温度；第二是不但过剩，并且须大过剩的氧。

79. 1784凯文第旭从空气制取硝酸的试验——凯文第旭还有一个重要试验此处可以郑重介绍。近年来，化学界和化学工业界不是盛谈大氧中氮气的同定法吗？欧战中这法不尝大显其功效吗？这法是利用电火花所生之高温度，使空气自己变成硝酸。要知这法是脱胎于凯文第旭的详细试验，而其种子则是普力司列种的！

原来，（1779）普氏尝将某容量空气闭于管中，使与石蕊试液相接触，用电火花通过之，见空气之容量减少，而试液变红色。但普氏假定试验时有炭酸气发生，故试液现红色；凯文第旭才证明使试液色红者不是炭酸气，而是硝酸和亚硝酸。

凯氏将空气闭于汞上，重做普力司列的试验，所得结果有的也是一样；不过凯氏的试验较普氏的更加详细：（1）凯氏尝用石灰水代石蕊，爆炸后察知毫无白色，而空气则减去1/3。（2）他用苛性钾（soap-1ees）时，察知容量之减少比用石灰水时更快。（3）他察知若单用“azote”或单用纯氧与苛性钾相接触，通以电火花，容量所减很少。（4）若用5分氧和3分空气，即5+1/5 × 3=5 3/5氧和4/5 × 3=2 2/5氮或7容氧和3容氮，则空气几乎完全消去，再将溶液蒸发至干，即得1.4

格林的盐。这盐与同量苛性钾用硝酸饱透后所得之硝之重几恰相等。又照纸醮这盐液烧时的样子，知这盐是纯洁之硝。(不过有一部分的酸是亚硝酸，其钾盐是亚硝酸钾，也是凯氏所知道的。)

80. **硝酸分解时所生的气体**——硝酸单独加热或与金属反应时，均易分解。分解时所生气体，计分8种：(1) 氧；(2) 过氧化氮；(3) 氧化氮；(4) 亚氧化氮；(5) 亚硝酸；(6) 氮；(7) 阿莫尼亚；(8) 氢。单独加热时所生之气体，寻常只有前3种，而与金属反应时，除氧外，上列气体实际上都可发生。至于究竟发生何种气体，须看 (i) 硝酸之浓度；(ii) 温度；若与金属反应还还看 (iii) 金属之品性。大概无论单独加热或与金属反应，过氧化氮多从浓硝酸、氧化氮多从稀硝酸发生。氢气只当用镁或锰时发生；而此二金属与稀酸，则生阿莫尼亚和氢的混合气体。

1777许礼和普力司列对于硝酸分解之研究，有可供我们参考者。普氏说：

"铁在硝酸中的溶解，人皆知有氧化氮；但若其初不加热，当氧化氮完全发生之后，始用烛将溶液热之，则又有气体放出。此种气体有特别可燃性，如讲亚氧化氮时说过的。"

"我又曾直接用锌和锡取得这种气体。"

"当我只用很稀薄硝酸来溶解锌时，……我取得的没有别的气体，只有一种烛燃其中，发更大焰，并且这反应所发生的，自始至终，都是这种气体。"

许礼1777年的论文"On Air and Fire''中，说硝酸被inflammable substance分解后，除过氧化氮和氧化氮外，尚有氧和氮两种气体放出。

81. 1772**普力司列对于氧化氮的取法和品性**——1600左右van Helmont，1700左右Hales，虽已先后偶然地发现了氧化氮，但不知它与其他气体的分别。1669 Mayow固然用铁和硝酸取了氧化氮，1671包宜尔固然知道氧化氮与空气接触即有红烟发生，然而他们对于这个化合物总觉不甚了了。凯文第旭也不十分明白氧化氮的取法和品性。所以发现氧化氮的人，要推普力司列。

普氏将许多金属——铜、铁、锡、银、汞、黄铜或其他——溶于硝酸，用水上集气法，取得一种无色气体。他又仔细考察这气体的品性，知此气能灭火，不助呼吸。但与炭酸气不同者：（1）几乎不溶于水；（2）石灰水过之不生沉淀；（3）绿矾冷液能溶此气体至其容量10倍以上还没饱透。这气体的名字，普氏所给的是nitrous air；兑飞和盖路赛叫作nitrous gas；1816才起首改用现在的名字nitric oxide。

82. 1772—74**普力司列对于氧化氮与寻常空气或与氧的化合**——此外，氧化氮还有个特别品性，在乎与寻常空气或氧气之化合。因为（1）原来无色气体，化合后忽然变为棕色；（2）原来气体几乎不溶于水，化合后则溶解甚易；（3）所用气体，化合后容量大减。普氏尤注意容量上的关系，说这个品性可以利用来测定空气之好坏：

“这种气体的品性中最奇特者，是与些空气混合后容量大减，同时发浊杠或深橘色和许多热量……”

“这气体与寻常空气混合后其容量之减少，并非原来两种气体各减相等之容量。……大概是空气容量减去1/5，氧化氮减去能生这个变化所必要的容量。这必要的容量，据我多次试验找出的，大概是原来空气之容量的一半。”

“要比这个试验更可惊奇的，我几乎不知道了；这个试验，表示一种空气好像吞噬另外一种空气，但是其容量不但毫无增加，偏偏减去许多呢。”

“氧化氮单单对于寻常空气或适于呼吸的气体，方能有这种发泡（effervescence）和容量的减少，这是非常可以注意的事情；而且据我从多次观察所能判断的，这发泡和容量的减少与适于呼吸的程度如果不能恰准，至少也有差不多的比例。所以，空气之好坏用这方法来辨别，比用放小鼠或任何别的动物于其中来呼吸的方法更精准许多。”

83. 1772**普力司列用氧化氮试验空气的好坏**——1772普氏试验空气的好坏。其方法如下：

他用大约盛水半两的小瓶——叫作the air measure——装满正要试验的空气，倒入径约半寸的圆筒，然后加入等容的氧化氮，有时或二倍之。他说“我相信最纯洁的dephlogisticated air（即氧气）所需的氧化氮，不能多过于前者（即氧）容量的二倍。”所以，照此种容量的比例化合后，大概有过剩氧化氮。他所以用过剩氧化氮者，因要使空气中的氧可以完全化合。

其次，他将此混合体移入于一个玻管——现在仍叫作eudiometer——长三尺，宽1/3寸。管上依the air measure划分，并细分为1/10和百分之一；1/100的容量，约占1/6或1/8寸。最后倒立此管于水上，使管内外水面等高，观其容量减少若干。

如此试验的结果，稍有差异。所以他于1772认他自已书房中的空气稍逊于外边的York（shire）的空气稍逊于Leeds的。其实照后来（1783）凯文第旭的试验，寻常空气的成分非常一律。普氏所得的差异，只算是偶然的事。

虽然，普氏所用的工具是当时非常有用的工具，普氏的方法是当时精细的方法。为什么呢！因为1774他从红色氧化汞取得氧气时，拿来使与氧化氮化合，他找出那气“有5倍最好的寻常空气的好法！”

84. 1772**普力司列的亚氧化氮的发现**——普氏尝用铁屑和硫黄条（brimstone商品中硫的名字）或铁屑自已，为使寻常空气减氧之剂。及用此剂与氧化氮反应，则得一种新气体，即现在之亚氧化氮，他叫diminished nitrous air。欲知这名词的意义，须读普氏自述的一段话：

“铁屑与硫黄条加水混合成糊，用以处理与氧化氮混合的寻常空气，或用以处理氧化氮自已，容量各有减少。但寻常空气所减不及单独氧化氮所减之多，寻常空气只减1/5或1/4，但单独氧化氮所减如此之多，所剩者不过原来的1/4而已。”

普氏所最惊异者，在乎铁屑本用以使寻常空气减氧，而今竟使惰性之氧化氮有了似不可能的品性，即变为一种新气体，一方面烛可自由的燃于其中，一方面偏又最有害于动物——小鼠放入其中立毙！

又，亚氧化氮与氧化氮不同。氧化氮不溶于水，而亚氧化氮易溶于冷水。所以亚氧化氮最妙是在汞上收集。如此收集之气体，助燃之力，几乎与氧相似。

85. 1776**普力司列对于过氧化氮的试验**——NO_2或N_2O_4所代表的气体名目很多。普氏叫作“nitrous acid vapour；”兑飞（1800）叫作“hitrous acid gas”；Gay-Lussac当1809年叫作“nitric acid”，当1816年却叫作“nitrous acid”；1850以后才有“nitrogen peroxide”一个名词，但Lowry的书中，偏又给它起个“hitrous fumes”名字！现在我们

最好叫它过氧化氮（11itrogen peroxilde）就得了。

制造或分解硝酸时，每有过氧化氮的生成，而且它在20℃以上成棕色气体，故其生成极易辨认。但此气体极易溶解于水，有蚀物毒性，故普氏以前对于此气体尚无详细的研究。1776既收集此气体，复试验其品性他说：

“我预备一个玻管，长三尺，宽约一寸，一头封闭，一头用磨平玻塞塞之。因过氧化氮比寻常空气重许多，故我不难将此管装满，将塞塞上。我观察出来此管之一部分被我手所捉住者，分明显出比任何其余部分更红的颜色。……最热的部分颜色最深，不论管子如何拿法……我用此管和其中的气体屡次重试后，见颜色浅深相间，依管之或冷或热，……这实在是个特别现象；尤其如此者，冷时管中几乎透明无色。可见颜色之变迁，全由于温度。”

普氏制取不纯的过氧化氮的方法，是用铋与硝酸的反应。他对于这气体如此有兴趣，常将它用小瓶装好，放衣袋中好试给他的朋友看！

86. 1799**兑飞试验亚氧化氮的品性**——亚氧化氮的取法很多。普力司列所用的，上文已经说过；然其最简便的，是用干燥硝酸亚加热。此法是1785 Berthollet发现的。1799兑飞用此法取得亚氧化氮，仔细试验之，其结果可列举如下：

1. 烛燃其中，发光亮火焰和爆炸声音。

2. 正燃之燐放入后，燃的格外利害。

3. 微呈蓝焰之硫，放入即灭。但盛燃之硫，放入后呈更好看的火焰，有玫瑰色。

4. 正燃木炭放入后，比在空气中燃的更盛。

5. 将细弯铁丝插于木塞，燃着后放入亚氧化氮瓶中，则铁丝盛燃，发生光亮火花，与在氧气中燃烧相似。

6. 预先煮沸之水，易于吸收亚氧化氮；若将已吸收亚氧化氮之净水煮沸，则亚氧化氮放出，其性不变。

7. 亚氧化氮稍有甜味。臭很少，并不讨厌。

8. 与氧气或氧化氮混合时，容量不变。

此外，亚氧化氮还有一二奇怪个性。本来这气体被人当作有毒，1799兑飞始亲自证明其不但无害于人，并且能使人高兴起来大笑不止！甚至呼吸这气体16quarts之后，他就在试验室里跳舞起来！从此，亚氧化氮又有笑气（1aughing gas）之名。

兑飞还有个发现。有一天他将他的牙齿，叫作dentessapientiæ的拔掉后，痛得非常利害！正在最痛的时候，他拿亚氧化氮来呼吸几下，觉着痛苦立刻轻减，不久神经一变，居然快活起来！及至再感痛苦时，神经已恢复常度，牙也治好了！所以笑气常是牙医生的麻药。

87. 1800**兑飞测定重量上和容量上亚氧化氮的组成**——氧化氮、亚氧化氮、和过氧化氮3种，普力司列都制取过，其成分兑飞当1800年都测定过。他第一测定亚氧化氮的成分：方法系先从硝酸铔制取纯洁亚氧化氮，次将“10立方英寸的亚氧化氮，放入含有干燥水银的瓶中，瓶上划分至0.1立方英寸。经过水银，将一块重约1 grain的木炭，其中的氢气曾经加热驱除过，趁其微温，介绍入瓶。看不出气体的吸收。”

“温度46°时，将火镜之焦点射木炭上，那木炭立刻发火，盛烧约一分钟，气体的容量遂增加了。盛烧已过，再将焦点射木炭上，则继续燃烧近10分钟，程序（process）乃止。”

反应以后，瓶中的混合气体为发生之炭酸气和游离氮气和未被分解之亚氧化氮。俟压力和温度复原后，共占容量12.5立方英寸。再用阿莫尼亚吸收炭酸气，用水吸收亚氧化氮，于是各种容量一齐知道。计已分解的亚氧化氮为5.2立方英寸，未分解者4.8立方英寸；已分解者变为炭酸气2.4和游离氮5.1立方英寸。

从以上给料，又从该炭酸气中氧之重量和亚氧化氮的和氮的比重，兑飞乃算出亚氧化氮重量上的成分：氮=63%,氧=37%。

至于其容量上的成分，尤易算出。因为1772普力司列和赖若西埃已经知道炭酸气之容量，即其所含氧气之容量。那末从5.2立方英寸的亚氧化氮，既然得到2.5立方英寸的炭酸气和5.1立方英寸的氮，即知5.2立方英寸的亚氧化氮中，含有2.5立方英寸的氧和5.1立方英寸的氮。然大概而言，即亚氧化氮中合其自己容量的氮和一半自己容量的氧。

88. 1800兑飞测定重量上和1809盖路赛测定容量上氧化氮的组成——1786普力司列曾察知铁在氧化氮中用火镜加热时，铁之重量加增，同时那气体之容量减半，性似空中之氮。若用木炭代铁，则发生炭酸气和游离氮气；此与木炭烧于亚氧化氮中相似。但是普氏的结果很不精密。1800兑飞重做这试验，找出15.4立方英寸的氧化氮，用火镜加热4小时后，发生炭酸气8.7和游离氮7.4立方英寸。于是他依上述运算的道理，算出氧化氮重量上的成分：氮=43.5%，氧=56.5%。

其容量上的成分，自然可就是15.4立方英寸的氧化氮含有氮7.4和氧8.7立方英寸。不过照这种数目，我们只知道氧化氮中含一半它自己容量的氮而颇少些和一半它自己容量的氧而颇多些。那末这种结果，毫无简单整数的关系。等到易燃金属如钾、纳者被兑飞发现之后，盖路赛才于1809年用钾来仔细试验，找出钾燃于100分氧化氮中所剩气体，恰为50分的氮。于是才知道，氧化氮中含有恰好一半它自己容量的氮和恰好一半它自己容量的氧；换言之，氧化氮和其cons-tituents的容量比例，恰为1：1/2：1/2或2：1：1。

89. **1800兑飞测定重量上和1816盖路赛测定容量上过氧化氮的组成**—测定氧化氮和亚氧化氮的成分易，而测定过氧化氮的成分难。因为过氧化氮不但不能在水上或汞上收集——易溶于水，对于汞有氧化作用——而且其成分有N_2O_4和NO_2的不同。1800兑飞将氧化氮和氧先后加入于抽空（exhausted）瓶中分别秤之，算出过氧化氮重量上的成分，是大概氮=30%，氧=70%。不过他的试验很不精确，此处不必多讲。

1816盖路赛始测定容量上过氧化氮的成分。其法系做两种试验：（I）加过剩之氧于某容之氧化氮，（II）加过剩之氧化氮于某容之氧，各观察其混合气体之收缩。他算出的结果，是无论过剩之氧与204容之氧化氮，或过剩之氧化氮与100容之氧，所生的收缩都相等——192容。于是他推知100容氧与204容氧化氮化合，成304－192=112容过氧化氮就大概整数言，或可说是100分氧与200分氧化氮化合，成100分过氧化氮。换言之，过氧化氮中氧化氮与氧之容量比例，大概是2：1。但因上节说过2容氧化氮中，含有1容的氮和1容的氧，故过氧化氮中，若改用氮与氧之容量比例，就变成1：2。

读者切记：盖路赛试验所得的过氧化氮，大部分是无色的N_2O_4，但也有些棕色的NO_2。故其实在数目上的关系没有如此简单者，并非他试验上的错误；岂但不是错误，反见其特别精细呢！

90. **硝酸和亚硝酸的辨别**——氮的酸质，其初知道的只有一种，就是硝酸。硝酸是点金时代重要的溶剂，但它的成分，知道的很晚者，一半因为氧和氮虽然相继发现，而氮之究竟个性，多未彻底了解；一半因为昔时制取的硝酸，往往不纯洁。硝酸本是无色液体,其在高温度取得者，有一部分放出过氧化氮溶于其余部分，成所谓发烟硝酸（fuming nitric acid），微带有红黄色，或棕色。1787以前，无论颜色深浅的硝酸，都叫作“nitrous acid”，甚至过氧化氮自己有时也叫这个名字。许礼、凯文第旭、普力司列和赖若西埃始先后承认氮之酸质有强和弱的两种。强者现在叫硝酸，弱者叫亚硝酸。

1768许礼用可燃（inflammalble）物质使无色硝酸还原，得亚硝酸。他又发现将硝烧至红热，使之熔解约半点钟后，则得亚硝酸盐。此盐在空中有潮解性，加酸则立刻有亚硝酸放出，这都是许礼试验过的。

1784凯文第旭也发现一个事实。本来硝酸化物中加上银溶液（$AgNO_3$）没有什么反应，但他找出将硝强热后，再加银液，则有沉淀析出，是为亚硝酸银；因硝被强热后，已变为亚硝酸化物的原故。

既然现在的硝酸当时叫作“nitrous acid”，许礼和凯文第旭乃叫其亚硝酸为燃素化硝酸（phlogisticated acid ofnitre）。1787法国各化学家审定名词时，始将现在的硝酸叫作nitric acid，其盐叫作nitrate；腾出nitrous acid一名词，移给现在的亚硝酸，其盐叫作nitrite。

91. 1776**赖若西埃对于硝酸的分析和合成**——赖若西埃对于硝酸所做的两种试验——分析和合成——其结果都很有错误。虽然，读史者不当以成败论人！在赖氏的分析，其方法大有可取；在其合成，本来也是个特别困难问题。

他的分析方法，可分3步：（1）用汞溶解于硝酸，使变成硝酸汞；（2）使硝酸汞分解成氧化汞；（3）使汞还原，而将每步发生之气体分别收集之。

他的合成方法，系用若干容量的氧化氮和若干容量的氧，使互相化合后溶解于水，视容量减少若干；再将所得之酸性溶液加碱质蒸发，得固体盐后再进而试之。

92. 1816**盖路赛测定硝酸和亚硝酸的成分**——赖若西埃对于硝酸或亚硝酸的试验既然可算失败，兑飞和多顿（Dalton）的也没正当结果。那知盖路赛竟于1816——恰好在赖氏试验后40年——不但对于硝酸和亚硝酸，连所有各氧化氮的化合比例，都有大告成功的测定或比较！本来氧化氮和氧在水上相化合后的产物寻常总是混合的硝酸和亚硝酸，而某容的氧所需之氧化氮，多寡不能一定：

据赖若西埃，　　氧：氧化氮=100：187

据多顿，　　=100：130～360

据兑飞　　=100：133～300

所以，用这方法来估计氧气则可，用来测定发生二酸中氧化氮和氧的比例则不可。惟盖路赛说，当氧化氮与氧化合时，容量之吸收所以不同者，视乎3种情形：（1）管之直径；（2）混合之迟速；（3）混合之次序。这种说法，很觉得离奇古怪。偏偏他能用这二气体先在苛性钾上混合，得纯洁亚硝酸，次在水上混合得纯洁硝酸；这是何等巧妙！况且他能测定每一酸质生成时，两种气体各有下列的正当比例：

在硝酸中，氧：氧化氮=100：133或氮：氧=100：250

亚硝酸中，　　　　=100：400　　　　=100：150

这是何等聪明！

再者，5种氮的氧化物中，氮与氧之比例，虽然1777许礼已有预料，等到1816，盖路赛才将它排成一表，略如：

	氮	氧
亚氧化氮	100	50
氧化氮	100	100
无水亚硝酸	100	150
过氧化氮	100	200
无水硝酸	100	250

换言之，5种中氧之比例，是1：2：3：4：5。这种事实，不但是盖氏自己的容量定律的极好佐证，并且在多顿的原子学理的观念上的确有很大的效用呢！

93. 阿莫尼亚（氨）的发现、品性、组成和合成——1727 Hales用氯化铔在水闭曲颈瓶中与石灰一同加热，只见水被吸入瓶中，而不见气体放出。1774普力司列重做这试验，但用汞代水，于是气体的阿莫尼亚——他叫作alkaline air——才被他发现。他并找出它的重要品性，溶度（1容水溶解836溶气体）和可燃性。

普氏又找出阿莫尼亚用电火花通过时，其容量加增很多，变为两气体。一种可燃是氢气；又一种他叫作phlogisticated air，他知它占最后容量的1/4。后来Berthollet（1785），Austin（1788），H. Davy（1800）和Henry（1809）继续研究，将这事格外证实，知道2容阿莫尼亚能被电火花分解为1容氮气和3容氢气。于是阿莫尼亚的组成，乃有容量上的精确测定。

普力司列既然发现了气体的阿莫尼亚，就想到它与气体的氯化氢——他于1772年发现的，他叫作marine acid air——品性相反；若使之互相化合，或者可生一种中和气体。实际上他找出二者一相接触，立刻发生白色固体，即氯化铔。

氨可用氮和氢直接合成，虽然早已知道，但此系可逆反应，困难甚多。直至1908年德国Habor用高温度、大压力和特别接触剂，氨之合成方告成功。欧战时德固甚利用此程序。

第七章 氧和其学说

94. **普力司列的平生**（Priestley，1733～1804）[1]——普力司列名Joseph，英国人，1733年三月十三日生于Fieldhead，离Leeds约6英里。他父亲是个cloth-dresser,他母亲当他7岁时就死了，所以他少时多靠他的姑母抚育。普力司列身体夙弱，所学未免散漫而范围广博，尤长于语言学。他姑母天性仁慈，教导有方，又以笃信克利文教旨（Calvinism）之故，特令普氏在一非国教学校（Dissenring Aeademy）专门习宗教学。3年之后，普氏在Needham Market（Surrey）做某牧师的助员，以口期不悦于众，至于一贫如洗；打算以文学和算学在私塾课从，竟没有跟他学的！不料数年后他渐露头角，再到Needham Market的教堂宣讲的时候，大众则“前倨后恭”，“碧纱笼诗”矣！

普力司列此后在Nantwick做牧师凡3年。1761 Warrington之非国教学校聘他教法、意、希腊、拉丁、希伯来各语文，有时竟讲演名学，法学，历史学，演说学，解剖学等等。1764 Edinburgh大学赠他博士学位，1766皇家学会举他为会员。此时他已认识Benjamin Franklin；因其劝助，他才研究科学，他才著“电学史”。此书于1767年发表后颇受欢迎，其中也有些新颖之点为普氏所观测者。1767～1772 Leeds某教堂又请他做牧师，凡6年。

---

① 本节和下节普氏的工作从作者原来的化学家普力司列传稍加删改而成，故有文言和白话并用之处。原作见八年五月北京高等师范学校理化杂志第一期，读者可以参阅.

普力司列本几乎终身以传教为业者，其所著关于宗教的书籍也很多，但从1772～1779的7年之间，他却做Shellbourne伯爵的“文伴”（Literary Cornpanion），替他管理图书。普氏就利用这种职务之多暇，肆力于化学之研究。于是他的六卷著名作品“各种空气之试验与观察”（“Experiments and Observation of Di fferent Kinds ofAir”）自1774年起陆续出版。当他发现氧气不久之后，他尝随伯爵游历大陆；在巴黎时，他尝与Lavoisier相会，并以其发现告之。

1780普力司列与伯爵告辞[1]，而赴Birmingham，仍做牧师者10余年，Birmingham有所圆月会（Lunar society）[2]者，乃八九位同志组织的一种科学会，略与那“I nvisible Colege”，即后来的皇家学会相似。普氏到了那里，自然加入这个团体，与一些学者为友，他自己并且说这是他生平最快乐的时期。那知因为宗教之派别及政论之关系，普氏大为时人之所忌。恰好1791年七月十四日法国革命纪念日，他有表同情于法国革命之嫌疑；因此保教和保皇党人以“耶教与英王”（“church and King”）相号召，群起攻击普氏，竟至暴动，直袭普氏的住宅。当其友人仓皇告警时，普氏正与家人从容安坐，以为“天下本无事庸人自扰之”，及至他和他的妻子逃入邻家仅以身免的时候，则见其住宅、图书、仪器等尽付一炬！他的损失单中估计的是3600余镑——后来政府赔偿了2500余磅——其实有些图书仪器在化学史上或者竟是无价之宝，然而普氏仍以泰然坦然处之！无奈当时政府对于他的情势如此紧张，他其初逃匿伦敦，最后则不得不以60老翁出亡美

① 伯爵待他很优，此后又赠他年俸150磅终其身.

② 此会每月轮流在会员家中开会一次，日期订在最近圆月之星期一，以便散会时大家乘月而归，故名.

国了！他于去国时有个宣言，其中如怨如慕，如泣如诉，令人感慨系之！并令人想见其为人！

普力司列于1794年四月八日从伦敦上船，于六月四日才到纽约。他的儿子原来已住美国之Northumberland，至是他就往依其子。有劝其入美籍者，普氏辄拒之曰："我既生为英国人，则死当为英国鬼；结果如何，听之命耳。"Philadelphia大学曾请他担任化学教授一席，纽约某教堂也曾请他担任牧师一席，他都辞而不就。他自此谢绝时事，专门著述，并稍稍从事于化学试验，可惜他老来更相信燃素学说了。他在美国过了10年，直至1804年二月六日才安然长逝，享年71岁。

天下事有一时之是非，有千古之是非。当普力司列孑身出亡时，政潮汹涌，学者蒙祸，其不死者幸也：而孰知1874年八月一日——那年是普氏死后70年，那天是他发现氧气之日——无论其本国或外国，无论崇拜科学者或信仰自由者，都纷纷开普力司列的纪念大会！在英则有普氏的铸像特立于Birmingham，在美则化学家群集于普氏之孤坟而同申其向往！何哉！除普氏在化学上的事业略如下节所述外，普氏之人格固自有其不朽者。他天性豁达，胸襟洒脱，而其热肠亮节尤能不为外界所移，患难之际精神倍觉振发。因其不愧不怍，不怨不尤，故每睡辄安，就寝后几忘人间事。他本来不甚强健，然自谓："我之体质良适于学问生涯，虽少弱，不特不足为病，我反引为幸事者，因自恃少壮而血气用事者，以我观之，往往不能具体会事理之精细心；精细心者，于一己之存诚及事业上均大有作用者也。"普氏喜静，匆猝间不能治事，若自觉时间从容，则甚敏捷；妻子之前，著述自若，得闲辄告语之。此其为人之大略也。

95. **普力司列的工作**——普力司列几乎始终以宗教为业，上文已经讲过；他的化学上的工作完全是自动的研究。他的著作共有108种，其中讲宗教的他自谓为生平得意之作。虽然，他的不朽事业只在化学；他的不朽作品只在“各种空气之实验与观察”。

今之所谓氧气或酸素者，非普力司列之dephlogisticated Air乎？今之所谓笑气（1aughing gas）者，非普力司列之diminished nitrotm air乎！今之所谓过氧化氮（NO_2）者，非普氏时常藏之怀中持以示友者乎？今之所谓苏达水或嗬澜水者，非普氏创制以疗贫血病（Scurvy）者乎？不但如此，无形气体之中，如盐酸气，如阿莫尼亚，如二氧化硫，如四氟化矽，皆化学试验室中极关重要之物品，那一个不是普力司列所不期而遇俯拾即是者乎！虽然，普氏所用之工具，不过火镜一柄，水槽一个，圆瓶十数，及水银若干而已，何以竟能有此种种之大发现！除本书他处分别论及者外，以下可约略言之。

普力司列在化学上的事业当以“固定空气”，即炭酸气为起点。他尝听说Black发现过此气。当他住在Leeds的时候，虽然尚未专习化学，亦无力购置化学书籍仪器，但以邻近有个造酒厂常得大宗炭酸溶液可资试验，因此备悉其性格。所谓苏达水或嗬水者，其中本夫苏达，不过炭酸气溶于水中而成；普氏即于此时发明之，知其有益于卫生。因为这种贡献，皇家学会尝赠他Copley 纪念奖章。

寻常总称普力司列为“水槽化学之父”（the Father of Pneumaltic Chemistry）。其实水槽这样东西简单得很，不过普氏以前还无善于利用之者，以致多种重要气体无从收取，无从发现。普氏不但利用水槽，并介绍以汞代水[①]，凡遇气体与水疑有任何变化时，然无不借助于汞。即如盐酸气体者，凯文第旭常失之交臂者也；阿莫尼亚者，Hales所熟视无睹者也；一自普氏以汞代水，他不但于1772发现了“marine acid air”和1773—4发现了“alkaline air”，并且因为要配合他的“neutral air”，氯化铔还有了合成的法子。普力司列又从vitriolic acid，即硫酸试取所谓“空气”（“air”）者。不料因为偶用汞槽之故，居然无意中发现硫酸与汞之反应，甚至闹出玻管粉碎热酸伤手的笑话！于是他居然第一次取出二氧化硫了！

要知普氏生平最大的发现莫有过于氧气者。盖自氧气发现而后，化学史上乃有一个大革命和新纪元。虽然，读者亦知此空前绝后之大发现，在普氏固以意外得之乎？这段历史姑俟后来再讲。此处所当郑重声明者，即天下事机会之来，源源皆是，自非细心慧眼之人，往往习为不察视而不见耳！惟普力司列不但用极简单的手续取出氧气，并能发现它与呼吸和燃烧之关系，所以在这个发现上他值得与许礼（Scheele）媲美。

且说动物和植物实在是息息相关的，彼所呼者此吸之，彼所吸者此呼之。同在太阳所照的底下，动物则吸入空中之氧气，而呼出炭酸气，而青色的植物无形中偏有分析炭酸气之作用，炭则留下，氧则还诸大气以为凡有血气者所取资。本来大气弥漫，只有此数，幸赖动植之一呼一吸，互相长养，而后循环不已，清浊得宜。此皆造化之妙

[①] 1674 Mayow即用水上集气法. 1766凯文第旭即用水上集气法. 凯氏当研究固定空气时，知其稍溶于水，乃介绍汞上存储此气之法. 后来不久遂利用之.

用，然而普力司列乃是观察这种天然现象最早之一人。他尝于1771年八月十七日燃烛于封闭瓶中，烛不久即灭；后取薄荷一小枝置瓶中复封之，至月之二十七日，遂可另燃一烛于瓶而大佳。欲得双管齐下之证明，他乃将燃烛后之气体分为二份，一份中放薄荷枝，一份中不放，数日后试之，第一份中烛能复燃，而第二份中不。此法他屡试屡验。当他于1774年八月一日发现氧气的时候，他又拿他自己和小鼠为试验品，因而证实氧气与生理之关系。

虽然，普力司列始终不能推阐其所发现以说明空气之成分；换言之，空气为截然不同之二气，氧和氮所成，普氏则“知其一未知其二。”他尝于1771年试验燃烧于钟形瓶中，以石灰水处理，知所余之气不是炭酸气，而不知其为空气之一大部分。他又尝分析空气，因其结果互有出入，遂谓空气之组成随天时和地方而异，及凯文第旭证明其有一定比例，其说乃定。

不但如此，普氏之固执燃秦之成见，晚年愈甚。1803年他的“燃素主义成立了和水之组成主义驳倒了”（The Doctrine of Phlogiston Established and That 0f the Composition of Water Refuted）在美国出版，其中说法愈辩，与事实相去也愈远。虽然，他自己曾经说过：“人愈巧者迷途愈深，铸错愈大。”普氏固天下之巧者，那末，难怪他因为未达一间之故，竟至铸成大错了！

96. **1772许礼的氧之发现和试法**——普力司列底氧之发现，乃1774年八月一日的工作，而1775年出版的。在普氏两年前，许礼已用各异方法，包括普氏的方法在内，发现过氧气。不过许礼的论文“On Air and Fire”在他自己的发现4年后、在普力司列的2年后才出版

（1777）。所以许礼和普力司列同是氧之发现者。许氏的发现本来早些，普氏的却也是独立的。

许氏制取氧气所用的药品，共分7种：（1）从硝酸；（2）从硝；（3）从汞烬（mercuritus ealeinatus pel se）；（4）从红色沉淀（red preeipitate）；（5）从黑色氧化锰和硫酸或砒酸；（6）从炭酸化银或汞；（7）从硝酸化镁或钾。汞烬和红色沉淀，虽然都是氧化第二汞，但此处所谓汞烬者，乃从汞自己烬烧而得，所谓红色沉淀者，乃将汞溶于硝酸，再将所生之硝酸第二汞，烧成红色即得，或用和平或苛性碱质使汞液沉淀得之。他从硝取氧的试验，足以证实Mayow的观察——硝与空气的关系。

许礼有几个试法：（a）放铁屑于潮湿瓶中，封闭之，经过若干时间后，铁将被闭空气中之氧气吸去，变成铁锈，剩下的只是氮气。（b）放磷于闭瓶中六星期，或（c）燃磷于用瓶中，其结果与（a）略同。根据这几个试验，他乃下两个重要判断：（I）寻常空气有二成分，一个他叫“fire air”（氧气），又一个叫“spent air”或“spoiled air”或“foul air”（氮气）。（II）其容量之比例率，大约是1：7。他知硫肝（1iver 0f sulphur）或新制之氢氧第一铁，都为易于吸氧之剂。他又证明“fire air”与动物的呼吸和植物的生长有关系，而且其密度此空气的稍大。

97. 1774普力司列的氧之发现——普力司列的氧气之发现，有个特别的地方，即照他自己所承认的，大概出于偶然（chance），并无正当的计划和预定的学理在内。原来普氏得到个直径一英尺的大火镜，很觉高兴，急急拿各异物体——天然的或人造的——来试验它。

他将各异气体，放入满盛水银的管中，再将此管倒置于水银盆上。他说：——

“用此器具我做过各异试验之后，乃于1774年8月1日想从汞烬自己（mercuritus calcinatus pei se）提取空气，不久我就找出，用这火镜，空气果从汞烬赶出很易。既得这空气三四倍于我的器皿之容量，我加水进去，见其不能吸收。但使我诧异至于不能形容者，烛燃于这空气中，光焰非常之大，很像氧化氮与铁或硫肝接触时，烛燃其中的火焰一般。但因除从这种变相的氧化氮外，从任何空气，我绝没见过这种非常的现象，而且我知道在制备汞烬时没用氧化氮，我完全不懂得怎样来解释它。”

及他用取得的那种空气，即氧气，与氧化氮混合，见其比寻常空气好得多——“有5倍最好的寻常空气的好法”——他觉得格外诧异。

他又用小鼠放入所取的氧气中，见其比在等容的寻常空气中活的时间，约长久了4倍。于是他的好奇心就教他拿自己来做试验品。他说氧气在生理上的影响道：

“我觉得这空气对于我的肺与寻常空气没有多大分别，但觉得我的呼吸奇怪的轻易了许久。这个纯洁空气，谁能断定将来不变成时髦的奢侈品?直到今日，享到呼吸这纯洁空气的利益者，不过小鼠和我自己而已。”

“……这气体对于某种体弱之人的肺，似乎奇特的滋补。……但从这些试验，或者我们也可下个判断，说纯洁的dephlogisticated air，虽然可当作很有用的药品，对于普通强健的人，似乎不能如此相宜。因为在此种纯洁空气中，比在寻常空气中烛既燃烧的更快，我们可以说活的太快，动物的力气，或者用尽的也太早。”

铅烬的取法与汞烬的取法本来相似，于是普力司列又从铅烬即红铅（red lead）取得氧气，并断定汞烬中放出的气体是从大气中得来。至于此气所以较胜于寻常空气者，他就是因属寻常空气含有燃素，而此新气体含的独没有；所以他叫此气为（dephlogisticated air）。其空气中氧气已经用过者，他叫phlogistieated air。他说因为dephlogisticated air能吸收较多燃素，故较寻常空气格外助燃。然则dephlogisticated air和phlogisticated air各为空气之一成分，前者占1/5，后者占4/5，普氏已于无意中证明，不过不会公认罢了。

98. 1774**赖若西埃的燃烧加重的试验和解释**——1772赖若西埃曾用试验找出硫和燐燃烧后，重量加增而空气减少，因知加重由于空气的吸收。他推想到金属燃烧时，必然也是如此。1774年，他用锡和铅各做过两种试验。一种是将锡或铅放倒置的玻瓶中，在水上或汞上，用直径33英寸的大火镜燃烧之。一种是将锡或铅放封闭的曲颈瓶中，在煤火上燃烧之。此处有两件事可以注意：（i）在第一种试验中，赖氏的火镜此普力司列的还大的多。（ii）第二种试验包宜尔已经做过，但是赖氏的桔果格外精细。这有两个原因：一则他有个天平能秤到1/100grain——比以前所有的天平都精准些，二则他于试验前后将空瓶之重量单独秤之，这是包宜尔所忽略的。赖氏封闭的曲颈瓶中锡之试验，尤有重要关系——铅之试验不很好——以下特详述之。

赖氏用等重的锡做过两个试验，一个（I）在较小、一个（II）在较大曲颈瓶中。较小的容量约占43，较大的约占250立方英寸。煤火烧的时间除用小瓶时约一点一刻、用大瓶时约二点半钟外，其余的情形完全相同。两试验所有的实在重量见下表。

何　物　之　重	试验（Ⅰ）			试验（Ⅱ）		
	Ozs, gros, grains			Ozs, gros, grains		
(1)　锡之重	8	0	0	8	0	0
(2)　曲颈瓶+常温时瓶中空气之重	5	2	2.50	12	6	51.75
(3) ∴曲颈瓶+常温时满瓶空气+锡之重=（1）+（2）	13	2	2.50	20	6	51.75
(4)　曲颈瓶+锡+高温时瓶中空气之重	13	1	68.87	20	6	16.88
(5)　曲颈瓶+已烧锡+未烧埸+所剩空气之重	13	1	68.60	20	6	15.88
(6) ∴因烬烧瓶和其内容的重量之差异=（4）－（5）	0	0	0.27	0	0	1.00
(7)　瓶+已烧锡+未烧锡+常温时满瓶空气之重	13	2	5.63	20	6	61.81
(8) ∴因锡的烬烧和寻常空气之补入所生的重量差异 =（7）－（3）	0	0	3.13	0	0	10.06
(9)　瓶+试验后常温时满瓶空气之重	5	2	2.50	12	6	51.62
(10)　∴瓶重之差异=（2）－（9）	0	0	0.00	0	0	0.13
(11) 已烧锡+未烧锡之重	8	0	3.12	8	0	10.00
(12) 燃烧后锡之加重	0	0	3.12	0	0	10.00
1 oz=8 gros；1 gros=72 grains。但为以上运算计，用不着知道这些						

他取若干重量（1）的锡，放入一个秤准的（2）某容曲颈瓶中。（1）和（2）相加得（3）。为免掉加热时炸裂起见，先用热赶出瓶中一部分的空气，趁其尚热时，将瓶口封闭，俟冷秤之，得（4）。次将封闭曲颈瓶放煤火上热之；表面之锡，熔后变成黑烬，沉于锡中。变化既毕，停止加热，俟冷秤之，得（5）。从（4）减（5）得（6），则知加热前后重量之差异很少。所以锡之加重，其原因必于瓶中求之。及至用热炭一小块触瓶，使之裂开，裂后空气冲入，秤之，得重量（7）。由（7）减（3）得（8）。这个差异，可算是锡之加重——其实是烬烧后瓶中一部分空气被吸收后补入的寻常空气之重。他又将烧过和未烧过之锡一并秤之（11），以测定其实际上之加重。又将空瓶（和满瓶空气）再单独秤之（9），与原来空瓶之重比较，以凭核对。于是求得锡之实在加重（12）。从（12）与（8）之几乎相等，知被吸之一部分的空气与补入的寻常空气大概等重。

从这些给料，赖氏下四个判断：

第一，在某容空气中，只有一定重量的锡，可被烬烧。

第二，此一定重量，在大曲颈瓶中比在小曲颈瓶中多些。

第三，完全密封的曲颈瓶，在锡的烬烧前和烬烧后重量（10）不变，足以证明锡的加重，既不是从火中物质（fire matter）得来，也不是从瓶外任何他物得来。

第四，锡所加之重，几恰等于补入空气之重，足以证明被锡所收之一部分的空气，与大气几有相等之比重。

按锡与多量氧气化合，则成二氧化锡（SnO_2）之白烬；与少量氧气化合，则成一氧化锡（SnO）之黑烬。在赖氏的试验中，空气自然不够，惟其如此，所以可有第一和第二判断。第三判断，也是应有尽有，至于第四判断，最可注意。本来（12）与（8）包含两种迥异之气体，其重量之几乎相等，未免有些奇怪，他居然能从比重上有了判断，真是精细！

99. 1774～75**赖若西埃底氧之分离**——赖氏做了锡在对闭瓶中的烬烧以后，当然知道金属和其他物体如硫燐等燃烧时之加重，由于吸收一部分的空气。但此部分空气的品性，有许多他尚未知道。他猜想到金属于烬中必有这气体。当他正要用试验将它取出而无法达到目的之时，恰好普力司列于1774年做了8月1日的发现后，10月里就到巴黎会见赖若西埃，将他的发现告诉他，并在赖氏的试验室中做试验给他看，赖氏乃恍然觉着普氏的dephlogisticated air,即他想分离而未成功的那一部分的空气。他立刻用那红色沉淀做两个试验：第一个是与木炭相和后加热；第二个是单独加热。第一个发生的是固定空气，第二个试验，不消说就是普氏做过的，赖若西埃则用1 ounce红色沉淀，加热后得了7 gros 18 grains的汞和78立方法寸的气体（1老法寸=0.02707密达=1.066英寸；1立方老法寸=1.98 c.c.）。这种气体，他知道格外助燃和'呼吸，所以叫他“eminenltly respirable air”。于是次年（1775）春，他在巴黎科学院发表一论文，题目是“烬烧时与金属化合加增其重量的原素之品性”。这论文的内容，不过证实普氏的结果，然而赖若西埃毫未提及普氏告诉他的事实，当然不免有掠人之美的嫌疑！

100. **赖若西埃底氧化汞之定量的合成和分析**——赖若西埃对于氧化汞——红色沉淀——尚有特别精细的定量试验。他于其1789年出版的“化学概论”（Traité É lémentaire de Chimie）中，说他做过以下的合成和分析（做的日期固未载明，想必在1775年稍后不久）。

I. 氧化汞的合成——他取四两很纯的汞放入曲颈瓶中，瓶放炉上，其颈经汞盆通于钟形玻盖（见图）。此时，曲颈瓶和钟盖里的空气总容量是50立方寸。次将曲颈瓶加热，以不使汞沸为度，共烧20天之久。从第二天起，汞面上现红点，到了第12天的时候，红点不再加多，于是熄火待冷，则见被罩空气只剩42或43立方寸。故减少之容量=7～8立方寸。再将汞烬收集秤之，重45 grains。所剩气体，合原来容量的5/6，既不适于呼吸，也不适于燃烧，因为动物在其中数分钟即死，火光立刻即灭。

II. 氧化汞的分析——赖若西埃又将此45 grains的氧化汞放在小曲颈瓶中强热之，设法收集放出之气。计分解后所剩之汞重41 1/2grains；所收集气体之容量为7～8立方寸。后来赖氏说此气每立方寸重1/2grains；则所收集气体共重31/2～4 grains；足见收集之气体完全是从氧化汞放出来的（411/2+31/2=45 grains）。此气体比寻常空气更适于呼吸和烬烧。

赖氏又将此7～8 grains的气体，与那42～43 grains的气体（即合成氧化汞时所剩）相混合，其结果所得的混合物，与寻常空气无异。于是他的判断是：汞烬烧时吸收空气中助燃烧和呼吸之一部，而将其余一部剩下（当合成时吸收之一部至分析时仍行放出），故空气为品性相反之两种气体所成。

101. 1777赖若西埃的燃烧之氧学说（oxygen theory of cornbustion）——从1772～1777五年之间，赖若西埃所做的燃烧试验，似乎比什么人做的都多些；如磷、硫、木炭、钻石之燃烧；锡、铅、铁之燃烧；红铅、红氧化汞、硝酸钾之燃烧和有机物体之燃烧，他都一一做过。燃烧时发生的气体，他也一一研究过。拿这些试验的结果归纳起来，他于是有他的燃烧学说——氧学说。其要点如下。

（1）燃烧时放出光和热。

（2）物体只在上等纯洁空气——不久（1777）他又叫作氧气——中燃烧。

（3）气体之中有物体燃烧者，那气体被吸收；同时已燃物体加增之重，与之恰好相等。

（4）已燃物体寻常变为酸质；但金属则变为残烬。

这4个条件，现在看起来似乎无关大旨。要知原来有个燃烧学说——包括呼吸、烬化、氧化和还原在内——好像一种传染细菌到处流行，或就像个百足之虫至死不僵的一般，就是燃素学说。恰在这个当口，另外有个学说居然能一方面破坏，给那燃素学说一个当头棒喝，使它一败涂地；一方面建设，打起堂堂正正的旗帜，引导着幼稚的近世化学上轨道。试问这不是赖若西埃的燃烧的氧学说吗！虽然一时之间这学说还有人不相信，连赖氏自己其初也持特别慎重态度。到了1783他的“关于燃素的回想”（Reflection Concerning Phlogiston）出现，水的成分也有合成和分解的证实，那氧学说不久乃举世公认。

102. 1777**赖若西埃的酸之氧学说**（Oxygen theory of acids）——我们的氧气，1777年赖若西埃才叫作Oxygéne，取希腊文酸之原素的意义。赖氏以为许多物体——非金属——与氧化合后都变为酸质。他的燃烧学说第4条，差不多就这样讲的。此处应当预先声明：当日之所谓酸，乃现在的无水酸，即非金属的氧化物；至于金属氧化物，当日认作盐基。例如硫、磷和炭燃烧后所发生的，在赖氏看起来，就是硫酸、磷酸和炭酸，或说硫酸是硫和氧、磷酸是磷和氧、炭酸是炭和氧的化合物，硝酸他们当是氧化氮和氧的化合物。总而言之，照赖氏的学说，凡酸质都含有氧，酸愈强者含氧愈多。所以盐酸中有氧不消说了，氯气是从盐酸氧化得来的，似乎其中的氧还要多些！这个不幸的假定影响很大，等到他被强有力的实验打破，19世纪已开幕许久了！

然则氢气与氧化合变成什么酸质呢！赖氏方在研究这个问题，后来听说凯文第旭1781的工作，知道氢与氧只成无臭无味的水，他就用各异方法证实水之组成，并测定其成分之大概比例。这种试验——凯氏的和赖氏的水之组成的试验——不但对于酸的学说，并且对于燃烧学说都有连带的重要关系。因为明白了水之成分，才能懂得为什么金属溶于酸时所发出的是氢气而不是燃素。本来燃素派以为氢即燃素，但照赖氏的解释，金属先与水中的氧化合，成氧化物，燃后溶于酸质成盐；于是放出的氢不是从酸中而是从水中来的！这个似是而非的假定，能使一个大大迷信受最后的击打，而酸之氧学说，不是氢学说，同时得以成立，好不奇怪！

103. **赖若西埃的传略**（Lavoisier, 1743～1794）——18世纪之末有两大革命：一是政治上的，一是化学上的，而其中心点都在法国。有了那政治上的革命，然后君主之专制打破；有了那化学上的革命，然后燃素之学说推翻。赖若西埃在当时化学界中几乎是惟一无二的人物，好像比他稍晚的拿破它在政治界中一样。虽然，严格讲起来赖氏是物理家，比是化学家多些。他自己没发现过任何新原素或化合物或什么新反应。他特别注意重量或容量上的试验。在这些地方，卜拉克和凯文第旭固然要算他的前辈，但二氏只求精密，未遑博大。在又一方面，许礼和普力司列也只是长于演绎而短于归纳。惟赖若西埃能集他们的大成；他们的dephlogisticated air, phlogisticated air和phlogiston，一变而为赖氏的酸素、窒素和水素——即氧气、氮气和氢气。利用物理上的观察，成立化学上的伟大学说，赖氏之外，几无前例。

赖氏化学上的工作，详见于本书各篇，此处不暇赘述。所可注意者，赖氏尝从分析有机物体，研究发酵的结果，首先宣布物质不灭的定律。他创用化学方程式；"葡萄汁=炭酸+醇"即他所举的例子。赖氏犹之普力司列，知呼吸与燃烧类似，于是他测定动物身体上氧化之速率。在物理一方面，他和Laplace同作冰之隐热和各物体之比热的研究，详述用冰测热器（ice calorimeter）。旁人当热是有分两可秤的物质，赖氏才知其不然。惟其有这种物理上的真确知识，所以他能对于燃烧下正当的解释，因为化学反应往往包含热之变更呢。

要知赖若西埃不仅是物理家或化学创造家，他实在也是政治家，经济家、农业家、社会学家和热心爱国家合为一人。以下将述其生平和其科学以外的事业。

赖氏名Antoine Laurent，1743年8月26日生于巴黎。他5岁丧母。他父亲是个律师，很有积蓄，能供给他受上等教育，有很好的教习。他尝从La Caille习算学，从Rouelle习化学，从B. de Jussieu习植物学、从Guéttard习矿物学。他父亲本要他专门攻法律，但他自己喜欢科学。他尝用各种灯光做试验，因为要练习目力使其对于光线格外灵敏，他将自己关在暗室中6个星期！1764年，他才21岁时，就著一论文，“论城市燃灯之最好方法”，因此他得政府颁给的金章。同年又得Licentiate。1765年，他对于石膏有篇论文，其中要点在乎首先解明烧石膏（plaster of Paris）之变硬（setting），并说明过烧之石膏不能再吸水分。1768年他被举为法国学院协助会员（associate）。

1769年赖氏才26岁，就做Farmers-general的助理；不久就变为Farmer-general。案Farmer-general乃一班财政家所组织之团体——法国政府准其每年征收间接国课若干。这团体中贪污分子居多，他们苛征暴敛，民不聊生，而国家亦日益穷困。赖氏深知民间疾苦和社会上经济状况；他做Farmer-general时，极力救济之，然亦无可挽回。其初，法国督办火硝之权操之腐败官僚，其结果法国当战征时，屡因火药不给，向敌乞和。1775年，法相Turgot因见赖氏于化学知识——与火药有最要关系——以外，又公正，又能勤劳，特派他督办火药。他对于火硝之成分和其配合大加改良，甚至于雇工之条件和其状况亦予以特别注意；所以当时法国火药胜过英国的，等到他死后又不如了。

1785年他做农业委员会委员，未几又做农业委员会秘书。他极力提倡种麻、种山芋（potato）和甜萝卜（beetroot）、他设农事试验场实施科学方法。某年法国田野荒芜，牲畜等因食草几绝存者寥寥，赖氏又为之改良牛羊等之牧畜法。他又被举为Orlean省议会中之中下阶级代表，他于是有设立贫民习艺所、养病院、储蓄银行、保险公会和凿河，筑路，开拓矿产等计划。他尝做权度委员会（commission of Weights and Measures）秘书和会计，同时指导如何测定物理上各恒数。他又尝做法国学院会计，不惜牺牲个人财产，以济该学院急用。1790他变为States-general；1791又掌理财政。是时赖氏在政治上，犹之在科学上，功业非常之大，名誉非常之高，而其地位亦非常难处。

据Grimaux教授，赖氏被人陷害之情节，略如下述。1780Marat著有物理上火之研究一书，其中太不合理之处甚多。赖氏对之颇有不满的批评。Marat因此怀恨在心，及1791大权在手，他就攻击赖氏督办火药之不善。1793赖氏被捕下狱，历5个月，其罪名系阴谋或同谋助敌，而其最要之点，在乎“加水和别的有碍卫生之物于军人的纸烟中！”坐此罪名，革命法庭（The Revolutionary Tribunal）居然判决24点钟以内处以死刑。有人因其科学贡献之故代为求赦，他也说他情愿剥夺一切，但得为一配药师于愿已足。但在恐怖政府（The Reign of Terror）之下，那有情理可讲！那时赖氏正做某种试验，欲求缓刑两星期，亦不可得。审判官甚且公然说，“共和国无科学家之需要！”于是1794年5月8日这年方51岁之科学大家竟与其余27位Farmors-general同被杀于断头机下！

在赖若西埃自己，始终不怕死，不失望，从容就刑之日，已亲眼看见他的工作几乎举世承认，本也可以无憾。所可怪者，赖氏乃全世界之大科学家，非法国所能私有；那“共和国”纵忍牺牲之，亦当为世界之故稍加爱惜。更可怪者，赖氏死非其罪,他人尚为之竭力营救，他的好友、同志，且在当时政界颇有势力之Fourcroy, Guyton de Morveau，和Monge——尤其是Fourcroy——偏偏不敢援手，未免丧失他们的人格！虽然，赖氏以光明正大的学者,不以身殉纯粹高尚之科学，而偏参加于全国鼎沸混乱不堪之政界；其卷入旋涡，亦自然之势。语云“祸福无门，唯人自召”，赖氏虽贤，未免也有不善自处的地方。

赖氏做法国科学院会员先后20余年，做过的报告有200篇以上。他有60多篇论文在科学院杂志上发表，在物理杂志（Journal de Physique）和化学年报（Annales de Chimie）上发表的还各有些。1774年他的理化大纲（Opusoules Physiqueset Chimiques）出版。1783他在其对于燃素之回顾中，大驳燃素学说,而以氧学说代替之。1789他所作化学概论（Traité Élémentaire de Chimie）尤能使其学说通行。他死后，1805，他夫人将他的化学记录（Memoires de ahi Chimie）出版。法国政府又将其详细工作于1842（?）~1893发表。但赖氏政治上的生活和其狱案，必得Grimaux教授苦心考证，编次成帙，我们方悉其详实。然则Grimaux所用之材料和根据从何而来！这答案是：赖氏尝将其函件和笔录完完全全的一概留下；他的夫人和亲戚又将其展转保存，毫未遗失。我们于此更可见赖氏之精细。

从任何方面讲起，赖氏都是个伟人；不过他有一种缺德，史家不能廻护。他仿佛好掠人之美：其证据是：（1）他的石膏论文中，偏未提及Marggraf的工作（Marggraf有类似工作，那时已译成法文）。（2）他对于“固定空气”屡有论文，又未提及卜拉克的工作。（3）关于水之组成，凯文第旭的工作，他明明听讲过，然他却不承认。（4）他从氧化汞中取氧之法，普力司列自己明明先告诉他过，他也不承认，好像这全是他自己发现的样子。

第八章　氢（轻气）和水

104. **1766凯文第旭对于氢的实验**——虽然Paracelsus（16世纪），van Helmont（17世纪）和Turquet de Mayerne（17世纪）都偶然发现过氢气，但他们或简直不知道这气体是什么东西，或没有将它分离出来，所以第一个仔细研究氢气的，要推凯文第旭——就让不算他是氢之发现者。1766年凯氏在他的论文“造出来的空气的试验”（“Experiments on Facticious Air”）中，除炭酸气外，讲的就是氢气——（1）氢之取法；（2）所取氢气之量；（3）氢之物性。以下可述其概要。

寻常取氢之法系利用金属与酸的反应，这是凯氏告诉我们的。他常从6个相似反应取氢气，所用的金属包括锌、铁和锡；所用的酸包括稀薄的硫酸和盐酸。

在定量上他从1两（1 ounce）的锌和若干硫酸，取得容量356分（ounce measures）的氢；从1两铁和硫酸，取得412分的氢；从1两锡和盐酸，取得202分的氢。此处读者有应当注意者，即一定重量的某金属所能放出的氢气，其容量第一与所用何种酸质无关系；第二与酸之浓度无关系；这也都是凯文第旭告诉我们的。他说：

“锌溶于这二酸中（硫酸和盐酸）都很快，并且除非将酸稀薄许多，要生出些热。一两锌发生大概356 ounce measures的气体，不论溶于这二种酸的那一种中，气体的容量恰好一样。铁易溶于稀硫酸，但远不像锌那么样易。一两铁丝发生大概412 ounce measures的气体；无论用1 1/2或7倍重的水将硫酸稀薄，气体之容量恰好一样。所以，气体的容量似乎与酸之浓淡无关。”

至于氢之品性，凯氏所测定者是其密度。他说氢气比空气轻11倍半，其实应该是14倍半。氢气之能燃，不消说他早已知道，因他叫氢气为‘'inflammable air'’。他还有个试验氢气之法，即用某容空气与之混合，比较爆炸时声音的大小！他其初认他所取得的氢即燃素；认它是从金属——不是从酸——来的；后来又当它是燃素和火的化合物。1787赖若西埃才叫氢气为hydrogène，意即水素，同时承认它是个原素。

105. 1781**凯文第旭用氢和空气证明容量上水之组成**——自希腊时代以后，水被人当作原素之一，甚至当17世纪初年van Helmont尚认水是唯一原素。18世纪时，大家尚相信水能变土；1770赖若西埃才将这观念打破。他证明封闭玻瓶和其中之水，煮沸100天后，其总重量不变。所有发生之土质，乃从瓶，非从水得来。但是赖若西埃不但未分析那土质，他那时简直还不知道水是什么。直至1781普力司列才从一个“漫无秩序的试验”（“an experiment at random”）似乎找出水是一个化合物。那试验是放氢和空气于闭口玻瓶中，用电火花爆炸之，瓶之内壁，先是洁净的和干燥的，炸后立刻有露点似的，但尚不敢断定这就是水。Waltire也做过这种试验，其结果没有什么进步。等到凯文第旭用各异比例的氢气和空气重新试验之，才发现那露点不是别的，乃是纯洁的水！于是水之组成才被他发现。

他说试验的最好情形，是用423容量的氢和1000容量的空气——

即大约二容氢气和五容空气——在能容24000grains水的大瓶中。爆炸后发生露点，空气只剩811份，而重量几乎完全不曾失掉。所谓最好情形者，指容量减少最大而言。

为便于考察所生之露点起见，他又将500000 grain mea-sures氢气和两倍半空气混合，用烛燃烧后，再将气体通过长八尺和径3/4寸的玻管，以凝集露点。

“用这方法，玻管中凝结的有135 grains以上的水。这水无味无臭，蒸发到干燥后，既没有渣滓剩下，蒸发时也不发生任何怪臭。简言之，似乎是纯洁的水。”

“从这试验看起来，当inflammable air与空气以适当比例被炸时，几乎所有的inflammable air和差不多1/5的空气失掉它们的弹性，凝结成露，现于玻壁上……又据这试验，这露似乎是净水，那末几乎所有的inflammable air和大概1/5的寻常空气，变为纯洁之水了。”

106. 1781**凯文第旭用氢和氧证明容量上水之组成**——凯氏做以上试验时，氧气已经发现了，他于是又用氧，并且用过剩的氧来代空气再试验之。其结果是容量上水之组成，上次发现的，只是2容氢和1/5的5容空气之比例；这次就变成 2容氢和1容氧的直接比例。

这试验系用能容8800 grains水的玻球,装有黄铜塞和白金丝，用抽气筒将球抽空后，再陆续将37000 grain mesures的氢和19500的氧混合气体介绍进去，通电炸之，直至容量几乎不再减少为止。试验之后，球中剩下的气体共计2950 grain。measures就中大约1000分是过剩的氧；球中凝结的有30grains的无色液体。

这液体在平常的人，一定照上次试验的结果，断为纯洁之水了，或即使知其不洁，也不再去理会它了。惟审慎精细的凯文第旭,不但能考察出来这水稍带酸味，与上次的不同，并且找出这水中含有硝酸，又推知这硝酸的来历，于是他就连带的出一个大发现！要知这发现本是从偶然中得来，假使他不用过剩的氧，或所用氢氧二气中搀杂的都没有空气或氮气，请问那硝酸从何得来！从不纯洁的药品，反而凑成了大发现，真正奇怪！可见神而明之，存乎其人,世界上不怕没有可以发现的事业和足够发现的凭藉，怕的是没有善于发现的人才！

因为要考察那水中的酸味，凯氏以上的试验虽是1781年做的，其论文却迟至1784年正月才出版。同时瓦特（Watt）和赖若西埃对于水之组成，各有独立的贡献。所以水属氢氧二气所成，究竟是谁先发现的，赖氏呢，瓦氏呢，凯氏呢！当时颇引起剧烈的争辩。后来大家才将这功劳归于凯文第旭,这是十分正当的。不过此处可以连带的想到Monge。他对于水之组成的试验，几乎与凯氏同时。当1781年他用一个玻球先将约合球之容量1/12的氧气介绍进去，再用氢气将球装满，通电爆炸之；然后再加氧于过剩之氢，再爆炸之。如此试验6次后，再加氢气重新试验。从爆炸372次的结果，他知道化合成水的氢和氧，其容量大概是2与1之比。不过因所用气体不甚干燥，故他从密度算出的重量，有些不对。

107. **赖若西埃关于水之组成的种种研究**——1776 当Macquer试验氢气燃烧时，见有无色液体凝结于磁器上，认为是纯洁之水。这似乎是最早的一个事实,可用来说明水之组成。自此以后，赖若西埃有种种研究,都与水之组成有多少的关系。1777赖氏曾用试验证明水能变土（earth）之说是个迷信。同年他试验出来氢燃于空中时不发生“固定空气”。4年后——1781～1782，几乎与凯文第旭的试验同时——他用氧代空气来试验，知道发生的只是纯洁的水。1783他又用氢氧二气在汞上燃烧，得了半两纯洁的水。同年他证明金属残烬用氢还原时，有水生出；例如氧化第二铜和红铅被氢还原，则变为铜或铅，同时有水生出。到了1783，赖若西埃自己和他人既证明水是氢和氧的化合物，他因想到将水中之氧去掉，当可得氢。于是他用水一点一点的通过炭火烧红的铁枪杆,果然水被分解而氢放出；铁变黑色晶体，如光亮的铁矿，其容量加增许多，以致枪杆内径颇见减少。他说若用铜管代铁枪杆，则无变化；水通过后，仍然凝结成水。

108. **用合成法测定容量上水之组成**——用合成法测定容量上水之组成者，凯文第旭的和Monge的试验。后来兑飞（Davy）和多顿（Dalton）也做过这种试验。但在他们的结果中，要算凯氏的为最准确，到了1805,Gay-Lussac和Humboldt用较为精细的试验找出水中之氢和氧，容量上几乎有200与100之比例（166节）。又过了八九十年，到了19世纪之末，Leduc，Scott和Morley相继重新研究这问题，其方法逐渐精密，其结果自然也一个比一个完善；美国Morley所给的数目，现在还公认为标准。我们可以列表比较如下：

		氧 ： 氢
1781	Cavendish	100　201.5
1781	Monge	100　196
1802	Davy	100　192
1802	以前Dalton	100　185
1805	Gay—Lussac和Humboldt	100　199.80
1891	Leduc	100　200.27（200.24照Morley改正的）

1893	Scott	100 200.245
1895	Morley	100 200.296（在0 C。）

从氢和氧化合的容量上比例，我们为简单试验之便，可用弗打管（Voltameter or Volta eudiometer），即普力司列的eudiometer，而1790意大利物理学家Volta改良过的，使氢氧二气——多寡不必一定，也不必十分纯洁——在一管中爆炸。炸后减少的容量，1/3是氧，2/3是氢。

至于水汽之容量，与其所从出之氢氧二气之容量，也有大概整数的容量关系，即1容氧和2容氢化合后，生成2容的蒸汽。这是盖路赛底容量定律告诉我们的；也是他首先测定的。

109. **用分析法测定容量上水之组成**——我们还有一种重要方法——分析方法——可以测定容量上水之组成，这就叫作水的电解（electrolysis 0f Water），因为要利用电流使水分解的原故。现在我们知道物体之可以电解者多得很,而第一个被人电解的就是水,水之电解在历史上有很大价值和趣味，以下故多讲几句。

本来1789年已有人发现过电力（干电）可使水分解；但必至19世纪开幕时，水之电解才算成功。为什么呢?我们只要记得弗打电池（Volta's pile或Volta's cell）之发明是1800年三月二十日发表的；水的电解，是那年五月二号Nicholson和Carlisle做的。他们二人无意中用水一滴，与电池之二电丝相接触，忽然发现电丝周围有了气泡,不免有点疑惑；随将电丝放入玻杯水中试之，结果如前。于是乃将电丝周围之气收集后，分别试验，知道一是氧气，一是氢气；且有大概氧1容和氢2容之比例。周围有氧气之电丝，后来才叫作正极，有氢气者叫作负极。他们又用石蕊液做试验，见正极周围有红色,负极周围有蓝色。这些发现，实在是近世电气化学的出发点。自此以后，大家才知道电流之力能起化学作用。在又一方面，化学作用能生电流的事实，是1786意大利解剖学家Galvani偶然发现的；但其初大家不懂得其中的道理，也等到1800年才懂得。

要知水被电解后所发生之氧，其容量不但常少于氢之容量的一半，并常较理论上的容量少些。这有两个原因：一则氧较氢稍微易溶于水；二则电解时有少许密度较大的臭氧发生。

110. **重量上水之组成的测定**——我们有3个方法可以测定重量上水之组成：（I）从氢氧二气化合之容量和其密度算出，这完全是间接的。（II）用纯洁氢气通过红热的氧化铜，将发生的水收集秤之。实验前后氧化铜失掉之重，即那水中氧气之重；从水之重量减去氧之重量，即得氢之重量。所以，这个方法在乎直接的测定水之重量，而间接的测定氨氧二气之重量。（III）不但水的，连氢和氧的重量都直接测定。

第一个方法较为简便，故最早的测定用之。用第二个方法的，先有1820白则里（Berzelius）和杜朗（Dulong）的试验，其结果不很好；1842杜玛（Dumas，与Stas联合）对白则里和杜朗的试验大加改良。他将从硫酸和锌取出之氢，先通过7个U管（各一密达高）：第一管中盛硝酸铅；第二管盛硫酸银；第三、第四和第五管各盛固体苛性钾；第六管和第七管盛无水磷酸或浓硫酸。用如此纯洁过的氢，他找出水是2分氢和15.99分氧所组成。这个结果在当时算最精确了。这是用氢为标准算出的；后来1860～1865许台（Stas）用O=16为单位，测定了许多原素的原子重，都很适当。于是他就用完全间接的方法，将杜玛所给的比例：改为2.02∶16。自然，这些数目比杜玛的又好一点。到了1892，氧气的密度，Lord Rayleigh试验的非常精确；所以次年A.Scott重新拿第一个方法来测定水之组成。不过他的氢是从钠与水汽反应，他的氧是从氧化银加热取得,都是特别纯洁。他找出水中氢与氧有2和15.802之比例。

Scott的数值，其精确程度已非杜玛的，许台的所能相提并论；然而还有比他更精确的，就是Morley的试验。1895 Morley才用第三种方法——将所用氢氧二气之重量和所生的水之重量一一测定。他的氢是键palladium hydride，他的氧从氯酸钾加热得来。其结果氢与氧之比例是2∶15.779。读者注意，Morley的这种测定，包括许多部分的测定，每一部分必有几次至几十次的试验。其精益求精密益加密的程度可想而知，所以他对于水之组成，在重量上犹之乎在容量上，其测定是古今来最可靠的了。

说起来到也奇怪，水之组成,在容量一方面，可利用合成和分析两种方法来测定，并且试验起来，也都容易，如前|节所说的；在重量一方面，大家用的，包括Scott的和Morley的测定，却只是合成方法。至于用分析方法来测定的，似乎还没有相当的成功。

第九章　氯（绿气）和其化合物

111. **1774许礼的氯之发现**——从1771～1774年，许礼（Scheele）应白格门（Bergman）的请求，从事于一瑞典矿物之研究。此矿物当时通称为brunsten或“锰”（“manganese”），我们称此矿物为软锰矿（pyrolusite），而以manganese之名名其中所含的金属原素。

此矿物不溶于稀硫酸或稀硝酸，但溶解于稀亚硫酸和稀亚硝酸，即将硫酸或硝酸还原而得者。又，将此矿物加硫酸炙之，亦能溶解；同时发生一种气体，其性质与许礼的“fire air”完全相等。

此矿物对于盐酸之性质，与对于硫酸或硝酸不同者，在乎能溶解于冷盐酸中，而不需还原剂之存在。且温度大有关系，在冷液中，其反应为可逆的。许礼说：

“此‘锰’依附于盐酸之力如此的弱，以致水能使之沉淀，此沉淀之性质，恰如寻常的‘锰’。”故当此混合物加热时，放出一种熏人的气，同时棕色液变为无色。许礼述此新气体之发现如下：

“一两盐酸加于半两磨细‘锰’上，放置一小时后，酸液现深棕色；将一部分溶液倒入瓶中放在温煖处，则有像温煖王水之臭发出；一刻钟后，臭去掉了，溶液清净无色似水。”

“因为要知盐酸能用‘锰’饱透与否，我放置另一部分的棕色液，使缓缓消化。那混合物变热时，其中王水的气味立刻加强颇多；又发生气泡，继续至于次日，那时酸乃饱透。在原来不能溶解的残渣上，又加一两重的盐酸，于是又有上述现象。除少许矽土质（siliceous earth）外，‘锰’完全溶解了。”

“因为要彻底了解这种新奇，我取一曲颈瓶，中含‘锰’与盐酸的混合物；击空胞（或曰膀胱）于瓶颈，并置瓶于热沙中。那胞因受瓶中气泡而扩张。当酸不再发气泡时,即表示已经饱透时，我将那胞取下,见那气体已使之有黄色，如遇见王水的样子，但绝不合任何固定空气（fixed air），然那气体极有特别令人气闭的气味，最能伤肺。这气与温热王水之气味相似。曲颈瓶中的溶液，澄净而微黄，这色乃由其中含铁的原故。”

如此取得的气体，许礼当作减去燃素的盐酸，故命名为Dephlogisticated marine acid；1810年兑飞才命名为氯（chlorine希腊字，义绿黄），因其色特殊的原故。

112. **许礼所发现的氯之性格**——除描写使人气闭的臭和绿色外，许礼说氯气“只以甚少量与水化合，使水有微酸味；但一遇可燃的物质，立刻复变为正式盐酸。”寻常取得的氯,含些盐酸气，不过这酸气可用水瓶收集而去之，酸既溶解于水，大部分的氯仍是气体，可投入各异物质以试之。于是察得下列性格：

“瓶上木塞变黄，如受王水反应一样。”

“蓝色试纸几全变白；所有植物花——红、蓝、黄——不久即变白，绿色植物亦然。同时瓶中的水，变为弱而洁的盐酸。此等水和植物以前的色，变白后无论用酸或碱不能复原。”

“铁屑放入那瓶中都溶解了。这液蒸发到干，再加硫酸蒸馏，那时纯盐酸又蒸馏过来。这酸不能溶解金子。”

“所有金属都被氯气溶解。尤可注意者，黄金在此氯气溶液中，与挥发性碱质化合成爆炸酸金（fulminating gold）。”

“在氯气中昆虫立刻就死；火也立刻熄灭。”

113. 1785**贝叟来**（Berthollet）**认氯为氧化物**——其次研究氯气者；有法国化学家贝叟来。他先研究氯气水之性格。他的氯气水是将氯气通过四瓶取得的：第一瓶空而冷，用以凝集酸蒸气而除去之；另三瓶盛水几满，用以溶解氯气。他查出氯气水露置有光的地方可以分解，发生盐酸，放出氧气。他就将这个变化当作氯气的简单分解如下式：

氯＝盐酸＋氧

这明明包含二个假定：第一，氯是盐酸加氧；第二，水在这反应中无关系。其实照许礼的正当观念，氯是盐酸减去燃素或氢水，在这反应中也占重要部分。所以这反应的解释，是水被氯夺去其氢，同时水中所合之氧，游离放出。用符式表之，即

氯气＋水　＝　盐酸＋氧
（氢＋氧）　　（氯＋氢）

贝叟来的学说根本上的弱点，在乎一个事实——虽用很利害药剂来处置，氯气自己不能分解为盐酸和氧。这事实与他自己的观念直接冲突，这观念即在氯气中，“那养生的空气”（“the vital air”）附着于盐酸如此之松，以致光的作用足使它放出甚易。

贝叟来又用冰将氯气水瓶围绕，所得黄色结晶体，他就当作氯气的固体；后来才证明这是氯气与水的化合物。

114. 1785**贝叟来证明氯气不是酸质**——贝叟来所以认氯为氧化物

者，一半因为误会氯气自己能直接放出氧气，如上所述；一半因为误会氯气是个酸质——酸必含氧之说，当时法国公认。他所以当氯是酸质者，因为制取氯气时，一部分的盐酸，常常蒸馏过来，试验时稍不加察，竟有拿附带的盐酸之性质，当作氯之性质者。许礼和白格门所取之氯，都带有盐酸蒸气，惟照贝叟来制取氯气的装置蒸馏过来的盐酸，大部分留在第一瓶里，那瓶是空的，并用冰或冷水围绕；如果仍有盐酸挥发，就被其余3个氯气水瓶的第一瓶吸收了。

用这方法变洁的氯气水，贝叟来找出有以下性格：

“有辛涩而不像酸质的味。”

“能褪植物的色，……绝无红色可以认出。”

“对于固定碱质的溶液，虽饱含固定空气，不生气泡，”

照氧为酸素之学说，如果氯自己能分解为盐酸和氧，即氯含氧多于盐酸，那末氯应该是更强的酸。其实，氯气全非酸质。这个发现，与赖若西埃的学说直接冲突。后来，法国化学家也觉悟了，所以他们于1787年要叫氯为oxygenated muriatic acid or oxymuriatic acid时，不得不说“盐酸是有特别性质的酸，因为它能吸收过剩的氧，并且因为既吸收后，它的酸性加增的不如减少的多！”

115. 1809盖路赛（Gay-Lussac）和戴纳（Thénard）用分解法证明盐酸气之组成——金属钾既被人证明是个原素，法国化学家盖路赛和戴纳乃于1809利用钾或他金属的反应，证明盐酸气定性上的组成是氢与氯；因为当盐酸气与金属反应时，氢气自由放出，同时得氯化金属。他们说

“我们考察金属钾对于盐酸气的反应。在寻常温度时，这反应很

慢；但钾熔时立刻燃于盐酸气中发光，结果得氯化钾和氢。”

“在这试验中收集的氢气之量，恰与钾和水接触时发生的相等。”

“我们在暗红热时，用盐酸气通过擦净的铁屑，许多氢气放出而不觉有盐酸混合在内，同时得氯化铁；残渣铁屑并没有氧化。”

“当中等温度时，用盐酸气通过既熔而又研成细粉的一氧化铅，又收集有氢；不过已与氧化合变成水的态了。”

116. 1809**盖路赛和戴纳用合成法证明盐酸的组成**——盖路赛和戴纳进而察知，若以同量之氢和氯混合后，（a）静置数日，（b）稍热之，（c）露置日光中，都能化合成盐酸氯。他们说：

“氯气与氢气同容的混合物，数日后变为寻常盐酸气，没有水凝结出来。”

“设氢氯二气以同容相混合，又说一小块的铁在汞中热至150℃，介绍于混合的气，则有剧烈的光焰和盐酸的生成。”

“我们做两个混合物；每个具有半立特（1itre）的氯气和同容的氢气。这二气，我们知道彼此化合很慢。一个混合物置于完全黑暗之处，另一个置日光中，那天日光却很弱。几天之后，第一混合物仍呈绿色，看起来没有经过变化；第二个正好相反，不到一刻钟，已经完全褪色，并几乎完全分解了。”

“在此等试验之后，光线对于二氟化合之影响，既不能更有怀疑；又从化合进行之迟速断定如果那天日光更强，反应进行必更速。我们于是做几个新混合物，……放在完全暗处，稍候光亮的光线。这些混合物做成两天之后，乃露置于日光中。刚才露置的时候，忽然发了火焰，并有很响的爆炸，瓶子都变成碎片射到很远的地方。幸而我们已预防这爆炸，故能保护我们自己，免了意外的危险。”

这些试验完全证明盐酸气是氢与氯的化合物，并且事实上是这二氟化合而成的惟一物质。所以盐酸气的符式，

以前是：　　氯－氧＝盐酸气

现在是：　　氯+氢＝盐酸气

117. **盖路赛和戴纳当氯是一个想象基的氧化物**——法国人的脑中，既深印有酸必含氧的观念，虽当已经证明氯是此盐酸更简单之物的时候，他们这观念仍然不肯丢去。所以，盖路赛和戴纳，犹之乎贝叟来，不但不承认氯是个原素，偏当它是个想象基X的氧化物。这基叫作muriaticure or mllrium，略与氮、炭、硫、磷相似。氯与氢化合而成之盐酸，就被当作这基和氢和氧三样东西的化合物，或这基和水的化合物。照这个观念，

氯=X+氧

盐酸=氯+氢

=X+氧+氢

要证明这学说是不错，盖路赛和戴纳必须从氯中提取氧气出来，或绝对不用已含有氧的物质而能从盐酸中提取水出来。然则通盐酸气经过一氧化铅的试验，当然不能适用1810年兑飞曾将这个道理提出，但因许多氯和盐酸的反应都可拿muriaticum的学说解释明白，1808年的时候，兑飞对于这学说尚无什么不赞成的地方。

118. **盖路赛和戴纳要分解氯气的试验**——盖路赛和戴纳做许多试验，想从氯中分离氧气，好将其他一个理想的成分放出。但所有他们

的试验一齐失败。因为无论各金属或磷或任何一种著名吸氧剂，统统不能从氯中分出氧来。他们二人说过：

“我们要分出氧气最后的方法，即用鼓风炉极热时燃烧的木炭来试试。要除去氯气中最少量的水之存在，我们使氯气缓缓通过长达一米半的大玻管，管中盛氯化钙；这管与一瓷管相通，瓷管中有木炭烧至红热。首先一部分的气完全变为寻常盐酸气，温度虽然甚高，这产物渐渐减少。不久，通过的气完全不变，试验将完时搀混的只有1/33可燃气体，这气体我们相信就是一氧化炭。这结果分明告诉我们，氯气不能被炭分解，并且当试验起首时所得的盐酸气，乃由于炭中含氢之故。……还有一种事实，即用寻常木炭而未先烧过的，虽当稍高温度时，发生盐酸气之时间可以长些。……惟盐酸之量，随木炭丧失氢气而减少，有个比例，最后所得不过氯气而已。”

盖路赛和戴纳又用氯气单独加热，找出干燥的和潮湿的氯气，有奇异相反的效果。无论如何试验，干燥氯气不能分解；但一介绍湿气进去，立刻有氧气和盐酸发生。若用氢气代水，盐酸之生成更易。

从这些试验，盖路赛和戴纳不得不承认氯气自己不能分解。他们也知道若假定氯是个简单物体，则氯所表示各现象都可解释圆满！但他们不肯将氯含氧气的观念弃去，而仍喜欢常氯是一化合物。所以，等到兑飞才采用并辩护氯是一个简单物体或原素。

119. 1810**兑飞认氯是个原素**——当盖路赛和戴纳做氯的试验时，兑飞对于氯气亦有相似之研究。原来，大家以为氯中最要的成分就是氧，有松而活泼的性情，于是引起兑飞做些考察，比以前检察氧气的试验尤要严格。1810年起首时，兑飞虽用电池将木炭烧至白热，想分解氯气，也终归失败。这个试验，引起他对于氯中氧的存在，有了怀疑。

他又重做盖路赛和戴纳使氢与氯化合的试验，并证实他们的观察，即化合后发生盐酸；除稍有水的痕迹外，无他物杂于其中。

他既不能发现氯气中并盐酸气中有氧的存在，他于那年终才给氯这个名字，并严密的慎重的判断道：

“一个物体本不知道含有氧气，并且不能含有muri atie acid，要叫他为oxymuriatic acid，是与所采用的名词原理冲突。”

“我既与国中大化学家讨论之后，觉得根据一显然特殊的性格——即其色——命名为氯或氯气为最正当。”

“假使此后发现氯气为一化合物，并且即使含有氧气，这名词不致误会，亦无更改之必要。”

“Oxymuriatic gas为化合物是可能的；这物体与氧气含有公共原素也是可能的。但现在要说oxymuriatic gas中含氧，犹之说锡中含氢，我们一样的无此权限。……除非被人分解之后，一物体应该当作是简单的。”

120. 1810**兑飞测定容量上盐酸气的成分**——其先盐酸气被人当作是一个简单物质（贝叟来），或是那未知基muriaticum与重量三分一或四分一的水的化合物（兑飞，盖路赛）。Cruikshank知道氯与氢以等容相混合时，生成的物体几全溶于水；盖路赛和戴纳证明此生成物为盐酸，但他们自己全未做容量的测定。到了1810年，兑飞既证明它是氢与氯两原素所成的化合物，又将其容量上的成分用以下（I）、(II）和（III）三种测定成立起来。

这测定不能照寻常方法，或经过水（水能溶盐酸气）或经过汞（汞对氯生反应）行之。兑飞其初的试验，是用氢和氯二气“以同容经水混合，并介绍于一空瓶，再用电气火花燃之。”因气体是潮湿的，常有少许水汽凝结，占容量十分之一，或十二分之一，但所剩的气是盐酸气。后来设法使气体干燥，则收缩之量减少，并察出气体愈不含氧或水时，凝结之量随之愈少，有个比例。所以，他假定纯粹的氢氯二气以同容化合，变成盐酸气而无收缩。

氢 + 氯 = 盐酸氯…………………………（Ⅰ）

1容 1容 2容

兑飞又以同容的氯与硫化氢相混合，找出发生的盐酸气之容量收缩很少；同时器壁上有硫析出。这反应可用下式表示：——

硫化氢 + 氯 = 氯化氢 + 硫…………………………（Ⅱ）

1容 1容 2容 固体

兑飞又进而证明当氯化氢所含之氯被一金属吸收时，氯化氢放出氢气的容量为其容量之半。即当：“用烧热的锡与锌使盐酸分解时，放出的氢气等于原来酸气容量之半，结果所得的氯化金属与氯中燃锡或锌所得者相同。”

“在用锌经过甚干燥的汞的试验中，氢的容量常从9到11，所用盐酸气的容量为20。”

“当用电池使汞与1容的盐酸化合时，所有酸气消没，生成甘汞（calomel）及0.5容的氢放出。用符式表示这种反应，则得

(a) 锡 + 盐酸气（2容）= 氯化锡 + 氢（1容）

(b) 锌 + 盐酸气（2容）= 氯化锌 + 氢（1容）

(c) 钾+盐酸气（2容）=氯化钾+氢（1容）

(d) 汞+盐酸气（2容）=氯化汞+氢（1容）

121. **氯酸钾和氯酸**——氯气既是原素，大家才知道许多氯化物原来当作含氧者，实在含的没有。虽然，的确合氧之氯的化合物早已有人研究过。最重要者，现在叫作氯酸钾，是1788年贝叟来首先分离的。他用氯气通过氢氧化钾的热溶液，蒸发后得6边片形，光泽如云母（mica）。尝其味不像氯化钾，但令口中生一种新鲜感觉，很像硝。此物体与木炭混合可使爆炸，炸后所剩无他，不过寻常氯化钾。所以这新盐类是个“氧化的氯化钾。”烧时放出氧气，比从硝放出的更易而且更多得很。所以，用这盐类可以取氧。因为其放出氧气的容易，及其与木炭爆炸的光亮，贝叟来预料用此盐类制取的火药必有可惊的性格。这试验不久就做了，但发生一惨祸及致命的爆炸（见下炸药章）。至于氯酸自己，乃1814年盖路赛用氯酸钡和硫酸制取的。

122. **次亚氯酸钾和漂白粉**——贝叟来先后找出用氯通过苛性钾的热液可得氯酸钾，通过冷液则得另外一种液体，叫eau de Javelles。因为是1789或1792在巴黎附近Javel地方，用贝叟来的方法制取的。1792 Berlard证明eau de Javelles是次亚氯酸钾（KClO）和氯化钾（KCl）的混合液。1785或1788贝叟来发现其有漂白性（与原来氧气相似）,并缓缓分解（似露置日光中的氯气水），放出氧气。恰好James Watt正在巴黎，贝叟来将这事实告诉他，他又告诉Glasgow的人——他的岳父Tennant。1798在Glasgow的公司Messrs Tennant and Co说要制造这漂白物体，可用石灰乳代替那价格很贵的苛性钾。次年，Tennant又用干燥的氢氧化钙，即消石灰来代替，这就是寻常漂白粉的制法。所以，

Tennant于1798年取得专利权。但不久被人发现，在Lancashire等处用石灰代苛性钾的方法已经用过；于是他的专利权，又被取消。但是漂白粉的制造，就从此起点。

第十章　碘，溴，氟和其化合物

123. **碘的发现和品性**——1810氯气刚才被兑飞承认是个原素之后，次年碘即被人无意中发现。碘的许多品性，在此后两三年间也被人证明；不但知道它是个原素，并知道它与氯有种种类似之点。所以，碘之发现和其品性之研究，在历史上很有关系。且说法国、爱尔兰和苏格兰沿海西岸，当春天大风浪的时候，有海草冲到岸上，沿岸居民将海草堆积起来，用细火烧之（温度低至可能）成灰。这灰在苏格兰叫作kelp，中含有碘0.1～0.3%。有位Courtois，乃巴黎附近制硝的人。他想从kelp取硝，不意当他1811正在试验的时候，发现铜锅被kelp的水溶液侵蚀得很利害！他找出这是铜器与那水溶液中的一个未知物质的反应。他说那水溶液蒸发，使K_2SO_4，Na_2SO_4，NaCl，和Na_2CO_3，顺序结晶后，加H_2SO_4于母液热之，则见有一种美丽紫色，遇冷后凝结成片，其色泽与石铅（plurebago）的一般。这就叫作碘（iodine），取希腊文紫色之义。

Courtois将他的发现告诉了Désormes和C1ément。他们二人于是研究碘的品性。1818有篇为Courtois名义的论文，其中说道：

“碘的比重，比水的约大4倍。碘是很可挥发的，其溴与氯的类似，它能使纸或手有红棕色，但不久即褪。它既无酸性，又无碱性，放它在曲颈瓶中加热，它当很微热时，约75℃，即挥发……它能溶于水者很少，溶于酒精较多，溶于以脱（ether）很易。”

“红热不能改变碘之品性；它通过红热磁管后，仍然是碘。”

“碘蒸气在氧气中也是如此。虽烧至红热，也完全没有变化。……所有碘蒸气，后求又凝结于管中。”

在碘与非金属的化合物中，有二个很特则而发现很早的。一个叫nitrogen iodide NH_3-NI_3，是极易爆炸的棕色粉；这是Courtois 1812年发现而盖路赛研究过的。一个叫iodine pentoxide，又叫无水碘酸，是白色固体。1815这固体被人取得，但加热后完全分解。

124. 1813**氢碘酸的取法和品性**——Désormes和C1ément尝用氢和碘蒸气通过红热玻管合成氢碘酸。但盖路赛找出如用燐先与碘化合，再用水分解之，则取得碘化氢更易。他并描写碘化氢的详细品性道：——

“碘化氢的气体，在红热时有一部份分解；若与氧混合，则分解可以完全，碘再出现而水生成。在又一方面，我曾找出用水和碘蒸气在红热时通过磁管，却无分解。此处碘与氯大有区别，因为后者能从水中将氢提出；但硫与碘又相似，因为氧能从二者提氢。”

“碘化氢的气体与汞接触时立刻分解；汞的表面有黄绿色物遮蔽，这是碘化汞（HgI）。如果那接触的时间充足或加以摇动，则碘化氢分解很快；碘完全与汞化合剩有氢气，其容量恰是碘化氢气体容量的一半。我将碘化氢通过锌和钾所得产物，常是氢气和一种碘化物。然则照这分析……我们对于碘化氢气体的本质可无疑问。”

C1ément又请盖路赛和兑飞分别研究这新物质。于是他们二人在14个月之内共有6篇——每人3篇——论文发表，并且在两星期之内已经有了3篇！盖氏3篇的日期，是1813年12月6日、同年同月12日和1814

年8月1日，兑飞3篇的日期是1813年12月10日、1814年3月23日和1815年2月15日。他们二人对于碘之研究都很详细，盖氏的尤其如此，他们都证明碘是不能分解的原素。盖氏说碘之爱力介乎硫和氯之间，兑飞说碘之化学作用与氧和氯类似。

125. **碘之化合物**——碘与另一原素所成的化合物有种种，叫作碘化物（iodides）。Clément述Courtois的发现时说道：——

“碘与金属汞混合摇动后，在冷时生成好看红粉，与vermiliorn（HgS）相似。”

“碘在冷时易与铁、锌、锡和锑化合。……这些化合物可溶于水。碘与铅和银的化合物不溶于水，前者有好看黄色。”

兑飞描写碘化钾的合成和品性道：——

“我在一小玻管中将钾加热，用蒸气碘通过之，在这蒸气与碘接触的时候就发了火，那钾慢慢燃烧，发淡蓝光。生成的物质是白色固体，在红热时可熔，并可溶于水中。它有特别苦（acrid）味。”

“这气体无色，其臭与氯化氢气体相似，其味很酸，其中含一半它自己容量的氢，并饱透它自己容量的阿莫尼亚。氯能立刻取去其氢，发出好看紫色蒸气，并生成氯化氢气体。”

126. **溴的发现**——1826法国化学家Balard,在他的论文“海水中所含之一奇怪物质”中说道：——

“我曾观察过几次含碘的海草灰液，用氯气水处理，再加淀粉液时，不但因碘的原故现有一层蓝色，上面还有一层橘黄色。”

“当我用同法处理海盐母液时，也发现有这橘黄色，……同时有特别强臭。”

他用以脱将那黄色提出，再加苛性钾则黄色褪掉，蒸发至干燥，剩下物体像氯化钾。与硫酸和黑氧化锰同热，则得红烟，凝为棕色液体。Balard证明这是一个原素，与氯和碘类似，命名为溴（bromine），因其有恶臭的原故。

先是数年，李必虚（Liebig）尝受一制盐工厂的请求，代为考察一种母液。除找出其中有些物质不计外，他发现淀粉碘化物，过夜后变成深黄色。他其次将那母液与氯蒸馏得一种液体，他以为是氯化碘（iodine chloride，ICl），没去仔细研究，那知这就是溴。溴的化学品性虽然有许多与氯化碘不似，他却勉强加以解释——他就此造出一个学理！后来听说Balard发现了溴，李必虚知道自己错了。他将那瓶液体——原来他在瓶上贴有氯化碘（Icl）的条子——特别保存起来，作为错误的纪念。他尝将这瓶指示他的朋友，以表明先入为主的观念，往往使很大发现当面错过！李氏自传中并且说："自此以后，除非有绝对试验来赞助和证实，他不自造学理了！"

127. **氟化钙和氟化氢**——萤石（fluor spar）乃一种天然矿石，出产的地方颇多，也易于辩认，寻常每于洁白中搀有青紫等色。萤石与硫酸反应时发烟，能蚀玻璃，这是17世纪后半叶已有人知道的，但不知那烟和萤石的组成。1771许礼首先说萤石是一种特别的盐；他在曲颈瓶中取得其酸，叫作fluor acid。他又使这酸与玻璃反应，取得氟化矽气体。1809盖路赛和戴纳将这酸在金属瓶中蒸馏，才得到纯洁的。但他们和兑飞其初都信赖若西埃的学说，认fluoric acid为水和某原素"fluorium"的氧化物所成。1810年安倍（Ampère）寄信给兑飞，说氟酸与盐酸相似，并判断氟酸中无氧。1813兑飞用试验证实安倍的观念以后，氟化氢才叫作氢氟酸（hydrofluoric acid）。兑飞说过：——

“当萤石以粉末与硫酸相混合，在银的或铅的曲颈瓶中蒸馏时，让瓶与冷接受器相连，器也是用银或铅制的，并特别使冷，则有非常易于反应的液体发生；看起来似硫酸，但格外可以挥发，露置空中时放出白烟。这样东西，考察时必须大加戒慎，因皮肤遇之立刻溃烂，并发生很疼的伤。当钾介绍进去时，它与之反应很强，发生氢气和一中和盐。当石灰与之反应时猛热发生，水分放出，并生出与萤石相同的物质。当放入水中时，有尖声和热放出，若水量充足，并有酸性液体生成，其味不恶。这样东西，立刻侵蚀并溶解玻璃。”

128. **毛逊的传略**（Moissan，1852～1907）——毛逊名Henri,法国人，1852年9月28日生于巴黎。他少时就跟着他父亲习化学，但因家境艰难，不能升学，故20岁以后，即在巴黎一个药店里学徒。后来因为要习科学，尝先后在Pr6émy的和Dehérain的试验室中做试验，尝听St-Claire Deville和Debmy的讲演。他先学生理化学，嗣后才专门研究无机化学。他非常刻苦用功。1874年他得学士学位；1880年得博士学位，著有关于氧化铬的论文。

1880～1883年毛逊在高等制药学校（École Superieure de Pharmacie）做助教（maître de conf6rences）兼高等指导员（chef des travaux practiques）。1886因为发现了氟，他立刻得了10万佛郎的奖金，又被聘为那制药学校里的毒药学（toxicology）教授。1899年他才改做那里的无机化学教授。1900年起一直到他死的时候，他继Troost的任做巴黎大学中无机化学教授，同时他仍做制药学校中的名誉教授。他是Comandear de la Lêgion n d'Honneur。1869英国皇家学会赠他兑飞奖章，1903德国化学学会赠他霍夫门奖章；1906他得有诺贝尔奖金。

毛逊专攻无机化学。做有300篇左右的论文。他与本生（Bunsen）相似，不很注重理论，但是个头等试验家。除氟的发现外，他还发明了电炉并介绍了制造钻石的方法。他非常注意试验时的清洁。只要地板上有几滴水，他就要问“这是谁做的。”但是说起来也奇怪：当1886年他初发现氟的时候，有人报告给法国学院，院长因其煞有关系，派了Berthelot，Debary和Erémy去考察。那知当这些要人面前，毛逊左一试验，右一试验，偏偏取不出氟来；第二天将药品重新换过，他才大功告成呢！

129. **原素氟的取法**——氟的历史，与氯的历史不同。氯是先发现过，分离过，然后才证明它是个原素；氟是先被人证明是个原素，70余年之后，才被人分离的。但其初，氟犹之乎氯，也被人当作一个想象原素的氧化物。1810兑飞既从种种严格试验，断定氯是个原素，给它个氯的名字。于是安倍就指出氟与氯和氟化氢与氯化氢种种相似之点。兑飞又用许多试验，想从氟中提取氧气，但细毫没有效果。所以，1831他也判断氟是个原素，给它个氟（fluorine）的名字（取flow的义，因为在炼冶中用氟化钙为flux）。因为氟具有强大爱力，他说要提取纯洁的氟来考察是很难的事。

虽然，自此以后有许多化学家，先后抱提取纯洁的氟的志愿，他们用过的方法有种种，试验过不知多少次数。例如

1.兑飞用电解氟化氢法；

2.兑飞用氟化银加热法；

3.兑飞用氯与氟化银反应法；

4.G.J.and T.Knox用在萤石器皿中氯与氟化第二汞反应法(1836)；

5.Fremy用电解已熔氟化钙法（1856）；

6.Fremy用氧与已熔氟化钙反应法（1856）；

7.K mmerer用碘与氟化银加热法（1862）；

8.Gore用电解已熔的氟化银法（1869）；

9.Dixon用在氧中不安定的UF_5加热法；

10.Brauher用PbF_4或CeF_4加热法（1881）。

其结果都失败了。一直等到1886法国毛逊用氟化氢钾（KHF_2）在氢氟酸（HF）中之溶液，使之电解，然后大功告成。我个知道氢氯酸的水溶液电解后，一部分的氯与水反应仍成盐酸，而放出氧气。氟对于氢的爱力，比氯的更大；那末从氢氟酸的水溶液，一定取不出氟来。无水氟化氢又与纯水相似，不能传电。惟氟化氢钾的固体——易取得纯洁的——熔于氟化氢后，即能使之传电。所以，毛逊利用这种熔液。至于他取氟所用的器皿和手续，此处不必细讲。

第十一章　燐，硫和其化合物

130. **燐的取法**——燐的发现，以前已经说过，是17世纪时Brand，Kunkel等从尿和沙蒸馏得来。从骨灰的取法，现在大宗制造上仍利用之。多顿的化学新统系卷二中，曾有这取法的详细记载：——

"燐……是常从动物骨用很烦难程序制取的。骨中含一种燐的化合物燐酸钙。先将骨露在空中烬烧，研成粉末后加稀硫酸；这酸与一部分的石灰化合，成一不溶的化合物，但将过燐酸石灰（superphosphate of lime）析出后，它就溶解于水。将这溶液蒸发则得冰凌似的盐类。再将这固体研成粉末，与一半它的重量的木炭混合；将这混合物放陶土曲颈瓶中，用强红热蒸馏之，则燐顺着曲颈蒸馏过来水，收集于水下。"

131. **燐酸，亚燐酸和其无水氧化物**——1772赖若西埃尝用火镜在汞上试验钟形玻盖中燐之燃烧。他所得结果是：（1）只一定重量的燐可燃于某容空气中；（2）燐燃时生成无水磷酸之白色粉片，如细雪一般；（3）燃后瓶中空气约剩原来容量的4/5或5/6；（4）燐燃后较燃前约重两倍半；（5）这白色粉溶于水中，即成燐酸。赖氏又证明燐酸可用浓硝酸与燐反应取得。

无水亚燐酸是1777年Sage首先取得的。他的方法是置固体燐棒于漏斗上，使在有限制的空气中，作有烟无焰的燃烧（smoldering）。所得液体（熔点21°）是一个氧化物，即无水亚燐酸。等它顺漏斗滴入气瓶中，则得亚燐酸自己。1812兑飞始利用三氯化燐与水的反应，取得较纯洁的亚燐酸。1860～1891Thorpe和Tutton对于这酸才有仔细研究。

至于燐酸和亚燐酸的盐类，赖若西埃和Sage也分别制取过。

132. **三氢化燐（PH3）的取法和品性**——燐与氢的化合物有气体、液体和固体的3种；其组成各不相同，就中以气体三氢化燐属最重要。这又叫燐毒气（phosphine）。他的取法是1783 Gengembre发现的。他说：——

“我用些苛性钾要使燐渐渐溶解；几点钟后，我见有许多气泡附着于燐的表面。于是为加速那酸质的反应起见，我将其全部热至35～40°。当燐几乎还未熔的时候，即有一种不可忍耐的腐败鱼臭和一些奇怪气体发出。那气体一与空气接触时，立刻自行爆炸烧起火来。”

后来多顿也制取过这气体。他并描写其品性道：——

“燐化氢有以下品性：（1）当这气体的气泡入于大气时，它们立刻发火，发生爆炸，并有环形白烟上升，就是无水燐酸。（2）这气体不适于呼吸，并不助燃烧。（3）它的比重是0.85，寻常空气的等于1。（4）水吸收这气体的容量合它自己容量的1/27。（5）如用电分解这气体，则燐析出，最后剩纯洁的氢气。”

现在，我们知道气体三氢化燐能燃而不能自燃，液体的P_2H_4方能自燃。所以，寻常制取三氢化燐时有自燃的现象者，大概因为少许P_2H_4掺杂其内的原故。

1798贝叟来证明燐化氢（PH_3）和硫化氢（H_2S）大不相同之点，在乎前者毫无酸性。

133. **硫化氢（H_2S）的取法、品性和组成**——硫化氢这个气体，虽然1663 Boyle知道它能使银器变黑，1764 Meyer知道它可燃，1772 Hoffmann又知道它有臭鸡蛋的恶臭，但必至1777许礼才详细研究它。他证明燃硫于氢气中可得这气体，其中的硫可用氧化剂如硝酸和氯气使之还原。从酸与人造硫化铁制取硫化氢的方法，普力司列说过，多顿也加以改良过。多顿知道硫化氢颇溶于水，更易溶于石灰水。

至于硫化氢的组成，多顿和他人都证明它含它自己容量的氢是毫无疑义的。不过，其中含硫究竟若干，多氏未能十分确定。他的新统系卷二中说道：——

"从Austine，Henry等的试验电火花通过时，硫化氢不受容量上的变迁，但放出固体之硫的事实已经成立。我曾重做这些试验，而不能察出容量之增减。剩下来的气体，乃纯洁氢气。"

"当与氢气混合时，若其比例为100容硫化氢和50容氧，此混合物被电火花爆炸生水，将硫析出，而气体不见了。若用100或以上容量的氧，则在汞上爆炸后，管中有大约87容量的无水亚硫酸，105容量的氧完全不见，或说已与硫化氢气体中两原素化合了。"

1796 Berthollet证明硫化氢是个酸质，但不含氧。

134. 1774**普力司列取二氧化硫之法**——硫燃于空中，变成有奇臭的二氧化硫，或无水亚硫酸，这事实知道的很早。但因无水亚硫酸颇溶于水，故必等利用汞槽代替水槽之后方能分离这气体。普力司列既从盐酸加热得了他的"acid air"，乃于1774年用硫酸试之。他说：——

"硫酸加热，简直没有气体发生。……但这气体却于意外发现，并且我为这个发现费了颇重的代价。既用烛烧了更久的时间，还是没有气体，我觉得失望，乃将烛撤掉。但在我能将玻瓶从汞槽撤开以前，一点水银经由曲管通入热酸。于是，立刻之间瓶中布满浓厚白烟，发出无限气体，经过的导管裂成碎片（我想是因为忽然发生的热），并且有些热酸泼到我的手上，手烫得非常利害，至今仍可看见受伤的痕迹。瓶中凝结的，有白色似盐的物体，放出的臭非常令人气窒。”

“这个难受的意外危险，既不能使我失望，第二天我拿少许水银与硫酸同放在瓶中热之。离沸腾还远的时候，多量气体已从瓶中发出，在汞槽上收集之，见其是真正vitriolic air,恰像我上次取得的：既易被水吸收，又与上次的一样灭烛。”

以上是普力司列从汞与硫酸之反应首先取得二氧化硫的故事。他又曾用铜、铁、银、硫分别和硫酸热之，所得之气皆与前相同，试以黄金独无效，试之油及木炭则得炭酸气。就金属之反应而论，在今日视之，不过它们能将硫酸中之氢赶出，新生（nascent）之氢又使余酸还原，故其结果只见二氧化硫而不见氢气。无奈普氏本始终固执燃素学就之成见者，以为“我所受教于以上不测之事者非他，乃燃素能舍某某金属而入热硫酸，因之发生气体。然此为我所毫未料及，此则良堪惊异者也。”

无水亚硫酸本叫vitriolic acid air,但因上述取法，普力司列叫它是phlogisticated oil of vitri01。

135. **硫酸和亚硫酸的辨别**——1702 Siam曾用酸质溶液收集硫燃时生成的气体，得亚硫酸盐液；露置空中，他找出这液变成硫酸盐。普力司列后来也找出这种变化。Stahl以前，大家总以为硫燃时所得酸性溶液就是硫酸。Stahl才首先知道其不同。普力司列尤能证明硫酸与亚硫酸所以不同的地方：因为亚硫酸液（1）只有弱酸性（他从这个地方，又知其与盐酸不同）；（2）有难受奇臭；（3）露置空中几乎完全蒸发；（4）普氏特别注意者，在乎亚硫酸可被硫酸赶出，恰与其他弱酸可被比较的强酸赶出一样。

136. **容量上和重量上亚硫酸的组成**——普力司列（1772）和多顿（新统系卷二）先后察知若闭某容空气于汞上，再燃硫于此空气中，试验前后，气体的容量不变，正与在相同境况之下燃炭一样。所以无水亚硫酸犹之乎无水炭酸，含其自己容量的氧。多顿又知氧的密度=1.1，无水亚硫酸的密度=2.3；所以他断定无水亚硫酸中硫和氧的重量几乎相等。

137. **无水亚硫酸和无水硫酸中氧之比例**——赖若西埃和多顿尝用试验要测定硫酸之组成，但都没有成功。1807盖路赛才用热使各种硫酸化物分解，在汞上收集放出之气体，再用苛性钾处理以分析之。于是他知道硫酸中含有无水强硫酸和过剩的氧，并找出二者容量上的比例。他说：——

“我所加热的第一个硫酸化物，是硫酸铜。它首先放出水分，但到了曲颈瓶红热时，（无水）硫酸的白烟立刻发出，并带有云雾似的气体，（无水）亚硫酸的强臭，并且洗涤后火柴能在其中复燃数次。那末，这气体是无水亚硫酸和氧气的混合物。……这两种气体，容量上几乎有2与1之比例。”

“硫酸铁加热时，与硫酸铜有同样的分解。结果稍有不同者，不过因为那金属铁可有高级的氧化所放出的气体，比较上无水亚硫酸多些，氧气少些。”

盖路赛又用硫酸铅试验，知道硫酸中无水亚硫酸与氧之容量比例，大约是2：1。然则我们也可说无水硫酸是无水亚硫酸与一半它自己容量的氧所成。但上节已经证明无水亚硫酸中含它自己容量的氧，所以无水硫酸和无水亚硫酸中，氧之比例为3：2。

第四编　近世时代第二期（中期）

第十二章　原子学就和化合比例之定律

138. **19世纪以前关于物质组成的学说**——从希腊哲学兴盛以后，关于物质的成分，有相反的两学说。（I）物质是接续的（continuous）。据此则物质中间不能有空隙，换言之，空间不能存在。（II）物质是原子的（atomie）。据此则所有实在物体，皆许多质点所成，质点之中有空间（space）；换言之，许多质点被空间隔离，不是接续的。在西历纪元前5世纪以后，第二学说就比第一学说格外发达，并且早已通行，不过只是理想的而非试验的。17世纪时包宜尔又用corpuscles之说来解释种种化学上的现象。牛顿（Newton，1642～1726）尤极力赞成那原子学说，所以到了18世纪之末，大家几乎都为物质为某数最小质点所成。此等质点叫作原子（atom），取希腊字不能再分之义，即中国四书上所说“语小天下莫能破焉”的意思。牛顿对于分子本性的观念，略如下段：

“我以为似乎可有的，即原始时天然生成的种种质点系凝固的，实质的，硬的，动的，不可透的；其大小与形状，其他种品性，其与空气之比例皆足达其生成之原则。又此种始生质点既为凝固的，则其绝对的硬度，不但超过于其构成之任何有孔之物体，并且永久颠扑不破。寻常人力绝不能使天生的一囫囵整个，分而属二。”

139. **多顿的传略**（Dalton, 1766～1844）[①]——多顿名约翰（John），英国人，1766年9月6日生于Cumberland的Eaglesfield地方。他家累世务农。他父亲系友社（Society of Friends）的会员；以纺织为业；家境甚穷，而竭力使其子受稍好的教育。多顿尝从本地一Quakei·School的校长学习。他11岁时已习过测量等学；12岁时就起首在村中教书约2年；然后又做耕田工作约1年；15岁时才搬到Kendal。此处他住12年，在他的cousin所设之膳宿学校里做教习三四年，然后升做校长凡8年。这10余年同，他藉一盲目事者顾君（Mr.Gough）——与多顿终身事业极有影响者——的帮助，尝以余暇学习数学、哲学、希腊、拉丁和法文。1787他起首教哲学；1793他搬到Manchester，做那里新学校（the New College）的数学和哲学教习凡6年。及至1797这学校搬到York他仍留在Manchester终其身，做私塾和公家的数学和化学教习，有时被聘到London，Edinlburgh，Glasgow，Birmingham和Leeds去讲演——虽然讲演非其所长。1844年7月27日这位科学大家死于Manchester，他的像则从1834以来早就树在那里的市政厅中了！

色盲（color-blindness）现象是多顿1794首先发现的。他这发现的原由如下：多顿自己即有色盲毛病的人，但他本不知道。一天，他给他母亲买一双袜子作为礼物，他母亲见了很觉差异。因为这袜子是大红色的，而她是个Quaker，即信仰一种特别宗教者，绝不好穿带大红色的东西。然而这双袜子的颜色，在多顿看起来是个灰色和棕色中间

[①] 参阅Tilden所著“Famous Chemists.”

的蓝色!

多顿尝于暇时做些试验，其结果和其连带的思想，随时在Manchester的文哲学会（Litemry and Philosophical Society）中发表。他尝研究气象学（见下），他是个物理家和化学家，尤长于理想。1802年，他有6篇论文发表，就中以“Experimental Essays on the Constitution of Mixed Gases”，“On Evaporstion”和“On the Expansion of Gases by Heat”为尤著名。此等论文中讲的有以下3个定律：（1）他的部分压力之定律（1aw of partial pressure）；（2）他的另外一个定律——所有气体，如其热量之加增相等,其容积之加增也相等——这即寻常所谓Charles的或Gay-Lussac的定律；（3）多顿的同时人Henry的定律，即气体溶解于水之容量与压力有正比例。这定律多顿也考察过。他说水的各质点之结合，固然较气体质点密得多，然也有缝隙可以渗入；压力愈大时，气体质点被强迫而渗入于水的缝隙者愈多。

多顿尝发现倍数比例之定律，而其原子学说尤为化学开一新纪元，以下当详述之。那定律是1803～1804年发现而1808年才在他的化哲新系统（“New System of Chemical Philosophy”）中发表的。那学说之发现尚在1803年以前，不过1807年才在汤姆生的化学系统（“System of Chemistry”）中详细发表。关于二者发现之先后，将来可以再讲。且说那原子学说足使他的名誉昭著于科学界，故从1804年始英国各处都请他讲演。不过在外国除白则里（Berzelilus）外，大家却当这学说是一种揣测而不切于事实。多顿著有化哲新系统三卷；第一卷在1808年，第二卷在1810年，第三卷则晚至1827年出版。他晚年所受荣耀甚盛，法国科学院和伦敦皇家学会都举他做会员。但他一生总是过简单的生活。Sidgwich教授尝称赞他道：

“他有甚美的简单品性和专一心思，这品性和心思使他就其所见之理，一直继续向前去求之，而不致转向左手边或右手边，并能教他除真理外无所崇拜。”

尤其妙的是兑飞所下的批评：

“多顿是个卤莽试验家，而几乎总可找出他所要的结果。他相信他的头脑，比相信他的手多些。”

140. **多顿的原子学说之起点**——多顿乃牛顿派学者，其初很注意气候学（meteorology），对于北极光（aurola borealis）尤其如此。自1787年起，他做有气候日记，一直有57年。其中记的约有20000次的观察。从气候学的研究引到大气成分和品性的研究，于是引到物理学上气体的压力、容量、播散等问题，最后又引到化学上物质的构成和原子的种类、大小、轻重等问题。本是很自然的，实际上多顿的原子学说也是顺着这途径发生的。这有以下的种种佐证。

多顿自己在其笔记中说过：

“做气象的观察和猜想大气的品性和成分，我既习惯久了，于是一个复杂大气或二个或以上弹性流质的混合物，怎样变成一种看似调匀的（homogeneous）质量，我觉得非常诧异。牛顿已经证明过……一弹性流质是物质的小粒点或原子组成；各原子互相驱逐之力之增加，与其距离之减少成比例。但近世的发现曾订定大气含有比重各异的3个或以上弹性流质。然则牛顿的学说如何适用于他所不曾想到的例子，我不得而知。”

当多顿时通行的观念，是大气中一种气体能以弱爱力溶解他种气体成化合物，此化合物复能溶解于水。照这说法，却有许多困难。但多顿又说道：

“1801年我得个能完全免除这些困难的臆说。据此臆说，一种原子不驱逐他种原子，而只驱逐同种类的原子。这臆说对于两种气体无论比重如何都能扩散之说很可容纳，并使牛顿学说对于各气体之任何混合物完全适用。”

后来多顿又以这臆说为不必有。当他起首冥想大气的成分时，他假定各种质点的大小都是相同的，或说这种气和那种气如果容量相同，则其中原子之数彼此相等。及拿这假定运用起来，见与事实不符，他乃将它弃去。所以他说：

“当我将这问题再加考虑时，我始知弹性流质之粒点有不同的大小（size）。这个影响，我以前永未想到。所谓大小者，我意是指在中心的硬质点和周围的热合拢而言。……于是每种气体扩散于他种气体的理由，除热之驱力外，不消用别种驱力来解释了。”

他从此进而说道：

“弹性流质的质点，在温压情况均等之下，既有各异的大小，则应有之目的，自然是要测定那比较的大小和重量以及某容量中原子之比较数目。这就引到各气体之化合和此等原子之数目诸问题。”

统观上述，我们对于多顿底原子学说的起点，自然充分明了了。况上节已经讲过，他本早有许多物理上的贡献，然后才有原子学说吗？

141. 多顿对于原子的概念——多顿对于原子的概念，可分作4层来讲：（I）什么是原子；（II）什么是原子的大小；（III）原子的种类是一个或多个；（IV）气体怎样扩散。这都可引多顿自己的话来说明。

(I) 1803年9月6号他的笔记就中说过：

“物体最后原子乃在气体状态时被热围绕之质点或是些弹性小圆质点之中心或仁（nuclei）。”

(II) 他在其化哲新系统中说道：“所谓一个最后质点之大小(size)或容量者，我意……指当在纯粹弹性流质的情形之下这质点所占之空间。照此意义，质点之bulk乃指假定不能穿过之仁的bulk和其周围的repulsive atmosphere of heat的bulk而言。”

他又尝说：

“所谓大小者，我意是指中心的硬质点和周围的热合拢而言。……我找出弹性流质的质点的大小必须各异。因为一容氮和一容氧如果化合将成二容氧化氮(“hitrous gas”)。此二容中所有氧化氮原子之数，不能多于一容氮或氧所有原子之数。”

(III) “假使水的质点有些较其余的重，又假使一容量的水偶然恰为此较重质点所成，则其此重上必有大影响。此等假定与所知事实不合。这不过拿水作个例，其余物质也是如比。所以我们可下一判断：所有调匀物质之最后质点，其重量形状等等完全相同。换言之，即水之每一质点同于水之其余质点，氢之每一质点同于氢之其余质点，余例推。至于不相类似的质点之集合，如谓为完全相等，似无可以承认的理由。”

(IV) “我们如果细想一容纯粹弹性流质中球形质点的位置，则知其类似一正方堆之弹丸的位置。各质点必位置成水平层，每四质点为一正方；上层中每一质点静列于下层四质点上，其与四质点的切点，在水平平面上或在经过那四质点之中心的平面上成45°。因此理由，压力各处均平。但如果任何器皿中这一气体与那一气体同时存在，则有一种大小(size)的弹性球形质点之面与另一种大小的质点之面相切。此等混杂质点之切点，可有从40° ~90° 种种之不同。因为这个原因，内部 (intestine)之运动必然发生，这种质点必然推荡那种质点。……所以内部之运动必然继续下去，直至各质点到了对面之器壁，与其可相静处之点接触方止，最后乃能达到平衡。于是，每一气体完全扩散于另一气体。”

还有一层值得特别声明者，即原子有各异的大小。多顿既证明此说，又认气体原子为球形质点，于是他进而测算原子之直径(与氢原子的比较直径)。他的程式是

$$\text{某原子之直径}=\sqrt[3]{\frac{\text{此原子之重（以氢=1为标准）}}{\text{该气体之比重(以氢=1为标准)}}}$$

142. **多顿对于化合原子数目之假定**——多顿学说之最大用处在乎能说明原子化合时有简单数目上的关系。为达到这个说明起见，他曾订出下列之法则与简单之假定。在他的化哲新系统中，他说：

“如有两物体A和B化合，其化合的次序如下，从最简单的起首，即：

1原子A+1原子B=1原子C，二原子化物(binary)

1原子A+2原子B=1原子D，三原子化物(ternary)

2原子A+1原子B=1原子E，三原子化物(ternary)

1原子A+3原子B=1原子F，四原子化物(quaternary)，余类推。”

式中右边所说的原子C，原子D等等，应当作为分子C，分子D等等。

多顿既立原子化合之法则，又下简单而太随意之假定：

“第一，当二物体A和B只知有一种化合物时，此化合物必须假定为二原子化物，除非有特别理由证其不然。”

“第二，当察知有两种化合物时，此两种化合物必须假定为二原子化物和三原子化物。”

“第三，当得有三种化合物时，我们应假定一个是二原子化物，两个是三原子化物。”

“第四，当察知有四种化合物时，我们应定为一个是二原子化物，两个三原子化物和一个四原子化物。”

“第五，一个二原子化物，比重上应该较其成分之混合物重些。”

“第六，一个三原子化物，比重上应该较一个二原子化物和一个简单物体之混合物重些，此二原子化物，若与此简单物体化合，则成为该三原子化物。”

“第七，上述之规则和观察，如C和D、D和E等等化合时，一律适用。”

所以说上列假定是太随意者，很易知道。我们可以问：如果我们只知A和B的一种化合物，为什么这种必是二原子化物，而不是三原子化物呢？另外一种，将于随便何时可以发现，为什么这后来发现的必是三原子化物而不是二原子化物呢？可见这些假定很有缺点，无怪多顿对于水和阿莫尼亚等每一分子中的原子数目，有些就因此弄错了。

143. **多顿测定原子量的方法**——大家几乎都知道多顿是第一个测定原子量的人。不过许多与原子有密切关系的定律，当时既然尚未发现，那么最要紧的问题，就是多顿究竟怎样测定他的原子量！他亲自利用天平来测定，还是单“在纸上运算”呢？如果单“在纸上运算”，那么越发奇怪，他到底怎样运算呢？以下是这问题的必要答案。

1803年9月6日多顿的笔记中说过：

“从水和阿莫尼亚的组成，我们可以推知氮原子与氧原子之比是1与1.42。

所以一原子的氧化氮应该比氮重2.42倍；

一原子的氧应该比氧[①]重1.42倍。

据此则1分氧将需1.7分氧化氮。

硫　　氧

Chenevix 611/2+381/2=硫酸，

于是611/2+191/2应该是亚碱酸，

这使硫与氧之比差不多是3.2：1。

硫　氧

Thenart[②] 56+44，

56+22亚硫酸，

Fourcroy说85+15亚硫酸。”

据Roscoe和Harden，多顿所以说一原子氧之重是一原子氮的1.42倍者，系根据Austin底阿莫尼亚的分析(见Phil. Tran. 1788)和赖若西埃

[①] Pattison Muir说此处“氧”字当作“氮”字.

[②] 作者按Thenart似乎当作Thénard.

底水的分析。Austin的结果是阿莫尼亚中氮之重4倍于其氢；赖氏的结果是水中氢与氧之重有1：5.66之比例率。多顿利用其上节第一条的假定，认阿莫尼亚是一原子氮和一原子氢所组成，于是氢的原子量=1，氮的原子量=4。他又假定一分子水中有氢和氧各一原子，于是氧的原子量=5.66。因4：5.66=1：1.42,所以说一原子氧之重是一原子氮之重的1.42倍。

多顿所以说一原子(实在是一分子)氧化氮之重2.42倍于氮者，也是从假定这化合物含氮和氧各一原子计算；因为一原子氮=1，一原子氧=1.42，相加故等于2.42。

他所以说1份氧将需1.7份氧化氮者，也是从假定一原子氧与一原子氧化氮计算；因为1.42：2.42大概等于1：1.7。

至于氧和硫之比例，照Chenevix的硫酸（SO_3）之分析，几乎是1：1.6。但多顿所以断定硫之原子量大概3.2倍于氧之原子量者；因他假定在两种氧化硫中，第一种含一原子硫和一原子氧，第二种则含一原子硫和二原子氧。换言之，他假定两种氧化硫是SO和SO_2，其实是SO_2和SO_3。

144. **多顿底原子量表**——1803年9月6日多顿笔记中列有4原素和10化合物之原子的比较重。6个星期之后，他在Manchester的文哲学会中宣读一篇论文——1803宣读的，但是1805出版的——其中他说：

“考察物体的最后质点之比较重，据我所知，乃完全一个新题目。近来我对于这个考察进行得很有成效，这篇论文不能述其原理，但可照我用试验测定者附录其结果。”

于是他又列一原子量表，比9月6日的多含7个原素。除氢的数值外，二表中的数值很不相同。他的1806年笔记和1808年和1810年化哲新系统中，各有原子量表，彼此稍有出入。1807年以前，多顿几乎完全依赖他人的分析给料，嗣后他却自做试验，但始终并不精确。所以他往往拿化合重当原子重，又不能说出或认定分子和原子的区则。下表所以指示多顿的和近世的数值的差异；并为读者参考起见，特将1810年化哲新系统中他所创用的符号和各原秦和化合物的此较重照录于下：——

	氢	氮	炭	氧	铁	银	水	一氧化炭	二氧化炭
多顿的数值	1	5	5	7	38	100	8	12	19
近世的数值	1	4.66	6	8	28	108	19	14	22

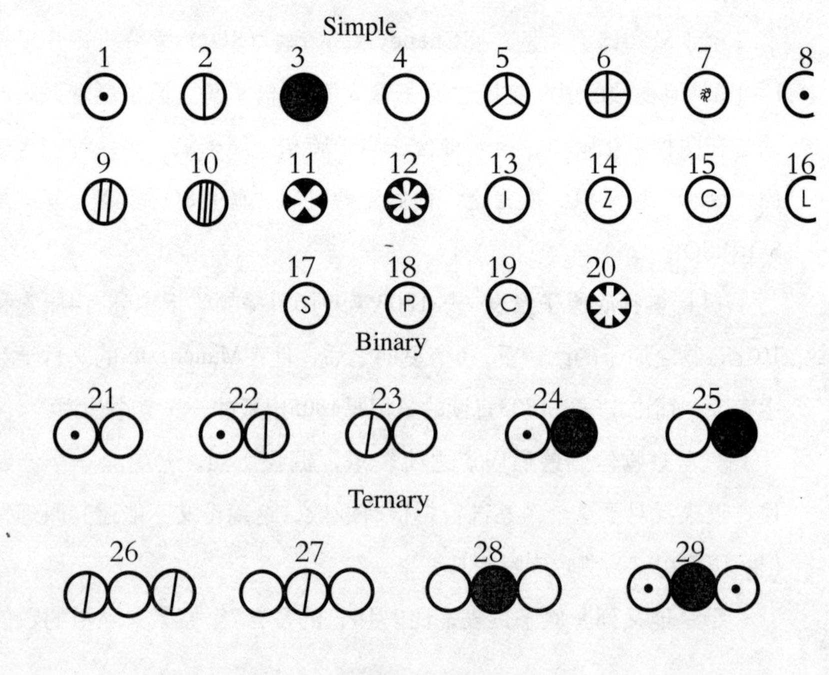

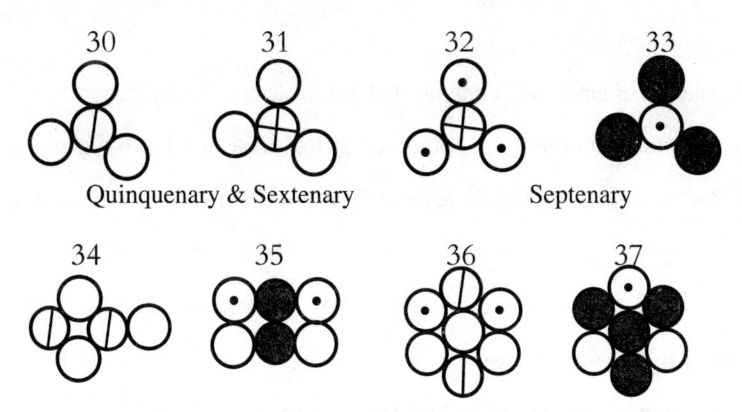

本页乃多顿表示各原素或各化合物所用的随意符号；他并将各符号编成号数。

下页乃他的各原素的名称和原子量或各化合物的名称、成分和分子量。

Fig.	Fig.
1.Hydro。its rel。weight……1	11.Stronties…………………46
2.Azote………………………5	12.Barytes……………………68
3.Carbone or charcoal……5	13.Iron…………………………38
4.Oxygen……………………7	14.Zinc…………………………56
5.Phosphorus………………9	15.Copper……………………56
6.Sulphur…………………18	16.Lead…………………………95
7.Magnesia………………20	17.Silver……………………100
8.Lime……………………23	18.Platina……………………100
9.Soda……………………28	19.Gold………………………140
10.Potash…………………42	20.Mercury…………………167

21. An atom of water or steam, composed of 1 of oxygen and 1 of hydrogen retained in physical contact by a strong affinity and supposed

to be surrounded by a common atmosphere of heat；its relative weight=. ………………8

22. Analom of ammonia, composed of 1of azote and l of hydrogen………6

23. An atom of nitrous gas，composed of 1 of azote and 1 of oxygen……12

24. An atom of olefiant gas, composed of 1 of carbone and 1 of hydrogen ……………………………………………………………………………6

25. An atom of carbonic oxide composed of 1 of carbone and 1 of oxygen……………………………………………………………12

26. An atom of nitrous oxide. 2 azote+1 oxygen……………17

27. An atom of nitric acid, 1 azote+2 oxygen…………………19

28. An atom of carbonic acid, 1 carbone+2 oxygen…………19

29. An atom of carburetted hydrogen, 1 carbone+2 hydrogen…7

30. An atom of oxynitrie acid, 1 azote+3 oxygen……………26

31. An atom of sulphurie acid, 1 sulphur+3 oxygen…………34

32. An atom of sulphuretted hydrogen, 1 sulphur+3 hydrogen 16

33. An atom of alcohol, 3 carbone+1 hydrogen………………16

34. An atom of nitrous acid. 1 nitric acid+1 nitrous gas……31

35. An atom of acetous acid. 2 carbone+2 water……………26

36. An atom of nitrate of ammonia, 1 nitric acid+1 ammonia +1 water……………………………………………………33

37. An atom of sugar,1 alcohol+1 carbonic acid……………35

145. **倍数比例定律之发现**——多顿以前已知氮的氧化物有3种，即N_2O，NO和NO_2，其中与同重之氮化合之氧之比例为1∶2∶4。又两种氧化炭中氧之比例率为1∶2，也是当时所已知的。1803年多顿的确引用过这些事实，并且从前人分析的给料，用氧的原子量=7为单位，算出3种氧化氮中氧与氮之此是7∶10，7∶5，14∶5(应该是4∶7，8∶7，16∶7)，又算出2种氧化炭中氧与炭之比是7∶5，14∶5（应该是4∶8，8∶3）。不久（1804）他又亲自分析沼气（marsh gas）和成油气（olefiant gas），察知2气体中氢的重量几乎也有1∶2的比例率。于是他乃创建其倍数比例定律：当二个或以上化合物中含相同各原素时，设其中一原素之重为恒数，则其余某原素在各化合物中对待之重有简单倍数之比例。

146. **原子学说与倍数比例定律发现之先后**——案多顿所订之二原子化物、三原子化物、四原子化物等各规则中，本暗含有倍数比例在内。无怪其初大家都照多顿底好朋友汤姆生的说法，以为多顿从分析得来的定律是其原子学说的基础，即欲说明试验上倍数比例的事实，他乃有理论上的原子概念。此说经过80余年，化学界无不相信，那知其实恰好相反。

据Roscoe和Harden[①]，当1895年，多顿自己试验室的笔记偶然发现于Manchester文哲学会的屋中，此屋即多顿曾做试验之处。从此笔记乃知1801年以前多顿已用牛顿学说解释播散现象，如前所述。虽然1803年的原子量表中已列有二种炭氢化合物的数值，但此表系1805年

① A New View ofthe Origin Of the Daltonian Atomic Theory, 1896.

才出版的。照种种佐证，我们知道到了1804年夏天多顿才做此二种化合物的分析。大概那表中此二化合物的数值是1805年加进去的。总而言之，多顿是先有原子学说，然后才有倍数比例之定律。那学说是演释的，不是归纳的。

147. **原子学说与化合各定律的关系**——所有化学上的现象，所有物质的一切化分和化合，无论如何的复杂，也无论在何时何处，无形之中一定要按着一些定律而进行，而且一定逃不出这些定律的范围。这些定律，可以分为3种如下：

（1）定比例的定律（1aw of constant proportions）；

（2）倍数比例的定律（1aw bf multiple proportions）；

（3）交互(或当量)比例的定律（1aw of reciprocal or equivalent proportions）。

多顿的原子学说最大的成功，就是无论以上那个定律，都可拿原子学说解释得简单而明了。故以下特将这3个定律分别祥述之。

（甲）定比倒

148. **定比例的定律**——在点金时期和制药时期，化学上定性的和定量的工夫都很没有。在燃素时期，大家都偏重于定性的，而定量的工夫仍然欠缺。到了卜拉克和赖若西埃，化学上始有定量的测定。他们二人的工作，已暗中拿定比例的定律——元素或化合物以定比例的重量相化合——为根据赖若西埃并且发现了物质不灭的定律。多顿的学说是说原子是不能再分的，是说各异原子各有各的重量。那么定比例的定律当然可以从这学说引申出来。反之，假如这定律不对，多顿的学说必耐不起实验的考试。虽然定比例的定律是卜老斯自己首先用试验证明的，并且是卜老斯所极端主张的。

149. **卜老斯的传略**(Proustj 1755～1826)——卜老斯名Joseph Louis，法国人，1755年生于Angets。他父亲是个配药师傅；他自小就也练习配药，稍长即到巴黎从著名配药师学习。他曾从Rouelle习化学，极其用功。他先做La Salpétrière医院中配药部的职员，又在Palais Royal教化学。1784他尝坐气球上升几乎遇险。

西班牙政府见当时法国化学非常发达，并且知道化学之应用非常要紧，特聘卜老斯去到Segovia的炮军学校当教授。不久西班牙政府又在Madrid创办一化学专门学校，又请卜老斯为教授。所以他的著名工作都是在西班牙的试验室中做的。那里试验室中一切设备非常完美，例如常用器皿亦多属白金制的。可惜1808当法国和西班牙战争时，法军占了Madrid，竟将卜老斯的试验室毁坏了，因此他的工作不得不宣告中止甚至终止了！

后来拿波仑想在法国提倡制造蔗糖，特别请卜老斯办一工厂，卜氏辞而不就。1819法国科学院特聘卜氏为会员。他死于1826年7月5日。

150. **卜老斯证明定比例定律的试验**——卜老斯于1799年，即查知天然的和人造的炭酸铜，其成分完全无异。他的试验结果如下：——

重量100份的铜，在硫酸或硝酸热溶液中，若用炭酸钠或钾使之沉淀，每次都得180份绿色炭酸铜。将这炭酸铜蒸溜，则发生10份水；又于炭酸气放出后，剩黑色氧化铜125份照此屡试不爽，即从100份铜永远得125份黑色氧化铜。故人造炭酸铜的成分，是：

铜	=100	=55.6	} 69.4
氧	=25	=13.8	
炭酸气	=45	=25	
水	=10	=5.6	
(盐基性)炭酸铜	=180	=100.0	

他用100份天然矿物孔雀石（malachite）溶解于硝酸后，炭酸气放出，并剩1%土质残渣。取此液使之沉淀，则能还原得99份人造炭酸铜①。又以同样的孔雀石100份（以grains计算）放坩锅中，烬烧后，有71份黑氧化物剩下。如减去不洁之物体2%，则只剩69份。此69份氧化铜，与99份人造炭酸铜大略相当。

总之,卜老斯由试验所知者，可分为三事。第一，无论用火烧方法或溶解于硝酸或其他方法，铜之氧化，永远不能超过26%，即从100份铜，只能得125份黑氧化铜。第二，天然的炭酸铜，可用化学方法使变为人造的炭酸铜，而其重量相同。第三，最概括的，即天然的和人造的炭酸铜，其成分完全相同。卜氏乃下一结论曰：

“既然100份天然炭酸铜溶解于硝酸后，由碱性炭酸能使之复得100份人造炭酸铜，而且既然此二种化合物中之盐基同是黑氧化铜，我们必须承认当化合物生成时，冥冥中若有一物手持天平；我们必须断为在地下深处的天然作用，与在地面和经由人力时天然作用无异。”

---

① 正式(normal)炭酸铜，尚不知道．但所知道的，有许多盐基性炭酸铜，其中重要的有程式（1）$CuCO_3 \cdot Cu(OH)_2$，即天然的孔雀石；（2）$2CuCO_3 \cdot Cu(OH)_2$，即蓝矿石(azurite)．此处所谓炭酸钙，应作为盐基性的。

这就是说，原素等化合之比例是天然一定的，人力不能增减。

151. **贝叟来和卜老斯的辩论**——贝叟来（Berthollet）和卜老斯都是法国人。贝氏是赖若西埃的弟子，赖氏是暗认定比例的定律之人，卜老斯又用实验说明此定律，而贝氏独反对之。当1799年卜氏发表他的炭酸铜的试验时，贝氏在埃及也发表他自己著的化学爱力的定律。这论文中的主要观念，正与定比例的定律相反。他说一物质可与有交互爱力的另一物质以一切比例相化合。后来贝氏又包括这观念于他的静力化学的论文中。自1799～1808年，前后8年之间，二人各持一说，不肯相让。要知二人是在真理上辩论，毫无意气用事的地方。Wurtz尝批评道：他们的讨论，自始至终双方各有论理的力量，各尊敬真实与正谊，这都是永远没超过的。”虽然，贝叟来之说只根据于理论，卜老斯之说则根据于事实。最后贝氏所说的道理，被卜氏一条一条的驳倒，然后那定比例的定律才宣告成立。

152. **贝叟来对于定比例定律的抗议**——贝叟来相信物体质量(mass)之多寡，在化合上有重要的关系。这固然完全不错，并且是化学平衡中必不可少的道理。然谓质量之影响，不但及于化合之种类和程度，并且及于化合物之成分，则错误了。他以为化学上的反应，既靠着互相反应的物质之量，那末假使二物质相化合成一化合物时，此化合物中一个成分的质量加多，则所得的化合物当然更富于这个成分。推贝叟来之意，化合物中之成分充其量可以继续变迁，可有各异之比例。其所以能有一定比例者，他归之于物理上的原因。因为某成分或结晶析出，或蒸溜出去，以致此一成分之质量，即使加多，亦只有一部份与他成分相接触相反应而已。他又想拿直接的例子，来证化合物之成分有可变的比例。各溶液、各合金、各玻璃、各金属氧化物，还有各盐基性的盐类，他都作实例[①]。

153. **卜老斯对于定比例定律的辩护**——卜老斯答复贝叟来的批评有许多论文，载在1802～1808年的法国物理杂志中。卜氏承认几个相同原素所生的化合物，不止一个。但他知道这些化合物的数目是很小——常常只有两个；又知道每一个的成分是完全一定的，而且化合比例率的变迁是猛然的，是颇多的（sudden & Considerable）。（例如FeS & FeS_2，不过卜老斯对于这两个的成分试验的不对。）贝叟来的意见，以为化合物的成分视物理上的情形而异。卜氏则认此说无适当理由。因为人造的化合物与天然的比较，其成分相同。难道深地下矿物生成时的情形，能与我们试验室的情形相同吗!况且，不但人造的与天然的比较，即同是一种天然物，而随便地球各处——秘鲁和西伯利亚，或日本和西班牙——得来的，其成分亦很相同。以卜氏之勤奋，所得的事实足以证明定比例的定律者非常的多.。他查知铜、锡、锑、钴随便变更其情形和比较的质量，而所得之氧化物和硫化物每有一定的成分。至于贝叟来谓为化合物的各溶液、各玻璃和各合金，卜氏却认为混合物。卜氏又利用定比例之定律，来辨别化合物与混合物。

154. **许台的传略**（stas, 1813—1891）——许台名Jean Servais，比国人，1813年生于Louvain。先习医学；1835年，他做果林根皮精

---

① 烧铅于空中，在铅之熔点(327°)以下的温度时，得灰黑色的Pb_2O，强热之得PbO，在500°久热之，则得Pb_3O_4，所以燃铅于空中，充其量所得不过丹铅Pb_3O_4. 若用稀硝酸处理丹铅，则得较高的棕色氧化物，PbO_2.

2. 贝叟来用多寡不同的碱质，与Cu，Hg，和Bi的盐类化合所得之沉淀，乃数种盐基性盐类. 例如$CuSO_4 \cdot 2Cu(OH)_2$，$CuSO_4 \cdot 3Cu(OH)_2$，$Cu(NO3)_2 \cdot 3Cu(OH)_2$，等等.

（phloridzin）的研究，因巴黎杜玛（Dumas）的试验室中设备很好，他乃到那里去学习。他虽然不能测定phloridzin的式子，但曾证明用酸处理时变为phloretin和葡萄糖。其初他和杜玛同做有机化学的试验；他们用苛性钾或石灰与各异醇、醚或有机盐相反应，得各种钾盐或钙盐，并证明有些与天然的相同。不久他们又同做炭的原子量的测定；这是许台一生的大事业——原子量的测定——的起点。自1840年起，他在不拉赛尔(Bmssels)的皇家陆军学校做化学教授25年。因为嗓子有病，不能教书，他乃辞去教授，而就造币厂中的职务。1872他又辞职居家，直至1891年死于不拉赛尔。

许台对于有机化学和法化学（forensie chemistry）各有贡献，而原子量之测定，不但占他生平工作的大部分，并且他的精细几乎空前绝后，化学界愿当永远奉为模范。要知Prout的臆说，实在是许台的测定的原动力。因为要试验那臆说，许台自己订下许多问题。例如（1）原素在各异温度和压力时能不能分解为更简单的物体？（2）一切原素是不是都从一个原始原素(protyle)生出来的？（3）一原素的原子量是不是绝对不变？（4）一切原素的原子量是不是氢的原子量之倍数？从20余年艰苦卓绝的实验，他对于（1）、（2）和（4）乃有负的答案，对于（3）乃有正的答案。原子量之交互关系上的研究(Recherches sur les Rapports réciproques des Poids Atomiques)和化学比例各定律上的新研究(Neuvelles Recherches sur 1es Lois des Proportions Chimiques)，即他的各项论文中的两个例子：

此处应当将许台的试验如何精细的情形，略讲几句。他所用的天平，大的可秤1 kilo，灵到1mg；小的可秤25g，灵到0.03mg。他将一切重量都算成真空中的重量；他的器具都仔细的规定过。他所用玻璃器具，预先在氧化镁中烧至变软，以免做高温试验时重量上受玻器的影响。他所用的水蒸溜过3次，先将蒸汽通过红热氧化铜，用白金凝结器接受之，最后如此纯洁，蒸干后毫无渣滓。他的银系用5种方法制取的，他的氯化钾用4种方法制取的。他在闭器中做蒸发以防尘土；在暗室中做见光易变的沉淀。总而言之，许台的精细程度虽然到了现在尚觉难以超过。每一原素的原子量，在他的许多测定中其差异不过0.01～0.005，即从1/100到1/200。许台尝称赞他的前人道：

“著名的白则里（Berzelius）拿半生的精力专诚用之于化学比例之审定。他的工作将替他的聪明和天才留一不朽的纪念坊。我当困难时，不要说轻率时了，尝让这些比例受白则里的细微反复的约束（方法）。那约束尝使我折服于一件事，即他的分析之巧，就让有人与之相 等，却从来无人超过。”

然则我们若拿这一段转赠许台，当作他自己的傅赞，似乎更适当!

155. 1885**许台试验定比例定律之精确**——精确的分析是白则里介绍的，当卜老斯的时候还没有。卜氏的试验，错误往往有1～2%，在极端的例中或竟至于20%。所以我们即使从卜老斯之后，相信定比例之定律，然此定律之精确究竟至于什么程度，仍是疑问。白剧里和他人的精确分析，虽已证明此定律只有甚小甚狭之差异的范围。但1860年，瑞±化学家Marignacul 做许多试验——在当时很算精细的——来考察卜老斯的臆说。他说虽在最固定的化合物中，这定律或者也有些差异。这差异固然很小，然用很细的试验可以试出。后来比国分析大家许台拿此说最严格的试验起来，1865发表一个报告，才证实这定律非常精确。先是许台曾用各异方法合制氯化银，其结果在1860年发表。他用某重量的各样银子(用各异方法制取的)溶解后，各加食盐变成氯化银。各样银子所需食盐之量，不得完全相等，他于是有了比较。他拿用氧气和氢气吹管所蒸溜的银子做标准，所得的食盐比较之重如下：——

制银的方法	所用食盐之量
1.蒸溜的	100.00
2.电解AgCNo，再将所得之银溶解	99.998 99.999 99.997
3.用乳糖使硝酸银还原，再将银溶解	99.994 99.995 99.999
4.用亚硫酸物使硝酸银还原，再将银溶解	99.997
5.用炭酸纳和硝酸钠溶解氯化银，使之还原	99.995
6.用木炭和石灰与氯化银同热，使后者还原	99.991

在这些试验中，平均起来，所有对于平均值（mean value）之差异，不过0.002%。

许台又于常温和100°时用各样氯化铔（用各异方法制取的），使一定重量的银子生沉淀。其结果如下：——

氯化锂的取法	100份银所需的氯化锂
1.用盐酸和阿莫尼亚的冷液比例率在常温时测定。	49.600
	49.599
	49.598
2.氧化物在常压时升华，比例率在常温时测定	49.598
	49.597
	49.598
3.氯化物在常压时升华，比例率在120° 时测定。	49.597
	49.602
	49.598
4.氯化物在真空中升华，比例率在常温时测定。	49.598
	49.592
	=平均49.597

在这些试验中，平均起来，所有对于平均值之差异不过0.004%。

由上列二表的结果，所以许台下个判断，说定比例的定律是恰准的；上列结果，不免微有差异者，乃在试验情形上的错误范围以内，并非那定律不能恰好适用。

（乙）倍数比例

156. 倍数比例定律之发现者——倍数比例的定律，即当A和B二物质化合能成多种化合物时，如这些化合物中A之重量都相同，则其中B之重量有简单整数之比例。

这个定律，除承认A和B可依各异比例化合外，尚承认（1）每种比例是固定的，(2) 各异的固定比例，不是彼此独立没有简单关系的。譬如成水之氢与氧，既有1：8之比例率，则氢氧二气在所成之他种化合物中，必依比例率2：8，3：8，4：8，或1：16，1：24，1：32相化合。就普通言，此等比例率是(m×1)：(n×8)，其中之m和n各为整数。但氢和氧不能依比例率如1.107：8或1：7.823者相化合，因为这种命分数的比例率，完全与水中氢氧二气化合之比例率无关的原故。

贝叟来既不承认定比例之定律，自无发现倍数比例之余地。卜老斯呢？虽然他极力证明了定比例，又知道在许多例子中间，有二种或以上固定比例之存在，因为他的分析不准，他却没发现倍数比例之定律。例如两种硫化铁中，他说

(1) 硫与铁之比=60：100，最小的 (minimum)，

(2) 硫与铁之比=90：100，最大的 (maximum)。

则是硫之比例率为2：3。但实际上应该是57：100和114：100那么就是1：2的倍数比例了。又卜老斯知道氧与100铜化合之量有两种。这两种应该是12.6与25.2之比，然他因分析上的错误，所得的是16与25之此。所以，发现倍数比例定律的人非推多顿不可。不过，多顿的试验并不能比卜老斯的更精更准，然而他居然能发现这种关系，多顿之才识，真可敬佩呀!虽然，我们可以说卜老斯的工作离发现倍数比例定律似乎不远；假如不是卜氏正做试验的时候，多顿已发现了这定律，卜氏或者也就发现了。

157. 1808**汤姆生** (Thomson) **和邬列斯敦** (Wollaston) **对于倍数比例之贡献**——汤姆生尝于1804年听多顿自述其原子学说、倍数比例之定律，即此学说之一部份。1808，汤姆生于其化学统系 (system

of Chemistry）第三版中，将多顿的这定律之发现公布。这定律一声发现之后，就有许多证据来帮助它。汤姆生自己于1808即知草酸化物（oxalates）有两种，钙与鎴各有两种草酸化物，尤可注意。他说：

“假定炭酸钾(potash)之量为100份，如使之变成草酸化物所必需的草酸之重为x，那么2x将使之变成过草酸化物(superoxa1ate)了。”

“有两种草酸化物，可令人注意者，即第一种中所含盐基比例，恰好是第二种中所含之二倍。”

汤姆生的论文，于1808年1月28日在皇家学会读过了刚才两个星期之后，那学会秘书邬列斯敦就说有3种草酸化物之存在，3种中草酸比较之量，为1：2：4。他又证明（1）炭酸化物（2）硫酸化物各有两种。（1）之两种中，炭酸气之比例率是1：2。因他查知4 grains酸性炭酸[①]化物加热后，只放出一半的无水炭酸，而此量适与2 grain8正式炭酸化物完全分解时放出的相等。（2）之两种中，他说“super-sulphateof potash”所含硫酸之量，恰为只使该盐基中和必需之酸之二倍。

当日既知同一酸质与同一碱质能生二种或三种的盐，又知这些盐之不同，在乎比较的含酸少些或多些；故用sub-acid和super-acid两名词以表示之，前者含酸少些，后者多些[②]。

他又对于三种草酸化物命名为oxalate, binoxalate，和quadroxalate。

---

① 极纯净的炭酸氢纳只有中和性，不可其名为酸性炭酸就当它有酸性。

② 邬列斯敦所说的subcarbonate=我们的normal carbonate
邬列斯敦所说的carbonate=我们的acid or bi—carbonate
邬列斯敦所说的sulphate=我们的normal sulphate
邬列斯敦所说的jc的supersulphate=我们的acid or bi—sulphate

邬列斯敦做试验的时候还没听说多顿的工作。所以邬氏也可算独立的发现倍数比例的定律。不过他听了汤姆生述说多顿的学说和定律以后，就不继续研究倍数比例了。

158. 1810**白则里**（Berzelius）**证明倍数比例的定律**——白则里既知贝叟来和卜老斯的争辩，又听说多顿的学说和邬列斯敦的试验，然而他对于倍数比例之定律，仍不能踌躇满志。按汤姆生和邬列斯敦的试验，大概靠着指示剂来测量中和度（neutrality），其精确程度无从定夺。这且不论，白则里对于那原子学说，尤觉其实验上的佐证和精确，太嫌欠缺。以为如此重大学说，在物质化合上极有关系，非有确凿基础不可。恰好他察知盐基性氯化铅中和盐基性氯化铜中所含盐基之量，为其中和性的氯化物中的4倍。他于是极概括的、极详细的研究各物定量上的成分。凡当时知道的重要化合物几乎都包括在内，凡卜老斯研究过的他都重新研究之。其结果发表于1811～1812年，标题为“测定无机物质之定比例和倍数比例论文”（“Essay to Ascertain the Fixed and Simple Ratios in Which the Constituents of Inorganic Nature areCombined”）。他说：

“下述各试验，可以证明当A和B二物质以各异比例化合时，常有下列的各种固定比例：1A与1B（这是 minimum中的成分）；1A与11/2B或2A与3B说不定更对些；1A与4B。但在我的试验中，从无一个1A与2 B的例子。”

各对氧化物中氧与某原素A之比例			与同量A化合之氧之比例
铅氧	氧化铅		7.8：15.6 或1：2.00 或1：2
	黄色的	棕色的	
	100 7.8	100 15.6	
铜氧	氧化铜		12.3：25 或1：2.03 或1：2（大约）
	红色的	黑色的	
	100 12.3	100 25	
硫氧	氧化硫		97.83：146.427 或2：2.99S 或2：3（大约）
	无水亚硫酸	无水硫酸	
	100 97.83	100 146.427	
铁氧	氧化铁		29.6：44.25 或2：2.99 或2：3（大约）
	第一铁	第二铁(红色)	
	100 29.6	100 44.25	

白则里用精密之分析，找出每一例中各有倍数比例之存在。硫化铁之例，尤其特别有趣。因卜老斯常因分析硫化铁有了错误，以致不能发现这定律，白则里不但证明多顿之定律，并能更正卜老斯之错误。

159. **倍数比例定律的精确**——白则里之分析固然很算精细，然只证明在50%以内这定律可以适用，若在比这更狭的范围中,就靠不住了。要知并没有特别研究去试验这定律的精确程度,不过从后来可能的精确分析的给料中,即原子量的测定，我们找出两种,间接的可以供给这个用处。这两研究中，都有许台的名字。第一种（I）是1849年许台测定化合成炭酸气的一氧化炭与氧的比例率;第二种（II）是1840年杜玛

(Dumas)和许台找出炭酸气中炭与氧的比例率。从这些给料，我们就可比较两个氧化炭中与等重之炭化合的氧之重量。两种研究之结果如下表：

I. 从一氧化炭和氧合成炭酸气(许氏)。

氧化铜放出的氧之重	所得炭酸气之重	发生100炭酸气的氧化炭之重
9.265	25.483	63.641=平均+.001
8.327	22.900	63.637=平均－.003
13.9438	38.351	63.643=平均+.003
11.6124	31.935	63.637=平均－.003
18.763	31.6055	63.641=平均+.001
19.581	53.8465	63.636=平均－.004
22.515	61.921	63.641=平均+.001
24.360	67.003	63.642=平均+.003
		63.640=平均

此法用一氧化炭仔细使洁后，通过已秤的红热氧化铜，再将氧化铜所失之重和所得炭酸气之重秤之。此法与杜玛所用水的合成之方法完全相似。

Ⅱ. 从炭和氧合成炭酸气（杜许二氏）。

此法用秤好钝净之炭，烧于过剩的氧气中，所生炭酸气用苛性钾吸收后，秤之。

炭类	所用炭之重	所生炭酸气之重	100炭酸气中所含的炭之重
natural graphite 天然石墨	1.000	3.671	28.241=平均－.025
	.998	3.660	27.26c=平均+.002
	.994	3.645	27.270=平均+.004
	1.216	4.461	27.258=平均－.008
	1.471	5.395	27.248=平均－.018
artificial graphite 人造石墨	.992	3.642	27.237=平均－.069
	.998	3.662	27.253=平均－.013
	1.660	6.085	27.281=平均+. 015
	1.466	5.365	27.307=平均+. 041
diamond 钻石	.708	2.593	27.251=平均－.015
	.804	3.1675	27.276=平均+. 010
	1.219	4.465	27.301=平均+. 035
	1.232	4.517	27.263=平均－.003
	1.375	5.041	27.275=平均+.009
			27.226=平均

炭酸气中炭之百分量，从各家合成的研究所得的“普通平均数”[①]是27.278。

但假定炭酸气之成分是固定的，即假定无论炭酸气是从烧炭得的或烧一氧化炭得的，100炭酸气中所含的炭之重都是一样，则63.640之一氧化炭所含之炭，必与100炭酸气所含之炭相等。

100炭酸气，是从

Ⅰ. 63.640一氧化炭和36.360氧（许氏）

Ⅱ. (i) 27.266的炭和72.734氧（杜许二氏）

① “普通平均数，”包含后来各家更精更相符合的测定在内，所以比1840年杜玛和许台的平均数准些，所以也拿这普通平均数来运算. 许台当1855年讨论倍数比例定律的基础时，没用1840年的给料，或者他也知道其中试验的错误，未免太大了。

(ii) 27.278的炭和72.722氧（普通平均数）得来。故63.640一氧化炭，含有

(i) 27.266炭和36.374氧（杜许二氏和许氏）

(ii) 27.278炭和36.362氧（普通平均数和许氏）

故两个氧化物中，与同重的炭化合的氧之重，为

(i) 27.266与36.374和72.734氧化合（杜许二氏和许氏），

(ii) 27.278与36.362和72.722氧化合（普通平均数和许氏）

但 (i) 36.374 : 72.734=1 : 1.9999,

(ii) 36.362 : 72.722=1 : 1.999950。

这些价值与恰准的定律所需要的，不过有（i）0.02/100和（ii）0.003/100的差异。这是完全在测定的试验错误范围以内，并与定比例定律的精确程度相当。然则，倍数比例定律已算是绝对的精确了。

（丙）交互比例和当量

160. 1791~1802黎熙泰（T. B. Richter）的当量表——黎熙泰名Jeremias Benjamin，德国人,生于Hirchberg。他在他的化学的数学(Stoichiometry，1792~94)和他的11卷新化学问题(New Chemical Topics，1791~1802)中，早将当量或交互定律发达起来，并用许多实验的方法试验过了。

Richter找出的有3件事体：（1）酸分解后的中和；（2）酸与盐基中和的当量；（3）一金属使另一金属沉淀时的中和。（1）是说二个中和盐互相分解时所生的盐，仍旧是中和的。例如氯化钙和硫酸锤的反应。从（2）的试验，他曾测定各盐基与1000份硫酸或硝酸化合之量各立有表。1802年他的同时人Fischer将Berthollet的Rechercher Sur les

Loisde l'Affnte译成德文时，管连带的记述Richter的工作他说：

“所有Richter的各表，可合拢起来作为一表，中含21个数目，分作两竖行。然Richter似未注意及此。我从Richter的最新给料算出的表如下。”

Bases		Acids	
A1umina	525	Sulphuric acid	1000
Magnesia	615	Hydrofluoric acid	427
Ammonia	672	Carbonic acid	577
Lime	793	Sebacic acid	706
Soda	859	Muriatic acid	712
Strontia	1329	Oxalic acid	755
Potash	1605	Phosphoric acid	979
Baryta	2222	Formic acid	988
		Succinic acid	1209
		Nitric acid	1405
		Acetic acid	1480
		Citric acid	1583
		Tartaric acid	1694

此表的意义，即从一竖行中任取一物质，例如第一竖行中之potash其量为1605，则第二竖行中之数目，表示与1605 potash中和的每一酸质之量。即427份氢氟酸，577份炭酸，余例推。依同理,如从第二竖行中取一物质之量，则第一竖行中表示与其中和各盐基之量。

上表之数值都有错误，现在拿些来更正之为正常数值如下表。要算出正当数值，我们必须切记照当日通行的学理，盐基是金属氧化物，酸质是非金属氧化物，即无水酸质，盐是盐基和酸质二者相加的产物。

盐基	黎氏的数值	正当数值	酸	黎氏的数值	正当数值
Alumina	525	425	SulDhuric	1000	1000

Magneaia	615	503	Carbonic	577	550
Lime	793	700	Oxalie	755	900
Potash	1605	1180	Phosphoric	759	888
Soda	859	775	Nitric	1405	1350

Richter的工作，要不是有Fischer的介绍，当时几无人注意。其原因有二:（I）他所得的数值都欠准确,（II）他的思想很觉古怪。他想拿数学在化学上应用，他想证中和时盐基照算学的级数（arithmetical progression）加增，酸质照几何的级数（geometrical progression）加增。他又说，各盐基与一酸中和之量有一定比例率。例如欲饱和60分醋酸,须用40分苛性苏达与55分苛性钾，那末盐基之比例率为5：7。这些观念未免远于事实。然他所立的表，照Fischer的改良式,不但可算表示酸碱之当量,并可算表示盐类之成份。他又推知能溶于同量的酸的二金属之重量，在其氧化物中，能与同量的氧化合。

161. **元素或化合物的交互比例或当量**——设有二物体A和B，元素或化合物，各能与第三物体C化合,则A和B自相化合之比例，须依其与C化合之比例或其简单整倍数这是一个定律。其中之比例叫作交互比例或叫当量，所以这定律叫作交互比例或当量之定律。寻常总推黎熙泰（Riehter）为当量或交互比例之发现者，其实当黎氏之当量表尚未出世之前几年，1788，凯文第旭已查知与等重的苛性钾中和的硝酸和硫酸之量可分解等重的白恶，而且1766他就叫那饱透同量的酸的苛性钾和白恶为当量。

以上所就的只是关于化合物的当量，只是关于酸碱中和的定律。1810—1812年白则里发表他的当量试验之结果时，才推广之于原素和其他反应。他说100份铁、230份铜和381份铅彼此相当，因为他们各与29.6份氧化合成氧化物或与58.7份硫化合成硫化物。或说29.6份氧和58.7份硫相当也是一样。那末，58.7份硫必与29.6或其倍数之氧化合。实际上白则里所找出的是57.45份氧，略合29.6之二倍。

且说原素或化合物彼此化合之重量，名为它们的当量或化合量(equivalents or cornbining' weights)。因为这些重量只是比较的，必选择一标准来代替以上Richter表中的1000硫酸。多顿用的标准是一份氢，白则里用的是百份氧，现在所用的标准是8份氧。所以"一原素的当量乃其与8份氧化合之重。"

有些寻常原素的当量，可用下表表示之：——

氢	1.008	锂	6.94
炭	3.00	钙	20.03
氧	8	纳	23.00
氮(在亚氧化氮中)	14.01	铜	31.78
硫	16.03	钾	39.10
氯	35.46	汞	100.3
溴	79.92	铅	103.55
碘	126.92	银	107.88

从这表一望而知石灰的成分，合20.03份的钙与8份的氧；一氧化铅含103.55份的铅与8份的氧；氯化钙含20.03份的钙与35.46份的氯;食盐含23.00份的纳和35.46份的氯。

要立一个常量表,寻常须先注意倍数比例，将从分析一化合物所得到的某原素的当量，拣出来做个模式，放在表中，再用这当量的倍数，来表示其他化合物的成分。例如照上表炭与氧用3.00：8比例率相化合，成二氧化炭。但他们也用2×3.00：8比例率相化合，成一氧化炭。

162. **当量和原子量**——用当量表示原素化合之比例，本是极其自然的事，与原子学说也不相悖。但当量和原子量虽然有密切关系,却不必完全相同。例如成水之氢与氧之重，为1与8，这两个数目就是氢氧二原素的当量或化合重量。但一分子的水，多顿当作是1原子的氢和1原子的氧所成，白则里当作是含有2原子的氢和1原子的氧，照多顿的臆说,氢与氧的当量和原子量都是1与8，即一分子的水是重量1的一原子氢和重量8的一原子氧所成。照白则里的说法，二气体的当量仍是1：8的比例率，但其原子量的比例率是6.2177：100=1：16。即一分子的水，是重量1的二原子氢和重量16的一原子氧所成。其化合重量是2×1：16=1：8，与上文一样。要知表示当量和原子量的数目，必有简单整数的比例率。在上例中是2：1。

我们可注意的即分析的给料，譬如多顿所用的只能表示原子的当量，而不能表示其真正原子量。1814鄔列斯敦认多顿的原子量只是当量，所以多氏的原子量表其实只是个当量表,选择这种当量出来好使化合物有可能的最简单之式，但与真正原子量相似者很少。多顿随意选拣化合物的式，只有一个校对的法子，就是较重的气体常比较轻的所含原子多些。因为这个原故，他当一氧化炭是二原子化物,二氧化炭是三原子化物。所以，他算炭的原子量是从一氧化炭中炭与氧之比例率

6:8算的，不是从二氧化炭中炭与氧依化合重的比例率3:8算的。

163. **许台的当量之测定**——关于当量的给料,我们从白则里所得的比从其同时什么人所得的都多。虽然，许台于1857～1882的25年中间将上列当量中各原素（除钙、铜、汞外）的当量测定的极其仔细，极其精确。他所用的方法如下：——

（1）氯酸钾（potassium ehlora, te）含有6个当量的氧，与各一当量的钾和氯，他用（a）单独加热和（b）与盐酸同热之法，使氯酸钾分解。找出100份氯酸钾发生60.846份氯化钾。故6 × 8份的氧，与48/100-60.846 × 60.846=74.592氯化钾化合。所以这个数目即氯化钾的量。

（2）他将已知重量的银溶于硝酸后，用氯化钾使之沉淀，于是测定所必需的氯化钾之重。他找出74.592份氯化钾能使107.943份银沉淀。这个数目就是银的当量。

（3）用各异方法，他找出100份银与32.845份氯化合，成132.845份氯化银。所以107.943份银与32.845/100 × 107.943=35.454份氯化合。这个数目就是氯的当量。

(4)从74.592(氯化钾的当量)，减去35.454（氯的当量），他找出钾之当量为39.138。

当许台工作告终时，他已测定下列10原素的精确当量：

氮	14.055	锂	7.002
硫	16.037	纳	23.0455
氯	36.057	钾	39.1425
溴	79.955	铅	103.456
碘	126.848	银	107.930

试拿这些与以前所列的原素当量表比较，则知许台最后所得的价值（最后所得的与上四节算出的稍有不同），与我们现在的几乎完全相同。

164. **交互比例定律之精确**——1865年在答复Marignac的批评中，许台有格外严厉的试验。他将碘酸银（$AgIO_3$）中之氧去掉，考察所生之碘化银中有没有过剩的银或碘。那过剩之量，每在百万分之一以下，并常不能察出。这就证明在碘酸化物中与在碘化物中，银与碘重量之比例都是一样,而无变更。他又用溴酸化物做相似的试验，每次用20gr,他又做氯酸化物的试验，“用259.4535gr使变成氯化物,绝不放出银或氯的踪迹。”此种试验足以证明，在氯酸化物和氯化物中，银与氯的重量之比例是绝对的相同。

从许台试验的时候到现在，虽然已五六十年，然要想对于交互比例定律的精确,找出一个更最格的证据，几乎是不可能的。

第十三章　分子量、原子量和当量

（甲）气体容量的定律

165. **盖路赛的传略**（Gay-Lussac, 1778～1850）——盖路赛名Joseph Louis，法国人，1778年9月6日生于Vierme郡之一小镇St.Léonard。他父亲原来不过姓Gay，但因将其田产(estate)之名Lussac加上去，才作为姓Gay-Lussac. J. L. Gay · Lussac。少年时适值法国革命，耽误了读书。他还好做些恶作剧！但是16岁后，他极力加工，尝于黎明时在送牛奶的车上习算学，两年后(1797)遂考入巴黎多艺学校。此时贝叟来正做那里的化学教授，很赏识他,不久乃请他做他的助教。1802盖路赛又做Fourcroy的助教，1806他被举为法国的学院会员。1807贝叟来组织Sociête d'Arcueil时，盖路赛也是该会会员之一。1808盖氏在巴黎大学做物理教授，1809兼任多艺学校的化学教授，1832他辞去巴黎大学的职务，但又在植物园做化学教授。1839法王封他为元老（Peer）。1850年5月9日他死于巴黎，时年72岁。

盖路赛有段趣史：他尝偶于布水店里看见一位十七八岁的女子正在帐桌里边专心读书，问之才知那书是本化学，他不由得惊而异之。自此以后，他和她渐渐相识，最后乃订终身之约。他们是1808，即盖氏发现容量定律的那年结的婚。他们由同情发生的爱情如此好法，二人所写之字居然如出一手！

以下讲盖路赛的工作。从1800年起，他已研究化学和物理。1802

他有论文论气体受热之膨涨。所谓查尔斯(Charles)定律者，盖路赛也不无发现或发展之功，故有时也叫盖路赛的定律。盖氏早年又与多顿相似，尝研究气候学。1804他坐过两次气球，一次升到13,000尺，第二次升到23,000尺左右。利用这个机会，他测定了高处的(1)温度、（2）湿度(humidity)、（3）磁力和（4）空气之成分。1805他随W. von Humboldt游历意大利、瑞士和德国，同时带着仪器等件从事科学上的考察。1808他完全将他的气体容量之定律成立起来。这定律效用于化学者很大，尤其能帮助原子学说。

盖路赛尝与戴纳（Thénard）合作。1808他们用红热铁屑使与既熔的碱质反应，将金属钾或钠取出。这两个金属那时才被兑飞发现。但盖路赛和戴纳的取法在当时比兑飞的更好，于是化学界才研究钾和纳的用处。最好之例，即同年（1808）盖氏和戴氏用钾将硼酸中之硼提出。他们也取过矽。1809他们二人取得了纯洁的氢氟酸，证明了盐酸气是等容的氢和氯所成，但是仍然相信氯是一种氧化物。1810年他们分析过20个左右的有机物体，那时他们还用氯酸钾为燃烧（combustion）程序中的氧化剂，到了1815年，盖路赛就介绍氧化铜来代替氯酸钾。后来李必虚又在盖路赛的试验室中将燃烧程序格外改良，于是有机分析乃有今日的这样方便。盖氏尝和李必虚做爆炸酸盐的研究，发现它们与蜻酸盐为同分异性的（isomeric）。

1811～1815年盖路赛在化学史上有更大的贡献。他先（1811）用化高汞与浓盐酸蒸溜，取得无水的氢蜻酸，后来（1815）又用蜻化高汞单独加热，取得蜻气（cyanogen）自己。他又做过许多试验，证明（1）蜻是第一个基，与氯的作用相似；（2）氢蜻酸为氢、炭和氮三原素所成，绝无氧气在内。恰在还个当口，碘（1811）和氢碘酸（1813）也都被人发现了。于是1813～1814年他又仔细的研究碘和其化合物之性格，知道碘是个原素，氢碘酸是含氢而不合氧的酸，同时他又考察氯酸（ItClos）和碘酸（HIO_3）。所以1814他将赖若西埃对于酸的观念打破，认酸有二种，氢酸和氧酸。

1816和以前，盖路赛尝测定容量上各种氧化氮的组成。1824～1832他又介绍容量分析法。他尝用酸液滴定碱质中之实在苛性钾或纳，用亚砒酸液滴定漂白粉中之有用氯气。以前练冶中只用灰吹法定银之量，他则介绍用食盐溶液的湿法。最后1827和1829他又先后改良硫酸和草酸的制造。比如铅房程序中有些氧化氮，以前任其逃掉,他则发明在一塔中收集后使之复原，因此那塔遂以盖路赛命名。

盖路赛的论文共有148篇，其范围包括各部分的化学都在内，读者从上文已可略见一斑。他是白则里所最称赞的法国化学家。兑飞也尝评论过他：

“盖路赛是个敏捷的、活泼的、奇才的和深奥的人，脑筋非常灵动，手术非常纯熟。我应该推他为法国当代化学家的领袖。”

166. **1805盖路赛和胡宝德（Humboldt）的测定**——从氢和氧先后发现的时候，凯文第旭即测定水中氢与氧的容量，以前已经讲过。他所找得的比例率与精确数值相去不远，即209容的氧与423容的氢化合，或100容的氧与202容的氢。1805年盖路赛和胡宝德有一论文出版，题目是“大气成分的比例率的试验”(Experimenlts 0n the Ratio of the Consti tuentsof the Atmosphere)，在这些试验中，他们连带的测定水中氢与氧的容量比例略如200：100。其详如下：

“氢与氧以什么(容量)比例率化合成水呢!要给这问题一个精确答复，我们做以下两种试验。在第一种中，我们在Volta的刻度容量管(eudiometer)中燃烧100份氧与300份氢。这种试验12次，每次所剩之量如A表。在第二种中，我们燃烧200氧与200氢，所剩之量如B表：

A		B	
100.8	102.0	101.5	101.1
101.41	101.5	101.3	101.0
100.5	102.0	102.2	101.5
101.0	102.0	102.0	102.3
101.0	101.0	102.0	102.0
101.7	101.5	102.0	102.0
12次平均=101.3		12次平均=101.7	
收缩=298.7		收缩=298.3	

“假使我们的氧气十分纯净，则照第一种的试验，100氧平均吸收了298.7份；但因我们的氧尚有0.004未被硫化钾吸收，可知99.6氧与199.1（即298.7－99.6=199.1）份氢化合，故与100氧完全化合，须要199.89份，这就作为200份也不算错。

“假使我们的氢气十分纯净，则照第二种试验，氢已平均吸收了298.3份氧。……如氢中混杂有0.006份氮，这两种结果可算绝对相符；我们并能证明氢中实在杂有氮气。”

167. 1808盖路赛研究（I）化合两气体的容量关系——以上是说盖氏和胡氏共同研究的结果，但盖氏又有个人的研究。这可分为二步，本节先就第一步。盖氏觉得以上恰好的比例率100氧与200氢有点奇怪，疑惑别的化合气体，或也有这种关系或者没有。于是他拿许多气体来试验，居然也找出简单的容量比例，其结果可列表如下。（表中数目，自然不是恰准的。）

阿莫尼亚　和盐酸气　其化合容量为100：100

阿莫尼亚　和炭酸气　其化合容量为200：100

无水亚硫酸　和氧气　其化合容量为200：100

一氧化炭　和氧气　其化合容量为200：100

盖氏引贝叟来的试验，知道阿莫尼亚中氮与氢之比为100：300。

他又引兑飞的重量分析间接的算出：

亚氧化氮中氮与氧容量之比为　100：45.5（大概50）

氧化氮中氮与氧容量之比为　100：108.9（大概100）

过氧化氮中氮与氧容量之比为　100：204.7（大概200）

于是盖氏下个结论，说“气体当彼此化合时，永有简单的容量比例。”

168. 盖氏研究（II）化合气体与产生气体的容量关系——盖路赛进一步说：“不但气体以甚简单比例相化合，如上所说，即因化合所现的容量收缩，也与化合物的气体——至少与其中的一个气体——有简单关系。”

他所引各例，可用下式表示之：——

(a)　$2CO + O_2 = 2CO_2$

2容　1容　2容(收缩1容)

(b)　$O_2 + 2C = 2CO$

1容　2容(膨胀1容)

(c)　$CO_2 + C = 2CO$

1容　　　2容(膨胀1容)

(d)　$O_2 + S = SO_2$

1容　　　1容(无收缩)

(e)　$N_2 + 3H_2 = 2NH_3$

1容　3容　2容(收缩2容)

盖氏又以微彻底的观察，下深一层的结论他说：

“在这论文中，我曾表明气体物质，常以很简单的容量比例率化合。譬如一种气体容量为单位，其余的容量即等于1，2，3等。在固体或液体中，没有这种比例率。若以重量论，也没有。这就是一个证据，证明物质只在气体状态时，有相同的情形并服从有常的定律。……又化合时容量之收缩与化合气体之容量有简单比例，也是气体特有的性格。”

169. **盖路赛的定律和其适用程度**——将（I）、（II）两种研究合并起来，盖氏得了一个定律。这定律是：在恒温度和压力时，化合气体的容量彼与此有简单比例率，与发生气体的容量亦有之。在以上所说中，温度和压力，自然都假定是有恒的。

后来，有许多化学家用极纯洁的气体做极精细的试验，证明盖氏定律，实际上不能恰好适用。例如与1容氧化合的氢不是恰好2容，而是2.00172；与1容氮化合的氢不是恰好3容，而是3.00172；又2容氯化氢中的氢不是恰好1容，而是l00790。

这种数目与整数的差异，大概因为各种气体的受压度（compressibility）稍有不同，以致在一个大气压时相等的容量，在二个或半个大气压时可变为不等。上例的差异，大概因为氢之受压度比较的小些。然则在很低压力之下做试验，盖氏定律可以完全适用。

170.**容量定律与原子学说的关系**——原子学说与容量定律，一是说化学反应时化合原子的比例有简单数目，一是说气体化合时其容量之比例也有简单数目。但每一原子各有一定的重量。可见，化合气体的容量和原子量似乎应有简单比例率；换言之，即等容气体所合原子的数目，彼此可有简单数目上的关系。

于是盖路赛有个不幸的引义：在同温度和同压力时，等容的各种气体——原素的或化合物的——所合“原子”之数都相等。还可算容量定律的引义。照这引义则原子量与气体密度有正比例，甚至原素气体的恰好互相化合之容量所有的比较重。恰好代表原子的比较重，换言之，即原素的气体比重与其原子重相同。例如某容氢气之重作为1时，我们找出同容氮气之重为其14倍，则氮之比重是14，其原子重也是14。

盖氏并不曾用这种根据来更正多顿的原子量，但是他的确说过他自己的容量试验，很能给多氏学说一个有力量的赞助，并以为从他自己的容量试验的基础比从多顿的假定来选择倍数，可不嫌那么样的太随意了。

171. **多顿对於容量的定律的态度**——盖氏不是说容量定律能给多氏学理一个赞助吗？这话诚然有理。然而，多氏不但不欢迎这定律，并且反对之。他有什么理由呢？这可分作3个：(I)多顿嫌从容量定律得来的引义(a)与原子定义不合，(b)与容量和密度的事实不合。(II)多顿信各异气体质点之大小不同。和(III)他嫌盖氏的容量试验数目上靠不住。第一个理由，对於容量定律虽是间接的关系，然确是多氏根本上反对盖氏的地方，且先细说这个理由。

(I)(a)当1807年时，盖氏容量定律还没有宣布，多氏自己想到这定律而断其不适用。他那年笔记中有一段，说："问题，在某压力下，某容中任何弹性流质的质点的数目是否相同？不是。等容的氮和氧混合後，容量仍几乎相同，而所生氧化氮(nitrous gas即nitrie oxide)的质点的数目，只有一半。"

假使等容中含有等数原子的引义是对的，则

(i)∵1容氮+1容氧=2容氧化氮，

∴x原子氮+x原子氧=2x原子氧化氮，

∴每一原子氧化氮必含1/2原子的氮和1/2原子的氧。

还有别的例子，也是如此：

(ii)∵1容氧+2容氢=2容水汽，

∴x原子氧+2x原子氢=2x原子水汽，

∴每一原子水汽必含水量1/2原子的氧和1原子的氢。

(iii) ∵1容氮+3容氢=2容阿莫尼亚，

∴x原子氮+3x原子氢=2x原子阿莫尼亚，

∴每一原子阿莫尼亚必含1/2原子氮和1 1/2原子氢。

那末，势必将原子分为1/2而后可。但据多顿的定义，原子是不可分的，所以那引义与原子学说势不两立。但苟有容量定律的前提，那引义是逻辑上应有的结果，不能说它不对，多氏也不反对那引义；不过错误不在引义一方面则已，如果在这一方面，这错误必归到前提上去。那末从这种推论的方法，其结果只能就原子学说与容量定律二者必有一个错误。然则多氏不丢掉他自己的学说，而拒绝那定律者，正因他还有以下所述的理由。

（I）(b)假使等数原子占据等容，则当任何两个简单气体的原子化合成一“原子”时，(1)容量必当减少，(2)密度必当加多。但在氧化氮例中，据兑飞的观察，一则氧化氮化合后容量不见收缩，二则氧化氮的密度反较氧的密度少些。

（II）在1808他的“化哲新统系”中，多顿说他其初的观念，也以为所有气体的质点的大小都是一样（他想许多人其初都有这观念）；某容氧气所含的质点与同容氢气所含的质点，多少恰好相同（所谓大小与容量，他意思即指气体占据的空间）。但从第一个理由中（a）和（b）来推论，多氏乃下以下的判断：

“当温度压力都相同时，每种纯洁弹性流质的质点是圆的，其大小都是一样，但质点的大小没有两种相同的。”

（III）多氏以为容量定律的本身，实验上的基础有些不确。因为他误认盖氏的试验结果不及他自己的和他朋友Henry的和他人的靠得住。照他们的实验结果，容量无如此简单的比例率。他在1810年出版的第二卷化哲新统系中，说：

“我相信的真实，是气体以相等的或恰好的容量相化合的例子一个都没有；如果看起来是如此，这是因为我们的试验不精确的原故。大约没有别的例子，比一容氧和二容氢更近于数学的恰准，但照我向来所做的试验，得的是1.97份氢比1份氧。”

1812年多顿给白则里信中说：——

“化合气体……的法国主义，因其与数学的意思不符，故为我所不许；同时我在那常常近于整数上承认有些奇怪的地方。”

(乙)阿佛盖路的臆说

172. **阿佛盖路的生平**(Avogadro，1776～1856)——阿佛盖路名Amedes，其完全姓名是Lorenzo Romano Amedes Carlo Avogadro di Quaregnae m Cerrets；意大利人，1776年8月9日生于Turin。他先习哲学和法律，得有学士和博士学位。但从1820年左右，他起首在数学和物理学上做工夫。及至1809年，他遂被聘为Vercelli的皇家学院中的物理教授。1820 Turin大学初设算学的物理教授一席，阿氏被聘担任之。2年后，因为政治关系此席废去；1832方才复设；可是1834阿氏方才复职，等到1850他又告休。他是1856年死的，享年80岁。

阿佛盖路热悉英、德、拉丁、希腊各文字，但他尤其喜欢“为科学而研究科学。”他的不朽的工作即所谓阿佛盖路的臆说或定律。讲这臆说的论文是1811那么早就在物理汇刊(Joumal de Physique)中发表的。那知这臆说或定律无人过问者几乎有50年的时间，一直到他死后，他的臆说却复活起来!

173. **1811阿佛盖路的和1814安倍(Ampére)的臆说**——上文说过那各种气体质点的大小都是一样的概念，即等容气体中合等数的质点。多顿其初相信，后来（1807），又自行将它取消。那知3年之后，1811阿佛盖路又将这观念发展起来作为一个臆说：在同温度和同压力时，等容的各种气体——原素的或化合物的(或混合物的)——所含“分子”之数都相等。阿氏的臆说本来如此重要有用，现在也叫作定律。可惜第一，阿氏自己没有试验可以证实之；第二，他想将那臆说应用到不挥发(non-volatile)的物体上去。因之，他那臆说或定律竟终其身埋没了，到也难怪!

因为阿氏之说大家都没注意，所以再过3年后，1814安倍又旧事重提。无奈当时仍然毫无影响。安倍(1775～1836)法国人，先在里昂(Lyons)，后在巴黎多艺学校当数学教授。他所说的与阿佛盖路的论文中的臆说本来相似，然而在这臆说前寻常只系以阿氏的大名者，约有两大原因。(1)安倍假定有些气体原素中含四原子，其实应当作二原子，如阿氏所说。(2)安倍以误会想找出固体中原子之构成(constitution)与结晶状式的关系，没有结果。他的说法又不及阿氏的清楚。

174. **分子与原子的辨别**——这臆说与从那容量定律所得的引义不同的地方，就是前者论的是等容中“分子”的数目，后者论的是“原子”的数目。若将臆说和引义的全文拿来比较，就知所差的不过在乎一个字。然而因为那引义中误用了原子那一个字，可就发生了种种的困难，闹出来种种的争执。因为如果将分子当作原子，即当作不可分的东西，即当作一分子只合一原子，那末一个原素的分子所生的化合物，其分子之数永不能多于该原素的分子数。所以气体的原素，永不能发生多过于其自已容量的气体化合物。这就是说，某容的气体原素与他物体化合成气体化合物时，这个化合物的容量永不能大于那原素(即其成分之一)的容量。以上所说，举个例子自然明白。假使原素的分子是不可分的，则当A与B二原素气体化合成第三气体C时，设n为A或B分子之数，则C之分子数顶多只能等于，而永不能大于A或B的分子之数(n)。所以C之容量，只能等于，而永不能大于A或B之容量。

但盖路赛等曾证明——

(1)水汽的容量　　　2倍于其成分氧之容量

(2)亚氧化氮的容量　2倍于其成分氧之容量

(3)氧化氮的容量　{ 2倍于其成分氧之容量
又2倍于其成分氮之容量

(4)阿莫尼亚的容量　2倍于其成分氮之容量

(5)氯化氢的容量　{ 2倍于其成分氯之容量
又2倍于其成分氢之容量

以上都系阿佛盖路所举。诸如此例，困难之处很大。多顿是只知有原子而不知有分子的人，无怪他不相信盖路赛的容量定律。阿佛盖路则能辨别两种质点。除原子外，他曾介绍所谓"分子"（"m01écules"）一名词。有了这个辨别，以上困难与争执自然一齐解决。阿氏说——

"解释以上事实使合乎我们的臆说之法，是很自然的。我们设想任何简单气体的分子不是单独'原子'所成，但是某数的这些'原子'以吸力结合而成的分子，'例如氢、氧、氮或氯每一分子都含n原子'。当各原素化合时，每一分子分裂为二个或以上原子。于是生出二个或以上的分子的化合物。其所占容量，于是为那原素的容量的二倍，或以上。"

阿氏指出一原素的每一分子寻常不过分裂为二份，但他说分裂为4，8等也是可能的。

阿氏的臆说不但可以说明盖氏的定律，使之与多氏学说相调和，并可将多氏学说加以修改和推广。据多氏臆说，物质之最终质点有两种，他都叫做"atom"。(a)原质的atom，他假定是不可分的，(b)化合物的atom，假定是可以分的。这种区别与假定，既不合乎原子定义，又不合乎逻辑。照阿氏的臆说，改用现在的原子和分子两名词，他就行了莫大的方便。要知阿氏的论文中有4种名词，其意义不可不辨：

(1)“Mol6cule”(即英文的“molecule”)——连带的没有形容字样，系泛指一切分子而言；

(2)“Mol6cule integrante”(即英文的“integral molecule”)
——虽然也系泛指分子而言，但寻常只用之于化合物；

(3)“Molécule constituente”(即英文的“constituent molecule”)
——系指元素的分子；

(4)“Molécule é1émentaire”(即英文的“elementary molecule”)
——txi 指元素的原子，不是指分子。

175. **阿氏的臆说和气体分子的繁复**(cornplexity)——多顿学说根本上的弱点在乎不能利用它来找出一分子的化合物中有多少原子。他每每选个最简单的程式，但没有法子可以判断这是对或不对。阿氏臆说的功效是使我们从原子化合的性质，不是从随意的想象，测定比较的原子量和原子在某化合物中的比较数目。例如

水——多氏以为水是一分子氢和一分子氧所成。阿氏呢？他既承认2容氢+1容氧发生2容水汽，又据他的臆说知道2分子氢+1分子氧发生2分子水汽。他乃用逻辑的说法说，每一分子的水的成分，是：

“半分子的氧与一分子的氢或两个半分子的氢也是一样。”

依同理，他说：

每一分子NO的成分，是1/2分子的氮和1/2分子的氧；

每一分子NH_3的成分，是1/2分子的氮和1 1/2分子的氢；

每一分子HCl的成分，是1/2分子的氢和1/2分子的氯。

他运种笨重说法，为什么算得逻辑的呢!因为以上事实告诉我们的不过是每一分子的氢、氧、氮或氯可以分作双数的分子，并没告诉我们究竟是那一个双数。不过在阿氏所举的例中，他找出氢、氧、氯或氮都是一分子分作两份，后来证明是对的。但我们现在知道，别的原素分子也有可分为3、4、6、8原子的。此处读者应当注意：阿氏固然明明防避一分子只可分为二份的错误，然他所说的只是2的幂数，4、8等，而没提出3和6；是否故意，不得而知。

176. **用阿氏的臆说测定分子量**——阿氏指出用等容气体含等数分子的臆说，我们有很易的方法可以测定气体比较的分子量。因在等温等压时，气体的密度与其分子重量有正比例。例如：

假定有二种气体A和B，在0℃和760mm时，容量V中A之重为a g，B之重为b g。又令V中这些气体各有n分子。则

$$\frac{a}{b}=\frac{\text{V中A气之重}}{\text{V中B气之重}}$$

$$=\frac{\text{n分子A气之重}}{\text{n分子B气之重}}$$

$$=\frac{\text{1分子A气之重}}{\text{1分子B气之重}}=\frac{\text{A之分子量}}{\text{B之分子量}}$$

单此处推论起见，我们可用任何价值之V，而且V的实在价值和V中各气体分子的实在数目n，都无知道的必要。要测定n，本来是很不

容易的事，虽然近年以来已变成可能的事。但是用不着实在的n和V，已经足够算出比较的分子量，这是阿氏臆说的妙处。

177. **克分子的容量**(gram-mo1ecular volume)和阿氏的数目(Avogadro's number)——利用阿氏的臆说，我们乃有所谓克分子容量，即22.4立特(1itres)。为使读者了解起见，我们可拿下来说明。表中第二竖行乃一立特的各种气体的实在

气体	1立特：2：重 (0° 和760mm)	比重 (空气=1)	分子量 (氧=32)
氢	0.08987	0.0695	2.01
氧	1.429	1.105	32
氮	1.2507	0.967	28.02
氯	3.22	2.490	72.01
氯化氢	1.6398	1.269	36.72
二氧化炭	1.9768	1.529	44.28
水汽	0.8045	0.622	18.016
空气	1.293	1	(28.955)

重量，以g计算。若以一立特空气之重为标准，即可将第二竖行改为第三竖行，至于第四竖行，则系从氧之比重：某气体之比重32：x算出。换言之，欲求任何气体之分子量，只要拿个恒数比例率23/1.429乘那气体一立特的重量即得。

读者注意：以上比例式暗合有阿氏的臆说在内。所以第四竖行中之分子量代表容量都相等的各异气体。这个容量的实在大小，是23/1.429或22.4立特。因为22.4立特在0° 和760mm时适含以g计的、比较的、一个分子量的任何气体，故就叫作“克分子的容量”。

且就寻常大家所用的分子量和原子量只是相对的(即比较的)而非

绝对的。欲求任何分子之绝对重量，必须知道其比较的一个分子量中合有若干实在分子的数目。这个数目——一个极其重要的恒数——就叫作“阿氏的数目”。最近化学家用各种极精细的方法测得“阿氏的数目”，于是才算出任何分子和原子的绝对的重量。例如氧的一个单独分子计重5.3×10^{-23}g；一个单独原子计重$2.65\times1^{0-23}$g。

178. **近世普遍承认阿氏臆说的理由**——阿佛盖路和安倍虽相继(1811和1814)将他们的臆说成立起来，当时几乎毫无影响，一直过了50年后才有普遍的承认。其所以毫无影响者，他处已经讲过；其所以普遍承认者，也有许多理由，以下姑且举出4个。

(1)这臆说与别的定律相合——这臆说是一切气体的简单定律。如果据这臆说，我们承认无论什么等容中有等数分子，则分子质点中间的距离必然也相等。那么，它们的距离受一样温度、压力或容量的变迁后，自然仍是相同。那么利用这臆说岂不很易解释包宜尔的定律和查尔斯的定律吗？况且这臆说能使盖路赛的定律更有圆满的解释吗？

(2)这臆说与运动学说相合——设某容气体之分子数目为n，每一分子之质量为m，其速率为c，据运动学说，则此气体的容量与压力之乘积$PV=1/3nmc^2$。当两种气体的容量、压力和温度都相同时，我们有——

$$\frac{1}{3}n_1m_1c_1{}^2=\frac{1}{3}n_2m_2c_2{}^2\cdots\cdots\cdots\cdots\quad(i)$$

但二种气体的平均运动能(kinetic energy)也相等，即——

$$\frac{1}{2}m_1c_1{}^2=\frac{1}{2}m_2c_2{}^2\cdots\cdots\cdots\cdots\quad(ii)$$

用(ii)式除(i)式，则得$m_1=m_2$。这即证明阿氏的臆说。

(3)平衡方程式与氢和碘有复难分子之说相合——设有(I)$H_2+I_2\rightleftharpoons$

2HI，(II)H+I⇌HI两方程式，要知那个是对的，令u、v和w顺序的为式中三种物体的活动质量(aetive mass)；c和c' 为碘化氢的生成和分解时速率系数，当化学平衡达到时两系数有一定的比例率。于是

照(I)式则　$cuv=c'w^2$

故　$\frac{uv}{w^2}$=恒数（i）

照(II)式则　$cuv=c'w$

故　$\frac{uv}{w}$=恒数（ii）

用各种实验的测定，可证明(i)和(I)是对的，(ii)和(II)是不对的。可见照阿氏臆说，氢和碘的原子的复杂，也有平衡上的佐证。

(4)用臆说所得的分子式与用化学为根据所得的相合——利用阿氏的臆说，则气体密度的比例率就是分子量的比例率，如此所得分子量的数值，例如轮质(beazene)，是78(H_2=2)，假如H=1，C=12，则轮质的分子式为C_6H_6。这与其化学上的性质完全相符。又，用那臆说，则氯化氢与水的分子式为HCl和H_2O，与以化学为根据所得的相符。余类推。

(丙)原子热和分子热

179. **杜朗(Dulong)和裴迪(Petit)的传略**——杜裴二氏都是法国人。D.L.Dulong生于1785，死于1838，那时他正做多艺学校的Director。他的理化研究很可纪念。他的纯粹化学工作，有1811年氯化氮(nitrogell cldoride,NCl3)的发现。这发现的代价是三个手指，一个眼睛！虽然受了如此利害的丧失，他仍继续研究这个最易爆裂的物质。他又研究氮与氧和磷与氧的化合物。

T.A.Petit生于1791，死于1820，那时他正做多艺学校的物理教

授，年纪不过才29岁。化学家所知者，乃他与杜朗二人的定律。他的其他研究，是纯粹物理的。

180. 1819**杜朗和裴迪的定律**——杜裴二氏从研究物性与原子的关系，发现许多固体原素——金属尤其特别——的比热，与其原子量几成反比例。

比热×原子量=原子热=恒数=6.4(大概的)

或说原素的原子热都相等。原子热者，表示使1“gram atom”(即用gram计算的原子量)增热1℃。所需之热若用O=16运算，那平均的恒数约等于6.4。

原子热之反常者，大都限于较轻的原素，如C、B、Si等。后来证明温度愈高时，原子热愈近于恒数。又温度愈低，原子热愈小，例如在+20℃和+100℃时，寻常原素的原子热平均略等于6；在－190°和20°时其值略等于5，在－250°和－190°时略等于2。故寻常用此定律最方便的温度是在乎0°和100℃之间。

181. **用杜裴二氏的定律求原子量**——如果一原素在寻常温度时的比热已经知道，则拿它来除6.4即得其原子量。用这个方法所得的原子量，虽然比从蒸气密度所得的更不精准，然足够显出正当原子价(valence)。用原子价乘当量(equivalent weight)，自然可得精准的原子量。

例题——某氧化铁分析后得铁77.73%，又铁之比热为0.11，同铁之原子量若干!

从分析则知铁之当量，即

100－77.73=22.27份氧与77.73份铁化合。

∴8份氧与77.73/22.27×8=27.92份铁化合。

∴ 27.92为铁之当量。

因原子量×0.11=6.4(大概的)

∴铁的大概的原子量=6.4/0.11=58.2

但准确的原子量必是当量的简单整数的倍数，

∴铁之准确的原子量=27.92×1=27.92

或 27.92×2=55.84 l

或 27.92×3=83.76 l

但从大概的原子量，则知2倍27.92即55.84，是对的，故铁之准确原子量是55.84。

182. **杜裴二氏更改白则里1818年的原子量**——因为要保持原子量的恒数，杜裴二氏将白则里1818年的许多原子量(见下)加以更改，他们将金属Pb，Au，Sn，Zn，Te，Cu，Ni，Fe的原子量都折半，将Ag之原子量减至1/4，将Co之原子量减至1/3。这些新价值，除Te和Co的外，其余的都不错；白则里后来也承认之。这些更改和其适当与否，可由下表求之。

Te的原子量，白氏本来的(O=100则Te=806.45；O=16则Te=129.032)不错，杜裴二氏将其折半(O=1则Te=4.03；O=16则Te=64.48，反而错了。至于Co的原子量，白氏的(O=100则Co=738.00；O=16则Co=118.08)固然错了，杜裴二氏将其减为1/3(应该减为1/2)，也错了。这都因为七七热测定的错误。

固体原素的原子热

原素	比热			原子量			原子热		
	杜裴二氏的 1819	标准的 1904	白氏的 0=100 1818	杜裴二氏的 0=16 1819	标准的 0=16 1904	杜裴二氏与白氏	杜裴二氏	杜裴二氏与标准	标准 1904
	1	2	3	4	5	1&3	1&4	1&5	2&5
Bi	0.0288	0.0305	1773.8	13.30	208.5	51.07	0.3830	6.01	9.20
Pb	.0293	.0315	2589.0	12.95	208.9	75.86	.3794	6.05	6.52
Au	.0298	.03035	2486.0	12.43	197.2	74.07	.3794	5.87	6.25
Pt	.0314	.03147	1215.23	12.16	194.8	38.13	.3740	6.11	6.29
Sn	.0514	.0559	1470.58	7.35	119.0	75.69	.3779	6.11	6.65
Ag	.0414	.0559	2370.21	6.75	107.93	150.57	.3759	6.01	6.03
Zn	.0557	.0939	806.45	4.03	65.4	74.75	.3736	6.06	6.11
Te	.0927	.0475	806.45	4.03	127.6	73.54	.3675	11.64	6.05
Cu	.0949	.09232	791.39	3.957	63.6	75.10	.3755	6.02	5.88
Ni	.0135	.10842	739.51	3.69	58.7	76.38	3819	5.99	6.40
Fe	.1100	.10983	678.43	3.392	55.9	74.62	.3731	6.15	6.28
Co	.1498	.10303	738.00	738.00	2.46	112.56	3685	9.83	6.29
S	.1880	.1712	201.16	2.011	32.06	37.83	.3780	6.08	5.49

在Te的例中，杜裴二氏以为白氏的原子量错了，以致与比热相乘来不能得个恒数，故将白氏的原子量折半，好使原子热近于恒数。那知能得这个恒数者，是因为比热和折半的原子量都错误，而其错误可以相抵消的原故，即比热大一倍和折半的原子量小一倍的原故。在Co之例，杜袭二氏也以为白氏的原子量错了，那知他们测定的比热早已错了，故应该将白氏的原子量减为1/2者，他们居然减至1/3。

183. **杜裴二氏定律的另外两种用处**——要知这定律实际的重要，不在乎其可以求一般原素的原子量，而在乎可以求一般原素的原子量。所谓特别原素者，(I)无挥发化合物的，(II)只有少数挥发化合物的；因为(I)种的原素，其原子量不能用蒸气密度法测定，(II)种的原素，在一分子的化合物中，不必只有一个原子，要决定其有几个，须用杜裴二氏定律求帮助。细察下列两表，读者自然明白。

(I)

原素	化合重即与35.5氯化合之重	固体金属的比热	大概的原子量=6.4	大概的原子量比热化合重	准确的原子量
Na	23.08	0.2934	21.8	1	23.06
K	39.15	0.1655	38.8	1	39.1
Li	7.03	0.9408	6.8	1	7.08
Ca	20.0	.1686-.1732	37.6	2	40.0
Mg	12.18	0.2490	25.6	2	24.36

(II)

少数挥发化合物	蒸气的比重空气=1	分子量=28.8×比重	依化合重算出的组成	金属的比热	金属大概的原子量=6.4/比热	金属准确的原子量
氯化铝 溴化铝 碘化铝	9.34 18.62 27.	269 356 778	铝=54.2 氯=212.7 铝=57.2 溴=476.7 铝=54.2 碘=761.1	0.225	28.4	27.1
氧氯化铬	5.55	159	铬=52.1 氧=32.0 氯=70.9	0.122	52.1	52.1

184. 化合物的分子热——考卜(Kopp)的定律——一个化合物的分子热，乃其分子量与其比热相乘之积。Neulmann1831年找出7个炭酸化物的分子热是个恒数；又4个硫酸化物的分子热也是一个恒数。但是考卜对于分子热研究得格外祥细。

考卜名Hermann，德国人，生于1817年10月30日，死于1892年2月20日。他起初在Heidelburg学习，后来因为Liebig在Giessen，乃转学到那里。1841他在Giessen做助教授，后来又做那里的教授。1864他又从Giessen回到Heidelburg继续努力研究，差不多到他死的时候。他是个化学史大家，著有“化学史”(Geschichte der Chemie,共四卷，1843～1847出版)，“近世化学的发达”(Die Entwickelung der Chemie in der neueren Zeit)，“对于化学史的贡献”(Beiträge zur Geschichte der Chemie)，“点金术之今昔”(Die Alchemie in alterer und neuerer Zeit)。他的化学史上各著作非常完备，尤其注意各种重要思想和学说之发展。1865他证明“每一原素在游离的固体情形时，与在固体化合物中有相同的比热。”他于是将杜裴二氏的定律推广起来，认比热是个加法的性质(additive property)；在任何化合物中每一原素的原子热是不变的。于是他另外成立个定律，即所谓考卜的定律：一个分子的比热乃其中成份各原子的比热之和。这可用下法，(I) 和 (I) 证明。

（1）试验的分子热与算出的相符——（a）下表中各化合物除分子热可以直接试验外，其每一成份的原子热，也都可测定。若假定考卜的定律，则算出的和试验的分子热应该相辅；证以表中各例，果然不错。

化合物	比热	分子热 =分子量×比热	成份的原子热	从原子热算出的分子热
硫化低铁 FeS	.1357	11.9	Fe=6.27, S=5.22	11.49
硫化高汞 HgS	.0517	12.0	Hg=6.88, S=5.22	11.6
硫化镍 NiS	.1281	11.6	Ni=6.42, S=5.22	11.64
硫化铅 PbS	.0490	11.7	Pb=6.52, S=5.22	11.74
硫化铋 Bi_2S_3	.0600	31.0	Bi=6.41, S=5.22	28.48
硫化锑 Sb_2S_3	.0907	30.8	Sb=6.38, S=5.22	28.42

（b）又，从测定冰之比热，知H_2O的分子热在0℃左近时是9.1～9.8。

结晶氯化钙$C_2Cl_2+6H_2O$的实在分子热=75.6

无水氯化物RCl_2　　　　的实在分子热=18.5

相减得$6H_2O$　　　　　的分子热=57.1

∴H_2O的分子热=9.5，与用试验测定的大略相符。

(II)分子热÷原子的数目=6.4——将杜裴二氏定律和考卜的定律联合起来，则一化合物的分子热，以其中原子的数目除之，略等于6.4。例如氯化物RCl的平均分子热，试验所得的是12.8，RCl_2的是18.5；用每一分子中原子的数目除之，则12.8/2=6.4和18.5/3=6.2。别的金属化合物，也有这种结果。虽一分子中原子之数多至八九个，也是如此。在ZnK_2Cl_4之例，则43.4/7=6.2，在PtK_2Cl_6之例，则55.2/9=6.1。

185. **考卜氏定律的应用**——这定律的用处，可分作3个如下。

（1）**间接的测定原子热**——有些原素，或在寻常温度时不是固体，如氢、氮、氧和氯之例，或难得到十分纯洁的来做试验，如钙和钡之例，则可利用考卜的定律，以间接法测定其原子热。惟据考卜由间接测定的原子热（H，O，F等），与其他较轻的原素（C，B，S等）原子热相似，其值都较恒数低些。

H=2.3；　O=4.9；　F=5.0；C=1.8；　B=2.7；　S=5.4

（2）推算化合物中原子数目的比例——设有某化合物之程式为AmXn，若已知其比热和A之原子量，则由每一成份原子的原子热是个恒数6.4的假定，可算出m和n比较之值。其法如下：

因那化合的式子是AmXn，则含1原子A的化合物之式，应为AXn/

m。又因AXn/m的分子量与比热相乘=6.4+（6.4nn/m），故可算出n/m的比例率，但非m和n的绝对数值。

例如氯化钡的式不知是BaCl或Ba_2C_1或Ba_2C1_2等等。但已知氯之原子量是35.45。氯化钡中35.45份氯与68.7份钡化合，又氯化钡的比热是0.0902。

∴ CIBan/m的分子热=（35.45+68.7）×0.0902=9.4

∴ 6.4+（6.4n/m）=9.4

∴ n/m=9.4-6.4/6.4=1/2（大概）

故氯化钡是每一原子钡配二原子氯所成；故其式为$BaCl_2$或Ba_2Cl_2或普通式是$BamC1_{2n}$。

（3）决定原子量——以下所引，本是考卜定律成立以前的例，但因其也是分子热的应用，故于此处述之。原来汞的原子量既不知道究竟是100或是200，即不知200代表一原子或二原子的汞，于是不能断定氯化和碘化低汞与氯化和碘化高汞应当采用Hg_2C1，Hg_2I，Hg_2C1_2和Hg_2I_2的式子呢，或HgCl，HgI，$HgCl_2$和HgI_2的式子。在又一方面，如果用一种方法证明以上四化合物（其中汞之重各为200）适用前4个式子，则可决定Hg=100；如果适用后4个式子，则可决定Hg=200。Cannizzaro当1858年即证明汞在化合物中仍服从杜裴二氏的定律，又那时已有人提议汞的原子重是200不是100。Cannizzaro利用比热为这提议的佐证。他说：

“因原子化合后其比热无甚改变，又因所有各原素的比热实际上大略相同，等于6.4，故要将各化合物增热1℃。其一分子所需之热，必与其所含原子数目有比例，如果Hg=200，即如果汞之二种氯化物和二种碘化物之式为HgCl，HgI，$HgCl_2$，HgI_2，则前两个中每一个所需之热是一个简单原子的二倍，后两个中每个是三倍。”

他所用的数目如下：

		分子量	比热	分子热
氯化低汞，	HgCl	（200+35.5）	×0.0521=	12.258=2×6.129
碘化低汞，	HgI	（200+127）	×0.0395=	12.913=2×6.457
氯化高汞，	$HgCl_2$	（200+71）	×0.0689=	19.054=3×6.223
碘化高汞，	HgI_2	（200+254）	×0.0420=	18.669=3×6.351

倘若200代表二原子的汞，换言之，Hg=100，则低汞的分子热，大概须是3×6；高汞的分子热须是4×6。然而这与事实不合。故从此种推论的结果，可证明汞之原子重是200不是100。

（丁）同晶的定律（The Law of Isomorphism）

186. **结晶学与化学的关系**——所有固体物质，可分为结晶的和非结品的两种。结晶体的形状大小种种不同，然每一物质在适当情形之下必有特殊之晶状（form）——其相似各面中间之角度，尤恰好相等——为此物质之特别性质。此说在17世纪后半叶，即有人首先倡之，到了Haiig（1743～1822）就成了定律，然尚不知利用这种关系来考察化学上的性质或成份。做这种考察的，米学礼要算第一。

187. **米学礼(Mitscherlich)的传略**——米学礼名Ernst Eilhard，德国人，1794年生于Aldenburg，1863死于柏林。从1821年起，他就继Klaproth的任，在柏林大学当教授终其身。他在化学上的贡献很多，物理方面的尤其重要。他其初注意方言学及东方语文；自然科学不过偶尔习之。但为境遇所迫，他改而习医及其相关学术。1819

年，他到Stockholm去见白则里，做他的学生；他后来的事业尤以他与白则里的最初谈话定之。1819他发现同晶（isomorphism），1821发现多晶（pelymorphisnl），他的名字，于是不朽。但他又研究benzene sulphonic acid（1833）， nitrobenzene（1834）和manganic，permanganic和selenic acids，等等。他常用人造方法制造药物，又研究地质方面的化学；这都可证明他的才干。

188. **米学礼同晶定律的发现**——米学礼本是个化学家，初做磷酸盐和砒酸盐的试验，希望查知这些盐中的酸基所含的氧之比例。那时他才24岁，对于结晶学毫无知识，但他认识少年矿物学家Gustav Rose。Rose说得好：

“米学礼曾将他的砒酸盐和磷酸盐的试验告拆我，他看见这两种盐每有一样的结晶，觉得非常奇怪，并且据他的分析，这一种盐里绝无那一种的踪迹。他请我测量那些晶体。这时米氏虽未学过结晶学，他以为异物而有同式的晶体一件事，若能说出理由，必是顶要紧的。”

1819年的夏天，恰好白则里来到柏林，因为已经知道米学礼的工作，遂与他接洽。于是，当年秋天米氏就到Stockholm白氏试验室中做试验。及至12月间，他的第一篇文章就送到柏林大学院。他既试验过磷酸和砒酸的钾盐，这回是用它们的铔盐查知其结晶状式完全相同，并且与钾盐亦完全相同。他觉得这现象之中必有定律，想另用两种酸质试之，但是无效，于是用一酸而金属各异的盐来研究。

且说白则里选择原子量的方法常用一个规则，即相似化合物用相似程式表示之。他曾查知在亚磷酸和亚砒酸或磷酸和砒酸中，与同重磷或砒化合之氧的比例为3∶5；磷酸盐和砒酸盐各有三种。磷酸盐和砒酸盐不但成份上，并且性质上非常相似。虽然，白氏所查知的无非化学上的相似，至于发现结晶上的相似，尚有待于他的少年弟子。

米学礼首先试验的是酸性磷酸钾(KH_2PO_4)和酸性砒酸钾(KH_2AsO_4)。照其结果，他说：

"这些盐乃同数原子所成；……彼此不同之处，不过在乎一个基(radieal)中是磷，一个是砒。两盐的结晶状式相同……；因为不但其初的状式，并且所有各异的大小、数目、各面之角度都如此紧紧相似，以致虽在看似偶然的性质中，要找个差异也是完全不可能的。"

米氏又查知钠盐$NaH_2PO_4 \cdot H_2O$和$NaH_2AsO_4 \cdot H_2O$中，及铔盐$NH_4 \cdot H_2PO_4$和$NH_4 \cdot H_2AsO_4$中，各有这种相似。在以上每例中，75份砒可代31份磷，而结晶毫无改变。于是米学礼说道："同数原子以相同样子(manner)化合者发生相同的结晶式；结晶式是与原子的化学本性无关的，并且只以原子的数目和其化合的样子定之。"这就是所谓同晶的定律。照现在的说法，这定律可作为：结晶状式相似和化学性格相似的物质，应当用相似程式代表之。

189. **同晶定律的应用**——米学礼既用归纳法得了定律，又用演绎法指示以前未曾实验的结晶状式。因硫酸铁与硫酸锌有相同的结晶状式，他知其中的氧化铁与氧化锌必是同晶。他又知矿物中氧化高铁(hematite)与氧化铝同晶，氧化低铁与氧化锌同晶。然则同晶定律，单在化学上其应用的势力范围，读者试看以下米氏和白氏利用同晶之如何详尽，如何巧妙和运算实例之如何精确，如何方便，自然可以明白。

190. **米氏用同晶测定几乎所有原素的原子量**——（a）As、Sb和Bi——在同晶的磷酸化物和砒酸化物中，75g砒代替31g磷，而结晶状式不变。因31是磷之原子量，那末在米学礼看起来，同晶即指示75是砒之原子量。于是可证明由别的方法所得的砒之原子量对不对。又砒、锑和铋的化合物，常有相似的结晶体。在它们同晶的化合物中，75份砒可被120份锑代替，120份锑可被208份铋代替，而其结晶状式都无多大变更。故据米学礼的定律，可从P=31，推知As=75；再推知Sb=120；再推知Bi=208。

（b）Na和Ag，S和Se——1828年，米氏证明钠的和银的硒酸化物(selenate)和硫酸化物为同晶物体，其中23份钠可被108份银代替，32份硫可被79份硒（selenium）代替。故从钠和硫之原子量，可推知银和硒的原子量［见运算实例（1）］。

（c）Cl和Mn，（d）S和Se，Cr和Mn——1832年，米氏详细说明三种有趣的同晶。第一种是红色过锰酸钾和无色过氯酸钾的同晶。在这两化合物中，55份锰代替35.5份氯。35.5既是氯的原子量，故55是锰的原子量。第二种是绿色的锰酸钾与铬酸化物的同晶；第三种是硒酸化物与硫酸化物的同晶；其中铬和锰、硒和硫的相当重量是Cr=52、Mn=55、S=32、Se=79，即这些原素的原子量。

（e）其他的二价原素和三价原素——米学礼此时（1821）已经证明二价原素Ca，Mg，Mn(ous)，Fe(ous)，Cu，Zn，Co，在其单或双硫酸化物中为同晶。又三价原素Cr，Mn，Fe，Al在spinels $MgAl_2O_4$，Fe_3O_4等中为同晶。故几乎所有金属的原子量，都与非金属硫和氧的原子量(用阿佛盖路的法子算出)有了联络。

191. **白则里用同晶定律更改其原子量表**——米学礼的同晶定律（与杜裴二氏的定律，可以互相证实）一声发现之后，白则里极表欢迎。硫酸化物和铬酸化物的同晶影响尤大，居然能使白则里将原来一般金属氧化物的程式，用一步一步的推论方法都更改了，居然使他于1826年更改其1818年的原子量表，将一般金属原子量都折半。原来，白则里从研究氧化物知两种氧化铁中，与同重铁化合的氧有2∶3之比例。他又用最简单的规则，指定它们的程式为FeO_2和FeO_3。又因氧化高铁的化学性质与盐基性的氧化铬的性质相似，他指定后者的程式为CrO_3。又盐基如氧化锌、氧化锰等等，因与氧化低铁相似，他指定其程式为ZnO_2，MnO_2等等。所以他的1818年原子量表中，这些原素的原子量都是现在的二倍，到了1826年始更正之。

从硫酸化物和铬酸化物化学上的相似，白则里推论到无水硫酸和无水铬酸的相似；因无水硫酸的程式为SO_3，所以他说无水铬酸的程式为CrO_3。读者注意：白氏此时系用化学方法指定CrO_3和SO_3有相似程式，10年后始发现铬酸化物与硫酸化物为同晶。但他此时已知道氧化高铬中的氧是无水铬酸中的一半，然又不能有$CrO_{1½}$的程式，只好给它个程式Cr_2O_3。

又因从Cr_2O_3所生的盐，与氧化锰、氧化铁、氧化铝等等的盐同晶，于是我们有Mn_2O_3，Fe_2O_3，$A1_2O_3$等程式。又如果氧化高铁是Fe_2O_3，则氧化低铁必是FeO；并且与低铁的盐同式的各盐，必有相似的程式。于是有将ZnO_2，MnO_2等等，变为ZnO，MnO等等之必要。那末从原来的程式，变为新程式，只要将一般金属的原子量折半就好了。这是白则里用同晶定律更改其原子量表的办法。

192. **用同晶运算的实例**——（1）算硒（Se）的原子量——上文税过米氏察知硒酸钾与硫酸钾同晶。其实在的算法则如下述。他的分析结果，是：

硫酸钾	硒酸钾	
100份中含	100份中含	或127。01份中含
钾　44.83	钾　35.29	44.83
氧　36.78	氧　28.96	36.78
硫　18.39	硒　35.75	45.40
100	100	127.01

与44.83钾和36.78氧化合的相当的硫和硒是18.39和45.40。

米氏既知以上二盐为同晶，故假定其化学成份相似，故那两化合物的每一分子中硫与硒的原子数目必然相等，故相当的硫与硒的重与其原子量有比例。

∴　　硫的原子量：硒的原子量=18.39：45.40

但已知硫之原子量为32.0，

∴　　硒的原子量=32.0×45.40/18.39=79

（2）算铝的原子量——从分析知道氧化铝中铝：氧=18.1：16，即铝的当量是9.03。故氧化铝的程式可以有AlO，$A1_2O_3$，$A1O_2$，AlO_3，等等，其中之铝：氧乃18.1：16，54.2：48，36.2：32，54.2：48等等，即铝之原子量可有18.1，27.1，36.2，54.2等等。单就这氧化物的成份，不能知道这些数目中那个是对的。

但我们知道氧化高铁所生的各种铁矾与铝矾同晶；又氧化高铁的程式为Fe_2O_3。所以氧化铝的程式应该是$A1_2O_3$。所以铝之原子量=27.1。

(3)算Ga的原子量——同晶的双硫酸盐，结晶成常规的八面体(regular octahedra)者，名为矾，其普通程式为

$X'_2SO_4X_2(SO_4)_3 \cdot 24H_2O$

其中之X’表示原素K，Na的原予量；X表示Cr，Al等的原子量。

设察知一种双硫酸盐有矾之结晶状式，如果已知X'，则用分析法测定p和q，即可求出X(原子量)。p乃纯矾之重，q乃其中所含硫酸基之重，可加钡盐于该矾液中再将所生不溶的硫酸钡秤之即得。于是百p/q · 4（32+64），表示该矾的程式重，$X'_2SO_4 \cdot X_2(SO_4)_3 \cdot 24H_2O$，即含有$4SO_4$=4（82+64）硫酸基之矾的重。

∴ 所求原子量$X=1/2[X'_2X_2(SO_4)_4 24H_2O-X'_2(SO_4)_4 24H_2O]$

$=1/2[p/q \cdot 4(32+64)-384-342-2X']$

又如果X'=铔，则另有运算之法。因强热该矾后所剩的残渣，是不挥发的X sesqui-oxide，

$(NH_4)_2SO_4X_2(SO_4)_3 \cdot 24H_2O=X_2O_3$+挥发产物；

强热重量p中的纯矾，可以测定重量q的残渣，再用下式，即可算出X。

$p: q = (NH_4)_2SO_4 \cdot X_2(SO_4)_3 \cdot 24H_2O : X_2O_3$

$= [X_2+(2\times18)+(4\times96)+(24\times18)] : (X_2+3\times16)$

发现gallium的Lecoq de Boisbaudran，找出这原素可以成矾。又Ga铔矾3.1044g，强烧后剩氧化物0.5885g，代入上式中的p和q，则得X=Ga=70.1。

193. **同晶定律的例外**——多晶（polymorphism）——同晶定律有许多例外。从一方面说起来，许多化学上构造相似的物质，结晶的状

式全然不同，例如1821年米学礼找出的Na_2HPO_4与Na_2HAsO_4，可有很不相同的结晶状式，这是因为那样磷酸化物可有两种晶体，就中只有一种与砒酸化物为同晶。米氏在1823年又找出原素硫有两种结晶状式。此外如炭、如二硫化铁、如炭酸钙都有两种状式，即钻石和石墨，pyrites和marcasite，calcite和aragonite。凡物质有两种结晶状式者名为二晶（dimorphism），有三种者名为三晶（trimorphism）；普通有两种或以上者名为多晶（po1ymorphism）。

从另一方面说起，成份不相似的物质尽可完全同晶。例如铔盐中复杂的NH_4基，可代替钠或钾的一个简单原子，而结晶状式不变。又如硫化银和硫化铅，虽其中原子之数不同，然矿物中argentite Ag_2S和galena PbS同晶并常常混在一处，成同晶混合物。照这种例子，可见同晶定律固有很大价值，然不能单独的用它来测定原子量。

（戊）白则里等对于原子量的测定、臆说和其他

194. **白则里(Berzelius，1779-1848)的传略**——白则里名Jacob，瑞典人，生于1779年8月20日，他4岁丧父，不到10岁又丧母！当他父亲死后，他母亲改嫁一位德国牧师Ekmarck。这位义父待他甚好，但他的母亲去世以后，他的义父二次续弦，他于是不得不过他的零丁孤苦的生活了！白则里的父亲、祖父和曾祖都是牧师。他其初也想以牧师为业，但在中学校时，他尝收集过许多动植物的标本，于是引起他到Upsala大学专门习医药学。他虽然于1802得了医学博士学位，可是他的化学知识几乎考不及格！

因为尝读一本化学而从来没见过其中所说的试验，他乃再三恳求他的教员要在试验室里做试验。他的目的尤在取些气体并观察炭、磷

和铁在氧气中的燃烧。无奈因器具和经验都很缺乏，他其初的试验往往失败。一次正想从爆炸酸金（fulminating gold）使金复原时，忽然爆炸起来伤了他的两眼，一个多月后才能见光！

虽然，当白则里才二十几岁时，他已做第一个化学研究，即分析他诞生地方附近的药性泉水。1802他著有博士论文，“论电气(galvanism)对于有机物体之作用。”次年他又有“盐类被电气分解”之论文，于是他有电气化学的学说。自1802年起，他尝在陆军学校、医学校和Stockholm大学当讲师或助教授，1807他升为正教授。1818年他被举为瑞典科学院的永久秘书；同年瑞典王即位，赠他Noble的称号；及至1835他结婚的时候——那年他56岁——他被封为男爵。

他共做教授20年，同时他的不朽工作，国内国外无不圆满承认。他的声名如此之大，瑞典在国际科学界的地位比在白格门和许礼的时候不知又提高了许多。因为他对于矿物学的研究，英国皇家学会尝赠他Copley奖章。当柏林大学化学教授Klaproth死的时候，德国尝请白则里去继他的任，他辞而未就，但是许多德国化学家都到瑞典来跟他学习。例如C. G. Gmelin（后来Türbingen教授），Heinrich and Gustav Rose，Mitscherlieh，Magnu（这4位皆后来柏林教授），和F. Wöhler（后来Göttingen教授）都是。可惜他身体夙来不健，1818以后更常常生病，尤其是头疼。他尝游历各国，藉以休养，于是得与英法各科学家相会，知识上多所交换，他死于1848年8月1日。

白则里试验室里的沙盘冷的时候很少，他书房里的笔干的时候也很少。他的文章著述，寻常人万不能及。他有源源不息的论文，或记述自己试验的工作，或批评他人的工作，当时各种科学杂志中几乎无不载之。他不但常常做，并且常常修正这些论文，以顺应知识进步的要求。他替Stockholm学院做年报，报告物理科学的每年进步。同时他化学上的贡献亦与年俱增，足以证明他自强不息的热心毅力。当他白天的工作或试验或文章丢开之后，他仍然不离那个写字台。他的交友很广，通信很多，他的性情又不是个冷淡的人。他于写信中或叙其最近的研究，或对于名人的错误下明晰的批评；或对于后进的性情进师父之教导，勉以有恒；或对于朋友的患难，去个安慰，好像兄弟一般的亲热——要将这些事体做得面面俱到，他就想忙里偷闲，真正几乎不可能呀！

白则里的重要作品除载在各杂志中的25篇论文外，计有(1)“动物的化学”（中有他自己的血液分析）；（2）“化学总论”；(3)“吹管总论”；(4)“矿物学新统系”；(5)“化学教科书”（“Lehrbuch”）和(6)“理化年报”（“Jahresberisch”）。他的化学教科书成于1808年，出版5次，欧洲各国都有译本。

195. **孚勒对于白则里的纪念**（Wöhler's Reminiscence）——白则里尝喜欢邀受过训练并有出息的少年化学家到他家中去住，让他们在他的私有试验室中过一两年，每次一二人。这种办法的效果，以前曾经提过。当孚勒听Gmelin的劝想专习化学时，欧洲各化学家中以白则里的声名为最大，故Gmelin又劝他到白则里那里去。这时孚勒已有著作，白则里很赏识他，要在他的私有试验室中给他一个位置。1823～1824年，孚勒就到白氏家里过了一个冬天。以下将他自述其初去时的感想和经历，节译几段。

“我站在白则里门前按铃，心中不住的跳，来开门的衣服整洁，仪表堂堂，望之俨然，乃是白则里自己。他用最友爱的样子欢迎我，说已经盼望我许久了，又谈我路上的事情，自然都用德文。他的熟悉德文与熟悉法文和英文一样。当他引我到他的试验室里时，我好像在梦中，对于我究竟能在我所希望的那著名的试验室中占个位置与否，不免疑惑。

“次日早起我起首工作，我可以专用一个白金坩埚，一个天平和一套砝码，一个洗瓶，最好的是又有一个吹管，白则里很注重这吹管的用处。我须自费预备灯中所用的火酒和喷灯(blast lamp)中所用的油，寻常药品和器具则有公用的，不过如黄血盐(potassium ferrocyanlide) 之例因Stockholm没有，我须从Lubec去订。那时在白则里试验室中只有我一个，在我之前有Mitscherich，H · Rose和G · Rose，在我之后有Magnus。那试验室只两个寻常房间，陈设的最简单，没有炉子（furnace），没有通烟橱（draught cupboards），也没有煤气和自来水。一个房间里有两张寻常桌子，白则里在一张上做工作，另外一张乃为我而设。墙上有些架子，预备好放药品，中间有个汞槽，喷灯则在炉边（hearth）上。此外还有一个倒秽水的地方（sink），乃一瓦缸与一塞子和一木桶所成。严厉的厨子，Anna，每天须在此处将盘子等等洗净。在第二间房里，有些天平和架子，中盛器具等件。近旁是个小工作店（workshop），安有一个旋机（1athe）。在隔壁厨房中，Ailila预备饭食，有一小而不常用的炉子和一永远不冷的沙盘。

“我重做的蜻酸研究，白则里觉得很有趣味。对于我以前所做这酸的试验，他在他的年报中所说的话，他很喜欢告诉我。他并表示他的意见，以为这酸的存在颇足证明氯的学说是大概可有的。我听他不说oxymuriatic acid，而说氯（气）很觉惊奇，因为直到这个时候以前，他都坚持旧观念。有一次当Anna洗盘子的时候，她提起很闻见oxydized muriatic acid的气味，白则里说，'Anna，听呀，切不要再说oxydized muriatie acid了。说氯气，好些。'"

"用屡次的试验，我们得到从来没有的大宗的钾。我烧钾于水上，以预备纯洁的苛性钾为当时分析之用。白则里常常是高兴的。当工作的时候，他尝谈起各种笑话，对于好故事，他可以从心里大笑起来。如果他有不高兴的神气，眼睛发红，我们就知道他犯按时发作的关于神经的头疼的病。他于是可以将自己关起来，一过几天，不吃东西，也不见人。一个新的观察，常常使他大快活，他于是目光炯炯叫我道，'博士呀，我找出个事体很有趣的。'"

"有时他晚上留我，与我谈他在英法的旅行，又谈到Gay-Lussac，Thenard，Dulong，Wollaston，H · Davy和其他当时科学界著名的人……都是他自己所知得到的，他们的个性，他也很晓得怎样分别形容。他最赏识而崇拜的是盖路赛和兑飞，说到兑飞，他常常极力称赞为奇才。他同这些人都通信，并将他们的来信保存起来。我觉着快活的是得他允许的权利，看见这些信。后来他又让我看他的有趣的旅行笔记，载有巴黎和伦敦的游览甚祥。"

读者试思，我们与白则里固然相隔百十年，然从这篇纪念文章，犹能如见其人，如闻其语，这不但是白氏的为人和学问都有可以纪念的原故，孚勒的富于感情，善于描写也都可看得出来。尤其特别者，有了这篇文章，足见当时试验室的设备可谓简单极了，然许多精确的大发现居然从此等试验室里做出。且惟其设备如此的简单，而成就如彼的优美，尤觉难能可贵!古今来大发现家，往往不必据有大试验室，白则里不过是一个例子。人杰则地灵，我们正不必借口于试验室的不良而不努力!

196. **白则里的原子量的测定**——当1815年左右，化学上重要的事体不在分子量的测定而在原子量的测定。白则里有见于此，遂毅然以这种测定为己任，认化学定律的研究是他的终身事业。他于1845年有一段回顾的话:

“我决定分析某数种盐类，好使别的分析变为无用。……我不久就用试验证明，多顿的数目欠缺，他的学说在实际应用上需要的恰准。……我承认如果要播散这新放的光明，则原素的原子量有测定至于最准之必要，更常用之原素的原子量尤其如此。若无这种测定，黎明之后仍然不是白天。……所以我用不息的工夫致力于此。……如此工作10年之后，……到了1818，我就能将我用试验算出的原子量的表出版。这些试验用过的单体或化合物约有2000左右。”

197. **白则里的测定与各定律**——关于AmBn中的m和n，多顿的假定，白则里固认为不适于用，然白氏却也利用最简单的规则，不过处处总借助于各种其他方法。气体定律，多顿不相信，不消说了。盖路赛本想将他发现的定律和原子学说联络起来，无奈有种明明简单的困难，盖氏自已却不能解决，所以他只保守他的试验的结果。汤姆生和兑飞见不到这定律和那学说的关系，所以他们二人虽常利用这定律以算化学成分，有时竟解释错误了。例如他们假定等容中氢的原子只是氧的一半。

惟白氏起首即利用气体定律。可惜他假定简单气体中一容量与一原子相当，故用有vo1ume-atom一名词。他就化合物的原子数目m和n等于化合的容量数目。因二容氢与一容氧化合成水，所以他说水是二原子氢与一原子氧化合而成；因三容氢和一容氮化合成阿莫尼亚，他说阿莫尼亚是三原子氢和一原子氮化合而成。于是先用测量化合容量的方法，他定下了化合物中的原子数目；再用分析方法，就算出那些气体原素的原子量。但白氏深知容量定律的限制，对于不挥发的物质是不适用的，并且他疑惑其不适用于化合物和一般的气体原素。

到了1818杜裴二氏的定律和米学礼的定律发现以后，白氏更有了帮助。杜裴二氏的定律，白氏只当作附属的东西，不过偶尔用之。米氏的定律，他则非常欢迎。然而无论那个定律，总要合乎他的化学上的普通道理，即化学上有相似性格的物质，乃用相似程式代表之。

198. 1813**金属氧化物和白则里第一原子量表**——白则里的原子量的测定，其给料大半得之于(金属)氧化物，其中许多不能挥发，故阿佛盖路的臆说不能适用。他以氧为最重要的原素，叫他为“pole of chemistry。”1813年，他的第一原子量表出版，即以氧=100为标准。下列这表的一部份，右旁（用氧=16）将白氏的数值与现在的数值并列，好有比较，括弧中的程式，表示他选择他的数值的根据。

	白氏的数值		近世的
	O=100	O=16	O=16
氧	6.64 (H2O)	1.06	1.008
炭	75.1 (CO)	12.02	12.00
硫	201.0 (S+2O)	32.16	32.07
铁	693.6低氧化铁 (Fe+2O)	110.96	56.85
铜	806.5高氧化铜 (Cu+2O)	129.04	63.57
银	2688.2 (Ag+2O)	430.11	107.88
钾	987.0 (K+2O)	156.48	39.10
铬	708.0盐基性氧化物 (Cr+3O)	113.28	52.00

白氏的金属原子量每多错误，其原因在乎什么地方呢!他已知金属中铜、汞、金、犹之乎炭，各有两种金属氧化物。他假定爱力较小和盐基性较弱者，一分子只含1 volume atom的金属和1 volume atom的氧，爱力较大和盐基性较强者，则含1 volume atom的金属和2 volume atom的氧。所以他当钾、纳和碱土金属的程式，是NaO_2，KO_2，CaO_2，SrO_2和BaO_2。

199. 1818白则里的原子量表——当1814～1818之间，白则里渐不满意于“volume atom”之说。其原因有二：（1）此说只适用于氢氧二气，而绝不适用于固体和液体。（2）化学家的目的，只在乎原子而不在乎容量。又因1818年的时候，分析上的给料较以前更觉精准，白氏于是又有一个原子量表。这表系将前表修正而成，其中运算原理仍然相同。现在将白氏的表的一部分，用H=1或O=16算出如下。为便利比较起见，特将近世的数值列于括号中。

炭12.12（12）　铁109.7（56）　钠 93.5（23）

氧16（16）　汞406 （200）　钾457.6（39）

硫32.3（32）　铜129 （63.3）　银438.7（108）

读者在此处应发生一个问题，即白氏的原子量为什么有的是近世的2倍（如铅、汞、铜、铁、锡、铬等），有的是近世的4倍(如钠、钾、银等)呢？这答案就是他假定原子化合有最简单的规则。因为这时2：8，2：5，3：4等比例，在他看起来太复杂了。例如两种氧化铁中，氧之比例为2：3。现在我们用程式FeO和Fe_2O_3表示之，而白氏则用简单的FeO_2和FeO_3。所以，那时白氏的铁的原子量就是现在的2倍。与这两种氧化铁相对待的金属氧化物，他认为有相似的成份，其结果这些金属的原子量也2倍于现在的数值。例如盐基性氧化铬的化学性质，与氧化第二铁相似，故给它个CrO_3程式，强盐基如氧化锌、氧化锰等，其式为ZnO_2，MnO_2等，与氧化第一铁之FeO_2式相似。依同理，白氏假定过氧化钾和氧化钾中氧之比例为3：2，于是他说误认后者含1原子钾与2原子氧，前者含1原子钾与3原子氧。所以钾和相似的一价原素如钠、锂、银的氧化物，他都当作有普通程式MO_2（其实应该是M_2O）。它们的原子量因此就变为现在的4倍！

既然如此，所以白则里虽做了勤苦的工作，许多原子量仍是不对。白氏也自知所用以测定化合物中之分子成分(从分子成分就可测定原子量)的方法不完全。但他此时，1818，只有气体比重的物理方法可以利用，杜裴二氏的和米学礼的两个定律次年方才出现。

200. **白则里1826更改1818的原子量**——1821的时候，白氏尚以为他的1818年原子量表用不着更改。但5年以后他的教科书有再版的要求，他乃仔细思量，决定连书中的原子量表都从新校订，他的推理方法和所下判断，可于以下得之。

他首先要更改的，是氧化高铬和无水铬酸的程式。他从硫酸化物和铬酸化物化学上的相似，推论到氧化硫和氧化铬程式上的相似。他已知道中性铬酸盐中的无水铬酸，其氧与铬之比为3：1，恰似硫酸盐中无水硫酸的氧与硫之比例。如果以SO_3为无水硫酸的程式，则无水铬酸之程式，应当是CrO_3。但他已知氧化高铬中的氧，只是无水铬酸中的一半；然又不能有$CrO_{1½}$的程式，只好给它个程式Cr_2O_3，这就暗含必须将当时铬的原子量折半的意思在内。读者此处须注意：有了硫酸盐与铬酸盐的同晶，这个更改方有逻辑上的必要。但这个同晶的发现，尚在10年之后。

因氧化(第二)铁和氧化铝与氧化铬同晶，所以有程式Fe_2O_3和$A1_2O_3$。如果氧化第二铁的程式是Fe_2O_3，氧化第一铁必是FeO。因氧化锌，氧化镁，氧化钙，氧化镍，氧化钴等与氧化第一铁同晶，故其程式由ZnO_2，MO_2，CaO_2，CoO_2等等，一变而为ZnO，MgO，CaO，NiO，CoO等等。由上种推论，其结果就是必须将这些金属铬，铁，铝，锌，镁，钙，镍，钴等的原子量折半。这种折半之数，与杜裴二氏的定律相合。白氏又连带将钾，钠，银等原子量也折半，说它们的氧化物中金属与氧之比例是1：1，不是1：2了。换言之，其普通程式是MO，不是MO_2了。但正当的比例，是2原子金属和1原子的氧化合，其程式为M_2O。所以白氏虽于1826年将钠，钾，银等原子量折半，其值仍2倍于今值。虽然，除此等一价原素外，其余金属的原子量照1826年的更改，不但与杜裴二氏的定律相合，并且与近世的数值相差不远。兹将白氏新表的一部份与近世之值并列于下。

氮和氯被人承认是二原素，列于原子量表中，这是第一次。先是

原子	白则里的原子量		他的根据	近世的
	O=100	O=16		O=16
H	6.24	.998	以容量定律为佐证	1.008
C	76.44	12.22		12.00
S	201.2	32.2		32.07
N	88.52	14.16		14.01
Cl	221.3	35.4		35.46
P	196.155	31.4		31.04
As	470.042	75.32		74.96
Sn	725.294	117.65	SnO和SnO_2	119.0
Cr	351.8	56.2	Cr_2O_3和CrO_3	52.0
Au	1243.0	198.8	AuO	197.2
Ag	1351.6	216.2	AgO	107.88
Hg	1265.8	202.6	HgO和Hg_2O	200.6
Fe	339.2	54.2	Fe_2O_3和FeO	55.85
Ca	256.0	4.0	CaO	40.07
Na	290.9	46.6	NaO	23.0
Si	277.468	44.39	SiO_3因与SO_3类似	28.3

大家误认氮和氯是氧化物，及他人都相信是二原素时白氏仍不相信。所以他当氮和氯是化合物比谁都久些。综观白氏测定原子量的方法，可知他对于不挥发的物质，最要紧的是测定它们的氧化物的成分，其次方利用同晶定律。至于原子热的定律，采用很少。若是气体或挥发物体，他就用他的volume theory来测算原子量。他此时仍相信等容中原素气体之重与其原子重有比例，但因为有了杜玛的工作，这观念不久就丢掉了。

201. **杜玛要更改原子量的试验**——法国人杜玛这时年纪虽然不过才27岁，但已经因为他的工作著名，他深有感于当日化学的地位，是测定原素化合之比较重量易，而测定原子化合之数目难。他承认白则里对于这个问题首有详细的答案，但觉得白氏每以化学上性质为根据，究非固定的给料。要得这给料，他以为非直接测定原素和其化合物的比重不可。易于挥发的物质的比重，他用盖路赛的方法测得。在高温时始能挥发者，他发明一种简单器具——即一有毛细管尖的玻球，可用以测定其比重。

他深知10余年前阿佛盖路和安倍对于原子分子的区则很有道理。他深知，原子化合的数目所以难于测定者，在乎不知道原素分子中究含有几个原子。所以他要拿个方法，即研究分子当化合时如何分裂，来辅助从蒸气密度所得的知识。无奈他实际上却假定原素的密度，不但与其分子量，并与其原子量有比例。这与白则里的vo1ume theory相

原素和实验者	试验时的温度	比重(空气=1)	原子量=14.4×比重	化合物的程式	白则里的原子量	白则里的程式
硫 杜氏 杜氏 杜氏 杜氏 米氏	506℃ 493° 524° 524°	6.512 6.595 6.617 6.581 6.90	94.4	H_6S	32.24	H_2S
碘(杜氏)	185°	8.746	125.5	HI	126.54	HI
溴(米氏)		5.54	79.8	HBr	78.4	HBr
汞 杜氏 米氏		6.976 7.03	100.8	Hg_4O& Hg_2O	202.68	Hg_2O& HgO
磷 杜氏 杜氏 米氏	313° 300°	4.420 4.355 4.59	68.51	PH_6	31.44	PH_3
砒(米氏)		10.6	152.6	AsH_6	75.34	AsH_3

似，这就包含一个不可靠的前提——所有气体原素一分子都含二原子。杜玛用其发明的器具先测定碘和汞，不久又测定磷和硫的密度。后来1833年米学礼又将他的给料扩充起来。从那错误的前提，他们算出原子量，与白则里一年前的表中价值不同，如上表。左边五竖行表

示杜玛或米学礼的试验的给料、原子量和程式。右边二竖行，乃白则里用化学方法测定的结果。并列之，以资比较。

202. **杜氏的和白氏的原子量的比较**——从上表加以比较，则知照杜氏或米氏的测定，汞的原子量只是白氏之数值的一半，磷和砒的原子量反是白氏数值的二倍，硫的原子量且是白氏数值的三倍，而碘和溴的原子量则又与白氏数值大略相等。

白氏自信其无谬，而杜氏想更改白氏的数值，其结果反将秩序弄乱了。例如白氏坚持氧化汞系汞与氧各一原子所成，而杜氏则说其中含有二原子汞和一原子氧，竟将白氏氧化第一汞的程式给了氧化第二汞。又如氢化磷（phogphoretted hydrogen），白氏因其与NH_3相似，就是1原子磷和3原子氢所成，其程式应当是PH_3；杜氏则将其中的氢二倍之，给它个程式PH_6。又为一律起见，磷的氧化物和氯化物他写作PO_3和PCl_6。

然则杜氏和米氏的原子量何以有的与白氏的相等，有的是他的一半，有的反是他的二倍甚至三倍呢!难道杜氏或米氏的试验上有了错误么？这答案是：他们的试验上没错，可惜他们理论上错了。例如同容氢气与汞的蒸气，其中原子之数不同。如某容中有氢气二原子，同容中只有汞的一原子，或说一原子汞气所占的容量为一原子氢气所占的二倍。将这种意义概括起来，就是一分子氢含二原子，一分子汞只含一原子。然上节说过，杜氏假定蒸气中一分子都含二原子，所以汞的原子量本该是200，照杜氏可就变成100了。依同理，据杜氏或米氏的一分子的硫含6原子，无奈他们都当作一分子含2原子。所以，磷和砒的原子量比应当的大了2倍，硫的原子量大了3倍。至于碘和溴，一分子却含二原子，自然不生问题。

203. **白则里反对杜玛的理由**——据以上所说，照我们现在的眼光看起来，杜氏和白氏孰是孰非自不待言，但当日白氏反对杜氏，究持什么理由不可不知。举汞为例，白氏也相信照气体比重的要求，似应将他自己的原子量折半，但他以为液体汞较固体碘的比重大的多，一经变作气体，其比重恰好颠倒过来，不是个奇怪事体吗？况汞的原子量如果更改，其他原素的原子量势必也有相似的改变；那末就是将所有相关的证据一齐推翻，这就更觉不对了。再说矽（Si）吧，它的原子量是从氯化物演算出来，所有我们知道的，不过是二容的氯，与矽化合后，缩为一容氯化物。我们有什么证据能证明一容的矽与二容的氯化合成一容氯化物呢？我们可以说矽的蒸气占其与氯混合气体容量1/3，也可以说占1/5或1/7，那末矽的原子量可以与杜氏的不同了。所以，白氏本推论的理由持镇静的态度，不但拒绝改变其原子量表是完全正当的，并严厉的批评杜氏的结果。

不易挥发的原素，等容中原子的数目不同，这是无疑问的。所以，杜氏下个判断，即蒸气密度虽然有用，但在测定原子量上是靠不住的。

虽然，蒸气密度的试验另有一种趣味，因其可指示一分子中原子的数目。例如一分子的汞、氧、磷和硫中原子之数，有1：2：4：6的比例。尤可注意者，在这一方面，杜氏的结果受了白氏严厉的批评，其目的固然失败；在那一方面，白氏的结果也因为受杜氏的反对，大家颇不相信。

204. **邬列斯敦的传略**(Wollaston，1766～1828)——邬列斯敦名

William Hyde，英国人，与多顿同是1766年生的。他先在剑桥大学（aambridge University）习医，1793毕业后在各处行医都失败了，他于是乃专门研究理化。1802他有各种光带（emission and absorption spectra）的研究；1808～1809他有些特别金属之发现——palladium，1804；rhoditim，1805；titanium，1809；columbium或niobium，1809。此外，他在理化上还有许多贡献，不过最可纪念者有二：一是1809他所发明的返光测角器（reflecting goniometer）；一是1828他所发现的“使白金可箔的方法”（“A Method of Rendering Platina Malleable”）。那发明在结晶学或矿物学上特别有用。这发现在物理学和化学上的影响如此之大，他居然从制造白金得了3万镑的利益！1801他尝做皇家学会的书记；1828年12月22日死于伦敦。

205. **各化学家对于原子量或当量的态度**——读者须知，做原子量的研究者不只白则里一人。英国本是原子学说生产的地方，法国又是定量化学发达的所在，一般试验室里的分析都以测定原子量为目的。但大家因有以下及其他理由，对于原子学说，每持未能踌躇满志的态度，不敢公然正式承认。英国的兑飞、邬列斯敦和其他，法国的盖路赛和其他，德国的格米林和其他都是如比。除英国汤姆生的态度很特别外，他们总觉得只用试验的结果表示化合的比例，比用原子学说来说明是较稳当些。盖路赛和李必虚（Liebig）甚至疑惑测定原子量而有一定把握是不可能的；他们想将当量或化合重成立起来就算满意，不去管那些原子量。当19世纪第30年之末和第40年之初，白氏原子量的统系被人反对得最利害。

原来，1814年邬列斯敦早已不满意于多顿的随意的规则。他拒绝原子量的观念，并提议用试验的化合重量叫作当量，代替那臆想的原子量。他用化学当量将原素排列成表，当时多用之。有二个或以上原子价的原素，其当量也不止一个，邬列斯敦既为发现倍数比例定律之一人，必明知这事实；但对于决定那个数目作为当量的困难不曾注意。

要知，在邬列斯敦或兑飞的心中，都见到多顿学说切合事实，不过不肯正式判断其如此，免得学说与事实合并起来。在法国和德国之间，盖路赛和格米林似乎更不愿将学说和事实混为一谈。盖路赛用“rapport”一名词，而同时承认“proportional number”尤觉相宜。格米林以为最好的名词是“混合重”（“mixing weights”）。但也觉得，在一个化合物中想决定这个原素的一个“混合重”或两个“混合重”与那个原素的一个“混合重”化合，有些困难。

206. **格米林(L. Gmelin)和其化合重或当量**——德国同时有二位叫Gmelin的化学家；一位是Christian Gottlieb Gmelin（1792～1860），一位是Leopold Gruelin（1788～1853）。前一位注重矿石分析，曾发明制造郡青（ultramarine）的方法。后一位在化学界尤其著名，他尝在Göttingen，Tubingen和vienna受教育，后来在Heidelberg做化学和药品教授。1822年，L. Gmelin曾发现高铁青酸钾（$K_3Fe(CN)_6$），但他所以特别著名者，在乎他所著的化学教科书（Handbuch der Chemie）和他的原子量的统系。那书是1817～1819年出版的，当时极其通行[①]。他反对白则里的原子量特别利害。他说：——

[①] 1817出第一版，1848第四版．1848—72英文释本出版．

“所有关于比较的原子重量的揣测应常取销，只当试用最清楚的可能的符式，表示化合物。”

这个反动的立刻结果，是将白氏介绍于科学的许多原子量折半。这些当量是C=6，O=8，8=16，Ca=20，Mg=12等等。这即代替白氏的数值。然而当量之说，必等到1831年Faraday电解定律发现以后方有固定基础。

207. **汤姆生和其原子量**——汤姆生(Thomas Thomson，1773～1852)英国人。19世纪上半叶的化学，尤其是英国的他很有提倡之力。他是多顿的朋友，他首先发表多顿的原子学说，以前已经讲过。从1818～1841，他在Glasgow大学做教授20余年。他在那里创设一化学试验室。英国各学校中有化学试验室者这算是最早的。他是哲学编年（Annals of Philosophy）的编辑人；他的论文多载于其中。他的化为史系1830～1831出版。

汤姆生在白则里的原子量表出版之前(不多时)，即在哲学编年中揭载一表与白氏的性质略似，而许多地方是其倍数或低倍数（sub-multiples）。白氏的表颇利用盖路赛的定律，而汤姆生犹之多顿，当这定律只是奇巧的猜度。汤氏又以简单为标准，以为任一化合物中，至少有一原素的原子数目只是一个。他与邬列斯敦和白则里相同的，是以氧为最方便的单位，而且照此标准立表后，他表明一个很特别的事实。若以氢为标准，这事实不能如此明显。试观汤氏表之一部(见下)，则见有4个原子量是氧的简单倍数。又汤氏见了Prout的文章(见下)，也自己提起氢为单位之说，可见他必有物质一元(unitary theory of matter)的观念，但没将他发达起来。

原子	O=1	O=8	原子	O=1	O=8
氢	0.132 (HO)	1.06	铜	8.000 (CuO)	4.00
氮	0.878 (NO)	7.02	铅	25.972 (PbO_3, PbO_3和PbO_4)	207.79
硫	2.000 (SO)	16.00	汞	25.000 (HgO)	200.00
铁	6.666 (FeO_2和FeO_3)	53.33	钾	5.000 (KO和KO_2)	40.00

208. **卜老特(Prout)的臆说**——1815年，哲学编年中有一匿名论文，论物质的比重与其原子量的数值关系，列有一表如下：

H=1	S=16	Zn=32
C=6	Ba=70	Ce=35
N=14	Ca=20	K=40
P=14?	Na=24	I=124
O=8	Fe=28	——

这论文是卜老特做的。表中原子量的数值，半由作者的半由他人的试验得来，但实际上有许多是卜老特随便改作整数的，不消说了。次年又有一篇论文，作者始发表他是英国医生William Prout。他那时才19岁，然在生理化学上已有些贡献。他以为原子量都是整数，以氢与氧为单位，其余原素都从此生出[①]。所以拿氢和氧都为标准者，大约因为许多数值都是4的倍数。由此看来，卜老特总可算个思想家。

再说物质一元之说，早经希腊哲学家揣测过了。卜老特和汤姆生一派因许多原素的原子量是氢氯原子量的倍数，遂想到这是物质一元的表征，以为一切其他原子或者都从氢原子生出来的。这是卜老特臆

① 按原来论文中并未明载各原素的原子量是氧的原子量的倍数。这个推论实际上是汤姆生给的。

说中的要义；无奈当时太无实验上的精确根据。不但如此，当19世纪的第二三十年左右，白则里测定得许多原子量，例如炭和氢的，不是整数。那末，卜老特的臆说自然受了一番击打。

那知从1839年杜玛和许台测定炭的原子量起，以后数年同杜玛自己又做了许多试验，证明氢的原子量等于1，炭的原子量恰等于12。所以他说，“卜老特的观念现在尚不曾有诚实的注意如其重要所值得者。”1858年杜玛又考察33个测定最好的原子量，尤注意Marignac[①]的测定，他找出其中22个是1的倍数，8个是0.5的倍数，3个是0.25的倍数（就试验的精确范围以内而论）。于是，杜玛很承认卜老特的臆说，不过要将他的单位减为1/4罢了。

此时白则里已经死了，杜玛的见解惊动当世。他的弟子许台其初也几乎相信卜老特的臆说。但从多年的精密试验——专门以试验那臆说为目的——后，到了1859年，许台才下以下的结论：

“当建设统辖物质的定律时，只要我们依靠着试验，我们必认卜老特的定律只是幻想，必认地球上未曾分解的物体各不相同，并且彼此没有简单的重量关系。”

虽然，从卜老特的时候至于今日，他的臆说常往来于大化学家的想象之中，成个极有价值、极耐研究的大问题。20世纪以来，这臆说尤有复活的机会，无论如何已经无从绝对否认。这不但是理论化学上的事情，分析上之精益求精、密益加密，也有些受这臆说的激励。

209. **白则里的化学名词和符号**——大概学术愈有统系进步愈速，

[①] Marignae (1817—94) 瑞士人，做过多年的教习，对于原子量的测定有特别研究。

进步之后统系又要改良。化学名词，自Lavoisier，de Morveau，和Berthollet订定后，始有一种统系，到了19世纪第二三十年间，这统系嫌不够用或不适用。白则里于1811年，即首先以修订化学名词为己任。他的统系是以电化学说或两性学说（electro-chemical or dualistic theory）为根据。

至于符号，我们如将多顿的与现在所用的比较，那种笨重，那种便利自不待言。要知，现在我们的符号都是白则里遗传下来的。他采用每一原素的拉丁名字的，间或用希腊名字的，第一字母或头两个字母表示那原素。所有化合物，也就用这些符号表示之，并用数目字表示一分子中某原素之原子不止一个者。白氏的符号犹之多顿的，不但是定性的，并且是定量的。

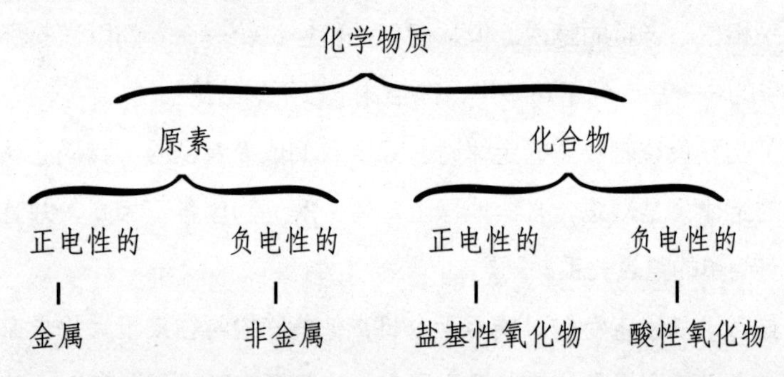

210. **白则里的横线程式**（barred formulæ）——白则里的名词和符号，又简便又明了。惟白氏聪明过人，故能发明这种统系，造出这种方便。读者应该相信他的头脑不会糊涂至于用庸人自扰的符号，致使化学进步上横生障碍了。那知事实上却不尽然。白氏其初曾用Cú，S，S^2等等，表示现在的CuO，SO_3，$(SO_3)_2$。等等，他用点代表氧之原子，用幂数表示基的数目。这还不要紧，不算很坏。所谓他的横条程

式者，却是最要不得的，是最有恶影响的。原来，白则里所用程式，如H_2O，$PbC1_2$，$ZnC1_2$，HCl，NH_3，P_2O_5等等，格米林一派用的是HO，PbCl，ZnCl，HC1，NH_3，PO_5等等，白氏的横线程式则是HO，PbC1，ZnCI，HC1，NH_3，PO_6等等，其中H，CI，P的意思，各代表双原子。白则里所以将其原来程式改作横线程式者，约有3个原因：（1）他用一原子氧为化合标准，即采取二价原素为化合单位；（2）他以为氢、氮、氯各以双原子相结合；（3）他想他的原来程式与格米林的不一律，不如换个程式，好使符号统一。

这横线程式的影响使得当时化学界秩序紊乱，原子量和当量越发辨别不清。因为有了横线程式之后，仿佛可以不用原子，只用一种单位来说明物质的化合。这种单位或叫一个原子或两个原子，或一定重量若干都可以。这就与相当的盐和碱可以彼此化合的当量相似。

因为横线程式，白则里的名誉损失得非常之大。大家对于他的工作反对得很利害，英国尤其如此。Blomstrand在他的“现时的化学”（Die Chemie der Jeztzeit）中说过：

“白则里的原子学说，所以很少承认者，这个错误（横线程式的）概念几乎是唯一原因。这概念好像勒马的索练，不让那学说自由发展，并且一点一点的引到化学根本原理上的混乱，原子量和当量的辨别渐渐变为乌有 。……白氏的全部原子学说，多数化学家几乎都忘掉了。”

第十四章　电气化学和其相关问题

211. **兑飞的传略**（Davy，1778～1829）——兑飞名Humphry；英国人，木器雕刻者之子，1778年10月27日生于cornwall的Penzance地方。他幼而聪慧，四五岁时即入某校读书，7岁时改入Grammar School；但性情不定，喜欢游戏，最好钓鱼和做诗。他后来回想其经过事体，自说道：

“我当幼年时，能随我自己的便，没有一定呆板工课逼我；又我在Mr. Coryton的学校中，安享许多闲耍。我以为这是一件幸事。”

他15岁就离开学校，16岁闲耍一年。但是从17岁以后，他就发奋用功，自定一种功课计划；除科学外，凡宗教学，语文学，历史学，地理学，名学，演说学，无不包括在内。当他不到二十几时，他的父亲死了，他就在当地一外科医生处帮着配药。但他如此喜欢试验，也不怕炸裂，以致他的主人反而不敢用他。他有位朋友将他介绍给牛津（Oxford）大学化学教授Dr. Beddoes；他以后的事业，就于此起点。且说当时因有许多气体新经普力司列等发现，医生们就想试验气体对于生理上的作用，好知道那些气体可以治病。Dr. Beddoes就在Bristol立个“Pneumatic Institute，”专门做这种试验。1798年兑飞不过20岁，被派管理那里的试验室。他就制造各种气体自己吸之。有些试验几乎送命！但他不久即发现亚氧化氮的麻醉性，于是有所谓笑气之名，兑飞的声名，也随这笑气之名而显著！他又察知氧化氮，过氧化氮，硝酸和阿莫尼亚的成分。他在Pneumatie Institute的工作，即他在皇家讲学社（The Royal Institution）得他的地位的张本。

现在讲皇家讲学社的历史。有一位伯爵雷福（Count Rumford），在当时伦敦科学界中颇有势力，曾联合同志成立个皇家讲学社，以讲演科学和艺术上最近发现为目的。社中设有试验室和教授席。试验室中的设备非常完备，归教授全权管理，除预备讲演时试验外，并供给教授专门研究之用。教授所限资格很严，故从其初到现在，在其中当教授的全是著名化学家。第一个化学教授是Dr. Gamet，第二个就是兑飞。兑飞先当其中的讲师时在1801年，他才22岁，然而他讲演所得的成功非常之大。他的同时人说得好：

“他的第一种讲演令人所生的感觉及其所得热烈的称赞，在这个时期几出乎想象之外。头等知识阶极的人——文学家或科学家，实验家或理论家——有学问的女士和时髦的妇人，无老无少都拥挤，而且急切的拥挤，于讲演室中。他的少年，他的单简，他的天然口才，他的化学知识，他的快活引证和精巧试验，惊动普遍的注意和无限的赞赏。恭维他的，请他的，送他礼物的滔滔不绝，从各处都来了；所有聚会都少不掉他；大家似乎都以认识他为光荣。”

他不久就升为皇家讲学社的教授。他常以上午10点钟或11点钟到试验室，如果没有耽误，总到下午三四点才走。他晚上几乎一定在外边吃大餐，吃了以后还到晚上的聚会（evening parry）。所以他的晚上时间，总是如此混过。1803他做皇家学会（The Royal Society）的会员。1807～1812做该会书记，及1820年就做该会会长。1812他被封为Knight，1818升为Baronet。他的名誉自然可想而知了。

不但名誉，经济上他的运气也好。1813年他的讲演录农业化学大要（The Elements of Agrieulrural Chemistry）所卖版权的价，就是1000个guineas（等于1050镑），每次再版时还有50guineas。因为他在Dublin两种讲演，人家就送他1170镑。1817年因为他的保安灯（safety lamp）的发现，矿产主人送他个纪念盘，值2500镑。

他的名誉和资财既然如此，他似乎可以“安富尊荣”了。要知他的名誉和资财系用实在工作挣来的，挣来以后他仍去实在工作！然而他非为要名誉和资财起见才去工作，他的名誉和资财，无非“实至名归”和“禄在其中”的结果！原来兑飞以科学为职业，以造福人类为本分，自始至终、兢兢业业的做去。他自己日记中，每有自省自警的格言。以下摘录的几条，是他的人生观和高尚人格问题，也是古今大学问家所能给我们的大教训。

（1）“我没有金钱，没有权力，没有贵族的父亲；虽然，如果我生在世间，我相信我将效用于人类和我的朋友之处，不能比生下来就有这些利誉的人所效用的少了。”（他很早时日记）

（2）“我的实在的和醒时的生存，是在研究科学目的之中。”(1803)

（3）“人当有荣耀（honour）之实，不当有荣耀之名。”

（4）“不是荣耀值得有，乃没有荣耀是可羞。”

（5）“值得荣耀而没有，比有了荣耀而不值得好些。”

（6）“我愿每年使我成个更好的一个人，用处多些，自私少些，并更致力于人道主义和科学些。”（1821）

（7）“我的惟一目的，是为人道主义服役；如果我能成功，我心中以能达到目的为喜，这就是我所受的莫大报酬。”

兑飞平生不朽的工作都在19世纪头十年做的。最重要者，一个是用电解法分离碱金属（1807）和酸土金属（1808），一个是承认氯气是原素而非化合物（1810）。他一方面既然勤于工作，一方面又是Society中必不可少的人物，未免忙于酬应，他的身体早就受了影响。1813他不过才35岁(头一年结的婚)，就因病离开英国，到大陆上去休养。可是1820年回国后，他仍旧工作，专门研究火焰，其结果就发明了他的大名鼎鼎的保安灯，不知救了劳动界几百万的性命！及至1826年他又病了，1827又出洋养病。那知1829正在回国的时候，竟死于瑞士之Geneva，年纪不过51岁。

212. **电流对于化学反应的应用**——大家只知道19世纪是电气时代，而不知其是电气化学时代，只知道1800的前10年是电流发现的时期，而不知1800的后10年是电气化学盛行的时期和1801年是电流化学应用的开始。原来19世纪第一年，Nieholson和Carlisle察知若以连于电池（voltalepile）两端之两白金丝浸入一玻杯水中，则被浸之白金丝上围有气泡。进而察之，则知在正电极收集者是氧气，在负电极收集者是氢气，又于13小时收集之氧气，计72 grain measures，氢气计142 grain measures，几等于水中容量成份的比例率。一个化合物，以前须用热或另一化学物质方能使之分解，单用电流即能使之分解者名为电解（electrolysis）。水是最早的电解例子（1789曾有人用static machine将水分解）。电流之力，于是可胜化学爱力。这还不足希奇，所奇者，为什么氢与氧各绕一个电极而发生呢？在什么地方的水曾被分解呢？如果是在负极的水，氧气何以跑到正极去了呢？

1803白则里和Hisinger用电流试之于盐类溶液，其现象乃更特别。因发生于正电极周围者，氧气之外尚有该盐的酸；发生于负电极周围者，氢气之外尚有该盐的盐基。例如电解硫酸钾时，苛性钾生于负极，硫酸生于正极，虽用强碱性的镕液，正极附近不久即有酸性。

讲到兑飞：当他尚未离开（1801）Bristol时，他已用电池做试验。一声到了伦敦，有了设备很好的试验室，他就继续他的工作，成立个电气化学的学说。他又自已造成空前大电池（battery），系用12平方英寸的铜片和锌片24个，6平方寸的片子100个和4平方寸的片子150个连合而成。电池中放明矾和硝酸溶液。他又发明一种电池，可单用一个金属和两个溶液造成。有了强有力的电池，他于是才能为所欲为，竟于1807~1808年，发现金属原素至于6个之多，其可算发现个空前绝后的大发现呀！

213. 1807**兑飞发现原素钾和钠的方法**——虽然50年前（1754）卜拉克博士已说明苛性碱质与和平碱质的关系，而苛性碱质的实在成分这时仍全不知道，一般人当碱质和碱土质——potash，lime，和magnesia——有原素的性情，不能使之分解。惟赖若西埃则已证明与土质相以的氧化物例如锡石（tinstone）、三仙丹（mercuri oxilde）等，即可分解为氧与金属，他于是就认苛性碱质也是氧化物。兑飞颇采用赖若西埃的观念。又据他的电气化学的学说，似乎无论什么物质都可被利害的电流分解。他既有了这种电流，于是想拿苛性碱质等来试试。

他先用苛性钾和苛性钠的饱透水溶液，其试验结果与电解清水一样，只得氢氧二气，与他要电解碱类的目的似乎毫无影响。虽然，

“失败者成功之母。”兑飞从这个结果，认为水的存在足以妨碍碱的电解。于是他改用干燥苛性钾，熔解后通以电流。那知仍无效果，因为太热的关系。等到他一直用电流来熔解并电解苛性钾时(electricity as the common agentboth for fusion and decomposition)，则居然有金属颗粒现于负极，氧气现于正极。他的1807年特别纪念讲演中，说他的最后成功如下：

“一块纯洁苛性钾先露置大气中数分钟，使表面有(较好)传电力，然后放于隔电的(insulated)白金盘上，盘连于电池之负极，电池系4和6的250所成[①]，很利害的；使连于正极的白金丝与碱质上面相接触，全套器具都摆在空气中。

“在这种情形之下，不久即呈活动的反应，那苛性钾起首在两电极处熔解，在上面有剧烈的发泡（efferves-cence），在下面或负极面没有气体发生。但见有富于金属光泽的并看起来恰似水银的小珠，有些一经生成就燃烧，带有爆炸和光亮火焰。别的剩下来，不过光泽失掉了，并且后来被生成于其表面的白膜（fi1m）遮盖。”

兑飞于是当1807年10月6号发现一个新金属，命名为钾。几天之后，他又用相似方法发现一个金属，命名为纳。

214. 1808**兑飞发现镁，钙，鍶和钡**——钾和纳发现之次年，兑飞又用类似方法想电解magnesia，lime，strontia和baryta。其初的困难比分解钾时更大，然他卒告成功，发现金属的镁，钙，鍶和钡。他的论文中有一段说：

[①] 4和6的250，指250个金属片子做成的电池，每片系4英寸、宽和6英寸长

“令那土质（the earths）稍带潮气，并与1/3的红氧化汞混合，再将混合物放在白金片上，这片上面做有一窝窑好接受水银，重可五六十grains。将全部器物用一薄层石脑油（naphtha）遮盖起来，以白金片为正，水银为负，与电池为相当之连接。”

如此试验，先得汞膏（amalgam）；将汞膏蒸馏，使大部分的汞去掉，即得镁，钙，鎴，或钡，不过稍不纯洁罢了。

215.兑飞考察碱金属和碱土金属的性质——兑飞又进而考察其所发现的碱金属和碱土金属的性质，例如物理性质上的状态，色浑，传导性，比重，加热时的变迁等等；化学性质上的氧化，使水分解，使氧化物还原，与氯、硫、磷、汞化合等等。他的考察甚详。他所下判断，与现在普通所知者大略相同。

216. 钾和钠含氢与否的问题——因兑飞这发现的重要和那些新原素奇异的性格，他的名誉立刻就布满于全世界。他的工作激励盖路赛和戴纳也做此等试验。他们二人不久也取得钾，而且结果好些(法用苛性碱质与铁烧至白热即得：$4KOH+3Fe=Fe_3O_4+2H_2+4K$)。惟兑飞认其负极发生之金属为原素，这观念却无立刻的承认。盖其实兑飞自己尚且疑惑这些金属含有氢气，在盖路赛和戴纳证明苛性碱质中有氢之存在后，兑飞格外疑惑。

因碱金属与阿莫尼亚有类似的性质，兑飞又找出铔汞膏(ammonium amalgam)分解时，放出NH_3和氢气，故有碱金属含氢的观念。但这错误观念，盖路赛和戴纳曾改正之。他们燃钾于干燥氧气中，找出没有水之生成，如果钾中合氢，这氢必仍在过氧化物（peroxide）中，但过氧化物易被炭酸气分解为炭酸钾和氧，这两个产物中都无氢。从1811年起，钾和纳才被当作是金属原素。

兑飞其初当苛性碱质是钾和纳的氧化物，但据以下反应：

（1）$2K+Cl_2 \rightarrow 2KCl$

（2）$K_2O+C1_2 \rightarrow 2KCl+1/2O_2$

1容　　1/2容

（3）$K_2O_4+C1_2 \rightarrow 2KCl+2O_2$

（4）$2KOH+C1_2 \rightarrow 2KCl+1/2O_2+H_2O$

则知其是氢氧化物。

217. **发现钾后的影响**——兑飞既然发现了钾，并且察知其易与氧化合，其他物质之含氧者即可用钾制取。于是，1808兑飞和盖路赛和戴纳用钾与无水硼酸合热之，遂将硼分开。1809盖路赛和戴纳，用钾与氟化矽（silicon fluoride）反应，制取了原素的矽。1827 Wöhler又用钾与氯化铝反应，取得了原素的铝（不过alumina虽在未能被人分解时，已当是个氧化物）。钾，纳，镁等的用处从此一天多似一天，令人更忘不了兑飞的伟大发现。

218. **兑飞的电化学说**（Davy's Electro-chemical Theory）——兑飞既从1800年起首做电的试验，他自己的和他人的电解各化合物，又证明电学与化学有密切之关系，于是兑飞将他的电化学说成立起来。Nicholson和Carlisle和他人，虽然察知电解水时两电极处有酸和碱发生，然不知如何解释。兑飞则用许多试脸表明寻常所得的酸总是盐酸，系从不洁之水常含食盐得来；寻常所得的碱总是从玻璃得来。他于是又表明若用纯洁的水在金器皿中电解，则只得氢氧二气，并有其当量之比例。

从这种试验他就想出个学说：物质之有化学爱力者，必有异电性，正极吸引液中有负电荷（charge）之成分，负极反之。电流愈强者，其吸引力和驱逐力亦愈大。例如氧和各酸能被正极吸引，即在正极放出；故有负电性。氢和金属被吸引于负极，然后放出。他进一层说，化合物的电性是中和的，因其成分有相等的异电化合时相中和的原故。但电通过化合物时，其成分之异电各被电流中和，故不复能彼此吸引，故化合物因之分解。

有个实验的事实他当作这学说的根据，即互相化合的原素，例如铜和硫隔电后（insulated）用接触法（contact）所得之电异性，加热则其电位差（potential diffence）更大。惟若彼此相化合则电位差消减。兑飞以为化学反应与电位中和是同时的事。化合前电位差愈大者，化合之爱力亦愈大。一个化合物加上电时，其成分所得之电，与其化合前所有者相同。

兑飞之意倾向于一个假定，即电的程式和化学爱力有一公共的道理。他的电化学说有一特别之点，即有化学爱力的物质，其质点只于用接触法时始有异性电。但据后来的研究，白则里不以此点为然，将它废去。至于其余的地方，白氏的学说与兑飞的大略相同，不过继长增高，将它格外发达的很多。

219. **白则里的电化学说**——白氏的电化学说的概要，发表于1812，但其详细全部载在他所著“化学比例的学说上和电的化学反应上的论文”（Versuch über die Theorie der chemisehen Proportionen und über die chemischen W irkungen der Elektrizität）上。这论文第一次出版于1814，用瑞士文，又于1819用法文，1820用德文出版。这学说根据事实，他的范围包括全部无机化学，在化学界有很大影响。

白则里的学说有一根本上的假定：即原素的原子自己是电的。所以原子的重要性质在有一种电极（polarity），而且每一质点各有两极，其电量往往不同，或优胜于正电，或优胜于负电。所以，原素可分为正负两种，正者当电解时在电池之负极析出，负者则在正极。依同理，白氏假定化合物也有正负两种，虽化合物中的成分的异电，当化合时已互相中和，然有时不能恰好抵消。故一化合物仍可偏于正电或负电，故化合物与化合物仍可彼此再相化合。又因爱力视温度而异，故电性也是热的函数。

据白氏则二原素或二化合物，或一原素与一化合物之化合，由于异极质点之相吸引，其结果是异电之中和。但如果原来物质中正电占优胜，则所生成之化合物电性为正（elec-tropositive），反之则为负。如原来之异电恰好中和，则产物为中立性。白氏因各原素中氧最有负电性，故拿氧为标准，以测定其余原素的电性的正负。凡与氧能生盐基性氧化物的原素(虽然只其最低氧化物是盐基性)，其电性都作为正；凡原素的氧化物是酸性者，其电性都作为负。用这个原理，他将原素列成一排，以氧为首，其次是别的非金属，再次是金属，最后一端是钾，氢气则介乎非金属和金属中间。这种排列，实即电位系（potential series）的一个式子，不过是从化学上得来的。所以白氏尝说一个原素对于某某原素是正电性，对于其他原素可变为负电性。例如硫对氧是正电性，对于氢或金属则是负电性。惟白氏当氧气是绝对负性的原素，因其异于任何其他原素，从来没有正电的性质。

据以上所述，则知白氏的电化学说实以一个臆说为起点。这臆说即电性是原子的一个性质。然他将这臆说发达起来，居然全部无机化学都可拿它来说明，无怪当1820年这学说是普遍的被人承认了。白则里虽不是这学说的发起人，而其详细统系都出自白氏一手，他也就从这学说享有相当的名誉。

220.**白则里对于电解的解释**——利用以上学说，当时许多现象都有圆满的解释。关于盐类的电解，白氏说电流不过使盐之成分分开，使各得其本来的电性，因之其成分各依其电性而归于两极。又据白氏酸质只加增水的传电性而不被电分解，水则被电分解为氢与氧。但盐类如硫酸钾，则被电分解为氧化钾和硫酸（即今之无水硫酸），二者各与水化合放出氢和氧者，完全是因为同时水被分离之故。

221. **白则里的两性系统**（Dualistic System）——先是赖若西埃所著Traité Elémentaire书中，包括的大约有900个物质，就中除原素外，不过30个不能类别为酸、盐基或盐，而其余的都可以。赖氏的概念，以为盐是酸和盐基的相加产物(这与他的先生Rouelle的观念相同；酸是氧和非金属、盐基是氧和金属相加的产物。可见物质都是一对一对的化合，暗中含有两性统系。不过当时许多盐基尚未证明是氧化物，所以赖氏未将这个统系立出来。及兑飞发现了碱金属和其盐基的品性时，除酸中的盐酸和基中的阿莫尼亚仍是费解外，两性统系几乎可以通同适用。

既然盐基中犹之酸中都含有氧，而赖氏竟以氧为酸之原素，不以为碱之原素者，因当时许多盐基的品性尚未发现的原故。现在则知氧为酸素之说，不能成立有二个原因：一则盐酸蜻酸等中无氧，二则许多碱质如K_2O，CaO等，犹之$SO_2P_2O_5$等当含有氧。

至于白则里的两性统系，则系以其电气化学的学说为基础。照这学说，每一化合物必是电性相异的两部分所成。若电性不异，即不能有化合物之生成。又一化合物之组成可由其正负成分定之。白氏乃用氧之化合物——酸、盐基和盐——成立其两性统系。凡与氧化合之原素，如盐基性氧化物中之金属和酸中之类似金属(metalloids)，其电性都是正的。例如

+−　+−　+−　+−　+−　+−

K_2O　ZnO，　$A1_2O_3$，　SO_3，　CO_2，　P_2O_5

这些化合物中，前三者有碱性，当优胜于正电；后三者有酸性，当优胜于负电：故能再相化合成盐。例如

+ −　+ −　+ −

$K_2O \cdot SO_3$　$ZnO \cdot CO_2$　$A1_2O_3 \cdot 3SO_3$

但这些盐仍非恰好中和，$K_2O \cdot SO_3$以正电胜，$A1_2O_3 \cdot 3SO_3$以负电胜，故能彼此化合成变盐。

又据白氏之观念，水之电性在含水酸中则为正，在金属氢氧化物中则为负，不过都是很弱的。例如

+ −　+ −

$H_2O \cdot SO_3$　$CaO \cdot H_2O$

然则两性学说骤然观之，似乎到处适用，而不知它有三大缺点。第一，对于三原子的（tenlary）化合物；两性学说不能适用。第二，照两性学说，盐中之两个氧化物，仍是继续的独立存在，例如硫酸铅中氧的1/4，仍可当作与铅化合，其余的3/4则当作与硫化合。第三，有机化合物非常复杂，请问如何能将每一分子分为正负两部份呢？这都

是两性学说不能存在的地方。

222. **酸的学说和氯，碘，氟是否原素的问题**——赖若西埃以氧为酸素的观念诚然错误，惟其错误本有两种原因：（1）与酸质相反的盐基中固然也含有氧，然当时盐基的化学品性尚未发现。（2）不合氧的酸如盐酸，蜻酸等尚未发现。当19世纪头十年之末，赖氏的观念，已觉动摇；到了1810～1820年中间，大多数化学家都不用这个学说。惟白则里不但笃信那观念，并且于1815年做有100页长的论文替赖若西埃辩护，好像一味守旧的样子要知白则里不过是不肯苟同，不轻易改变原理而已，等到时机成熟他何尝不折服于真理?

原来，钾和纳等的分离和氯为原素的发现两件事，能使酸的学说上有根本的革命。不过其初虽兑飞自己，尚疑钾和钠中含氢，盖路赛和戴纳方证明其非，所以必须等到1811以后，大家才渐渐的承认钾和纳是金属原素。明白了钾和纳的品性，然后氯的品性才能解决。氯既是个原素，氯化氢方不含氧。其初盖路赛和戴纳尚不相信氯是原素，等到盖路赛自己做完他的碘之研究和蜻化物的研究，法国化学家才一齐赞同兑飞；碘和氟和氯这时才都当是原素。

这时白则里心尚不服所以有1815年的辩护论文。但不久他却承认硫化氢和碲化氢（telluretted hydrogen）是氢的酸质，即将酸必含氧的意义取消。1820年又承认盖路赛和杜朗调停，分酸为二种，一种是氧酸，一种是氢酸。白氏对于这个区别本不高兴，然藉此可以保全他的两性统系，氧盐仍含酸和盐基两部分，成盐素的盐（haloid salts）则含金属和成盐素（halogen）两部分。

这时白氏仍然信氯，碘，氟中有氧之存在。虽当盖路赛的著名研究证明猜化物中无氧之后，白氏尚坚持他的意见，等到白氏自己研究铁猜化物和硫猜化物的结果与酸中无氧的学说相合；他才决定将氯和碘放在原素之列。差不多与此同时（1820），他将氮中或阿莫尼亚中含氧的观念取消，但直到1815他才将所有酸皆含氧的旧观念完全丢掉，而当氟与氯与碘同是成盐的原素。

223. **酸的学说和电解现象的解释**——在白则里丢开氧酸学说的前几年，兑飞和杜朗各有一种研究，可算是氢酸学说的起点。兑飞察知无水碘酸（iodic anhydride）毫无酸性。与水化合后始有之。他的判断，是在这个化合物中酸的要素是氢不是氧。依同理，兑飞认氢为各酸之要素。又含水的酸（hydrated acids）和盐乃水或金属氧化物与无水酸（acid anhydride）所成。这个假定，他认为无证据且无必要。杜朗研究草酸和草酸盐之后，也有相似的判断。他当草酸是氢和炭酸所成，其盐是金属和炭酸所成。

白则里对于这种解释的批评，虽非常和平，然仍主张其两性学说。他的重要理由是以为照两性学说，酸的成分可立刻取得，照氢的学说往往不能取得酸基（radical）。

当时，白则里的电化学说既然盛行，兑飞和杜朗的观念一时尚无信用，等到1820～1830年间，这观念有了新理论为之后援，始渐渐被人承认。这个理论乃1840年Daniell对于电解的解释。例如微含有酸的水、熔过的氯化铅或硫酸钾的溶液，经电流通过后，在负极放出的氢、铅或氢氧化钾的重量，与其当量有比例。这与法拉第的电解定律相符。不过在硫酸钾之例中，除一当量的盐基外尚有一当量的氢气放出。据两性学说，硫酸钾是氢氧化钾和硫酸各一当量所成，则在负极只应得氢氧化钾，不应当再有氢气。这个困难，Daniell采用兑飞和杜朗的观念——假定硫酸钾中正电部分是钾，负电部分是SO_4——即可解决。因如此，则金属钾首先在负极析出时，与水化合即生一当量的氢氧化钾和一当量之氢气。Daniell的解释，即现在我们所用者，与白氏的大不相同。看以下并列的方程式，自然明白。

Daniell	Berzelius
$K_2SO_4 = 2K + SO_4$	$KO \cdot SO_3 = KO + SO_3$
$2K + 2H_2O = 2KOH + H_2$	$KO + HO = KO \cdot HO$
$KO_4 + H_2O = H_2SO_4 + 1/2O_2$	$SO_3 + HO = HO \cdot SO_3$

由观察盐类所得的解释，自然推到酸的组成上去，谓酸中一部分是氢，又一部分是一个原素或基，或含氧或不含氧。

224. **法拉第的传略**（Faraday, 1791～1867）——法拉第名Michael，1791年9月22日生于Surrey。他父亲是个铁匠。因为他父亲常常有病，不能做工，家境非常贫寒。1801年他家靠公家救济；那时法拉第刚才10岁，每星期只领到一个面包！但是他的父母还供给他上学，使他稍习读本写字和算术的功课，可是12岁时，他就在街上替人卖报；13岁时，就跟钉书的（bookbinder）学徒。不料他既然聪明，又非常好学，科举尤其注意。他居然一面钉书，一面念书，如此过了8年之久！1812他东家有个主顾知他喜欢科学，就带他到皇家讲学社（The Royal Institution）去听兑飞的四个讲演。这是他遇着兑飞的第一次，也是兑飞发现法拉第的来历。有人说兑飞一生最大的发现，一不是他的保安灯，二不是碱金属和碱土金属，三不是氯的原素品性，而是发现法拉第这个人！本来一，二，三都是兑飞的大发现，不过他能赏识一个钉书的工人，忽然用为助手，彷佛预料其为将来的大科学家样子。那工人固然矫矫不群，那赏识他的总算独具慧眼！欲知详细，请看法拉第后来从皇家讲学社给巴黎博士（J. A. Paris，乃给兑飞作传的人)）的一封信。

“巴黎先生，

“你要我将我怎样初次介绍给兑飞公（Sir H. Davy）的事实告诉你，我很乐意为之，因为那事情很可证明他的好心。

“当我是钉书者的徒弟时，我很喜欢试验，而不高兴做生意。适有一位皇家讲学社的会员带我到Albemarle Street，去听兑飞的最后几个讲演，我将他的讲演笔记下来，后来又格外清楚的用四开纸本抄出。

“我想做生意是个自私自利而有罪孽的事，极愿逃出商界而入于科学界。因据我的想象，科学能使人高尚而可亲。”

“科学既引我入胜，最后我就不揣冒昧，直捷了当地走了一步，既自寄信给兑飞，说明我的志愿，并希望如果遇有机会。他有助我之意，同时我将他讲演时我所记的笔记送去。”

“他的回信对于我的信中各点都有答复。我将原件寄给你看，请你注意保存之，并仍赐还。因为我怎样宝贵这原件，你可想象而知的。”

“你可察知这是1812年末尾的事情。1813年之初，他要见我，告诉我皇家讲学社试验室中有个助手的位置，那时恰好缺人。”

“他既如此告诉我，使我对于科学的服役可以如愿以偿，同时却劝我不要将我一向所有的前途丢掉。他说科学是个刻苦的主妇，对于尽力给他服役的人，在经济的观点上报酬很少。他听我说科学家的道德高尚，他稍微笑笑，说让我受数年经验，好知道我不错。”

“最后经他的出力，我于1813年3月初入了皇家讲学社充试验室的助手。当年10月初我随他出洋，做他的试验上和笔墨上的助手。我于1815年同他回国，重新在皇家讲学社做事，并且直到现在，你所知道的。1829年12月23日法拉第谨启。”

且说当法拉第做兑飞的助手时，其初薪水是25先令一星期，并有楼上两间屋子给他用。其实他不过受过小学教育，尚无科学上切实的训练。依他当时的身价，恐怕还不值这个位置呢!要知那时兑飞正做极易爆炸的物质三氯化氮（NCl_3）的试验，他居然用法拉第为助手，那么法拉第的才具也就可见一斑。自此以后，他与皇家讲学社发生关系凡54年。1825他继兑飞的任，做那里试验室的主任，1828升为教授，1833为Fullerian Professor of Chemistry。1823年他发现氯气可变为液体(后来他才知道1805和1806已有人发现过)；1825年他发现轮质和butylene；1831他发现电磁和电感的道理，又制造第一个发电机(dynamo)，他的名著“电学中试验的研究”(Experimental Researches in Electricity)也在那年初次出版。1833他规定他的电解定律。1846他发现极光之磁旋(magnetic rotation of polarized light)。他在物理——尤其是电学——史上的贡献，比在化学史上的更大；因不在本书范围以内，故不赘述。我们可以注意，电量的单位叫做farad者，即所以纪念这位电学大家的意思。又法拉第的轮质之发现(见第二十四章染料篇)，于今（本书出版时）恰好百年，各国化学家和化学工业家正在伦敦开他的纪念大会呢!

1841年他还不过50岁，就因为脑筋衰弱不得不停止他的科学研究，嗣后遂将他的职务渐渐一个一个的辞去。到了70岁后，他乃完全告老休养，常住在皇后赐他的住宅，在Hampton Court。1867年8月25日他正安安静静的坐在书房时，竟“羽化而登仙!”享年76岁。照他的遗嘱，出殡时毫不声张，葬于Highgate Cemetery，并用最平常的墓碑。

法拉第始终持己简朴，待人和蔼。他的niece常说他遇见送报的小孩时，往往提起他自己穷时的职业；有一次他说“我永觉着有怜爱这小孩的意思，因为我自己尝送过报。”那知后来欧美各学会赠他的荣耀衔名共有94个，各国帝王对于他也优礼有加。但是他尝告诉朋友道：“我不能说我不宝重这些荣耀，并且我承认其很有价值，不过我却从来不会为求这些荣耀而工作。”他又尝说只有一个F. R. S的衔名，是他要得而果然得到的，其余都是人家情愿赠他的!

225. 1833～1884法拉第的电解定律——1832年法拉第察知物质不传电者不能电解，但是能传电者不必都能电解。1834他证明物质电解之重量，第一在乎电之数量（quantity）不在乎其强度（intensity）；第二与其当量有比例。从这两个事实，他成立两个定律。

第一定律：电流的化学作用与通过的绝对电量有正比例。

第二定律(伊洪的)电化当量（the electrochemical equivalent（of the ions））与其寻常化学当量相同。

这两个定律在他的1834年论文中发表，题目是“电学中试验的研究。”在这论文中，他详细的下electrolyte，electrode，anode， cathode，ion，anion，cation等名词的定义。

电流的电化作用可从发生气体之数量，或析出金属之数量定之。倘无妨碍的副反应(secondary reaction)，则通过相同之电量必有相同的物质之数量分解出来；而与电流之力量或强度(strength or intensity)、电位差之高低、电极之大小、通电的时间、溶液的浓度、溶解物之性质或多寡、温度之高下都无关系。这是第一定律的意义。根据这个定律，法拉第遂利用所谓水的电解量管(water electrometer)，特别制造银的或铜的电解量管，即利用析出之银或铜的重，以计算电流之量。

想证明第二定律，可用同一电流通过几个电池，中盛溶液，例如稀硫酸、硝酸银、氯化第一铜、硫酸第二铜、氯化金、氯化第二锡等，历若干时间后在电极收集各物质，计其重量，则有以下之比例。上两行表示电化的当量，末一行则系化学的当量，即原子重÷原子价。两种方法所得的当量，是很相同的。

	H_2SO_4		$AgNO_3$	CuCl	$CuSO_4$	$AuCl_3$	$SnCl_4$
	负极氢	正极氧	银	铜	铜	金	锡
所得重量 如H=1	0.0267	0.212	2.9370	1.6900	0.8440	1.7479	0.7554
化学当量=原子量/原子价	1	8	108	63.5	31.8	85.7	29.8
	$\frac{1.01}{1}$	$\frac{16}{2}$	$\frac{107.9}{1}$	$\frac{63.6}{1}$	$\frac{63.6}{2}$	$\frac{197.2}{3}$	$\frac{119}{4}$

226. **法拉第电化当量之影响**——法拉第从他的二定律相信化学的爱力与电学的吸引完全相同。因当日原子量与当量或化合量无一定的区别，法拉第也认这些名词为同义歧字（synonymous），并相信用电化的当量是原子量最好的标准。他以为只含有一正原子和一负原子的盐能被电流分解。所以他当氢和氧的原子量是1和8，水的程式是HO。

但这与白则里的数值不符；因白氏用盖路赛的气体容量定律，故当氢与氧是1和16，当水是H_2O。法拉第的炭、钙和其他原素的原子量，也是白氏的一半。不过对于成盐元素(halo-gens)的原子量二人都是一样。因为这个原故，法拉第的当量在大陆上不能通行。而在英国，当量之说邬列斯敦早已提议，法拉第的定律的结果又与之相同；所以自此以后，大家更相信当量。科学上偏因这种相信，未免稍受恶影响，不过这完全不是法拉第之过。

第十五章　1865年以前的有机化学

227. **百年前有机化合物的分析和程式**——有机化学，比无机化学尤其幼稚——百年以前尚未单独的成立。在实习一方面，那时所有的知识只是定性的而非定量的。虽有赖若西埃1789年对于葡萄酒之发酵的分析，其结果能将物质不灭的定律首先成立起来；又有盖路赛和戴纳1810年对于糖、胶、淀粉、橡树等的分析，其结果证明其中氢与氧的比例。于是，我们有炭水化物（carbohydrates）一名词，又有de Saussure 1814年对于醇(酒精)和醚(以脱)的分析，其结果也大致不差。然而，因为生命力（vital force）的观念尚未打破，大家总觉得有机物体与无机的不同，不必依原子学说的定律。况原子量的测定，尚无完善的标准，有机化合物自无任何一种合理的程式（formulæ）。读者试思化学——尤其特别者有机化学——中，如果废了程式，我们想下手研究如何困难，如何事倍功半。1815年，白则里要试验无机化学所用的化合定律对于有机的适用程度，就分析了9个有机酸质，4个炭水化物。这本不足希奇，不过白氏所以异于他人者，在乎他能运用原子学说表示其分析结果。于是，少数有机化合物才有第一次的程式。若将他的程式与近世实验的比较，除两三个不计外，大概都还不错。他算无水酸质的程式的方法，每用其铅盐的程式减去氧化铅的程式，或用酸的程式减去水的程式。例如

白氏的程式	近世实验(empirical)程式
Citric acid CHO	$C_6H_8O_7$-H_2O=$C_6H_6O_6$[CHO]$_6$
Oxalic acid $C1_2HO_{18}$	$C_2H_2O_4$-H_2O=C_2O_3
Tartaric acid $C_4H_6O_5$	$C_4H_6O_6$-H_2O=$C_4H_4O_5$
Succinic acid $C_4H_4O_3$	$C_4H_6O_4$-H_2O=$C_4H_4O_3$
Acetic acid $C_4H_6O_3$	2$C_2H_4O_2$-H2O=$C_4H_6O_3$
Cane sugar $C_{12}H_{20}O_{10}$	$C_{12}H_{22}O_{11}$-H_2O=$C_{12}H_{20}O_{10}$
Milk-sugar CH_2O	$C_{12}H_{22}O_{11}$·H_20=[CH_2O]$_{12}$
Starch $C_7H_{13}O_6$	$C_6H_{10}O_5$

228. 1828**孚勒底尿素的合成**(Wöhler's Synthesis of Urea)——现在，我们习化学的知道成千成万的有机物体都可用合成方法在试验室中制造，因此往往不能想象差不多100年前尿素合成在化学上有怎样的影响。要知当时的一般观念，不但认动物和植物为有机物体，矿物为无机物体，并且相信有机物体的生成赖天然造化之力，即所谓生命力的作用，人力断乎无能为役；换言之，无机物体必不能用化学手续使变为有机物体。

1828年孚勒用氯化铔的水溶液与蜻酸银混合后，将所生氯化银的沉淀滤出，再将滤液蒸发，希望得蜻酸铔。那知剩下来的不是蜻酸铔而是尿素。其反应可分为二方程式如下：

NH_4Cl+AgCNO—NH_4 · NCO+AgCl

NH_4 · NCO=CO（NH_2)$_2$

（异性）酸铔　尿素

原来错酸铔或氯化铔和错酸银乃纯粹无机物体，尿索乃天然有机物体。然而试验时错酸铔已因分子内部排列之变换，变成尿素了!当日孚勒给白则里的信中说：“奉告我能不用动物（人或犬）之肾取尿素。”可见尿素——第一个人造的有机物体——的合成，实在是个破天荒的发现，能将生命力之信仰打破，能为有机化学开一个新纪元。所以大家公认1828是有机化学宣布成立的年分。

229. **基的学说的起原**——赖若西埃从做有机化学的分析，即承认有机物质为炭和氢的化合物，有时并含有氮、磷等。及他发现氧的学说后，无论有机物体或无机物体，凡含氧者他都当作氧化物。他说无机物体含氧者皆简单基（simple radical）即原素的氧化物；有机的皆复杂基（Compound radical）的氧化物。此复杂基者，至少含有炭和氢二原素。白则里采用此说，1817年曾于他所著书中说植物中常含有炭和氢的基，动物中常含有炭、氢和氮的基。此处所谓基者，完全系理想的，并无固定的式子；因当日对于炭氢基中含有几炭几氢等等完全不知的原故。但是基的学说所以能成立得稳稳当当者，可说有四根柱子将他撑起来的。

原来那四柱不是别的，乃是重要的四基，（1）铔基、（2）错基，（3）安息酸基（benzoyl）、（4）砒臭基（cacodyl），它们各有固定的式子。

名词铔系1808年兑飞给的，安倍（Ampère）于1816，白则里于1823始先后确认铔为一基。1815盖路赛认错为一基。这四个基中，铔基多用于无机化学，错基则有机和无机中都用，其余二基完全是有机化学中的。以下只讲后头两个。

230. 1832**孚勒和李必虚的安息酸基**（Benzoyl Radical of Wöhler and Liebig）——现在的轮醛质（benzaldehyde），一名苦杏仁油，可从苦杏仁水化得之。孚勒和李必虚用苦杏仁油为起点，经简单反应后，取出许多化合物，个个都含有一基，叫作安息酸基C_7H_5O，或写作C_6H_5CO——更好。例如

$C_7H_5O—H$　oil of bitter almonds;

$C_7H_5O—NH_2$　benzamide；

$C_7H_5O—OH$　benzoic acid；

$C_7H_5O—OC_2H_5$　ethyl benzoate；

$C_7H_5O—Cl$　benzoyl chloride；

$C_{14}H_{12}O_2$　benzoin.

实际上孚勒和李必虚将这基的式子二倍之，写benzoyl为$C_{14}H_{10}O_2$，benzoyl chloride为$C_{14}H_{10}O_2—Cl_2$，余类推。

这个发现，白则里其初非常欢迎，他提议给这基一个符号B_2，以表示其有原素的作用，他又叫这基为proin，取白天起首之义，或orthrin，取黎明之义。因为这个时候，正是有机化学黑暗时代，忽然找出许多物体能变来变去，而其中所含三个原素的基始终不变，这发现岂非有机化学前途上的一线光明吗！

231. 1837～1843**本生对于砒臭基的研究**（Bunsen's Research on Cacodyl）——有位Cadet尝用亚砒酸和醋酸钾蒸馏得了一种极臭奇毒且能自燃的液体，名为“Cadet的发烟液体。”这是1760年间的事。过了70多年，本生才证明这液体是一个基AsC_2H_6(后来改为$—As(CH_3)_2$)的氧化物，这基有金属的作用。

$$As_2O_2+4CH_2.COOK=O<\begin{matrix}As(CH_3)_2\\As(CH_3)_2\end{matrix}+2K_2CO_3+2CO_2$$

cacody1 oxide

这氧化物与氧化钠相似，若加盐酸蒸馏，则得一种氯化物。

$$\begin{matrix}N_2\\N_2\end{matrix}>O+2HCl=2N_2Cl+H_2O$$

$$\begin{matrix}(CH_3)_2As\\(CH_3)_2As\end{matrix}>O+2HCl=2(CH_3)_2AsCl+H_2O$$

cacody1 Chioride

将此氯化物在CO_2中用锌处理，则得cacody1自己，或叫作dicacody1更觉适当。

$$\begin{matrix}As(CH_3)_2-Cl\\As(CH_3)_2-Cl\end{matrix}+Zn=\begin{matrix}As(CH_3)_2\\|\\As(CH_3)_2\end{matrix}+ZnCl_2$$

cacody1

砒臭基有一价金属原素的性质，能生成各种化合物，例如：

砒臭基氧化物 $[As(CH_3)_2]_2O$

砒臭基硫化物 $[As(CH_3)_2]_2S$

砒臭基氯化物 $[As(CH_3)_2]_2Cl]_2$

砒臭基腈化物 $[As(CH_3)_2]_2(CN)]_2$

232. **基的定义**——当基的研究逐渐进步之后，大家才知道一个基像个原素，或有一个金属的作用，或有氧或氯的作用，又或基中虽含有氧，而其作用仍像金属。所谓真正基者，1838年李必虚所下定义如下：

"（1）基是一系化合物中不变的组合。（2）基可被别的简单物体置换。（3）基与简单物体化合后，此简单物体可被当量的其他简单物体代替。这三个情形，必有二个适合，然后可叫做基。"

这话虽然是对于䗪基说的，在他基亦可适用。照这定义，基中的原素互相结合之力，必较与其化合物中别的原素相结合之力大些。但是一个化合物中组成一基的究竟是那几个原素，每一原素的原子究竟是多少，有时都很难决定。醇、醚和其相关的化合物，乃其最著之例。

233. 1827**杜玛和卜莱的Etherin学说**（Etherin Theory of Dumas and Boullay）——1815年盖路赛测定醇（酒精）和醚（以脱）的蒸气密度，以证明其成分。

化合物	近世的程式	杜玛卜莱的程式（H=1 C=12 O=16）	白则里的程式（H=1 C=12 O=16）	阿莫尼亚和其化合物	杜玛卜莱的程式（H=1 C=12 O=16）
Olefiant gas	C_2H_4	C_2H_4	C_4H_8	Ammonia	NH_3
alcohol	C_2H_5OH	$2C_2H_4+2H_2O$	$C_4H_8+2H_2O$	Am.hydroxide	NH_3+H_2O
Ether	$(C_2H_5)O$	$2C_2H_4+H_2O$	$C_4H_8+H_2O$	Am.oxide	$2NH_3+H_2O$
Hydrochloric ether	C_2H_5Cl	C_2H_4+HCl	C_4H_8+HCl	Am.chloride	NH_3+HCl
Sulphovinic acid	$(C_2H_5)HSO4$	$2C_2H_4+2SO_3+2H_2O$	$C_4H_8+S_2O_3+2H_2O$	Am.bisulphate	$NH_3+SO_3+H_2O$
Acetic ether	$CH_3 \cdot COOC_2H_5$	$2C_2H_4+C_4H_6O_3+H_2O$	$C_4H_8+C_4H_6O_3+H_2O$	Am.acetate	$2NH_3+C_4H_6O_3+H_2O$
Oxalic ether	$COOC_2H_5$ | $COOC_2H_5$	$2C_2H_4+C_2O_3+H_2O$	$C_4H_8+C_2O_3+H_2O$	Am.oxalate	$2NH_3+C_2O_3+H_2O$

杜玛和卜莱又说成油气恰似碱质，有阿莫尼亚的作用；甚至说假如成油气溶解于水，则能使红试纸变蓝。这话固然可笑，然也持之有故。我们因醇中含氢氧基，可当它性情似碱，与酸质化合成有机盐和水。但据杜玛和卜莱之意，醇与酸反应时醇中先去掉水分，变为油

气，这成油气再与酸化合成有机盐。所以他们当成油气似阿莫尼亚，并举许多例子来两两比较，如上表。

醇=成油气+水汽

1容 1容 1容

醚=成油气+水汽

1容 2容 1容

又现在我们知道（当时多少也已知道）硫酸与少量醇反应则得成油气（olefiant gas），与多量醇反应则得醚，两种反应的副产物，都是硫酸和水，好像硫酸只是用来吸收水分一样。还有一个事实，当日也已知道，即醇与有机酸或无机酸化合，生成“compound ethers”即有机盐（esters）。然则醇和醚不是直接的，有机盐不是间接的，与成油气有的了关系吗？

1827杜玛与卜莱从以上观察和事实想到这种关系，以为醇是成油气和水，醚是成油气和较少的水，有机盐是成油气和酸质或成油气和anhydride和水。总而言之，它们都是成油气的相加产物。这可用上表第三和第四竖行表示之因成油气又叫做ethylene，故白则里提议这学说叫做Etherin或Aetherin学说。

此说本有许多人赞成，唯白则里虽欢迎其统系，而对于其成油气的基，其初颇持怀疑态度。及1832安息酸基发现，他始相信成油气是醇等化合物中的真正一个基，于是提议叫这基为Etherin，但不久他就以种种理由反对之。

234. 1834**李必虚的Ethy1基学说**——白则里自1833年，即起首坚持赖若西埃的成见，以为凡含有氧的物质，不论有机的或无机的，都是氧化物。所谓基者，乃与此氧相连之组合。因Etherin学说不能表示此点，故反对之；故改醇的成分为（C_2H_6)O，改醚的成分为（C_4H_{10}）O。白氏所以当醇和醚中有不同之基C_2H_6和C_4H_{10}者，也有种种理由。就中的一个，是说醇和醚的性质之不同，不在其中水分之多寡，而其组成的各异。他当醚是个氧化物，好像氧化钙；化当有机盐为醚和无水酸相合而成，例如ethyl acetate可当作是$C_4H_{10}O+C_4H_6O_3$，好像醋酸钙是$CaO+C_4H_6O_3$。

李必虑因白氏以上的式子，将醚和醇的关系几乎完全取消，故二人意思稍有出入。李氏说醇、醚和有机盐皆含有同一的基ethyl C_4H_{10}。

Alcohol　　$C_4H_{10}O+H_2O$

Ether　　$C_4H_{10}O$

Hydrochloric ether (ethyl chloride)　$C_4H_{10}Cl_2$

Acetic ether　　$C_4H_{10}O+C_4H_6O_3$

然则白氏的和李氏的观点之不同。虽只在乎醇之组成，然据李氏则不但醇和醚有相同之基，而且醚为氧化物醇则为ethyl的水化物（hydrate）。据白氏则醇和醚中基虽不同，然而都是氧化物，可见李氏之说不错而白氏错了。在又一方面，醇和醚的分子量白氏所给的都不错，而李氏的错了[①]。至于阿莫尼亚的化合物与ethyl基的化合物，可两两并列而比较之。故阿莫尼亚在化合物中成NH_4基之说，自1816年Ampère首倡，到了现在始渐受一般的承认。

---

① 按醇的蒸气本来较醚的蒸气轻些，今李氏既当醇是醚的化合物，可见他不如用蒸气密度测定分子量。

235. 1839**李必虚的Acetyl基**——李必虚反对杜玛的etherin学说，杜玛反对李必虚的ethyl学说，他们有很久的争辩。直到1837年，杜氏自弃其etherin学说，二人始联合起来，共做有机化合物中基的学说的研究。1839李必虚又从ethyl基的观念，一变而为acetyl基的观念，其原因如下：

Regnault尝用苛性钾处理 ethylene chloride,

$$\frac{CH_2 \cdot Cl}{CH_2 \cdot Cl} + KOH = \frac{CH_2 \cdot Cl}{CH_2 \cdot Cl} + KCl + H_2O$$

所得的Chloethylene，本是C_2H_3Cl，但写作$C_4H_6Cl_2$；其中氢的原子不够成一个etherin基或ethyl基，于是李必虚当其中的C_4H_6是一个基，叫它为acetyl[①]。有了这个基，则etherin和ethyl两基的争辩，可以化为乌有；因二基都可当是acetyl基的氢化物的原故。不但如此，aldehyde，chloral，和acetic acid也都可作为从 acetyl基所生的氧化物。李必虚又拿acetyl基比amide，拿ethylene和ctherin分别比ammonia和ammonium。这都不必多讲。

要知所谓基者，其初当作可以单独存在的东西，故大家煞费苦心，想将他们从化合物中分离出来。Cyanogen，ethylene，cacodyl都似合乎这个观念。自有acetyl基，而后所谓基者，渐渐变有近世的意义。不过acetyl基的成立，只带有调和的色彩，而永不会取etherin和ethyl两基而代之，其结果是这两个基一在法国，一在德国，继续通用。

---

① 本节所讲的acetyl基，是C_4H_6或作C_2H_3，与现在用这名词指CH_3CO—者不同，读者须辨别清楚。

236. **复杂基的化学**——到了1840——李必虚的acetyl基成立之次年——有机化学第一幕可算演完。这幕中的发现虽也五花八门，然实以复杂基为代表。除benzoyl, cacodyl, ethyl,acetyl外，尚有cinnamyl(1834), salicy(1838), methyl, formyl, cethyl, amyl, glyceryl等基，均详载1840李必虚的著作中。此等基或可游离分出，或不可以，但须假定其存在以解释各种化合。故照李必虚的定义，“有机化学乃复杂基的化学。”

237. 1831～1835**杜玛的代替定律**（Dumas's Law of Substitution）——当1840年前老基的学理（old radical theory）尚未告终、老状式的学理（old type theory）尚未成立之时，想找一种承前启后的道理，而有铁板铜琶的基础者当推杜玛的代替定律。Hofmann尝述杜玛发现这定律的故事，大概如下。

当法王查尔斯第十在位时，有一天晚上，在Tuilleries地方开个宴会。到会的都是皇族贵宾，不消说了。他们杯酒之间银烛高烧，好煞热闹！那知大厅之中忽然发生防碍呼吸和人皆掩鼻的臭味，竟将这盛会弄个不乐而散！原来，这气系从蜡烛中生出来的。然而这是什么气呢？蜡烛中又何以会有这气呢？要解答这些问题，他们不得不请教杜玛。杜玛找出烛中放出的是盐酸气；进而研究，又知盐酸气的来源，系由于所用的烛曾经氯气漂白，漂白后氯气与烛中所含的氢起化学作用，故燃烧时有盐酸气发出。杜氏又试验氯和溴对于松柏脂油(turpentine oil)等的反应，更知氯可代氢的道理，这是杜玛的代替定律根据他自己的观察的地方。

至于他人的试验为杜氏1834～1835年著述中所引证者，约有三个：（I）1815盖路赛已证明蜻化氢变为蜻化氯时，失去一容气，而恰得一容气。（II）1821法拉第查知Dutch liquid (ethylene chloride)在日光中与氯化合变为氯化炭时，其中原来之氢完全被氯代替。照法拉第分析的结果，亦与杜氏代替定律适合。（III）1832孚勒和李必虚证明苦杏仁油可变为benzoyl chloride，其中亦有一容量氯代替一容量氢的比例。

(I) $HCN+Cl_2=ClCN+HCl$

(II) $C_2H_4Cl_2+4Cl_2=C_2Cl_6+4HCl$

(III) $C_6H_5 \cdot CHO+Cl_2=C_6H_6COCl+HCl$

此外还有一个试验，也是杜玛最要紧的根据，即酒精与漂白粉反应变成chloral。这是1832李必虚发现的。杜氏又将这试验重做一番。有了以上种种事实，杜氏于是立下三个实验的代替定律（empirical law of substitutions or metalepsy）。1834他在法国科学院将这些定律发表，次年又在其所著化学通论中申述之。

“1.当含氢的化合物受氯、溴、碘、氧等减氢作用时，此化合物每失一原子的氢，必得一原子的氯、溴、碘或半原子的氧。

“2.当含氢化合物兼含有氧时，上列规则，可以适用而无变更。

“3.当含氢化合物兼含水时，则水中之氢失去而无换置；如再有氢失去，方有如上的换置。”

第一第二条用不着说明，惟第三条不免稍嫌费解。其所以有第三条者，乃为解释两个反应起见：（1）酒精氯化为chloral；（2）酒精氧化为醋酸。同时第三条并证实杜玛对于酒精的成分的观念。以下姑照他的意思，用他的程式，将（1）与（2）反应各分为三个方程式表示之，以其理论上的明了。

(1) (a) $(C_8H_8+H_4O_2)=C_8H_8O_2+4H$

alcohol　aldehyde

(c) $C_8H_8O_2+12Cl=C_8H_2Cl_6O_2+6HCl$

chloral

(c) $4H+4Cl=4HCl$

$(C_8H_8+H_4O_2)+16Cl=C_8H_2Cl_6O_2+10HCl$

alcohol　chloral

(2) (a) $(C_8H_8+H_4O_2)=C_8H_8O_2+4H$

(b) $C_8H_8C_2+2O=(C_8H_4O_2+H_4O_2)$

acetic acid

(c) $4H+2O=H_4O_2$

$(C_8H_8+H_4O_2)+4O=(C_8H_4O_2+H_4O_2)+H_4O_2$

alcohol　acetic acid

238. 1837**劳伦的代替或核仁学说**(Laurent's Substitution or Nucleus Theory)——杜玛的定律不过就代替的事实立说，他的少年同事劳伦将代替前的物质与代替后的物质加以比较，知其性格非常相似，于是又有劳氏的代替学说。劳氏尝研究氯与naphthalene, $C_{10}H_8$，反应所得的产物。当杜玛发表其代替定律的那一年（1834），劳氏说那些产物约可分为两种：一种是 halydes,例如$C_{10}H_7Cl$, $C_{10}H_6Cl_2$, $C_{10}Cl_8$等等；一种是hyperhalydes,例如$C_{10}H_8Cl_2$, $C_{10}H_8Cl_4$, $C_{10}H_7ClCl_4$, $C_{10}H_6Cl_2Cl_2$等等。若将第二种蒸溜或用酸处理，则变为第一种而放出盐酸。劳氏之意，两种性质之所以不同，必在分子中原子之结构。第一种的产物必与原来物质有相似的结构，而第二种则不然。依同样的理由，劳氏说ethylene

与其产物也有这些关系。他于是从他的研究结果，将杜玛定律加以扩充，立以下的规则：

1. 除氯，溴，氧外，硝酸中的nitroxyl, NO_2，也可代替炭氢化合物中一当量的氢。

2. 当一当量的氢被氯，溴，氧，或NO_2代替时，有盐酸，溴，酸，水，或硝酸的生成。此等生成物质，或析出或与新炭氢产物相化合。

Naphthalene和ethylene的研究，也是1837年劳氏的核仁学说的先导。照这学说，每一有机化合物，可当是某数原子结合而成，就中有个核仁(kernel or nucleus)。核仁可分为两种：（1）基本的核仁（fundamental nuclei）,乃炭氢化合物，例如naphthalene $C_{10}H_8$或ethylene C_4H_8；（2）诱导的核仁（derived nuclei），乃其中的氢被原素或基代替而成，例如$C_{10}H_7Cl$, $C_{10}H_6Cl_2$或$C_4H_4Cl_4$, $C_4H_2Cl_6$等种种化合物。从这两种核仁用直接加法，又得各种化合物，包括 hyperhydrides, hyperhalydes, aldehydes和acids在内。例如$C_4H_8H_4$ hyperhydride, $C_4H_8Cl_4$ hyperhalyde, $C_4H_8O_2$ aldehyde，和$C_4H_8O_4$ acetic acid.

劳氏又将他的核仁比作三棱体，炭占此固体之角，氢占其边之中心。三棱体之边可被代替。若欲代表相加产物，可系他种几何形体，如三角形之例，于棱形之两端，以示加上的原子。

我们须知这两种核仁，劳氏论文中本叫做“fundamental radicals”和“derived radicals”，他所著化学方法（氏死后出版的）中，方改radieal为nuclei。然则劳氏的核仁学说与基的学说颇有关系。惟照后说，基是不变的东西；照前说，基既可以代替，自然是可变的。基而可变，其的用处更广，一切有机化合物都可用基来分类。格米林所著的化学教科书中很利用之。况核仁学说不仅形容代替的事实，并能表示代替前和代替后二物质之相似，较之代替定律似尚有独到之点。所以劳氏对于代替学说之功，不在杜氏下。

虽然，核仁学说始终未得大家公认者，也有许多原因。这学说本太偏于臆想，他的试验一方面又多可以批评之处。故李必虚斥它为非科学的，白则里又很轻视之，甚至说到代替学说连杜玛也不敢赞成劳氏！

原来白则里认代替学说是杜玛介绍的，当1837年很攻击他；以为氯、溴等负电性的原素或基，不能于既代替正电性的氢后尚有同一的作用。杜氏的答复中，不但不承认这回事，并表示反对这种代替的意思。

239. 1839**杜玛的状式学说**（Dumas'Type Theory）——1839年以前，虽有（1）李必虚将aldehyde氯化为chloral（见上），（2）Malaguti将ether氯化为chlor-ether，（3）Regnault（1835）使ethylene氯化为chlor-ethyleve or vinyl chloride,

(1)　$C_2H_4O+3Cl_2=C_2HCl_3O+3HCl$

(2)　$C_4H_{10}O+4Cl_2=C_4H_6Cl_4O+4HCl$

(3)　$C_2H_4+Cl_2=C_2H_3Cl+HCl$

然总不足使杜玛相信劳氏的代替学说。乃至1839年，杜氏自己从醋酸和氯气直接取得三氯代醋酸(trichloracetic acid)之后($C_2H_4O_2+3Cl_2$)$=CCl_3COOH+3HCl$），找出二者的化学性质——如它们的钾盐或锰盐，它们的methyl或ethyl有机盐，它们的蒸气密度所给的程式——完全相似，他才恍然大悟劳氏的观念，并取上列（1）（2）

(3) 的帮助，下连带的结论：——

“在有机化学中有一定的状式。虽当其所含之氢被等容的氯、溴或碘代替时，此种状式不变。

“醋酸，醛质，以脱，成油气，当失掉氢而得等容的氯时，所生成的chloracetic acid, chloraldehyde, chlorether,和chlor-olefiant gas与原来物质属于同一状式。”

杜氏又说此外还有某种物体，其化学性质并不相似，惟也含有等数的当量，看起来也有代替的关系，故另属于一种状式。

他于是将有机化合物分为两个状式。其化学上性质相似者，名为化学状式（chemical type）。用杜氏的程式，则有

acetic acid $C_4H_2H_6O_4$	marsh gas $C_2H_2H_6$	aldehyde $C_4H_2H_5O_2$
chloracetic acid $C_4H_2Cl_6O_4$	chloroform $C_2H_2Cl_6$	chloral $C_4H_2Cl_5O_2$
	bromoform $C_2H_2Br_6$	

其化学上不相似者，名为机械状式（mechanical type）。许多用氧代氢的物体都属于机械状式。例如

$$\left.\begin{matrix}\text{acetic acid } C_4H_6H_2O_4 \\ \text{alcohol } C_4H_6H_6O_2\end{matrix}\right\} \quad \left.\begin{matrix}\text{marsh gas } C_2H_2H_6 \\ \text{formic acid } C_2H_2O_3\end{matrix}\right\}$$

此种状式学说，叫作第一个或较老的状式学说（the first or older type theory），所以别于盖哈（Gerhardt）等后来的状式学说。

代替物体既然发现很多，杜玛的状式学说自然很受欢迎。无奈杜式将这学说扩充——无范围的扩充——太过，反嫌状式是个荒唐的东西。照杜氏的意思，不但氢，连状式中的氯、溴、碘、氧，甚至炭的本身都可以代替，而状式终归不变！并且代入之物，不但原素，连

各种复杂的基也可以，而状式也终归不变！总而言之一句话，他想将所有的有机化合物都属于状式领域之下。这样一来，就惹起许多特别反响。故1840年，化学药品杂志中有篇“善戏谑兮不为虐兮”的文章，其中描写原来的醋酸锰$MnO \cdot C_4H_6O_3$如何一步一步的——首先氢，其次氧，又次炭，最后锰——完全被氯代替而状式不变！其结果得了纯粹的氯，但其蒸气密度表示一分子中至少有24个原子，其状式是从$MnO \cdot C_4H_6O_3$变为$Cl_2Cl_2Cl_8Cl_6Cl_6$了！这篇文章底下所签的名，是S.C.H.Windler。其实这文章是孚勒作的，是李必虚发表的。

240. **一体主义**（Unitarism）**与两性主义**(Dualism)——当代替学说成立时，白则里的两性主义正在极盛。据这主义，负电性的氯氧等，必不可代替正电性的氢。其初杜玛不敢与他相争，后来有了核仁学说和状式学说，劳伦和杜玛都认每一化合物是一整个的统系，不能当作两部分成功的。无论其中原子的电化性上可分与否，断无分作两部分之必要。这个与两性相反的主义，就叫“一体主义”。杜氏又认化学的性质，主要的视乎一分子中原子的数目和其排列，而原子的化学本性(chemical nature)比较上很不要紧。譬如行星的统系，其固定与否，不视乎单个行星本能，而视乎彼此相对的，并与太阳相对的地位。杜氏说：

“但这些电化观念和其指定一原子中的电极，是不是根据于如此明了的事实，可使它们成个信条呢？倘若只当它们是些臆说，这些臆说是不是一定有顺应事实之本能，足供研究时的利用呢？这问题的答案，必是负的。”

又杜氏的1839和1840年两次论文中都提起有机化合物中氯代氢后

状式不变之说，与无极中同晶体状式不变者正极类似。案同晶的过锰酸化物和过氯酸化物中，用相当的氯代锰，后者可从前者得来而结晶的状式不变，这样看来，可见无机化学中亦有给两性学说一致命击打之例。

241. **连属组**（copula）**和连属化合物**（copulated compound）——在白氏则抱定他的两性主义牢不可破，自1838～1843左右，极力与劳氏和杜氏反对。他说醋酸和其代替产物三氯代醋酸，不能有同一状式。故当（无水的）醋酸是acetyl基的氧化物，给它个程式$C_4H_6+O_2$；当三氯代醋酸是个成分迥异的连属化合物（copulated compound或conjugated compound），给它个程式$C_2Cl_6+C_2O_3$，即氯化炭与草酸连属。依同理，其他氯、溴等代替产物，白氏也用连属化合物的程式以表示之。于是，他须假定许多随意的基，而关于这些基的存在，一点根据都没有。白则里本是生平谨慎的人，他又测定化合物的组成是化学家的重要目的，然以成见太深的原故，竟致捕风捉影似的，造些空中楼阁，而不自知其置身何地。及至1842年Melsens发现用钾汞膏（potassium amalgam）可使三氯代醋酸还原为醋酸，白氏自知醋酸和三氯代醋酸不能有两歧的程式，于是他决定醋酸是copula C_2H_6和草酸所成，给它们的程式为

$C_2H_6+C_2O_3H_2O$　醋酸

$C_2Cl_6+C_2O_3H_2O$　三氯代醋酸

如此则copula中之氢明明被氯代替了。但他还不承认，以为copula是个中和性质，与另一部之有酸性者不同，故其中的氢尽可随便被氯代替，而原来酸质的性格不变。其实，这二化合物虽用以上程式，白

氏辩论之点已归失败。他简直是已作法自毙！那知到了1842，他尚不能自行觉悟，无怪向来帮助他的李必虚，也大声疾呼的反对他了！李氏说：

“白则里晚年，对于解决当时问题的方法，停止了试验一部分，而用全副精神于理想的揣测，但这些揣测，直接的既非他自己所观察的结果，间接的又无观察的赞助，在科学上毫无影响或价值。”

242. **考勃和弗兰克伦的新基学说**（Kolbe and Frankland's New Radical Theory）——当1840～1850年间，白则里的复杂基的学说既被一体主义屈服，大家即知基只是个理想的东西，有机化学不能更依那学说而进步。白氏的copula的假定，许多人对之也很不满意。惟当这个时候，考勃正做他的第一种研究——氯与二硫化炭的反应。他以这种研究（1843）得了博士学位之后，1845仍继续工作。于是取得trichlormethyl sulphonic acid和sulphonic acid自己。他将这二化合物与三氯代醋酸和醋酸比较，谓其成分类似。前二者是S_2O_5酸，后二者是C_2O_3酸，与methyl基或代替的methyl基联合而成。

Sulphonic acid　$C_2H_6+S_2O_5+H_2O$

Trichlormethyl sulphonic acid　$C_2Cl_6+S_2O_5+H_2O$

Acetic acid　$C_2H_6+C_2O_3+H_2O$

Trichor-acetic acid　$C_2Cl_6+C_2O_3+H_2O$

以下将述4个工作（1）ethyl cyanide和钾的反应；（2）methyl cyanide (acetonitrile)的水化；（3）ethyl iodide和锌的反应；（4）醋酸的电解。(1)(2)都是1848年考勃和弗兰克伦二人合作的,（3）是1849弗氏单作的,（4）是考氏单作的。这4个试验的目的和结果，各是怎样呢!

（1）的目的，是因为要分出游离的基。考勃和弗兰克伦先用钾和ethyl cyanide的反应来试试。他们所得的一种气体，乃ethylic hydride，而非游离的ethyl基。

（2）的目的，是要证明白氏的假定，醋酸是草酸与methyl连属而成。因犻的水溶液渐变为草酸的铔盐的事实，是大家都知道的，故考勃和弗兰克伦想到acetonitrile水化，必得（methyl+草酸）和NH_3即醋酸和NH_3或醋酸铔。其他nitriles依

近世的方程式	考氏和弗氏的方程式
$CH_3CN+2H_2O=CH_3COOH+NH_3$	$C_2H_3,C_2N+3HO=C_2H_3,C_2O_3+NH_2$

类推。照试验的结果，他们更信白氏的观念。其实这反应的重要，在乎有机酸质的合成。

（3）第三个试验，是将第一个方法稍加修改，用alkyl iodide代alkyl cyanide，用较为和平的金属锌代钾，而其结果则更可注意。除butance和 ethane外，并得有 metal alkyl即 metallo-organic compounds如ZnC_2H_5I和$Zn(C_2H_5)_2$之例。

近世的程式	弗氏的程式
I. $2C_2H_5I+Zn=ZnI_2+\begin{matrix}C_2H_5\\ \mid \\ C_2H_5\end{matrix}$ butane	H=1 C=6 O=8 $C_4H_5I+Zn=ZnI+C_4H_5$ ethyl

II. (a) $C_2H_5I+Zn=Zn\left\langle\begin{matrix}C_2H_5\\ I\end{matrix}\right.$

$$2Zn\begin{cases}C_2H_5\\I\end{cases}=Zn(C_2H_5)_2+ZnI_2$$

$$Zn(C_2H_5)_2+2H_2O=Zn(OH)_2+C_2H_6$$

ethane

$$C_4H_5I+2Zn=ZnI+ZnC_4H_5$$

（4）之目的犹之乎(1)、(2)、(3)、也是因为要将醋酸中的copula分出。要达这个目的，须其中的另一成分草酸（C_2O_3）氧化成CO_2。考勃自己说的好：

“从那臆说醋酸是草酸和conjunct methyl的conjugated compound 为起点，我想……以下的事是可有的，即电解可使conjugated化合物的成分分离；而且因为水也同时分解，其氧化草酸而生的炭酸气，或者现于正极，而methyl与氢化合所成的沼气或者现于负极。”

虽实际上这反应不全照考氏所说，他即能达到他的目的，并证实他对于醋酸成分的观念。况这试验也是炭氢化合物的合成的一个重要方法，不可不特别注意。

近世的程式

$$\begin{matrix}CH3—COOH\\CH3—COOH\end{matrix}=\begin{matrix}CH_3\\|\\CH_3\end{matrix}+2CO_2+H_2$$

ethane

考勃的程式

$$C_2H_3\cdot C_2O_3+O=C_2H_3+2CO_2$$

free methyl

243. **考勃当有机酸是草酸的连属化合物**——考勃对于有机酸和其相关的物质的成分，有两个观念。一个是当酸是草酸的连属化合物；一个是当酸是炭酸（carbonic acid）的代替物。上节已说过猜溶液可变为草酸，并说methyl nitrilc水化为醋酸。再加上酸醋可变为蚁酸的一个事实，考勃对于有机酸的成分，遂下以下的判断（C=6，O=8）：

Oxalic acid　$HO+C_2O_3$　草酸

Formic acid　$HO+C_2O_3H$　蚁酸

Acetic acid　$HO+C_2O_3,C_2H_3$　醋酸

Propionic acid　$HO+C_2O_3,C_4H_5$　三炭脂肪酸

余类推。

可见各酸中都含有$C_2O_3 \cdot HO$，即近世的carboxylic—CO·OH基。因草酸不过是二个COOH所成的原故，蚁酸、醋酸、三炭脂肪酸等乃H，CH_3，C_2H_5，C_3H_7等原素或基的草酸化合物。照这观念的结果，以前大家对于酸的成分的说法不能使他满意。不但如此，虽早在1848年他所做“化学词典”中，他已说酸质是methyl, ethyl等基的氧化物，这些基与两个当量的炭相连。所以他将以前的acetyl C_4H_6(=今之C_2H_3)分为conjunct methyl这conjunct再与炭相连，（C_2H_3）· C_2，即今之（CH_3）C。这基外之炭和基中之炭作用不同。所以说“单独这最后之C_2与氧成链锁，那methyl不过是一附属品（appendage）而已。”考勃于是才当沼气、砒臭基氧化物（cacodyl oxide），和醛质（aldehyde）等等中都有methyl基。依同理，benzoic acid, nitrobenzoic acid等可当作与phenyl基或其代替的基conjugated的草酸诱导物。

marsh gas	$(C_2H_3)H$
benzene	$(C1_2H_5)H$
cacodyl oxide	$(C_2H_3)As,O$
benzoic acid	$HO, (C1_2H_5)C_2O_3$
aldehyde	$HO, (C_2H_3)C_2O$
phenol	$HO, (C1_2H_5)O$
acetic acid	$HO, (C_2H_3)C_2O_3$
nitrobenzoic acid	$HO, (C1_2H_4NO_4)C_2O_3$

244. **考勃当酸是炭酸的代替物**——当1857～1860年间弗兰克伦的金属有机化合物的研究成功之后，考勃对于酸的成分的观念一变。他说：

“我对于连属组（copulæ）如何化合之法，缺乏明了的概念这件事乃是连属基（copulated radical）的臆说的大弱点。所以首先了解此事，其次丢掉连属（copulation）的观念，乃弗兰克伦一人之功。因为他承认原素各有一定的satulation capacities.”

弗兰克伦认cacodylic acid, $HO(C_2H_3)_2AsO_3$，是arsenic acid 3HO, AsO_5中二个O被二个methyl基代替而成。考勃就类似的道理，当各酸是炭酸中一部分的氧被氢或基代替而成。

$2HO \cdot C_2O_4$	$HOHC_2O_3$	$HO \cdot (C_2H_3) C_2O_3$	等；
炭酸	蚁酸	醋酸	等。

他当无水炭酸是C_2O_4，当醛质，酮质，醇质并且炭氢化合物都是C_2O_4或$2HO \cdot C_2O_4$的代替物。他这程式中有时须用水的分子，有时不用，本嫌统系之不一致，然而他居然能从这观念预料许多化合物的存

在及其性质，就中有些不久被人发现，其性质与所预料者颇相符。例如1864 Friedel发现的secondary propyl alcohol，和1864 Butlerow发现的tertiary butyl alcohol。

这似乎是状式学说的变相。然而，考勃对于状式学说非常批评，认为只是玩程式上的花样，而无科学上的价值。他认Gerhardt的状式太嫌勉强，认自己的是自然的。考勃尝说："有机化合物都是从无机化合物诱导得来，并且有时是用奇妙的简单代替程序。"

245. 1839**盖哈的渣余学说**（Gerhardt's Theory of Residue）——其初代替学说与基的学说互相争长，本不知鹿死谁手。及1839杜氏的状式学说成立，代替学说得了后援，基的学说于是一败涂地。盖哈固然想念代替，并且是主张状式学说的人，他觉得将基的学说完全抛却，未免不利。于是拿它改造起来，自成一个新学说，名为渣余学说。这学说大意谓当二化合物生反应时，可当作先有双分解。每一化合物，可假定各分作二份，除以每化合物中的一份另相化合成简单的化合物，如水，盐酸，氢溴酸外，其余的两份各名为渣余，或连属组（copulæ），因其不能独立存在，故彼此化合成连属化合物。此种程序，名曰连属（copulation），现在可叫作condensation，例如

(I) (II) (III) (IV)

$2C_6H_6 + SO_3 = H_2O + (C_6H_5)_2SO_2$

轮质 sulphobenzene

$C_6H_6 + HNO_3 = H_2O + (C_6H_5)NO_2$

nitrobenzene

$C_2H_6O + C_2H_4O_2 = H_2O + (C_2H_5)C_2H_3O_2$

酒精　　醋酸　　　　　　ethyl acetate

C_7H_5OCl + NH_3 = HCl + $(C_7H_5O)NH_2$

benzoyl chloride　　　　　　benzamide

上列4竖行中，(I)、(II) 为互相反应的物质,(III) 为变分解后所成之简单化合物,(IV) 为 (I) 的渣余+ (II) 的渣余所成之连属化合物。若照杜玛的代替定律,(I) 只限于氢化物,(II) 只限于一个原素如氯，溴，或氧。可见渣余学说的范围较广得多。

因上式中的渣余，往往与两性式的（dualistic）基有相同符号，故渣余学说有时也叫第二个基的学说（the second radical theory）。其实，渣余学说与基的学说大有分别:(1) 渣余无指定的电性；(2) 渣余是当作不能游离存在的东西，这与杜玛和卜莱或李必虚和孚勒的基都异;(3) 渣余虽在原来分子中也只是想象的，不是照其囫囵个的预先存在，例如SO_2和NO_2两渣余，与游离的实在的二氧化硫和二氧化氮须加辨别;(4) 照盖哈的意思，渣余学说不过用来表示化合物的生成或分解的一种方法。同一化合物，苟其生成或分解的状况不同，尽可用各异的渣余表示之，例如硫酸钡可写作$BaSO_4$或$BaO+SO_3$，或BaO_2+SO_2，或$BaS+2O_2$，看其余于何种反应而定之，不似白则里一定要写作$BaO+SO_3$。

246. 1849**费慈之发现第一氮氢化物**（Wrtz's discovery of mprimary amines）——代替的阿莫尼亚之存在，虽然1842年已经李必虚预料过，然须等到1849，实际上才有费慈的一椀氮氢化物（methyl amine）和二椀氮氢化物（ethyl amine）的发现。费氏用一椀异性蜻酸化物与苛性钾同热至沸，即有气体发生，臭似阿莫尼亚而能燃，同时生成之炭酸气，则与苛性钾化合成炭酸钾。

$$CH_3N-CO+OH_2=CH_3\cdot NH_2+COS$$

二梡氮氢化物的取法略与此同。费慈因取得的氮氢化物的性质与阿莫尼亚极其相似，故谓氮氢化物为代替的阿莫尼亚。不守其中的氢原子被一梡，二梡，三梡等基代替而已。

247. 1850侯夫门之发现第一第二第三氮氢化物和第四铔化物（Hofmann's Discovery of primary, Secondary, Tertiary Amines and Quaternary Ammonium Compounds）——自有费慈的发现后，不到一年，即有侯夫门的发现（1850）。侯氏用梡基盐化物（alkyl halide）与阿莫尼亚或生色精（aniline）的反应，不但第一氮氢化物，所有代替的阿莫尼亚，都可取得。他说：

“我实际上找出生色精或其类似的盐基受一梡，二梡，或五梡溴化物的影响，失去一个或二个当量的氢，而被相当的基代替。在同样情形之下，阿莫尼亚失去一个，二个，或三个当量的氢，亦被等数当量的基代替。”

侯夫门制取这些化合物的手续，反应和其分离各化合物的方法，可略述于此。举阿莫尼亚为例。他放一梡碘化物和用阿莫尼亚饱透的酒精（aclcoholic ammonia）于管中封闭之，再由管外加热，则得mono-, di-, 和tri-alkyl amines和quaternary compound如下式：

$$NH_3 \quad + \quad MCH_3I \quad = \quad CH_3NH_2\cdot HI$$

mono-methyl amine hydriodide

$$CH_3\cdot NH_2 \quad + \quad CH_3I \quad = \quad (CH_3)_2NH\cdot HI$$

di-methyl amine hydriodide

$(CH_3)_2NH + CH_3I = (CH_3)_3N \cdot HI$

tri-methyl amine hydriodide

$(CH_3)_3N + CH_3I = (CH_3)_4NI$

tetra-methyl ammonium iodide

以上三种盐类（the hydriodides），有一部份被过剩的阿莫尼亚分解，故得三种椀基（alkyl）氮氢化物。等反应已毕，再加苛性钾蒸溜，则mono-,di-,和trialkyl amines可以完全放出，蒸溜过去。下剩不挥发的第四（quaternary）化合物在蒸溜瓶中无变化。于是原来的7种混合物——三种椀基氮氢化物，三种它们的盐类和第四化合物——已分为两份，蒸溜过去的一份，中含momo-,di-,和tri-alkylamines,欲分离之，再加二椀草酸（ethyl oxalate）蒸溜即得。因monomethyl amine与二椀草酸化合成固体化合物，dimethyl amine与之成液体，trimethyl amine与之不生反应，而易于蒸溜。等蒸溜完后，固体和液体可用滤过法分离了。

248. 1850～1852**威廉生之醚的合成**（williamson's Synthesis of Ether）——因看见侯夫门用alkyl halide和阿莫尼亚的反应得了代替的阿莫尼亚（substituted ammonias），威廉生就用二椀碘化物和醇化钾（potassium alcoholate）反应，想制取代替的醇。那知所得的不是醇而是醚（即以脱）。诧异之下，他即找出正当的解释。他的论文，是1850年大英科学联合会（British Association）在爱丁堡开会时宣读的。欲知他这研究的重要，不可不知酒精和以脱的构成的历史。

原来，关于酒精和以脱的构成，当时计有四个学说。第一是杜玛的。这学说根据于etherin theory，认etherin=C_2H_4，酒精=$C_2H_4 \cdot H_2O$，以脱=$2C_2H_4 \cdot H_2O$，后二者各为etherin基的水化物。第二是李必虑的。

他当以脱是ethyl基的氧化物=$C_4H_{10}O$，酒精是以脱的水化物=$C_4H_{10}O \cdot H_2O$。第三是白则里的。他的酒精和以脱乃异基的氧化物，酒精=C_2H_3O，以脱=C_4H_5O。第四是劳伦和盖哈二氏的。盖氏从蒸气密度的测定，认酒精=C_2H_5O，以脱=$C_4H_{10}O$。劳氏（1846）将酒精比氢氧化钾，将以脱比氧化钾，因二种钾化物是KHO和KKO，故写酒精为EtHO，写以脱为EtEtO。

然则以上四个学说与威廉生的合成以脱的关系如何！第一个学说，不足说明酒精和二椀碘化物的反应，可即置而不论。第二个却是当时最盛行的。第三个与第四个虽然很有不同之处，后者的式子比前者改良多了，但在百分量的组成上却是一样。故以下只用第二和第四学说所有的式子，来说明威廉生的反应，同时即利用其反应实际上的结果，来证明这二学说孰是孰非。

威廉生用酒精和二椀碘化物一声取得以脱之后，即深悟劳伦和盖哈的符式与其反应相合，故表示之如

$$\begin{matrix} C_2H_5 \\ K \end{matrix} O + C_2H_5I = KI + \begin{matrix} C_2H_5 \\ C_2H_5 \end{matrix} O \qquad (I)$$

但用李必虚的式子，也可给这反应一个相同的表示：

$$\begin{matrix} C_4H_{10}O \\ K_2O \end{matrix} + C_4H_{10}I_2 = 2KI + 2C_4H_{10}O \qquad (I')$$

若照当时的写法（拿C=6，O=8），并假定酒精先分作氧化钾和以脱，再让氧化钾与二椀碘化物反应，则有

$$(1)\quad C_4H_5O \cdot KO = KO + C_4H_5O$$

$$(2)\quad KO + C_4H_5I = KI + C_4H_5O$$

$$C_4H_5O \cdot KO + C_4H_5I = KI + 2C_4H_5O \qquad (I'')$$

单就这一个反应而论，李必虚的学说和盖哈和劳伦的本相持不下，惟威廉生有巧妙的试验方法，故能判断其优劣。这方法不是别的，乃是用一椀碘化物代替二椀碘化物而已。这回反应，照劳伦和盖哈的式子，当表示之如

$$\left.\begin{matrix} C_2H_5 \\ K \end{matrix}\right\} O + CH_3I = KI + \left.\begin{matrix} C_2H_5 \\ C_2H_5 \end{matrix}\right\} O \qquad (II)$$

照李氏的式子，则有

$$\begin{matrix} C_4H_{10}O \\ K_2O \end{matrix} + C_2H_6I_2 = 2KI + C_4H_{10}O + C_2H_6O \qquad (II')$$

或照当时的写法和假定，

（1） $C_4H_5OKO=KO+C_4H_5O$

（2） $KO+C_2H_3I=KI+C_2H_3O$

$$C_4H_5OKO+C_2H_3I=KI+C_4H_5O+C_2H_3O \qquad (II'')$$

现在试用文字来表示。照劳伦和盖哈的学说这回反应的结果，只得一种二椀一椀醚（ethyl methyl ether）。照李氏学说，应得等量的二椀醚（ethyl ether）和一椀醚（methyl ether）两种。由分析则知，实际上只有C_3H_3O式子的惟一挥发产物，即二椀一椀醚的一种。可见劳伦和盖哈的学说是对的，而李氏的不对。又依同理，用二椀醇化钾和五椀碘化物反应，则得二椀五椀醚的一种，同一椀醇化钾和五椀碘化物，则得一椀五椀醚的一种，更足证实这个案子至于毫无疑义。威廉生乃下精确的结论曰：

“所以醇是水，（不过）其中一半的氢被炭氢基换置罢了；醚是水，（不过）其中的两个原子的氢都被炭氢基换置罢了。如

$$\left.\begin{matrix}H\\H\end{matrix}\right\}O \qquad \left.\begin{matrix}C_2H_5\\H\end{matrix}\right\}O \qquad \left.\begin{matrix}C_2H_5\\C_2H_5\end{matrix}\right\}O$$

“从醇系各个性质的完全类似，可指望别的醇也依同理有相似的代替。这个指望，已曾用试验证明。……所以一椀醇是用 $\left.\begin{matrix}CH_3\\H\end{matrix}\right\}O$ 表示……，五椀醇是用 $\left.\begin{matrix}C_2H_5\\H\end{matrix}\right\}O$ 表示余类推。”

既然醚是由醇生成，后者中的氢被二椀基代替则得前者。可见醚的分子量较醇的大些。若照李氏的观念，醚是醇的减水，其结果恰好相反。

威廉生的结论又说，不但醇和醚，即醋酸或失水醋酸也都可当是一分子水，其中的一原子或二原子的氢，被一个或二个C_2H_3O换置了。

制取以脱的法子，1540年德国外科医生Valerius Corus首先讲过，是用酒精和硫酸。到了威廉生的时候，这法子已用了300余年，研究之者也有许多化学大家。虽然已知这反应是可以继续的（continuous），也知反应时有sulphovinic acid和水的生成，然而大家对于其中的程序议论纷纷，不得一当。到了威廉生，始给我们一种完全说明，至今还利用之，即

$$C_2H_5OH + H_2SO_4 = \underset{\text{Sulphovinic acid}}{(C_2H_5)HSO_4} + H_2O$$

$$(C_2H_5)HSO_4 + C_2H_5OH = C_2H_5 \cdot O \cdot C_2H_5 + H_2SO_4$$

威廉生这个说明，不但是整理前人的工作，他还拿自己的工作证实之。他在同一试验之中尝用两种醇；他得两种中间的（intermediate）酸质和最后的混合醚。

249. **1856盖哈的四状式学说或第二状式学说**——盖哈自1852发现了一价有机酸的无水化物（anhydrides）之后，更信状式观念之有用。要知他所以能自成一种状式学说者，因为他能将有机、无机、已发现或未发现的化合物看出关系，理出统系。

有了费慈和侯夫门的发现，许多氮化物遂有NH_3的状式；有了威廉生的发现，许多氧化物遂有H_2O的状式。虽然有机化合物当日已甚繁颐，断非一二状式所能归纳得尽。何况片段的比较，究非全部的统系？因为要使他的状式涵盖一切，所以盖哈于NH_3和H_2O外，添出氢状式和氯化氢状式，共为4个状式。1856他在他的有机化学通论（Traité de Chemie Organique）第四册中，将各有机化合物排列成系（series），每系属于一个状式。

Ⅰ.氢状式——炭氢化合物，金属有机化合物，醛质，酮质等属之。

Ⅱ.氯化氢状式——氯化物，溴化物，碘化物，蜻化物等属之。

Ⅲ.阿莫尼亚状式——amines, amides, imides, phosphines, arsenines等属之。

Ⅲ.水状式——各醇，简单的或复杂的各醚，酸质，无水酸，醛质，酮质和有机盐，硫化物和其他含硫物体都属之。

四状式中之氢，被基或渣余（residue）代替，则得各种化合物，例如下表。

氢状式	氯化氢状式	阿莫尼亚状式	水状式
$\left.\begin{matrix}H\\H\end{matrix}\right\}$	$\left.\begin{matrix}H\\Cl\end{matrix}\right\}$	$\left.\begin{matrix}H\\H\\H\end{matrix}\right\}$	$\left.\begin{matrix}H\\H\end{matrix}\right\}O$

$\left.\begin{matrix}C_2H_5\\H\end{matrix}\right\}$ ethane	$\left.\begin{matrix}C_2H_5\\Cl\end{matrix}\right\}$ ethyl chloride	$\left.\begin{matrix}C_2H_5\\H\\H\end{matrix}\right\}N$ ethyl amine	$\left.\begin{matrix}C_2H_5\\H\end{matrix}\right\}O$ ethyl alcohol
$\begin{matrix}C_2H_5O\\H\end{matrix}$ Butane	$\begin{matrix}CN\\Cl\end{matrix}$ cyanogen chloride	$\left.\begin{matrix}C_2H_5\\C_2H_5\\C_2H_5\end{matrix}\right\}N$ triethyl amine	$\left.\begin{matrix}C_2H_5\\C_2H_5\end{matrix}\right\}O$ ethyl ether
$\begin{matrix}C_7H_5O\\H\end{matrix}$ Benzoic aldehyde	$\left.\begin{matrix}C_7H_5O\\Cl\end{matrix}\right\}$ benzoic chloride	$\left.\begin{matrix}C_7H_5O\\H\\H\end{matrix}\right\}N$ benzamide	$\left.\begin{matrix}C_7H_5O\\H\end{matrix}\right\}O$ benzoic acid
$\begin{matrix}C_2H_3O\\CH_3\end{matrix}$ Acetone	$\begin{matrix}C_2H_3O\\Cl\end{matrix}$ acetyl chloride	$\left.\begin{matrix}C_2H_3O\\H\\H\end{matrix}\right\}N$ acetamide	$\left.\begin{matrix}C_2H_3O\\H\end{matrix}\right\}O$ acetic acid
$\begin{matrix}C_2H_5\\Zn\end{matrix}$ Zinc etheyl	$\begin{matrix}C_2H_5\\Zn\end{matrix}$ ethyl iodide	$(C_2H_5)_3P$ ethyl iodide	$\begin{matrix}C_2H_5\\Zn\end{matrix}$ acetic anhydride

照这样看起来，状式学说在有机化学中似可曲成不遗范围了。虽然，状式仅一时的归纳法，非用来表示化合物中各原子的排列和结构。故同一的化合物往往可归之于甲状式，也可归之于乙或丙状式。例如CH_3NH_2，若写作CH_3NH_2 CH_3HHN或NH_2HHHC，即有氢，阿莫尼亚，或沼气（见下）三个状式。三个中孰最适用，须看生成或分解的程序。醛质或酮质都可有氢和水两个状式。再者，盖哈的状式大概只

有机械的类似，而无化学的关系.因为这两个原因，所以他只用状式为类别的方法，只当状式为某物体分解或生成的说明.至于要知其中实在的构造，他以为是不可能的。

不但有机，连无机化合物也有采用状式的趋势。例如硝酸，威廉生写作$\left.\begin{matrix}NO_2\\H\end{matrix}\right\}O$，其无水硝酸，盖哈写作$\left.\begin{matrix}NO_2\\NO_2\end{matrix}\right\}O$。其余如硫酸，磷酸等，亦可用状式表示之。

盖哈的状式与杜玛的状式有相同处，亦有相异处。照杜氏的状式，每化合物都是一个整的，并无"binary"的道理存乎其间。盖氏也说他的状式分类法是个一体的统系（systeme unitaire)，这是他们相同处。不过盖氏的苛性钠、硝酸和酒精的式，$\left.\begin{matrix}K\\H\end{matrix}\right\}O$，$\left.\begin{matrix}NO_2\\H\end{matrix}\right\}O$，$\left.\begin{matrix}C_2H_5\\H\end{matrix}\right\}O$，其中的原子或基，K，$NO_2$，$C_2H_5$的性质，影响于各该分子的性质者不少，这是杜玛所不曾注意的。

250. 凝合状式（condensed type）**和倍数状式**（multiplied type）——自1852～1859，威廉生，Odling, Berthelot和Wurtz对于凝合或倍数状式，先后各有贡献，而尤以威廉生的工作为最著。因为硝酸$\left.\begin{matrix}NO_2\\H\end{matrix}\right\}O$和硝酸盐$\left.\begin{matrix}NO_2\\H\end{matrix}\right\}O$很易由简单水状式引出，而硫酸或硫酸盐则不能，所以威廉生1852的论文中，承认硫酸和其盐是从$\left.\begin{matrix}H\\H\end{matrix}\right\}O$引出，写作$\left.\begin{matrix}SO_2\\H_2\end{matrix}\right\}O_2$，$\left.\begin{matrix}SO_2\\HK\end{matrix}\right\}O_2$，$\left.\begin{matrix}SO_2\\K_2\end{matrix}\right\}O_2$，$\left.\begin{matrix}K_2\\H_2\end{matrix}\right\}O_2$，$\left.\begin{matrix}K_2\\HK\end{matrix}\right\}O_2$，同时可见他承认多价的基，如$SO_2$或CO。

他仍嫌这种式子未能详细，所以1855年他又进一步，写硫酸为

$$\left.\begin{matrix}H\\H\end{matrix}\right\}O \quad \left.\begin{matrix}H\\H\end{matrix}\right\}O \qquad\qquad \left.\begin{matrix}H\\SO_2\end{matrix}\right\}O \quad \left.\begin{matrix}SO_2\\H\end{matrix}\right\}O$$

这个式子，共将硫酸一分子分作五部份，于是不但表示一分子硫

酸是由代替二分子水中的二氢原子所成，并表示其中的SO_2所代替的氢，每一分子水中各有一个。

1855Odling引申威廉生的观念，说有机或无机化合物，可从三分子水的状式引出。

$\left.\begin{matrix}H_3\\H_3\end{matrix}\right\}O_3$ 水　　$\left.\begin{matrix}PO\\H_3\end{matrix}\right\}O_3$ 燐酸　　$\left.\begin{matrix}Bi\\H_3\end{matrix}\right\}O_3$ 氢氧化铋

$\left.\begin{matrix}PO\\K_2H\end{matrix}\right\}O_3$ 燐酸氢钾　　$\left.\begin{matrix}Bi_3\\NO_2\end{matrix}\right\}O_3$ 硝酸铋　　$\left.\begin{matrix}C_6HO_3\\H_3\end{matrix}\right\}O_3$ 柠檬酸

又，凝合或倍数状式其成立固由于多价各酸（polybasic acids）的研究，其影响则及于多沅各醇（polyhydric alcohols）的发现。1854年Berthelot既知甘油（glycerine）能与三份酸质化合，又申说甘油与酒精的关系，犹之硝酸与磷酸的关系。

$$\left.\begin{matrix}C_2H_5\\H\end{matrix}\right\}O \quad 与 \quad \left.\begin{matrix}C_3H_5\\H_3\end{matrix}\right\}O$$

$$\left.\begin{matrix}NO_2\\H\end{matrix}\right\}O \quad 与 \quad \left.\begin{matrix}PO\\H_3\end{matrix}\right\}O$$

Wurtz就见得酒精和甘油中间必另有一种醇，可由二分子水的状式引出。1859年他果然发现二价醇glycol $\left.\begin{matrix}C_2H_4\\H_2\end{matrix}\right\}O_2$。

251. 1857**凯古来的混合状式**（Kekulé's mixed type）——盖哈于1856年出版了他的教科书第四册，立了状式学说之后，就不幸短命死了——年纪才40岁——不及见这书所受的欢迎和那学说的推广！当1855时。Odling虽已认磺硫酸钠（sodium thiosulphate）$Na_2S_2O_3$是从水和硫化氢各一分子引出，

$$\left.\begin{matrix}H\\H\end{matrix}\right\}O \quad \left.\begin{matrix}Na\\SO_2\end{matrix}\right\}O$$
$$\left.\begin{matrix}H\\H\end{matrix}\right\}S \quad \left.\begin{matrix}SO_2\\Na\end{matrix}\right\}S$$

然必至1857方有凯古来的混合状式。混合状式与凝合或倍数状式虽颇相似，但后者系从二个或三个相同分子的状式引出，前者系从二个或三个相异分子的状式引出。以下再举几个混合状式的例子。最后一个，则又是凝合状式和混合状式合而为一的状式了。

$$\left.\begin{matrix}H\\H\end{matrix}\right\} \quad \left.\begin{matrix}H\\SO_2\end{matrix}\right\} \quad \left.\begin{matrix}C_6H_5\\SO_2\end{matrix}\right\} \quad \left.\begin{matrix}Cl\\H\end{matrix}\right\} \quad \left.\begin{matrix}Cl\\SO_2\end{matrix}\right\}$$
$$\left.\begin{matrix}H\\H\end{matrix}\right\}O \quad \left.\begin{matrix}SO_2\\H\end{matrix}\right\}O \quad \left.\begin{matrix}SO_2\\H\end{matrix}\right\}O \quad \left.\begin{matrix}H\\H\end{matrix}\right\}O \quad \left.\begin{matrix}SO_2\\H\end{matrix}\right\}O$$

Sulphurous acid　Benzene sulphonic acid　Chloro-sulphonic acid

$$\left.\begin{matrix}H\\H\end{matrix}\right\}N \quad \left.\begin{matrix}H\\H\end{matrix}\right\}N \quad \left.\begin{matrix}H\\H\end{matrix}\right\}N \quad \left.\begin{matrix}H\\H\end{matrix}\right\} \quad \left.\begin{matrix}H\\H\end{matrix}\right\}O$$
$$\left.\begin{matrix}H\\H\end{matrix}\right\}O \quad \left.\begin{matrix}CO\\H\end{matrix}\right\}O \quad \left.\begin{matrix}SO_2\\H\end{matrix}\right\}O \quad \left\{\begin{matrix}H\\H\end{matrix}\right\}O \quad \left.\begin{matrix}SO_2\end{matrix}\right\}O$$
$$\left\{\begin{matrix}H\\H\end{matrix}\right\}O \quad \left.\begin{matrix}H\end{matrix}\right\}$$

Carbamic acid　Sulphamic acid acid　Ethyl sulphuric acid

以前所谓连属化合物，凯古来常用混合状式表示之，他觉得有了混合状式，则连属化合物和寻常化合物之无谓区别可以免除；两种化合物同是用基代替状式中之氢诱导出来的。不过有些从混合状式诱导出来的式子倒很古怪，所以考勃大不以为然。要知考勃的符式，有的也非常麻烦。结果下来，混合状式虽不受他的讥评的影响，却无发展之余地。

252. 1857**凯古来的沼气状式**（Kekulé's marsh gas type）——凯氏尝于1857研究爆炸酸汞（mercury fulminate）时，介绍沼气状式，并将ethyl chloride, chloroform, chloropicrin, acetonitrile都归于这个状式。因为凯古来用氯气处理爆炸酸汞之下，除蜻质（cyanogen）成cyanogen chloride放出处，爆炸酸汞变为chloropicrin。这chloropicrin等与气为同一状式者，可适用杜玛代替的意义。用当日的原子量，我们有

$C_2 \cdot H \cdot H \cdot H \cdot H$	marsh gas
$C_2 \cdot H \cdot H \cdot H \cdot Cl$	methyl choride
$C_2 \cdot H \cdot Cl \cdot Cl \cdot Cl$	chloroform
$C_2 \cdot (NO_4) \cdot Cl \cdot Cl \cdot Cl$	chloropicrin
$C_2 \cdot H \cdot H \cdot H \cdot (C_2N)$	aceto-nitrile
$C_2 \cdot (NO_4) \cdot Hg \cdot Hg \cdot (C_2N)$	mercury fulminate

原来，我们已有H_2，Cl_2，H_2O和NH_3四状式，加上沼气，于是有五个状式。可见状式学说，当日很算发达。那知学问是要日新进步的，无论什么学说，几乎都有盛极而衰的一日。凯古来的状式学说出来后，盖哈的状式遂失其固定的价值，因同是一物可属于两个或以上状式，例如一椀醚可归于水或沼气二状式，一椀氮氢化物可归于氢、阿莫尼亚和沼气三状式！

再者，沼气状式既被介绍之次年，凯古来又有著名的论文，说沼气状式中每一氢原子被代替时，所剩的基或渣余其原子价递增一个。例如

$$CH_4 \rightarrow CH_3Cl \rightarrow CH_2Cl_2 \rightarrow CHCl_3 \rightarrow CCl_4$$

中的CH_4基是一价，CH_2基是二价，余类推。他进而研究高等炭氢化合

物中二原素的数值关系，断定各炭原子有直接相连的必要，即—C—C—，—C—C—C—等。从此状式学说一变而为原子价的学说和构造学说了。

253. **状式与原子价的关系**——我们若考察状式的符式，则见其带有下列的暗示：——

（1）在HH或HCl状式的化合物中，一原子的氢或氯，只与一个一价原子或基化合。

（2）在H_2O状式的化合物中，一原子的氧，可与二个一价原子或基化合。

（3）在NH_3状式的化合物中，一原子的氮，可与三个一价原子或基化合。

（4）在CH_4状式的化合物中，一原子的炭，可与四个一价原子或基化合。

（5）即照侯夫门的办法，将NH_3状式推广起来，将amines与CH_3I以及phosphine与HI的化合物，写作

tetramethyl ammonium iodide $\left.\begin{matrix}CH_3\\CH_3\\CH_3\\CH_3\end{matrix}\right\}NI$　　Phosphonium iodide $\left.\begin{matrix}H\\H\\H\\H\end{matrix}\right\}PI$

也不过表示一原子氮或燐有时可与五个一价基或其他原子化合罢了。然则状式学说本含一种言外的意味，即状式中各异原子，如H,Cl,O,N.C等有各异化合力（combining power）。质言之，即氢或氯为一价，氧为二价，氮为三价，炭为四价。

254. 1857**凯古来论原子价数**（Kekulé on atomicity）——拿我们现在的眼光看起来，原子价的学说非常有用。然不但19世纪上半叶，从无人对于原子价有明了的观念，即当19世纪下半叶开始时，仍无一定的原子价学说。虽然上文说过盖哈的状式学说已将原子价的意味指点我们，可是盖氏之确切态度离原子价的承认尚远。不过以凯古来思想的精辟、推理的独到，假使弗兰克伦（见下）不将原子价的学说成立起来，恐怕凯氏对于这个问题将有同样的贡献吧。

由研究盖哈的状式之结果，凯氏分重要原素为monatomic, diatomic和triatomic三种。1857年他有一篇论文，其中说道：

“化合物的分子，乃原子结合而成。

“与（一原素的）一个原子化合的其他原素的原子或基的数目，视乎各成分的盐基价或代替价（basicity or substitution-value）。

“由此观点，原素可分为重要三组：

“（1）一价的（mono-basic or monatomic）例如H，Cl，Br，K；

“（2）二价的（di-basic or diatomic）例如O，S；

“（3）三价的（tri-basic or triatomic）例如N，P，As；

“（4）主要状式HH，OH_2，NH_3，和次要状式CHl，SH_2，PH_3皆从这个道理引申出来。”凯氏在其论文第133页小注中，并说炭是四价的。

以上系由简单状式的研究而知原素的“原子价，”凯氏又由倍数状式或混合状式的研究，知基的“原子价”：

“一个一价的基，永不能与一状式的两个分子结合。

“一个二价的基，可与一状式的两个分子结合。

$SO_2''Cl_2$ Sulphuryl chloride

$\left.\begin{matrix}H \\ SO_2 \\ H\end{matrix}\right\} \begin{matrix}O \\ O\end{matrix}$ Sulphuric acid

$\left.\begin{matrix}CO'' \\ H_2 \\ H_2\end{matrix}\right\} N_2$ urea

“依同理，一个三价的基可与水状式的三个分子结合，例如

$\left.\begin{matrix}PO''' \\ H_3\end{matrix}\right\} O_3$ 燐酸

$\left.\begin{matrix}C_3H_5''' \\ H_3\end{matrix}\right\} O_3$ 甘油

$C_3H_5Cl_3$ Trichlorhydrin.”

255. 1852**弗兰克伦的原子价的学说**（Frankland's theory of valency）——原来，考勃一派主张连属学说；以为某物质的一原子（如As，S之例）虽与一个或多个基化合成连属化合物时，尚能与寻常他原素如氧或氯化合，而且他原素与连属化合物中的某原素一原子化合的数目，不以有基的存在而异。惟弗兰克伦则利用他自己和他人发现的有机金属化合物证明其不然。金属锡能成二种氧化物SnO与SnO_2，和二种氯化物。据连属学说，则二椀锡（tin ethyl），SnC_4H_5(C=6)应该以两种比例与氧或氯化合，但实际所知者都只有一个，即$Sn(C_4H_5)O$和$Sn(C_4H_5)Cl$。砒与锑各有两种的氧化物，AsO_3，AsO_5和SbO_3，SbO_5。但最强的氧化剂，对于砒臭酸$As(C_2H_3)_2O_3$毫无影响。连属锑的最高级氧化物，不过是$Sb(C_4H_5)_3O_2$。弗兰克伦从这种研究，始惊讶金属或其他原素每一原子有个特别性质，叫作“饱透能力”（“saturation capacity”），即今之原子价（valency）。这“饱透能力”虽可各异，而终是有定。他认连属化合物乃寻常氧化物的

代替产物，例如砒臭酸乃氧化砒中的二当量的氧被二个C_2H_3基代替而成。因砒有其“饱透能力”，故不能使之再受氧化。其他种种所谓连属化合物（指含基含氧的金属化合物），也都可用“饱透能力”来解释。连属学说，于是被“饱透能力”所推倒。这可算是弗兰克伦的原子价之学说的第一步。

这还不足希奇，所希奇者弗氏的第二步是从有机物体想到无机物体，而后这原子价的学说更觉豁然贯通。他的最足纪念的论文[①]中，有一段常引用者如下：

“当考察无机化合物时，其构造之普通相称，虽走马看花的人也要惊而异之；氮，燐，锑和砒的化合物，尤其露出一种倾向，即这些原素能生成含三或五当量的他原素的化合物。又必依这种比例，这些原素的爱力始能圆满；例如在含三原子的组（series）中，我们有NO_3（弗兰克伦用的是Gmelin的当量；改用近世原子量，则是N_2O_3，余仿此），NH_4，NI_3，$NS_3(N_2S_3)$，$PO_3(P_2O_3)$，PH_3，PCl_3，$SbO_3(Sb_2O_3)$，SbH_3，$SbCl_3$，$AsO_3(As_2O_3)$，AsH_3，$AsCl_3$等等；又在含五原子的组中，则有$NO_5(N_2O_5)$，$NH_4O[(NH_4)_2O]$，NH_4I，$PO_5(P_2O_5)$，PH_4I等等。我们对于原子的这种相称组合不必设为假说，从这些例子，自足明白这种倾向或定律之通行，而且无论化合的原子的性质如何，那吸引原素的化合力，如让我用这个名词，永被同数的这些原子充满之。”

上节所述的理论，看似平常得很，然而这却是所谓原子价的学说而且首先宣布之者不得不推弗兰克伦。何以故呢？此处读者应当注

① 这论文的题目是“On a New Series of Organic Compounds Containing Metals”，一八五二年五月十号宣读于伦敦化学会，载在同年的Phil. Trans., Vol. Cxlii, p.417.

意：第一，原子价的学说不是发源于无机而是发源于弗氏擅长的有机金属化合物；这本来有点希奇。第二，弗氏能将有机和无机物体的成分都隶属于原素的根本性质即原子价之下。第三，他承认原子价在一定范围中可以各异而同时是有定的。他认砒族原素的“饱透能力”有三有五，但不假定更高的数值。第四，少数原素的原子价一经定了之后，其余原素的任何化学家都能求得了。

虽然，原子价的学说当初发现时用处很少，必待一原素的实在原子价有法测定，而后原子价的效用乃著。老实讲罢，从上节引证的话，我们也可看出弗氏自己尚不能测定氧的实在原子价呢！

256. 1858**炭的四原子价和各炭原子的相连**（quadrivalency of carbon and the linking of carbon atoms）——我们首先应该知道，炭的原子价不能从无机中的普通化合物，CO和CO_2测定，而必利用有机化合物。许多史家承认考勃和弗兰克伦为发现炭的四原子价最早之二人，然有上节和以下数节的理由，我们不得不将这功劳归于凯古来和库贝（Couper）二人。至各炭原子的相连，则完全是后头两位所发现。因凯氏和库氏于1858年独立的而几同时的（库氏稍后时日，然系同年）发表其有目共赏的论文，其中关于一炭四价、各炭相连和氧的连法，各有根本的和详细的学说（见下），不过他们也各有特别的地方。凯氏于各异原子之间首用横线（bar）的符号，表示相连之意（Wurtz误作自己首先用的）；库氏认原子的性质有二种，一种叫elective affinity，即所谓化学爱力，一种叫degree of affinity，即所谓原子价。还有应当特别声明者即，库氏认炭原子的最高化合力是四，但就普通言，他采用弗兰克伦的主义，认一原素可有不同的“饱透能力。”而凯氏则极力反对之，以为原子价乃一原素的根本品性；原子价之不可变更犹之乎原子量之不可变更。凯氏认氮或其类似原子恒是三价，硫或氧恒是二价，氯、溴或碘恒是一价。因为这个说法与事实不免有些冲突，他乃拿个臆说来解释，说化合物可有原子的和分子的两种。例如NH_3，PH_3，HCl等，乃原子的化合物；NH_4Cl,ICl_5，乃“分子的化合物”(molecular compound)。他说第一种中各原子团体较紧，第二种中较松。他说分子化合物如氯化铔，五氯化燐，应写作$NH_3 \cdot HCl$和$PCl_3 \cdot Cl_2$，以表示其较松的结合。此种结合之力，与第一种的不同。

257. **凯古来（kekulé）的学说**——我们最好是让凯氏的论文自己说来：——

“如果我们想想最简单的炭化物CH_4，CH_3Cl, CCl_4, $CHCl_3$, $COCl_2$, CO_2, CS_2, CNH等，我们很觉奇怪者，在乎化学认为最小之量的，即原子的，炭，永与四个一价原素或二个二价原素化合；在乎，就普通言，与一原子炭化合的化学单位的总数等于四，这事实引出炭是四价的观念。

“对于多炭原子的物质，我们必假定至少有一部份其他原子被碳盗窃案原子吸引，而且诸炭原子自己各相连中结，于是，这个炭原子一部分的引力自然被那个炭原子一部分的引力所抵消。

“在二炭原子的物质，最简单而且（所以）最可有的，是此炭原子的爱力的一个单位与彼炭的一个单位相结合；在二炭原子所有的2×4爱力单位中，两单位既用于二炭原子相结合，故可与他原素联合者只剩六单位；换言之，C_2组是六价的。

“傥二个以上炭原子如法连结，每加一炭原子，炭组之价加二单位。例如与n炭原子化合的氢的数目，可用下式表之：

n（4-2）+2＝2n+2

若n=5，则炭的原子价共有12（amyl hydride, amyl chloride, amylene chloride＝$C_5H_{11}H$, $C_5H_{11}Cl$, $C_5H_{10}Cl_2$，余例推）。”

读者试将第一节所述与弗兰克伦的原子价之学说比较，可见凯古来对于炭的原子价和弗兰克伦对于砒族的原子价，其推理方法完全相同。其余三节关于各炭原子之相连，凯氏说得非常透彻。此外凯氏还说到多价原子如O，N等在炭化物中可只用其爱力之一部分与炭相连。这也是道常人所不能道。

258. **库贝（Couper）的学说**——库贝的学说与凯古来的观点虽异而目标则同，开端虽异而结论则同，表面的说法虽异而内容的博大精深则同。库氏起首即斥盖哈的状式为人造的而非科学的，以为我们所急宜知者，是原子的而非但基的，性质盖哈的状式，譬如讲文字中的某字，而库贝则要研究某字中的各个字母。然库贝的工作，似未得充分的相当承认，故此处也先证他自道其论文数段：——

“因要适合其化合之力，炭常与等数当量的氢、氯、氧、硫等化合；至氢、氯、氧、硫等可以相互换置。

“各炭原子常可自相化合。……有机化合物中含炭原子甚多者可以此理解之。

“我承认已经化合的一氧原子，可施其爱力于第二氧原子，这第二氧原子自己，是与另一原素化合的。

"炭的最高化合力，我们知道的是四，氧的是二。所有炭化物，可用二式代表之，即nCM_4和nCM_4-mM_2，其中的m<n；或宁以一式代表之，即nCM_4+mCM_2，其中的m，可变为零。"

259. **结构学说和其程式**(structural theory and formulae)——结构学说者，据Butlerow所下的定义，乃解明"分子中各原子交互连贯之法"之学说。"结构"一名词，Butlerow 1861年始创用之，而其原理实导源于原子价的主义，逐渐成立，无一定时日之可言。从考勃所用的程式变为今日的意义精密的程式，譬如一条路，望之很远，但也很直；不走则已，一走便到。何以故呢！考勃期初的程式，例如酒精是$HOC_2H_3H_2C_2O$，醋酸是$HO\cdot C_2H_3(C_2O_2)O$，看起来非常古怪。其实这些程式与近世的结构程式完全符合，不过其中的H=1，C=6，O=8罢了。到了1870年后，他也承认C=12，O=16，S=32，照此则酒精式变为$\left.\begin{matrix}CH_3\\H_2\end{matrix}\right\}C\cdot OH$，醋酸式变为$\begin{matrix}CH_3CO\\HO\end{matrix}$了。进一步言，库贝的程式

$$\begin{matrix}C\left\{\begin{matrix}O\text{-}HO\\H_2\end{matrix}\right.\\|\\CH_3\end{matrix}\qquad\begin{matrix}C\left\{\begin{matrix}O\text{-}HO\\O\end{matrix}\right.\\|\\CH_3\end{matrix}\qquad\begin{matrix}C\\|\\CH_3\end{matrix}\left\{\begin{matrix}O\text{-}O\\H_2H_2\end{matrix}\right\}\begin{matrix}C\\|\\CH_3\end{matrix}$$

酒精　　　　醋酸　　　　以脱

除用O—O代替我们的一原子氧外，完全与近世的结构程式相同。况照他的O=8，则O—O仍等于我们的一原子氧。至于他既因常常遇见双原子炭C_2在一块，故将C=8的原子重二倍起来，何以不将氧也二倍起来，以便将代表现在一原子氧的O—O改写为O，到也奇怪！

关于结构学说，有一极有趣味的故事如下：1890年恰好是凯古来

的轮质学说成立后25周年，德国化学会特开纪念大会以示庆贺。凯氏即席讲演，自述其生平经历曰：[①]

“当予之旅伦敦也，寓克来宾路（Clapham Road），予友靡勒（Hugo Miller）则在阿斯林登（Islington）。予常过予友作长夜谈；谈事虽多，然莫过于心爱之化学。一夕予乘最晚公用汽车（Omnibus）归来，坐于车之上层，竟入梦乡。见夫翩翩来舞，直射眼帘，而渺乎其小者，皆尤异者，则见夫何以二小原子两两双飞，何以一大者连带二小，何以更大者包容三四，而其全体则活泼泼地相与作跳戏。又见夫何以大小连环如贯珠，而以小随大，乃在串之两端。乃车夫扬声曰“克来宾路”予梦乃醒。是夜因走笔记之，是为结构学说思想之由来。”

260. 1865**凯古来的轮质学说**（kekulé's benzene theory）——凯式的轮质学说，本不外一炭四价和各炭原子相连的道理，然而世人公认这学说是“全部有机化学中所能找出的最美的科学预言”者，因为一则传输线质学说是结构学说之代表，二则无数的新化合物是从轮质诱导出来的，有了轮质学说，有机化学中其他发现才日见其多。原来弗兰克伦，考勃，库贝，并且1865年以后的凯古来所能告诉我们的，不过是较为简单物体的——脂肪（aliphatic）物体的——成分。至于芳香（aromatic）物体，例如benzoyl, cinnamyl等等，虽李必虚早有基的学说，然那些基的最后组成尚完全在黑暗之中。其所以然者，大概系照

本节和下节中所举的引文，系作者旧日所译。参观北京大学月刊第一卷第一号“有机化学史。”

凯古来所云：——

“要想测定芳香化合物的原子组成，必须考察以下事实：

1. 所有芳香化合物虽最简单，也较其对待的脂肪化合物更富于炭。2.在芳香化全物中，犹之在脂肪物中，有许多同式的（homologous）化合物存在。3.最简单的芳香物体，至少含有6原子的炭。4.……在较为剧烈的反应中，一部分的炭析出，变为脂肪化合物。但其主要产物永为芳香的，至少含有6原子的炭（benzene quimone, chloranil, phenol, oxyphenic acid, picric acid, etc）。”

轮质为1825法拉第发现的芳香物体，过了40年，凯古来才给他个结构程式。我们知道C_6H_6可有（1）式；（1）式的两端二线连合，则得（2）式；凯氏以六边形表示之如（3）式；又依一炭四价之理，假定6炭原子中间一连线和双连线相间，如（4）式。

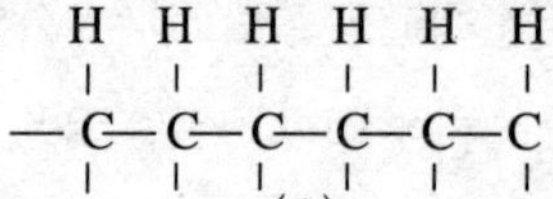

```
  H  H  H  H  H  H            H  H  H  H  H  H
  |  |  |  |  |  |            |  |  |  |  |  |
—C—C—C—C—C—C             ┌C—C—C—C—C—C┐
  |  |  |  |  |  |           └|——|——|——|——|——|┘
       (1)                          (2)

      CH                           CH
  CH     CH                    CH     CH
  CH     CH                    CH     CH
      CH                           CH

      (3)                          (4)
```

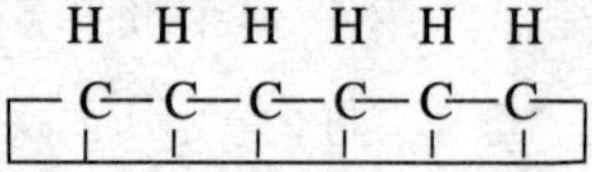

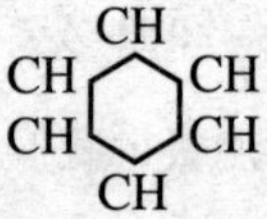

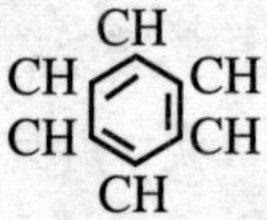

凯氏居然能说明凡芳香物体必以六炭为核仁，此六炭有较为紧密的结合。自此以后，乃有所谓（闭）环化合物[（closed） ring compound]，和开链或直链化合物（open or straight chain compound）的区别。有机化学因即别开生面。试观1865以前，人造的芳香物体，

几乎完全没有，1865以后至于今日，人造的芳香物体较多于脂肪物体，足见凯氏轮质学说的功劳。

因这学说的原故，1890年德国化学会有25周年的庆贺大会，当时凯氏自述的佳话，除上节所载外，尚有一段如下：

“予又尝旅比国之甘特（Ghent）。寓值繁市，街逼窄，书不见日；顾在化学试验室，无碍也。一日予静坐室中，不当意，盖时方治某书，而思想别有所属也。乃方移坐炉旁，又入黑甜乡里，见夫原子沙数，缥缈离奇，浮动于壁，其节节玲珑者，忽而首尾环抱，矫若游龙矣。一霎时间大梦惊觉，爰如前记之，乘夜出予所得，是为轮质学说。”

261. **有机化学中反常的原子价**——炭之原子价，除普通为4者外，自1892年起尚有二价的炭之发现，1900年起又有三价的炭之发现。这些都与有机化学有特别关系，而发现者都是美国人。一是美国芝加哥大学之J.U.Nef，一是密西干大学之M. Gomberg。

本来炭为四价之说，似乎早有例外，即如一氧化炭CO中炭之原子价，本是一个问题。然必等到1892这种例外方在真正有机化合物中找出。Nef和其他研究者均认isocyanides或isonitriles RN：C和爆炸酸化物（fulminates）RON：C中之炭为二价的。自然这些化合物之构造式也可用炭为四价来表示，但在化学及许多物理性质上总不及用炭为二价所能说明得圆满。

至于三价的炭，要以1900年Gomberg发现的 Triphenyl methyl为最好的代表。近来尚有 Conant, Gomberg自己和其他，还有cyclohexyl和Thiophenyl诱导物中含三价的炭之研究。此处不便多述。

总之，原子价之反常及不饱和unsaturation在有机化学中确是重要问题。例如除二价或四价的O或S外，我们有一价的O或S；我们有三价的Sn和Pb。这些有机诱导物，近来似乎也有人发现过。

第十六章　李必虚、孚勒、杜玛等的传略

262. **李必虚的传略**（Liebig, 1803～1873）——李必虚名Justus，德国人，1803年5月12日生于Darmstadt。他父亲做颜料、油类和寻常化学药品的生意，有些货物系自已家里制造的。因此，李必虚幼年时就得着化学上的“庭训”。他又尝代他父亲到贵胄图书馆（Court Library）借书，自已就顺着书架上的次序一本一本的去读。他后来自传中说：“我十分相信，为了准确的知识起见，这样看书是没有特别用处的，但在我却因此发达那在现象中思想的才能；那才能对于化学家比对于其他自然科学家尤有关系。”他富有独立精神，少年时即决意专习化学。一次他被校长责问，他大声回答道：“我愿是个化学家！”

15岁时，他从一配药者学徒。他在那药店里继续看书并做化学试验，愈多愈好，不管那书的或试验的性质如何。但呆板的配药事业与他不相宜。他少年时听人说过取爆炸酸银（silver fulminate）的法子，心中久以为奇，此时他自已去做试验。那知一声爆炸起来，连他的位置和一部分的屋顶都炸掉了。这与兑飞少年时的故事很相似的。于是不到一年，他就离开这配药店而考入Bonn大学。一年后他随他的教习到Erlangen。他虽然决意专门研究化学，但迫于当时潮流，不由得费了两年工夫去习哲学，他后来提起很觉懊悔。1840年李氏发表一篇文章，题目是“自然科学之研究。”他的说法如下：——

“我自已在一大学过了一部分我的学生生活。在那大学中，当代

最大哲学家和研究形而上之学的，能使在他左右有思想的少年赞慕仿效，那时谁能抵抗这个传染！我也经过这个时代——非常富于言论和思想而非常穷于诚实知识和真正研究的时代，我一生中两年宝贵光阴就如此费掉了。”

他在Erlangen入一学生会，因政治上关系，那会为政府所禁。此时他晓得在德国不能达到他研究化学的目的，乃请Hessian府政资助他到巴黎去游学。Hesse Hamstadt的大公爵知道他的才能，也就答应了他。1822年他到巴黎；Gay-Lussac, Thenard, Dulong, Chevreul, Vauqulin等正在那里尽力研究。李必虑在巴黎又会见Runge, Mitscherlich和Rose。他上堂听盖路赛、戴纳和杜朗3人的讲演后，将法国的讲法与德国的一比，觉得法国的务求真实而德国的不免虚饰，后来他自已乃力矫此弊。恰好那时A. Von Humboldt常住在巴黎，很常识他，将他介绍给盖路赛。盖氏让他在他的试验室里工作，二人就同做著名的爆炸酸盐（fulminates）的研究。李氏尝说：“我后来的一切工作和一切经历的基础，都是在那火药局 (Arsenal)的试验室放下的。”同时——1822，他19岁时——Erlangen大学赠他学位。

1824年他回德国， Humboldt荐他到Giessen大学做例外教授 (Extraordinary Professor)，那时他才21岁，因为他年轻，起初有些人很不满意他，两年以后他升为正式教授 (Ordinary Professor)。但那时Giessen本是个小的大学，薪水很少，化学设备极坏，他乃请 Darmstadt政府创造一个极有名誉的Giessen试验室。这试验室的影响，以下分别再讲。李必虑一共在Giessen大学28年，直至1852，因为工作太勤，教授太劳，他乃改就Munich大学之聘。他到那里虽然仍做化学教授，然而他的条件是专功研究，不但任讲授职务。

先是1845年德国政府封他男爵。他在Munich时各界更加优待，全欧化学界无不信仰他的。又过了20年后，到了1873年4月18日他才死于Munich，年纪恰好70岁。

李必虚的为人，稍迟再与孚勒(Wöhler)的一齐讲。他的发现和研究本来不胜枚举；但其在化学上尤关重要者，则有：——

1821他与盖路赛试验爆炸酸盐；

1825（？）他尚不能辨认溴是原素；

1829他发现并分析马尿酸(hippuric acid)；

1830他研究malic acid, quinic acid, roccsllic acid, camphor,camphoric acid；

1831他发现可喽叻(chloroform)；

1832他与孚勒研究安息酸基，并提出第一个基的学说；他又研究乳酸(lactic acid)；

1833他研究meconic acid和其产物，天冬精和天冬酸(asparagin and aspartic acid)；

1834他又研究酒精、以脱等成分，有“ethyl”基的学说；又与孚勒同研究尿酸(uric acid)；

1831～1835他发现各种酒精诱导体，例如aldehyde和 chloral；

1837他有“acetyl”学说；

1834～1841他研究mellone,malam,硫蜻化合物和其他蜻的诱导物；

1839他成立酸的多价(polybasicity of acids)学说。

此后他特别注意农业化学和生理化学。此处可述者，则有：

1837～1841 alkaloids的反应；

1846～1851动物的产物例如amino-acids和amides的反应。

李必虚做的有318篇化学上和其他科学上的论文，还有许多与他人合作的不在其内。此外他还有下列各种著作：——1837有机物体之分析，1840化学对于农学和生理学之应用，1842动物或有机化学对于生理和病理学之应用，1843关于配药的有机化学便览，1844化学通信，1847化学研究，1855农业化学之基础，1856农事之理论和实习，1859关于近世农事之科学信件，1862植物滋养中之化学程序和耕种之自然定律；又从1831～1840他做配药杂志(annalen der Pharmacie)的编辑人；1840年后这杂志改名化学和配药杂志(Annalen der Chemie und Pharmacie)，他和孚勒同做编辑，他的论文多载在这杂志中。他又与孚勒和Poggendorff编辑纯粹和应用化学词典。

此外，李必虚对于化学和其他科学的贡献，因其关系之重要，须分作以下3节来讲。

I. 李必虚在化学分析上的，尤其是有机的贡献——以前已经讲过，赖若西埃是做有机分析最早的人，嗣后盖路赛、白则里等又将有机分析逐渐改良，但必等到李必虚发明他的烧炉（combustion furnace，1831；他用CuO为氧化剂），他的苛性钾瓶(potash bulb)和他的凝结器（condenser）之后，有机分析上所用的器具才有近世的样式。李必虚介绍的器具如此简便，差不多随便何人都可做这种分析的试验。要知当世用过这些器具的，恐怕没有比他自己用过的更多了。这些事情已足使他成个有机化学创造家。他又改良或发现些分析方法，例如用硝酸高汞$Hg(NO_3)_2$法测算尿素（urea），用chlor-platinates

法测定alkaloids，用phyrogallate 法测定空气。此外他还有试氢 蜻酸（HCN）的法子，分离镍和钴的法子和镀一薄层银于玻面的法子。

II. 1826 Giessen**试验室之成立**——1820年左右，各国几乎都还没有化学试验室为一般学生用的。德国那时化学远比不上英国或法国的，试验室更加没有,弄得李必虚不得已才到巴黎盖路赛的试验室中练习两年。虽然等他回国以后，他就（1826）极力陈请于Darmstadt政府，将一个旧营盘改造起来，首先创设一个极有名誉的Giessen试验室。这试验室虽有种种限制，但因为有了李必虚在那里，因为有了些莫大发现和发明是在那里做出来的，于是欧洲各国和德国本国的学生一齐到Giessen去救济他们的化学知识的饥渴。李必虚代他们订下一种化学课程，令每人先习定性的和定量的分析，再制备各种有机物体，最后由教授指导着做特别研究。这课程到现在还算是金科玉律。

李必虚与寻常教习不同。他教学生虽从初步科学教起，毫不惮烦，并一个一个的去教。他又拿自己做榜样，与学生一齐去工作以鼓励他们。他教他们如何解决化学问题的方法，但是要他们各自发展其思想，并用独立的观察以试验之。李氏说过：

“我们从黎明工作直到黄昏，荒费时间和游戏在Giessen是没有的。常常听着的有个惟一抱怨，乃是听差的（Aubel）抱怨当他晚上要打扫试验室的时候，还不能使工作者出去”

这样努力工作的成绩，不消说是将有机化学的基础打得非常稳当，并连带的将德国在化学上的国际地位提高了不知多少！

李必虚的学生多很得，其中著名化学家也不少。A.W.v.Hofmann, Kopp, Volhard, Fehling, Fresenious, Gerhardt, Wurtz, Playfiar, Muspratt,

Williamson, Frankland等不可不特别举出。自有 Giessen试验室以后，不但德国，欧洲他处经他的许多学生将李必虚的精神传播起来，将Giessen的模范仿造起来，于是陆续着也各有相当的试验室为普通和专门化学之用。总而言之，Giessen试验室乃世界上成立最早、影响最大的化学试验室，而其创造者就是李必虚。

III. **李必虚在农学和生理化学上的贡献**——1840年以前，李必虚几乎专门研究纯粹有机化学；后来30年间，他转而研究农学和生理化学。在农学一方面，那时“humus”学说通行已有百年。据这学说，植物靠土中一种humus为滋养料，而用不着无机物体。这就是说：植物，犹之动物，须用有机物体为饮料和食料。李必虚才用实验的科学方法证明其不然，并极力将这学说驳倒。他说：

“一切绿色植物的滋养料是无机物质。”

“植物靠炭酸，阿莫尼亚，(硝酸)，水，燐酸，矽酸，石灰，氧化镁和钾和铁的化合物，许多植物并需钠盐。”

“人粪和次等动物的排泄物不能将其中有机物质（由直接同化作用）与植物生命发生反应，但间接的由其分解和腐败程序所生的产物，即将炭变为炭酸，将氮变为阿莫尼亚和硝酸方能发生反应。”

“有机肥料含有动植物的残屑（débris），可用其在土中变成的无机化合物来代替。”

这种道理实近世农业化学之基础，李必虚以前尚无人有如此直捷了当的说法。他又尝用矿物肥料将Giessen附近的瘠地变成肥地，然则他在农业化学上不但是理论家，简直是实验家呢。

在生理学化一方面，李必虚说明动物的食物不但须有一定数量，并须有各异种类或有机物或矿物，且须有相当的比例。他将食物分为生热的和生肉的两种，又证明糖质是生成脂肪的。他相信动物身体中的热完全以肌肉氧化为来源，所最脍炙人口者，尚有所谓他的“牛肉汁”(“beef extract”)和“小孩食物”（“children's food”）。Hofmann说过：

“如果我们将李必虚在工业上、在农业上、在卫生定律上所作有益于人类的一切事业统计起来，我们可以相信着直说世界上没有别的学者生平留下的遗产比他留下的更有价值。”

263. **孚勒的传略**（Wöhler，1800～1822）——孚勒名Friedrich，德国人，1800年7月31日生于 Frankfurt附近之 Eschscheim。他父亲是个富绅，急公好义，Frankfurt的人无不称赞他的。孚勒幼年时常从他父亲学美术，但在小学校读书时，并无特别过人的地方。到了20岁，他父亲送他到Marburg大学要他习医，但他自己却喜欢科学。他所以倾向于科学者，一半靠着他自己的天性，一半也因为一位告退医生Dr.Buch做他的榜样，那医生此时专门研究化学和物理学。在Buch的厨房中，孚勒常制备新发现的原素selenium；后来Buch才将孚勒的这篇论文在Gilbert Annalen中发表。在Marburg时，孚勒又在自己房中随便做个试验室，于是起首做他的著名大工作，蜻的研究。他制取或研究蜻酸，硫蜻酸和其他蜻化合物。他另有一篇论文，也是Buch替他在Gilbert’s Annalen中发表的，告诉我们硫蜻高汞（$Hg(CNS)_2$）加热时有所谓“Pharoch’s Serpent”的奇怪现象，他此时还不知道兑飞的工作，故他也发现美丽结晶的但非常毒的碘化犏（iodide of cyanogen）。

1821，在Marburg一年之后，因慕化学家Gmelin之名，他就转学到Heidelburg。他在此虽然兼习医学，但是到了1823年得了学位即止。他本想上堂听Gmelin的讲，但Gmelin以为没有必要。于是他就在那可怜的Heidelburg试验室中继续他的犏酸研究。后来Gmelin乃极力将他介绍给白则里。

1823孚勒到Stockholm，白则里与之一见如故，仿佛有吾道不孤的感想。原来，白则里已经知道孚勒在Gilbert Annalen中的论文。孚勒对于初到白则里那里的迴想有篇纪念文章，以前已经讲过。他在白则里的试验室中先做些矿石分析，为的是要学白则里的手术[①]，这种练习对他后来有莫大用处。别的姑且不提，可是他立刻就发现了钨(tungsten)的新化合物，tungsten monoxychloride和sodium tungstate或tungsten sodium bronze。但是他仍不愿丢掉犏化合物之研究。白则里对于这种研究也非常注意，因为其与氯的学说有关系。同时李必虚正在巴黎做爆炸酸的试验，发现这酸与犏酸（cyanic acid）的成分恰好相同。孚勒后来的工作虽然与白则里的有冲突的地方，但白则里是他始终敬爱之人。他们几乎每月通信，孚勒并将白则里给他的信保存起来，等到1848白氏死后，一齐交于瑞典科学院，共有几百封之多，这也可见孚勒的精细。

孚勒在瑞典京城不过一年，1824他回到德国，不久即在柏林工

① 孚勒尝随白则里同出旅行，搜集瑞典和瑙威的著名矿石。他们途中遇着兑飞。旅行以后，孚勒乃回德国。

艺学校（Gewerbeschule）当教习共有6年。1827年在此处试验室中首先将铝分离出来，20年后Deville又用孚勒的法子大宗制铝[①]；孚勒又分离了Be.B和Si；又分离了Glucinum 和Yttrium。综计他在柏林6年之间，在Poggendorff's Annalen中发表的共有22篇论文。虽然，他在此处的最大工作是1828年他的尿素之合成。这是蜻酸铔与尿素分子内部之变更，犹之蜻酸和爆炸酸不同之点，所以也可算作一种同分异性（isomerism）。最奇怪的这两对化合物都是蜻的化合物，并都与孚勒有直接关系。孚勒在柏林又做尿（urine）的研究。1830年他与李必虚一同发表关于mellitic and cyanic acids的论文。1832年他们又有关于安息酸基（On the Radica of Benzoic Acid）的论文。

孚勒在柏林有许多可敬可爱的朋友，如Mitscherlich, Poggendorff, Magnus, Rose兄弟等都是。但从1831年起，他被聘改做Cassel地方新设高等工艺学校中化学教授。他一到此处就订一计划，创设一新试验室。1832，他和李必虚联合做苦杏仁油的研究，证明Benzoyl基之存在。他在Cassel共有5年。

1836年Göttingen大学化学教授Stronmeyer病故出缺，孚勒和李必虚同被推举为候补人，但此席终属孚勒。他自已在 Cassel的缺，则由本生（Bunsen）递补——本生那时是Göttingen的Privot Docent。孚勒到Göttingen之次年（1837），即发现 amygdalin，研究它与水的分解，并将分解产物中之氢蜻酸提出。又次年（1838）他发现parabanic

---

① Deville用其所制之铝，铸成奖章，一面铸有拿波仑第三肖像，一面铸孚勒姓名和1829年字样，以留纪念。不久拿波仑聘这两位化学家同做名誉顾问（Legion of Honour）。

acid；他与李必虚有著名的尿酸之研究。从这研究，他们发现了15个新物体。此后孚勒特别注意无机化学；B, Si, Bi, Cr, titanium, tantalum, cerium, thorium, 和uranium他都研究过。1848他发现hydroquinone；1862他发现CaC_2；1865他指出有机化合物中矽与炭的类似。他又尝和Buff发现性能自燃之气体四氢化矽，SiH_4。他的研究范围包括的还有金属的高氧化物和低氧化物（per-和sub-oxides）和非金属氢化物和成盐质化物（halides）。

从1836年起，孚勒在Göttingen当化学教授一直到他死时，共有46年。若连在柏林和在Cassel而论，几乎过了60年的教习生活。他的学生至少也有几万。他在Göttingen大学时，从各国去跟他学的都有，尤其是从美国去的。H. Kolbe, Th. Scherer, Henneberg, Hnop, Städeler, Limpricht, Geuther, Fittig, Beilstein, Hübner, Zöller等等，都是他的“高足”，后来能发挥他们先生的精神从事教育事业者。他以良师著名，与白则里和李必虚一样或者比他们二人还要好些。白氏的试验室太小，并只收化学已有根柢的学生。李必虚的兴趣似乎稍微太嫌专一；但是所有学生到了Göttingen以后，无论要习何项深化，目的总可达到。

孚勒生平身体强健，一直活到82岁——比李必虚大3岁，又多活9年。他死于1882年9月23日，世界各学术机关无一不承认的伟大事业。他一生所得的荣誉纪念共有317种。他生平知足常乐；工作乐，居家乐，交友乐，然而他的终身乐趣几乎无日不在化学之中——不是学化学，就是教化学，就是研究化学！

孚勒的论文大概都在Annalen der Chemie中发表，早年的也见于

Poggendorff's或Gilbert's Annalen中。据英国皇家学会的科学目录，他个人的论文有270余篇，与李必虚或他人合作的四五十篇；目录所未载者也还有些。此外，他的重要著述，则有：（1）无机化学之基础（Grundriss der anorganischen Chemie），1831年出版，共15版；（2）有机化学之基础，1840年出版，有6版；（3）化学分析中的实际练习（Pracktische Übungen in der chemischen Analyse），1853年出版，中讲他的矿物研究之结果，1861年再版时改名矿物分析之实例（Die Mineralanalyse in Beispielen）。

他又尝翻译白则里的教科书和年报，又与李必虚合编化学词典，又与李氏同做化学配药杂志（Annalen der Chemie und Pharmacie）的编辑者。

264. **李必虚和孚勒的个性、交情和合作**——李必虚和孚勒同是德国化学大家，同是有机化学的创造者，他们二人的历史至少有一部分是分不开的，但是二人的个性迥然不同。李必虚是个激烈的、爽快的、能代表德国所谓Feuerfeist一种的人。他富于思想，勇于自信；他在科学上好奋斗，肯牺牲；他生成是个改革家，也自以其职志。孚勒则是个温柔的、和平的人，望之好像没有生气；但他有耐心、有坚定的目的、有卓越的识见；常能注意人之所忽。李氏于辩论时不免急躁使气，孚氏则虽然遇着恶意的攻击，仍保持不动声色的态度；可是他善于诙谐，也常能使李氏的意气平将下去。李氏对于人家稍有错误的地方不肯宽恕，有时不免批评得过火；不过人家还是敬他爱他。孚氏对于每一问题必详加思索并确实试验后才去辩论或批评。孚氏善寻人家的错误，而绝不令自己有不谨慎之点为人发现。李氏恰好与之相反，但他却有“闻过则喜”的特长。

这样看来，李必虚和孚勒一个好动，一个好静；一个激烈，一个和平；一个高明，一个沈潜，个性上可算各趋极端了。如何可以订交如何可以合作呢？然而世界上恐怕没有比他们二人再好的朋友，化学中恐怕没有比他们二人的再好的合作！何以故呢？他们富于感情相同，正直无私相同，致力于科学的真实者相同，学问务求彻底者相同，惟其有这些相同之点和那些不同之点合拢起来，他们才能互相携手，互相匡补，一则订个人生死之交，二则树化学百年之基。李必虚自传中说得好：

“从我在Giessen的履历起首时，我有个大好运气，即得了一位气味相似和目的相似的朋友。过了这么多年，我现在和这位朋友仍然以最热诚相结合。在我一方面常倾向于找出单体或其化合物的性格相似之点，在他一方面有辨识那些相异之点的才能。他的敏锐的观察，又与美术的细密和一种智巧——能发现研究中或分析中的新工具和新方法的智巧，少数人所能有的——合而为一。关于尿酸和苦杏仁油，我们联合工作之成功常常被人称赞，这都是他的工作。我与孚勒的联合，在达到我自己的和我们交互的目的上所得的利益，远非我所能估计；因为两学派的特点赖孚勒的合作以联合之——每派的优点因合作然后有效。毫无妒嫉的、手携手的我们努力向前；这一位要帮助时，那一位已经预备好了。我们彼此关系之深更可领会，如果我说出我们许多较小的工作用我们联合名义者实系一人所作；那是这位送给那位的一些可爱的小礼物。”

1817年12月31日李必虚写给孚勒的信里面又说：

“我不能让今年过去而不使你知我的存在或不以我的至诚祝你的和你的亲爱者之幸福。我们不久将不能再庆贺彼此的新年了。但虽当我们死后，并且我们的尸身化为灰烬以后，那个当我们活着时将我们系在一处的结子，将使我们留个永久纪念，作为二人同在一领域中工作、竞争而不妒嫉，反而始终继续其最亲近的友谊的例子——不甚常遇的例子。”

以下进讲合作，但在二人合作之前有一件有趣味的事情和重要的发现，不得不首先说明。当孚勒在瑞典京城白则里的试验室中做氰酸盐的研究时，李必虚正在法国京城盖路赛的试验室中和盖氏同做爆炸酸盐的研究。1822年孚氏已宣布他的氰酸的分析。1823年，以李氏的勇敢，爆炸酸的分析也做了；他于是发现二酸有相同的成分。因为这个发现，李氏得个特殊荣幸。这荣幸不是别的，乃他的先生盖路赛和他合演了一种迴旋跳舞（Waltz）——盖氏的习惯，用以表示遇着新发现时之狂喜者！原来那二酸的个性，犹之李孚二人的个性，根本上迥不相同，例如一个无毒，一个有可怕的爆炸。然而它们的成分完全相同！二物而有同一成分者，这是破天荒的例子。所以白则里说这是不合理的，他疑惑李氏或孚氏总有一位错了。李和虚又拿氰酸银来分析，找出其中所含之氧化银只有71%，不是孚勒所说的77.23%。于是他自信没有错，而认孚氏的分析错了。等到孚勒重新试验，结果是77.5%，才知李必虚用了不纯的物质。最后1826年，李氏又重新试验时，也找出二盐之成分完全相同。2年后，尿素的合成更使白则里折服于二物可有同一成分的事实。但必到了1830年，白氏才创造同分异性（isomerism）一名词，以表示酒石酸和葡萄酸（racemic acid）的关系。

以上是李必虚和孚勒二人订交之起点。1829年孚氏给李氏一封信，提议化学上的合作。李氏立刻答应。他们首先合作mellitic acid的研究，其次合作cyanic acid，他们查知此酸与uric acid可互相变更，乃一种最非常的分子内部之变化。这些研究都是一位在Giessen一位在柏林做的。1832孚氏结婚后不过2年，李氏因他妻死心伤，请他到Giesssn去合作以安慰之他们二人就同做苦杏仁油的试验。那年8月30日孚氏回柏林后给李氏的信如下：

我现在又回到我的凄凉之处了。你以亲爱之意接待我留我如此之久，我不知我应当如何谢你。当我们得在一处对面工作时，我是何等快乐。

"我附送给你关于苦杏仁油的论文。写这论文所费的时间，比我所预料的久些。我望你最仔细的看一遍，并注意其中的数目和程式。凡你所不惬意者，请你立刻改正。我常觉着这论文有些不尽善，但不能找出在什么地方。"

到了1837，孚勒研究Amygdalin，但只知其水化时产物中有苦杏仁油和氢精酸。李必虚乃发现其中尚有糖（glucose）之存在：

$$C_{20}H_{27}NO_{11} + 2H_2O = C_7H_6O + HCN + 2C_6H_{12}O_6$$

其次，他们又重做尿酸的研究。此酸早经Scheele发现；Prout曾证明爬行动物（Roptiles）的排泄物中重要者是此物。但李氏和孚氏以前，尚不明白此物之组成和其与各诱导物之关系。原来尿酸很不安定，令人难于捉摸，幸而他们二人有精辟的见解和巧妙的分析，才为化学界添出新知识和15个新化合物。

此后李必虚注意农学和生理化学，孚勒则注意无机化学，二人合作的机会就很少了。综计他们合作的一共有几十篇论文，此处不能多讲。但从以上几个例子，谁也可以看出他们合作的结果何等优美。

265. **杜玛的传略**（Dumas, 1800～1884）——杜玛名Jean Baptists Andrée，法国人，1800年7月14日生于Alais。他在小学读书后，15岁即从当地的配药师傅学徒，略与李必虚少时相似。杜玛从此注意化学实验。又因Alais附近有石灰窑、玻璃厂和陶器、冶金各工厂，他与应用化学有接触的机会。他后来一生事业差不多更从此定下来了。但当时Geneva的学校很有名，他又有亲戚在那里，所以16岁时他就步行到Geneva做le Roger的药房助手。同时他听de Candolle讲植物学，听Pictet讲动物学，听Gaspard de la Rive讲化学。一方面他自己那年也在配药学生会中讲演。他在Geneva先研究硫酸化物，察知其中结晶水有一定的比例。其次他测定液体和固体的密度，想从此算出液体和固体原子的容量。等到他的先生de lar Rive告诉他白则里已经研究过那头一个问题，又劝他不要研究那第二个问题，他虽然失望但不灰心的说道：

“第一次我的各种试验是好的，但不是新的；这一次那试验是新的，但似乎不是好的。我必须再来试试。”

他在那里又认识生理学家Prévost，他们二人就变成合作的好友，用联合名义发表些生理的论文，例如血液的问题、尿酸的问题和其他。

那“血液”论文发表时，杜玛不过才20岁。因为看见这篇论文，1822 Humboldt男爵经过Geneva时特意去拜会他，与他滔滔不休的谈起巴黎的事情。他于是才知道巴黎是化学的中心点，才知道Laplace,

Berthollet, Vauqualin, Ampère, Gay-Lussac, Thénard, Arago, Cuvier，以及Brogniert, St. Hilaire等都在那里。于是杜玛一心一意的要到巴黎去。1823他到那里从盖路赛学习。这件事情很有趣味，因为差不多同时李必虚也受了 Humboldt的影响，也到巴黎，也从盖路赛学习。谁知李必虚和杜玛常常是敌手。他们有很长久很利害的辩论，但因此格外互相敬爱。白则里也是杜玛的敌手之一。大概李氏和白氏比杜玛格外彻底，而杜玛尤其长于想象和推论。其结果他们二人虽常拿许多事实来驳他，他也不至于怎样失败。

且说杜玛到巴黎后，立刻很受欢迎，以上名人中有好多就与他为友。1823年他在多艺学校Thénard的试验室中做 Repetiteur de Chemie，不久又继 Rolipuet的任在Athenaeum做化学教授，后来又做Sorbonne的化学教授。

1829年杜玛首先有篇化学论文，论水和盐酸对于炭化钙反应时所生的可以自燃的气体之性质。那年他的重要论文是：“原子学说上的各点。”他主张分子和原子有辨别，说分子可以再分。他极力赞成阿佛盖路和安倍的臆说。因为要算分子量，他做了许多蒸气密度的测定；因为要做这种测定，他发明了一种简便器具，至今仍常用之。

1827年他与他的助手Boullay一同研究酒精和以脱的组成。他们说明sulphovinic acid之生成是硫酸和酒精反应时第一产物，认compound ethers与铔盐相类似，并成立个etherin基的学说。1834年杜玛和Peligot发现木精（wood spirit）中有methyl aclcohol；于是才有methylene和methyl二基。那年杜玛又成立他的代替定律，为有机化学史留一重大纪念。他进而考察，发现三氯代醋酸，并于1839年主张状式学说。1840年他又分为二种，机械状式和化学状式。不久他又证明脂肪各酸成一homologous系，其中边疆二酸各差一原子炭和二原子氢（CH_2）。他说蚁酸和magaric acid中间有15个酸质。

杜玛尝改良用容量测定氮气法。1841他发表他的“炭的真实原子量上的研究。”他用仔细试验证明炭的原子量是12，不是白则里所给的12.24。他和许台所作炭酸气之合成是很精密的，以前讲过。这些研究引起他与许台同测定水的组成，又与Boussingault同测定空气之组成。1856～1859年因为要试验Prout的臆说，杜玛做了几乎200个试验，以测定许多原素的原子量。虽然他对于那臆说所下的判断未必充分确实，但因此却证明在各组之原素中，一个原素的原子量是其余二个的平均数值。这些组也叫Dumas' triads。

杜玛尝测定砒臭基（cacodyl）化合物的程式，尝研究靛蓝和靛白（indigo blue and indigo white），并发现它们的程式，又测定与红色染料有关之orcinol和orcein的程式，尝说明与黄色染料有关之picric acid是NO_2的代替产物。他又尝测定醋酸蒸气密度之反常，考察酒石酸和柠檬酸之组成，尝做naphthalene和mustard olis的分析，又与Pellitier同研究alkaloids的组成。还有其他工作不胜细述。到了1878年他尚有篇最后论文，论银之纳氧（Occlusion of Oxygen by Metallic Silver）。

杜玛晚年重新做生理化学上工作。他研究各种动物的奶和血液，找出动物和植物中氮的化合物，如蛋白质casein和legumin之例，之类似。关于发酵问题和动物身体中油脂之生成问题，杜玛和李必虚很有辩论。在第一问题中杜氏占了优胜，在第二个中李氏优胜于他。

杜玛的著述也很好。1824他到巴黎不久，即与Broigniart和

Andouin创办自然科学杂志(Annales des Sciences Naturelles)。他的名著“工艺上应用化学通论”(Traite de Chemie Appliquée aux Arts)共有12本，第一本系1828年，最后一本则20年后出版，1838他有“化学哲理的讲义”（Leçons sur las Philosophie Chimique）行世。1814他与Boissingault合著的Essai de Statique Chimique der Etres Organisés中，讲动物和植物的交互作用非常详晰，尤其特别是从化学观点上讲的[①]。杜玛尝作许多当代名人传赞——Pelouze的，Balard的，解剖家St.Hilarie的，物理家De la Rive (Geneva的化学家之子)的，Count Rumford的，V. Regnault的，他的朋友Boussingault的。杜玛又和他人征集并编订赖若西埃的全集。1869他在伦敦化学会有Faraday Lecture从1840年直至他死的时候，他是Annales de Chimie et de Physique编辑人之一；他的论文大概载于其中。他又创办法国科学联合会，与英国的British Association of Sciences仿佛。

最奇怪者，自18世纪后半叶到19世纪上半叶，巴黎正是世界上纯粹科学的中心，然而法国的一般化学试验室建设得非常的晚。杜玛在巴黎须自备试验室。他的试验室又偏不收学生的费。Piria, Stas, Melens, Leblanc的研究，多在那里做的。可惜1848年革命事起，他竟因不能供给试验室的费用要将它停闭。

从1848年“二月革命”时起，到1870年普法战争时止，杜玛，犹之法国其他一些化学家，以大才加入政治生活。他作过上院议员、教育次长、农商部长、巴黎市政厅长和造币厂总理。当担任这些职务

[①] 此书中有些见解系由李必虚的工作得来，但作者并未充分允认。所以李氏大起责难，杜氏也始终无以自解。论者惜之。

时，他尝实行他的应用科学的政策，将教育、实业、巴黎的路灯、水之供给和水之宣泄等事大加改良。他又尝做各种委员会的委员，因之对于1857年法国的蚕病和1873年葡萄害虫之灾，多所救济。1870年以后，他脱离政界专从事于实用一方面的科学。他始终精力不衰，直至1844年4月11日在Cannes稍病而死；享年84岁。

杜玛是个改革大家，早年已经得志。他的各项事业成效卓著。但他还有一种遗憾。这可从他给他的朋友信中看出：

“我的生平曾经分别效力于科学和我的国家。我宁愿曾专做科学的公仆。……仅限制我自己于科学事业者，我的快乐将曾多些，我生平的忧患将曾少些，并且对于真实，我或者曾有更大的观念。”

我们如果想象那20年间他的许多教授和试验的工夫不免为政治生活，虽然那生活是有良好结果的占去，自然想念这些话说得有理，并替他可惜。杜氏之笃爱科学，更可于他的名言见之：

“真实自己是充分的优美值得抽象的、纯粹的崇拜；科学的天职是充分的高尚，尽可满足无上智慧者之欲望，他的田野是充分的广大，足够供给一切工夫者以收获；有些人割取丰富的庄稼，有些人收拾遗下的谷子；但是每一割取者或收拾者各享受其所得。在科学界中利益是均沾的，又天才者所燃之火炬，虽当其火焰一处一处的传遍全世界时，也不熄灭。”

杜玛既然这样重视科学，科学也无负于他，犹之无负于任何他人。他得有The Grand Cross of the Legion of Honour,又得有Knight of the Prussian Order.英国皇家学会尝赠他Copley奖章。伦敦化学会尝赠他第一个Faraday奖章。其他科学荣耀他所享受者很多。然则杜玛在科学界所占的地位可想而知。

266. **劳伦和盖哈的传略**（Laurent, 1807～1853；Gerhardt, 1816～1856）——1830～1853年左右，法国有二位化学家，一位叫劳伦，一位叫盖哈。二人之出处、境遇和化学上的观念非常相似。但劳伦尤长于分析和试验，能供给事实和左证；同时盖哈之天才尤长于归纳和理论。他们 通力合作，互相补助，以求达共同之目的，好像李必虚和孚勒一般。

劳伦名Auguste，生于La Folie，先习商业，后入巴黎矿务学校，毕业后为工程师。1831做中央工艺学校的Repetiteur，杜玛在那里教他有机分析。他又尽其积蓄自立个试验室，但不久就离开那里。1832年从煤膏(coal tar)发现十炭稠轮质(naphthalene)，测定其成分。1835发现authraquinone；1836 phthalic acid；1837 adipic acid；1840 piperine。劳氏尝从十炭稠轮质制取氯代、溴代和NO_2代产物，同时察知有盐酸，溴酸和硝酸的生成。这是1836～1837他的核仁学说的胚胎。1839～1848年左右，他在Bordeaux做化学教授，但对于此处试验室极不满意。他的工作当时未受一般的承认。后来他认识盖哈，因为愿与盖哈在一处工作，1846年他乃就巴黎造币厂的职务。他死时（1853）不过46岁。他能辨分子、原子和当量；对于当量和对于选择化合重或程式他也各有特别见解。下章当再分析的讲。

盖哈名Charles Frédérie，1816年生于Strassburg。他个人的历史很奇怪。他尝就学于Karlsruhe和Leipzig；18岁时入他父亲的白铅(white lead)厂，不相宜；去入海军又不相宜；到 Giessen从李必虚学化学，不久又变计再入父亲的工厂，不到一年又与他父亲争执去到巴黎。

在巴黎Chevreul的试验室中盖哈与Cahours同做挥发油的工作。1839年盖哈发表他的渣余学说。他对于劳伦的核仁学说也有一部分的贡献。1841～1851他在Montpellier做化学教授。但他在那里，犹之劳伦在Bordeaux，深感于试验室设备之坏和环境之不宜，故决计辞去。他尝在巴黎设一化学实习学校，他对于此校也极有希望，那知经济上大大失败。1853他有四状式学说。1855他在Strassburg做化学教授。此时他在化学界才占一著名地位，不过次年他就死了。他尝将炭、氢、氧等的原子量折半，因之许多有机化合物的程式也随之折半，下章当详细的讲。此外他还有以下的发现：1842 quinoline；1844 homologous series；1845 anilides；1851 acid chlorides;1852 acid anhydrides.

267. **费慈的事略**（Wurtz, 1811～1894）——费慈名Charles Adolphe；法国人，1811年生于Strassburg附近之Wolfesheim。他尝与盖哈同学，先在Giessen做李必虚的学生，后到巴黎做杜玛的助手。不过他的机遇比盖哈好得多。自1853年起，他在医药学校（Ecole de Mèdecine）继杜玛的任做教授终其身。1866～1875年又做医科学长（Dean），将习医学生的化学程度和生理学程度提高。1875年他又兼Sorbonne有机化学教授之职。他是法国化学会发起人之一，尝做该会第一任书记。1867他做法国科学院的会员，1883做该院院长。他是1894年死的。

1847费慈尝发现POCL3; 1849 methyl amine；1856 glycol；1859 ethylene oxide。他尝于1848研究aldyl isocyanates生成amines的反应，1855研究钠和alkyl halides的反应，1866研究aldehydes还原为alcohols的反应；1872研究那“aldol condensation”。

他的重要著作有1869年“纯粹和应用化学辞典”，其绪论则有单行本名“为化学原理之历史”(Histoire des Doctrines Chimiques)。在此作品中他就开宗明义的说道：“化学乃法国的科学”(La Chemie est une Science française)！这话虽然过火，然当时法国在科学上的地位和费慈的爱国心实足动人感想。他的“化哲讲义”(Lécon de Philosophie chimiques, 1864)和原子学说(La Theorie Atomique, 1879)也很受欢迎。

268. **侯夫门的传略**(Hofmann, 1818～1892)——侯夫门名August Wilhelm，德国人，1818年4月8日生于Giessen。18岁时他入Giessen大学，先习哲学和法律，数年后因受李必虚的影响，才专习化学。他是李氏的得意学生。1841年他得博士学位；1843做李氏的助手。1845年他初在Bonn大学就助教授之职。那时侯夫门对于农业化学的工作颇受英国人的称赞。恰好伦敦新设化学专门学校（College of Chemistry）[①]，想聘一位与李必虚有密切关系的人做教授。李必虚提出侯夫门，The Prince Consort极力赞成，于是从1855～1864，侯氏在英国做化学教授几乎20年。他的热心教育和善于激励学生去研究的精神，略与他的先生相似。他的学生和合作者很多；就中有Abel, Nicholson, Mansfield, Medlock, Crookes, Perkin等等。所有他对于 amines, NH_4化物和PH_4化物的著名工作，都是在英国做的。1864他被Bonn大学之聘回德，次年又到柏林大学继米学礼的任。他在此二处设有二个很好试验室，为一般练习之用。这也可见他有组织之才。他在柏林继续工作几乎30年，直至1892年5月5日乃死。

[①] 此校设在Oxford Street南头，近Regent Street北口。

当在Giessen时，侯夫门已起首研究生色精（aniline）。此后他终身的工作，大部分都与此物有关系。他虽未在工厂中过生活，但他始终所作的有机化学之研究都是煤膏工业之基础。他的重要贡献，有1843生色精的组成；1850第一，第二，第三和第四铔化物的取法；1863发现hydraxobenzene；1864发现diphenylamine；1866 sonitriles from chloroform and amines；1868 myrosin, mustard oil和formaldehyde。他所制取之染料有chrysaniline, 1862；alkyl rosanilines, 1867～1875；magdala red, 1869；chrysoidine, 1877。还有那第一种煤膏染料aniline purple or mauve 是1856年他的助手老Perkin（见二十二章他的传略中）发现的。

侯夫门的著述有“近世普通化学”，有李必虚，孚勒，杜玛，费慈等名人列传。他是德国化学会的发起人，并做过该会会长多年。

269. **威廉生的传略**（Williamson, 1824～1904）——威廉生名Alexander William，1824年5月1日生于伦敦。他幼年时身体很弱，后来虽然好些，可是一只眼睛永远无用，一只肩膊永远无力。他尝游学德国和法国。他父亲本来要他习医，但他自己对于化学尤有兴趣。他先从格米林，后从李必虚习化学，最后又从Comte习算学。当在巴黎时，威廉生与格兰亨姆（Graham）相会，当年（1849）遂在伦敦大学本校（University College, London）做他的同事。威廉生其初担任的是实验化学教授，同时那里的化学主任是格兰亨姆。但他有时替格氏出席讲演，颇受学生欢迎。1855格氏辞职时他乃继格氏的任，直至1888他自己辞职时，他的继任者就是Ramsay。从1849～1888年威廉生在伦敦大学中做化学教授者一共38年。他的化学上贡献最重要者是关于醚的组成。这种研究不但对于有机化学，即对于物理化学也很有影响。他认化学反应是动的不是静的。他尝两次被举为化学会会长，又尝做皇家学会的“国外书记”10余年。他死于1904年5月6日。

270. **考勃的传略**（Kolbe, 1818～1884）——考勃名Hermann，德国人，1818年生于Göttingen附近之Elliehausen。14岁时他入Göttingen Gymansium，20岁时入Göttingen大学，从孚勒习化学。自1842他发表他的第一种研究醋酸之合成，以后40年间，他在有机化学上有许多试验的和理论的工作。1842他到Marburg做本生（Bunsen）的助手；在那里他自然学得气体分析方法。恰好Playfiar在伦敦正做大气分析的研究，请他去做助手，他乃于1845到伦敦，就在此认识弗兰克伦（见下节）。二年后他带着弗兰克伦回Marburg。不久他被聘到Brunswick担任编辑事宜。1851因为本生改就Breslan之聘，考勃乃到Marburg继本生的任。他在那里是个著名的好教习。他的教授法与李必虚的相似，使学生用试验考证他们自己的思想，其成效也极好。他的学生也做些很有价值的研究。自1863直至他死的时候，他做Leipzig大学教授凡21年。他死于1884年11月25日。当他到Leipzig 不久（1868），他就定下计划去创建一个大规模的试验室。他的有机化学教科书和其他著作都很有价值。他对于他人工作认为不满意者反对得非常严厉。

271. **弗兰克伦的传略**(Frankland，1825～1899)——弗兰克伦名Edward，英国人，1825年1月18日生于Lancaster附近之Churchtown。他少年时即喜欢自然科学，他的父母乃让他习医。当时习医的惟一门径是入配药店练习。他在一配药店里过了5年之后才到伦敦从Playfiar习化学。在那里他遇着考勃，1847就随他到Marburg入本生的试验室。

那时李必虚在Giessen正负盛名，弗兰克伦乃于1849～1850冬天到那里去。因为李必虚很称赞他，他回英国后遂于1851在Owens College任教授之职。6年后他改就伦敦St. Bartholomew's Hospital中的教习。到了1893他的名誉很大，于是就继法拉第的任做皇家讲学社中的教授。二年后又继Hofmann的任做皇家矿务学校（Royal School of Mines）和皇家化学专门学校（Royal College of Chemistry）中的教授。他尝做英国化学会会长，尝得过皇家学会的Copley奖章。1899年8月9日他死于瑙威。

他的重要贡献有：1849年Hydrocarbons from zinc alkyls; 1849～1864金属有机化合物；1853～1860所谓“饱透力量”“saturation capacity”即原子价的学说；1864 acetoacetic ester的组成和其他。

272. **凯古来的传略**(Kekulé，1829～1896)——凯古来名Friedrich August，德国人，1829年9月7日生于Darmstadt。因为要习建筑学，他才于1847年入Giessen大学，但不久就受李必虚的感应改习化学。他尝到巴黎过了一年，到瑞士过了一年，又到伦敦过二年。当在法国时他尝听杜玛的讲，又与盖哈相友善，在英国时与威廉生和欧德林相友善。1856年他回德国，在Heidelburg做讲师。次年他于盖哈的状式之外添上沼气状式。又次年，1858，Ghent大学聘他做化学教授；他在那里过了10年。从1869～1896他改做Bonn大学的化学教授，一共27年。当他在Ghent大学时，他的工作异常勤苦，他的才力异常发达，其结果则有1858年一炭四价的学说和1867年轮质学说。那轮质学说乃“全部有机化学中所能找出的绝妙预言。”可惜1875以后，他的精力渐衰。他的先生李必虚说过：“愿做化学家者必须预备牺牲自己的健康。”凯古来可谓实践此言了！要知他到了1896年7月13日才死，已经及身看见构造化学的成功。然则凯氏不大可自慰吗！他是Annalen der Chemie的编辑者；也是1859～1887出版的四卷有机化学教科书的作者。

273. **库贝的传略**（Couper，1831～1892）[①]——库贝名Archibald Scott，苏格兰人，生于葛拉斯科附近之Kirkinhilock。很奇怪的他尝轮流在葛拉斯科和Halle两大学习哲学，后来忽然到巴黎从Wurtz习化学。在巴黎实验室中不久，他就起首做特别研究。1858年之初，他虽将其论文“关于化学上的新学说”(On a New Chemical Theory)送于法国科学院，此论文一定在那年5月19日以前——此处月日颇有关系——已到Wurtz手中，可惜他迟疑未将它发表。等到7月间杜玛方代他在Comptes rendus中登载出来。同时凯古来的著名论文却早于那年5月19日在Liebig's Annalen中出版了。

库贝实在不幸得很。在他的论文发表后不到数月，他就生病。不但如此，正当养病的时候，他又受神经刺激之症，以致终身不能恢复健康。他自此家居，赖其慈母爱护，直至1892皆寂寂无闻，其论文谁也忘掉了；而凯古来却因性质既然相同，时间先后又几乎相同之论文，独享大名，备受欢迎。亦可谓有幸有不幸矣！

先是大家对于库贝的水杨酸（Salicylic acid）的实验多不相信。最近数年前德国化学家Richard Anschütz重做这些实验，证明其可靠。他于是仔细考察起来，又得Crum Brown教授之助，才知道并承认在构造学说上，库贝的功劳的确不在凯古来之下。

---

① Irvine,Scotland' s Contribution to Chemistry,Chemical Education., Vol. Ⅲ, Dec.,1930

第十七章　酸质之多价；原子、分子、当量或程式之辨别或选择；蒸气密度之测定

274. **多价酸质的学说**（Theory of polybasic acids）——多价酸质的学说，一方面与酸的氢学说，一方面与分子量和当量多有连带关系。因酸的氢学说得了多价酸质的学说，乃有最后和佐证，乃能坚世人的信从。酸的分子量和当量，往往依其盐基价（basicity）而有变迁。再者，多价酸质的学说的基础，系在有机和无机两部化学上建筑的。所以它在化学史上，尤占一特别地位。

当1834～1840以前，化学家往往认所有酸质都是一价的(monobasic)。这有两个原因：第一，关于当时酸和盐之成份的观念；第二，关于原子量的统系。先讲第一原因。当时之所谓酸，乃今之所谓无水酸，即非金属氧化物。当时之所谓盐基，乃金属氧化物。今之酸质，在当时认为“hydrated acid，”即非金属氧化物加水。这种水分，后来叫做“盐基性水”（“base water”），因其当生成盐类时被“盐基”（“base”）换置的原故。“盐基价（“basicity”）一名词，即由此引出。一酸的盐基价，乃共与盐基化合成盐之程度。当时将此水分完全概括于结晶水中或溶液水中。至于第二原因，当时格米林和白则里的统系，既不能定水的程式当作HO或H_2O，又使硷金属的

原子量二倍于今值，以致一价和二价的金属几无区别——其实此时尚完全说不到原子价的概念。由以上两个原因，所以假定中和盐含一当量的酸和盐基，如$KO \cdot SO_3$，$AgO \cdot SO_3$之例。又假定酸性盐为一分子中和盐和一分子（有水）酸，盐基性盐则为一分子中和盐和一分子盐基相合而成。在酸性盐之例，如硫酸氢钾，本系$K_2O \cdot SO_3+H_2O \cdot SO_3$，若不管其中的水分，即迳将它归于结晶水里头，则变成$K_2O \cdot 2SO_3$，这个酸性盐中的所谓硫酸（即无水硫酸），乃其中和盐$K_2O \cdot SO_3$中的2倍，故有bi-sulphate, bi-carbonate等名词。

在有机化学中，当时通行的有同样道理。例如醋酸，当日写作$C_4H_6O_2$，其含水酸（hydrate，即今之醋酸）为$C_4H_6O_2+H_2O$。草酸当日为C_2O_3，其含水酸乃一结晶物体（今之不含水的草酸），为$C_2O_3+H_2O$。安息香酸（benzoic acid）当时为$C_{14}H_{10}O_3$，其含水酸（今之安息酸）为$C_{14}H_{10}O_3+H_2O$。又各酸质的分子式，系从其盐——寻常用银盐或铅盐——的成分测定。因银和硷金属的原子量都是今之二倍，其结果所有一价（monobasic）酸质的分子式，也都是今之二倍。二价（dibasic）酸质的式，略与今式相同。白则里测得柠檬酸（citric acid）的银盐为$C_4H_4O_4+AgO$，故谓$C_4H_4O_4$为柠檬酸，$C_4H_4O_4+H_2O$为其含水酸。要知酸质既不限于一价的或二价的，欲测定其分子量，即不能藉中和一当量盐基的酸为不易的法则，而秘须先知道此酸之盐基价。况在有机化学，不似无机化学中，真正无水酸往往绝对不能存在，则当日的观念，当然很不适用。

275. **格兰亨姆的传略**(Graham, 1805～1869)——格兰亨姆名Thomas，苏格兰人，1805年12月21日生于葛拉斯科（Glassgow）。

他幼年在中小学校读书时即知勤学，但无大过人处；14岁他入葛拉斯科大学，从汤姆生习化学。他21岁大学毕业后，他父亲一定要他做牧师，但他决心研究科学；弄得他父亲，李来是个商人，竟不肯供给他学费！他到爱丁堡（Edinburgh）大学从Dr.Hope——鍶的发现者——习化学，同时用功数学和物理学。此时他全靠他母亲和他姊妹的接济。二年后他回葛拉斯科做私塾教习，教算学，又自己预备个小试验室，好做化学试验。但不久，1829年，The Mechanics Institute请他做化学讲师①，1839年，The Andersonian大学又请他做化学教授，凡7年。1833他所著“化学大纲”出版，后来又经Otto和H. Kolbe译成德文。格兰亨姆在Andersonian大学7年的中间，更有许多伟大贡献。1833他有“关于砒酸化物、燐酸化物和各种燐酸”(On the Arseniates, Phosphates, and Modifications of Phosphoric Acids)论文；1836他有“水为盐之成分”(Water as a Constituent of Salts)论文。前一论文如此重要，以下当分别细讲。后一论文也很有趣，大概系论硫酸化物中的结晶水。例如寻常硫酸铜含5分子结晶水，硫酸锌含7分子结晶水，成$CuSO_4 \cdot 5H_2O$和$znSO_4 \cdot 7H_2O$。但其中各有一分子结晶水，不像其余4分子或6分子之易于失去，而且此等结晶水中每有一分子水可被硫酸钾等代替，成为$CuSO_4 \cdot K_2SO_4 \cdot 4$（?）$H_2O$和$ZnSO_4 \cdot K_2SO_4 \cdot 6H_2O$。所以格氏有认那可被代替之一分子水为各该盐中一成分的观念。这篇论文虽然是1836年才发表的，其实1834他已有这个观念。不但如此，1827他已察知氯化钙为使酒精减水最好之剂，并知氯化钙（犹之氯化锌或镁，或

① 继Dr. Clark的任；Clark乃发明使用硬水变轻法的人，此时被聘为Aberdeen大学化学教授。

硝酸钙或镁）与酒精成一种化合物，其中之酒精有结晶水的作用。

1837年伦敦大学本校（University College, London）——那时新成立之伦敦大学——中化学教授E. Turner 死了，该校聘格兰亨姆继任。格氏在该校凡17年，很受学生欢迎。他本非长于口才的教习，但他的热心、他的精细、他的科学方法不得不令人佩服。同时他在伦敦大学继续人的特别研究至1854年。自1854直至1869年9月16日他死的时候，格氏担任造币厂总理[①]。他对于该厂如此尽力改良，以致停止其特别研究者凡6年。1869年后他又有些论文发表。他死前不久尚有一篇论文，论氢气有金属的性质，并介绍hydrogenium一名词。

格兰亨姆自21岁以后即成一个物理化学家，脑中常常思索的无非理化现象，手中也不停的试验或记录其结果和推论。1826年他的第一篇论文就是关于气体被液体之吸收。1828他又论液体吸收蒸气之量，证明液体之沸点愈高者吸收之量亦愈多。同年他又证明过饱透溶液中若有气体溶解，则有结晶体析出。1831他有“关于气体播散之定律”(On the Law of the Diffusion of Gases)；其实从1829他已研究这个问题，不过二年后他才完全成立所谓“格兰亨姆的定律”——气体播散之速率与其密度之平方根有反比例。1846他有气体运动的论文，论密度、温度、毛细管等与气体运动速率之关系。

从气体想到液体，本极其自然的事。于是1849格兰亨姆有“关于液体之播散”的论文。从这种研究，10余年后又引起他的绝大发现。1861年格氏因各化合物在溶液中播散的快慢大不相同，察知物体质

① 伦敦造币厂总理乃科学界中一个最高位置，始终都是请科学大家担任，如牛顿和侯夫门一流人物。

点的状态可分为晶体（crystalloids）和胶体（colloids）两种。不但如此，他既发明了dialysis的法子，又自己发现了矽酸、钨酸、钼酸、氢氧化铁、氢氧化铅等可溶胶体。我们现在的胶体化学乃格兰亨姆开辟的新世界。老实讲罢，胶体和晶体之区别他当日本叫作“物质的两世界”（two worlds of matter）呢！

1863年以后，格氏又重新研究气体。那年他有“关于气体之分子移运”（On the Molecular Mobility of Gases）之论文。他用薄层之人造石墨试验气体之如何通过小孔。1866他又论橡皮之如何吸收气体。1867～1869他先试验气体能否通过红热的金属薄膜（得负结果），又研究气体被金属之开闭（occlusion）。他察知palladium在红热时能开闭900倍、在常温时200余倍它自己容量的氢气。于是1869年他有hydrogenium的说法。可惜那年他就死了！假使“天假之年”，他一定还有别的贡献！

格兰亨姆为人温和恬静，与包宜尔颇有相似之点，其思想之精辟、识见之卓越和纯粹研究的态度，二人也非常相似。他是热心发起英国化学会之一人，所以该会1841年成立时公举他做第一任会长。1833爱丁堡皇家学会因为也发现“气体播散之定律”赠他Keith奖章。他从1836做皇家学会会员后，曾得过该会的两个Royal奖章：一个因为他的“盐之成分”（Constitution of Salts）的论文，一个因为他的“气体之分子移运”的论文。最后，1862他又得该会所赠的Copley奖章。总而言之，在近世物理化学中，格兰亨姆可算一个老前辈，他的工作世界各国无不承认其有非常价值。最特别者，他试验时每用极其简单的器具，然能发现极其重要的发现！

276. **格兰亨姆的燐酸研究**——我们现在知道的燐酸有三种，而其盐的种类，尤不止此数。它们彼此的关系，可分作4条来讲：——

（1）从正式燐酸为起点。寻常商业上的正式燐酸系浓浆液体，中含有水。热至150° 则得该无水酸凝为固体，热至220～250°，该酸失去水分变为焦性燐酸；热至400° 左右，再有水分失去变为异性燐酸。

（2）从正式燐酸盐为起点。第二正式燐酸盐（secondary normal phosphate, M2HPO4）加热后，变焦性盐，第一的则变为异性盐。

（3）从异性酸或焦性酸为起点。二酸水溶液都不甚安定。在常温时各渐渐变为正式酸，煮之更快。

（4）从异性盐或焦性盐为起点。异性盐的水溶液与酸同煮，变为正式盐。惟焦性盐的水溶液，虽被煮不受影响。然如温度较高，亦可变为正式盐。这两个反应与第二条中的反应有平衡。

且说寻常正式磷酸盐$2Na_2HPO_4$，等于$2Na_2O \cdot P_2O_5$+H_2O。焦性磷酸盐，$Na_4P_2O_7$等于$2Na_2O \cdot P_2O_5$。前者比后者只多一分子水，又前者失水后变为后者。然当时则将此水分包括于结晶水中，故当二化合物为同分异性的（isomeric）。但所认为不解者，第一，寻常磷酸与硝酸银二液相合生黄色沈淀，这是Marggraf 1746年早已知道的，而格兰亨姆的同乡同时人Clark，当1827年因为要取无水磷酸盐，就发现了寻常磷酸盐失水后，与硝酸银所生的沈淀却是白色。第二，寻常磷酸盐液本稍有硷性，加中和银液生沈淀时，溶液居然变为酸性。这个奇怪现象，看起来与Richter的规则不合。多谢格兰亨姆！他有独到的见解；他能辨认正式磷酸外有所谓焦性磷酸；他能知道二盐的主要区别在乎水分，又知道这水分是“盐基水”（“base water”）或化合水而不是结晶水。因为一物体的结晶水失去时，其化学性质不变；但若化合水失去则此盐可变为彼盐。他认酸不是从前的非金属氧化物，而是此种氧化物与某量水的化合物。依同理，格兰亨姆又发现异性磷酸，于是能使蛋白质凝结的现象（1816年白则里观察出来的）方才明白。此外，格氏又证明磷酸$P_2O_5{\cdot}3H_2O$，中有三分子水可被三分子盐基换置；如$P_2O_5 \cdot 2H_2O \cdot Na_2O$, $P_2O_5 \cdot H_2O \cdot 2Na_2O$，和$P_2O_5 \cdot 3Na_2O$。又任择一种磷酸用氢氧化钠或炭酸化钠熔之，则依硷质之比例为1，2或3，都得异性、焦性或正式盐。他的判断是异性酸中有一个可以换置的氢原子，故名为一价的（monobasic）；焦性酸中有二个，故名为二价的（dibasic）；正式酸中有三个，故名为三价的（tribasic）。他的程式是

$$\overset{\cdot}{H}\ \overset{\cdot\cdot\cdot\cdot\cdot}{P} \qquad \overset{\cdot}{H_2}\overset{\cdot\cdot\cdot\cdot\cdot}{P} \qquad \overset{\cdot}{H_3}\overset{\cdot\cdot\cdot\cdot\cdot}{P}$$

异性磷酸， 焦性磷酸， 正式磷酸。

这是沿用白则里的两性（dualistic）符号式中的（·）代表氧原子。又用Gmelin的当量统系，P的原子量是今之二倍，O的只是一半。故P与今之P_2O_5相当；H与今之H_2O相当；H_2和H_3分别与$2H_2O$和$3H_2O$相当；H_3P则与今之$2H_3PO_4$相当。余类推。

格兰亨姆又证明各种砒酸性质与磷酸的性质相似，故可适用同理。他的论文“关于砒酸盐、磷酸盐和各种磷酸”系在1833年Philosophical Transactions中发表的。从此盐基价乃起首有正当的意义。

277. 1837**李必虚和杜玛对于柠檬酸的研究**——其初李必虚和杜玛对于基的学说争论甚烈，到了1837杜氏始被李氏学说所屈服。于是二人订共同研究之约，想将格兰亨姆的磷酸研究推广到有机化学。那知订约后不到一年，他们又散了伙！可是在这短时期中，二人合做了一篇重要论文。原来白则里给柠檬酸盐个程式$3(C_4H_4O_4+MO)$。但热至某温度（190°）时，此盐失水而毫不似有组成上的变迁；足见这盐的程式，本该是（$C_{12}H_{10}O_{113}M_2O$）$+H_2O$。所以李杜二氏谓柠檬酸是$C_{12}H_{10}O_{11}\cdot 3H_2O$，其无水盐是$C_{12}O_{10}O_{11}\cdot MO$。这样看来，岂不是一个中和盐中，三分子盐基只配一分子酸吗？白则里说这是“不可思想的”（“Unthinkable”）事。他以为那无水盐或者是$2(C_4H_4O\cdot MO)+$（$C_4H_4O_2\cdot MO$）所成。但是李必虚能证明柠檬酸有与磷酸相似之点——二酸各有三种盐的生成。

278. 1838**李必虚对于多价酸质的研究**——1837年后，杜玛对于多价酸质不再工作，而李必虚个人则继续研究柠檬盐和tartaric, cyanuric, comenic, meconic等酸的盐类，并判断它们都是多价酸质。他的多价酸质的标准，是含有二个或以上盐基的盐的生成。例如酒石酸中加氢氧化钠与氢氧化锂的混合液使之中和，则得双盐，与其每一单盐不同，故知酒石酸为二价的。但此法对于硫酸则不适用。因用氢氧化钠和氢氧化钾混合液使之中和硫酸时，则得二种互异的盐。故李必虚仍照从前，认硫酸为一价的。此外他尚有别的错误，但是他有连带的判断却很正当，以下可分别述之。

第一，李氏说酸和其盐不当用异式来表示。照两性学说，譬如硫酸，可用SO_3式，而其盐必用$SO_3\cdot Na_2O$或Na_2SO_4式。这犹可说硫酸中原有水之存在，SO_3不过是无水的硫酸。然而有机中无水——指氢和氧——的酸质往往不能存在。那末，举柠檬酸为例，我们何从而知其组成中有三分子的水呢！

第二，他说酸的作用，没有氧酸和氢酸之别。

第三，最后李氏又辨明蜻酸等的组成。他说如果硫蜻化银的程式是$(CN)_2S \cdot AgS$，则本来的银既是硫化物，何以当通过H_2S时方有硫化银沈淀发生！如果程式是$(CNS)_2 \cdot Ag$，则硫蜻酸当是$CNS \cdot H$。依同理，蜻酸当是$CNO \cdot H$余类推。

用以上间接推论方法，酸的氢学说遂被李必虚证明了。这学说是1809年兑飞和1819年杜朗发现的。但当时白则里竭力反对之，其结果是氢学说只被用于无氧的酸。至李氏始将这个界限打破。可惜李氏的说法颇受白则里的严格批评，化学界又以习惯之故，仍沿用理论的程式下去，直至1855年左右，氢学说始普遍被人采用。可是李必虚的多价酸质的学说，大家早已相信。

279. **盖哈的盐基价的定律**（Gerhardt's law of basicity）——从盖哈的渣余（residue）学说，我们知道有所谓连属化合物。盖氏察知如果这种化合物是从酸质得来，则该化合物的盐基价与原来酸的盐基价有一定关系。因从硝酸和轮质得来的nitro-benzene有中和性，从硫酸和酒精得来的ethyl sulphuric acid又从硫酸和轮质得来的benzene sulphuric acid是一价的，从硫酸和安息香酸得来的benzene sulphobenzoic acid是二价的。盖氏于是判断连属化合物的盐基价，比连属二物体的盐基价之和少一。这就是他的盐基价的定律。用这定律，他决定盐酸、硝酸和醋酸都是一价的，硫酸和草酸都是二价的。

280. **盖哈和劳伦对于盐基价的试法**——从金属的原子量折半和改用二容（见下）标准后，许多酸和盐才有适当的程式，其真正盐基价才可证明。例如醋酸和其盐，有$C_2H_4O_2$和$C_2H_3AgO_2$程式，可见其为一价的；草酸和其盐有$C_2H_2O_4$和$C_2Ag_2O_4$程式，可见其为二价的。而且酸之盐基价，固视其中有若干的能被盐基换置的氢原子，然酸中不必含有特别水分，故“basic water”之说，至此废去。后来盖哈和劳伦又立酸的盐基价的标准，说：酸质中只能生成一个无机或有机盐或一个中性amide者，是一价的；能生成一个酸性，一个中性无机或有机盐或amide和一个含二原子氯的acid chloride者，是二价的。以硫酸和草酸为例，其生成之诱导物可如下列：

Potassium sulphate	SO_4K_2
Potassium bisulphate	$SO_4 \cdot KH$
Sulphovinic acid	$SO_4 \cdot (C_2H_5)H$
Ethylic sulphate	$SO_4(C_2H_5)_2$
Potassium ethyl oxalate	$C_2O_4 \cdot (C_2H_5)K$
Diethyl oxalate	$C_2O_3 \cdot (C_2H_5)_2$
Oxamide	$C_2O_4 \cdot (NH_2)_2$
Oxamic acid	$C_2O_3 \cdot (NH_2)H$

又据劳伦，一价酸只能生成一个amide，二价的可以生成两个、三价的生成三个。至于酸性盐类的生成，盖氏认为不是多价的绝对证据；因一分子中性盐可加一分子游离酸以成酸性盐。

281. 1843**盖哈审订原子量并将有机化合物的程式折半**——1842~1843年间，盖哈察知许多有机化合物无论被烧而自行分解或与他物质反应时，若所用有机化合物之量，是其根据化学上的程式重（Formula weight），则所生或所用之水、炭酸气、阿莫尼亚、盐酸、无水硫酸等，永是二个H_2O, CO_2, NH_3, HCl, SO_3等的程式重，或二个的倍数，即永是双数的，而永遇不着单数的H_2O, CO_2, 等等，其中的符号重，乃法国化学家所用H=5，O=8，C=6等等（若用H=1，则以上的H_2O当作HO）

$C_{14}H_{12}O_4$ = $C_{12}H_{12}$ + $2CO_2$

Benzoic acid　benzene

$C_{14}H_{12}O_6$ = $C_{12}H_{12}$ + $2CO_2$

Salicylic acid　phenol

$C_{24}H_{48}O_{24}$ = $4C_4H_{12}O_2$ + $8CO_2$

Grape sugar　alcohol

$C_4H_4O_8 \cdot N_2H_6$ = $C_4H_4O_6 \cdot N_2H_2$ + $2H_2O$

Acid ammonium oxalate　oxamic acid

$C_6H_{16}O_6$ + $2H_2O$ = $C_2H_4O_4$ + $C_4H_8O_4$+H_8

Glycerine　formic acid　acetic acid

识见高远的盖哈于是有个疑问：$2H_2O$, $2CO_2$等的水炭酸气等，究竟表示一分子或二分子呢？如果表示二分子，何以在无机反应中，此种单个分子的反应却往往遇之，而在极多有机物体的反应中，从无单个分子的水或炭酸气析出呢？如果表示一分子，那末照原来的原子量应该用H_2O, CO_2等的二倍程式，写作H_2O_4, C_2O_4等。但这也不对（见下），并且不必如此，只要将原来原子量二倍之，自然可使H_2O，CO_2和其他等于原来的$2H_2O$, $2CO_2$和其他。例如原来$2CO_2$中2C表示二原子炭，共重12，现在CO_2中的C表示一原子炭，亦重12；原来$2CO_2$表示四原子氧，共重4×8=32，现在O_2表示二原子氧，亦重2×16=32。所以原来的$2CO_2$，等于盖哈的CO_2，只要将原子量二倍之就得了。

当时有机化合物的程式因沿用两性学说，不免复杂。盖哈既用新原子量，则不但H_4O_2，C_2O_4等无机化合物的程式，连有机化合物的程式，也得折半。他说：——

“如果水式是H_2O，则有许多程式折半之必要，尤其特别者，是醇类、醛类、炭氢化合物和许多酸与其盐。……

所有多价酸质的问题，都包括于醋酸工折半之必要。”

但是有个困难：因用新原子量，则当时醋酸式是$C_4H_6O_3 \cdot H_2O$，其银盐式是$C_4H_6O_3 \cdot AgO=C_4H_6AgO_4$。这式所含的银只一原子，怎么可以拌半？盖哈解决这困难的巧法，是先将银的原子量折半，使上式变为$C_4H_6Ag_2O_4$，再将此式折半，则得$C_2H_3O_2Ag$。

盖哈的原子量大多数与白则里1826的相同，然而二人都不承认，反而互相攻击，真是咄咄怪事！盖哈虽然总未十分说明为什么要将氢和氧的原子量二倍之，不要将其化合物之式折半；然从下节所述的种种理由，他既选择H=1，O=16，给水个程式H_2O，则因氢化物和氧化物的许多关系，不但溴和碘，或Se和Te的原子量，都可以知道，连各金属的原子量，他也推算出来。白则里假定金属氧化物有普通式MO，盖哈则拿它们与H_2O比较（又因Ag_2O与Hg_2O的关系），给个M_2O式。其结果一价金属的原子量对了，二价的不对，二价的只是白氏之值的一半。

然则盖哈的原子量，除三几个外其余都不错。若拿来与格米林的数目相较，其是非得失读者自能辨之。但在1860年前，化学界的思想常被当量统系所束缚。盖哈虽然别有主张，又得劳伦的赞助，他终觉敌不过外界的潮流。其结果竟至盖哈在其所著有机化学（1852~1856出版）中，舍其自己主张的原子量，而用夙日反对的格米林的当量；有人以此事诘问他，他答以“否则恐怕书无人买！”

282. **改四容标准为二容标准**——盖哈选择程式的理由除上节所述外，可说还有3个：(1) 使有机和无机化学一律；(2) 采较为简单的；(3) 利用物理或化学上性质。头两个理由用不着去讲，单讲第三个。所谓化学上性质，例如一分子水H_2O中之氢，被一价的基、R换置时，每有两种诱导物，RHO和R_2O。所谓物理上性质，例如比热和沸点等，都是盖哈所引证。但他所最唤起注意者是关于容量的标准。程式选择定了，然后好选择容量的标准。拿H=1所占容量为单位，二容者乃与$H_2=2$所占相同的容量，四容则与$2H_2=4$相同的容量。欲知任何气体的分子量，须拿一定容量之重来比较。这一定容量就算一个标准。若用四容标准，水、炭酸气、一氧化炭、阿莫尼亚、盐酸气、无水硫酸、无水亚硫酸和硫化氢等，有H_4O_2, C_2O_4, C_2O_2，N_2H_6，H_2C_{l2}, S_2O_6, S_2O_4, H_4S_2等程式；若用二容标准，则有H_2O, CO_2, CO, NH_3, HCl, SO_2, SO_3, H_2S等程式。1842年以前，盖哈用的是四容标准。他所以改用二容者，因为如此则水、炭酸气等等的程式，即H_2O, CO_2等等所代表之重，在气体情形下，占有相同的公共容量。

不但这些无机化合物的程式，他选择有机化合物的程式所用的标准，也是二容。

283. 1843**劳伦辨别原子分子和当量**——他采用二容于原素——劳伦不及盖哈的博大，而精细过之。关于原子、分子和当量三者的辨别，我们不能不推重劳伦。1842年盖哈说，“原子、容量和当量乃异字同义的（synonymous）。”不但原子或原子量，连分子或分子量他都叫作当量！惟劳伦深斥其非。他认盖哈的原素的当量是原子量，其化合物的当量是分子量。据劳伦原子量的定义是化合物中一原素最小之量，分子量 的定义是生反应时所用最小之量。至于当量自己，他尤有透辟的概念和解释（见下）。

盖哈只用二容标准于化合物的分子，劳伦进了一步，也用于原素的分子（当时用一容）。劳伦认二氢原子之重是氢之分子重；又知道无论原素或化合物的分子重，乃在同温同压下与二氢原子所占相同容量之重。他这采用二容的主动力，是因为他考察氯气与十炭稠轮质（naphthalene）的换置或相加时，发现所用之氯总是成双成对，就知道氯气一分子含二原子。氢、氧、氮等气也是这样。这是阿佛盖路和安倍早已知道而大家迄未承认的。

284. **劳伦对于化合重的选择的意见**——劳伦不但能将原子、分子和当量三者互相辨别，又能在当量和化合重（combining weight）之间加上很难辨别的辨别，并自举例子，详详细细的说出所以然来。他所著“化学的方法”（Méthode de chimie）——在他死后出版（1854）——中，叙这些地方很详，以下将分别述之，以供参考。现在且把关于化合重的几段译出：

“从试验我们知道，氧与简单物质以下列比例率相化合：——

100份氧与：

12.50	和	6.25				份氢
442.00	和	221.00	和	88.4		份氯
200.00	和	100.00	和	66.6		份硫
175.00	和	87.50	和	58.343.7		份氮
75.00	和	37.5				份炭
350.00	和	233.3				份铁
2600.00	和	1300.0	和	866.0和	650.0	份铅

“又从试验我们进而证明6.25份氢能与221份氯，与100和200份硫，与75和37.5份炭化合；又证明221份氯能与100，200和66.6份硫，与75和37.5份炭，与350和235份铁化合。这就是说，任何时二原素互相反应，它们永以1、2、3、4或5的不同比例率相化合；并且这些比例率恰好可用氧气化合物的表中的数目或其倍数或其低倍数（即其几分之一）代表之。

“每一原素既有许多数目代表其与100份氧化合的不同比例率，那末让我们随意选择其中的一个数目，我们叫这个数目为这原素比例数(proportional number，即化合重)，让我们用这原素名字的起首字母代表之；例如让我们选择最大数目，即是第一竖排所列举，于是我们将用OH代表100份氧和12.5份氢所成的化合物，因之须用$OH_{1/2}$或O_2H代表100氧和6.25氢所成的一个。依同理，我们将用ClS代表中含442份氯和200份硫的化合物，用$ClS_{1/2}$或$C_{l3}S$代表中含442份氯和66.6份硫的一个。余类推。”

劳伦认这种随意选择的化合重虽是合理的，然非科学的。譬如氯化、溴化和碘化钾或铅，若随意选择其化合重，可以弄成ClK, Br_2K, I_3K；或ClPb, Br_4Pb, I_6Pb。又硫酸化、硒酸化(selenate)和碲酸化(tellurate)钾，可以弄成SO_4K, SeO_8K_2，$Te_2O_{12}K_3$等等。所以他说选择的化合重须合乎二个条件：（1）各系化合物须用可能的最简单式代表之；（2）类似的化合物须用类似式代表之。

285. 1843**年以前当量的概念**——1840年前，化学符式的紊乱达于极点。推其原因，误于不正确的当量概念者居多。且说1808年郇列斯敦因不满意于多顿测定原子的规则，首先介绍当量一名词以代替原子量一名词。那知自此以后，足有50年的时间，这两个名词的区别全世界的化学大家都弄不清楚，其中也惹起许多很无谓而很热闹的争论！本来盖路赛和兑飞对于原子量也有点怀疑，虽白则里竭其毕生之力从事原子量的测定，其结果不可谓不精，无奈大家总觉得抽象的原子量不如具体的当量。李必虚说：

“化学符式的惟一目的，是明显简捷的表示化合物的成分。所以顶好将其所有臆说删去，免得被每一新学说所束缚。一化合物中各原素的当量是不变的，是可测定的，而形成一当量的原子准确数，则永不可知。”（1844）

杜玛也有相似的说法。所以格米林简直主张用化合重为当量而置原子量于不顾。其结果是将白则里许多原子量折半。法拉第的定律又使当量的测定可以精密而便捷。那知两个混淆观念因之而起：（1）原子都相当；（2）一分子盐基必中和一分子酸，所以各酸都是一价的。由前之说，当量与原子量相等；由后之说，当量与分子量相等。无怪盖哈照几何学上公例，认三者为异字同义！

更可惜者，当时选择当量之法并无一定公共标准。有的用H=1，O=16，C=12等为当量或原子量。有的用H=1，O=8，C=6为当量。还有人一方面用O=8，同时又一方面却用C=12。这样一来，有机化合物的程式不是茫无统系，就是十错八九，弄得劳伦虽到1853年，尚感慨说道：

“简单物体的比例数目，至少10年，20年，或30年间，必须使之固定，并且所有化学家必须都用这些数目。”

其实当说这话10年以前（即1843），他已大书特书的告诉我们什么是当量的意义了。

286. 1843**劳伦对于当量的见解**——从Richter的研究所知道的当量概念，本只关于化合物——酸和盐基尤其特别；但不久就推广到原素上去。于是，当量者乃原素或化合物的化合重。各异原素之量与同量酸中和者是其当量，各异原素或基之量换置同量氢者也是其当量。但相当量的物质，其原子的或分子的数目不必等。因为一分子酸不定要中和一，二或三分子的盐基；一原子氧常常换置二原子氢，一原子金属常常换置一，二或三原子氢。

据劳伦的见解，当量是些数目，一方面表示化合量，一方面表示相类性质或官能(function)。他说：——

“如果我们取某量硝酸银或硫酸银中含1350份重的银，渐加铅或铜或铁或钾，我们查得：

1350份银被1300份铅换置；

400份铜被1300份铅换置；

350份铁被1300份铅换置；

490份钾被1300份铅换置；

因如此生成的硝酸铅、铜、铁、钾与硝酸银有相类性质，我们可说1300份铅，400份铜，350份铁，490份钾所生作用，所具官能，都与1350份银相同。或概括言之，这些分量就是银的当量。……所以想求二物质的当量，有一必要条件，即它们应该表现性质上的相类。”

他又将一物质可有各异当量的道理，说得极明白：——

“用相当量(equivalency)的方法，我们证得锰至少有三个当量，700，350，233。我要加上一句，我觉得这个判断似乎是对的。照我已说过的，当量视乎官能；所以一物质用作各异官能则可有各异当量。我故必曰：当锰合乎（442份）氯之官能时，其当量是700(在$RmnO_4$中)；当锰生硫的作用时其当量是350 (在R_2mnO_4中)；当锰在三价锰盐中，其当量是233 。在问题：什么是某某物质的当量？下，常常应该加上一句：‘当这物质具某某官能时’。”

后来（1840）盖哈也承认当量的概念暗示类似的官能。他与劳伦都说一物质可有数种官能，每种官能，与一种当量相当。不过同一物质而当量各异之说，当世不但不承认，并且加以反对。其实二物质相化合时，既可有各异的，虽然是倍数的，比例，假如一物质只有一种当量或化合量，请问这些比例怎么是可能的呢?

287. **化合量和当量的区别**——为方便起见，化合量或当量总要取某量的某物质为标准。这个标准本可随意选择，但如果化合量和当量用同一的标准，则二者数目上的价值相同（或有简单倍数的关系）。因交互比例的定律告诉我们，相当的质量即彼此化合之质量。所以化合量和当量可当是一而二，二而一的名词。虽然，其中也有些区别。

一则化合量论的只是原素，当量兼论原素和化合物；因为原素有原素的当量，化合物有化合物的当量。二则化合量不过指成分，即指简单二原素中若干这个和若干那个相化合；当量指的是官能。相当云者，常指二物质对于第三物质的影响之相等，非但指成分。这种区别，若非劳伦的精细恐怕无人能够见到！

因为以上两种区别，所以当量较化合量难于了解，而且化合量是对待的和直接的两个简单重量；有没有标准说起来都能成立。至于一原素（或一化合物）的当量，寻常仅说是某某数目，并不必标明其与某物质化合时才是这数目。那末，说起当量就离不了暗示用一个标准，最合用的，是O=8。

288. **劳伦对于选择程式的意见**——上文已经说过，劳伦对于选择化合重有两个条件及他引申其义来选择化合物的程式，他又以那两条件为未足，程式固所以代表成分，然不是代表成分就算完事。往往有些化合物，其程式和其性质，须有连带的密切关系。假使程式不能表示这种关系，则虽最简单之式，反不适用。下表是劳伦所举。他对于其中I，II，III三竖行所列程式的意见，让他自己说来，自见分晓：——

“为什么头五个化合物对于苛性钾不生反应，为什么它们的沸点从第一个上升到第五个，为什么到后五个化合物能被苛性钾分解，为什么它们的沸点也继续上升？这些问题，从I和II两竖行看起来，谁能了解呢？照I和II两竖行表示的化合物的次序，为什么要从C到C_2，C_3，C_4，又回到C或C_2呢？为什么各化合物当为气体时所占容量，成1与2与4的比例率呢！

“但我们若转到竖行III，则见：（1）炭之重量不变；（2）所有各化合物的容量都相等；（3）从第1到第5，又从第6到第10各物质，其沸点之上升，由于那事实：在头5个化合物中，氢之量递减，而氯之量递增，在后5个化合物中，也是如此；（4）头五个物质不与苛性钾反应者，除炭不计外，所含当量数目恒是4个；后五个所含当量数目，则是6个。”

又竖行III中程式代表之重量，当在同温同压下变气时，所占容量都相等。叫这容量为V，则I和II中程式表示的容量，有1/2V和2V之不等。可见那些程式不及劳伦（和盖哈）的程式。

化合物	I 最简单之式	II 白则里之式	III 劳伦和盖哈之式	沸　点
1.Ethylene	CH_2 $\frac{1}{2}V$	CH_2 $\frac{1}{2}V$	C_2H_4 V	—103℃
2.Monochlor-ethylene	C_2H_3Cl V	$C_4H_6Cl_2$ 2V	C_2H_3Cl V	—18
3.Dichloro-ethylene	$CHCl$ $\frac{1}{2}V$	$C_2H_2Cl_2$ V	$C_2H_2Cl_2$ V	37
4.Trichlor-ethylene	C_2HCl_3 V	$C_4H_2Cl_6$ 2V	C_2HCl_3 V	88
5.Tetrachlor-ethylene	CCl_2 $\frac{1}{2}V$	CCl_2 $\frac{1}{2}V$	C_2Cl_4 V	121
6.Ethylene chloride or dichlor-ethane	CH_2Cl $\frac{1}{2}V$	$C_2H_4Cl_2$ V	$C_2H_4Cl_2$ V	84*
7.Trichlor-ethane	$C_2H_3Cl_3$ V	$C_4H_6Cl_6$ 2V	$C_2H_3Cl_3$ V	74.5
8.Tetrachlor-ethane	$CHCl_2$ $\frac{1}{2}V$	$C_2H_2Cl_4$ V	$C_2H_2Cl_4$ V	135
9.Pentachlor-ethane	C_2HCl_5 V	$C_4H_2Cl_{10}$ 2V	C_2HCl_5 V	159
10.Hexachlor-ethane	CCl_3 $\frac{1}{2}V$	C_2Cl_6 V	C_2Cl_6 V	185(熔点)

*尚有与Ethylene chloride成分相同的一个化合物，其沸点是59°。

289. 1860前50年间的化学状况——自1811阿佛盖路的臆说出世，至1860这臆说复活，中间恰好50年，在化学史上可谓为混沌时代；虽有机和无机化学。相继发展无奈学术进化所经的路程往往成曲线。以化学年龄的幼稚——有机尤其如此——自然免不掉走入绕湾路上去。当1840年前，有机化学茫无统系。教科书中各化合物，仍照天然来源分类，符式极其紊乱。譬如说原子是什么，分子是什么，当量是什么；又譬如说化学上水的意义是什么，沼气的意义是什么，这些问题，在19世纪上半叶，几乎任何化学家都无圆的解答，即使有了大家也不公认。水可写作H_2O，HO，HO，或H_2O_2，沼气可写作CH_4，CH_2H，或C_2H_4。凯古来甚至在其所著书中，给醋酸19个不同的式子！有些化合物（如盐酸、阿莫尼亚、醋酸、酒精、成油气之例）用4容标准，有些（如以脱、硫化氢、水汽、炭酸气之例）用2容，也无人嫌其不一律！

又有机化合物中，大多数可以挥发而不分解。但是那时测定蒸气密度之目的，仅在校对分析的结果，绝未用以测定分子量。例如acetone的程式，由分析知道的是C_2H_3O（C=6，O=8），其蒸气密度的测定不过给这试验程式（empirical formula）一个帮助。至于“acetone的合理式（rational formula）究竟是C_3H_3O或$C_6H_6O_2$或$C_9H_9O_3$，蒸气密度不能使我们测定。”这是1864尚有人说过的！

讲到蒸气密度，杜玛的测定方法本尚简便，无奈他对于原子和分了的要领既未彻底，蒸气密度之反常者，原素中如硫和汞，化合物中如氯化磷和氯化铔，又无相当之解释。因为应用上有了例外，疑到原则在根本上不能成立，真正可惜！自此以后，误会滋多：（1）原子和分子之无别；（2）不信原素自己可有复杂的分子；（3）假定原素的当量是不变的。于是阿佛盖路的臆说完全当作废物。及盖哈和劳伦二人的观点，与阿佛盖路和安倍二人的不谋而合，当世化学的状况几乎一变再加上威廉生、侯夫门、费慈、凯古来等证明水的程式必不简于H_2O，阿莫尼亚的必不简于NH_3，沼气的必不简于CH_4，近世化学乃渐渐开幕。虽然，原子和分子测定的方法不到1860年尚无普通适用之余地。

290. **1860柯尔鲁（Karlsruche）的会议**——因为想将化学订出统系，Kekulé, Wurtz, Weltzien等才于1860年9月间在柯尔鲁召集一个大会。凡当时著名化学家无不参与，到会者计有100余位，杜玛被举为主席。当开会的时候有许多讲演、讨论和争辩。Odling极力主张每一原素只能有一个原子量，而杜玛则说有机化学和无机化学是两种迥然不同的科学，每种自己各有其原子统系！正在这个当口，沉思静听的Cannizzaro不由得也发表他的意见。虽然这意见在理论和试验两方面都有牢不可破的根据，会场上居然无人表示赞成！所以这会议的结果，是照Hermann Kopp和Otto Erdmann的说法："科学上的问题，大家不能勉强同意，只好各行其是罢了！"

291. **坎尼日娄的传略**（Cannizzaro, 1826~1910）——坎尼日娄名Stanislao，意大利人，1826年7月13日生于Palermo。他少时即长于算学，15岁时即入Palermo习医，19岁时到Naples,认识物理家Melloni。Melloni将他介绍给Piria，然后他才定下专习化学。原来Piria是意大利化学界之先导，当时恰好发现过水杨精（salicin）之组成，颇负盛名。此时意国政治正在黑暗时代，因被爱国心所驱使，坎尼日娄乃从事革命，21岁时他曾从军作战，败后逃往巴黎，乃在Cheveul的试验室中研究氯化犄等物。

1851 Alessendria地方的国立学校聘他做教习，他乃回国。他虽然如此忙于教授几乎无暇去研究，但利用此处一小试验室，他却于1853年发现benzyl alcohol。

1855 Genoa大学聘他做化学教授。那大学中本无试验室，坎氏到那里之次年，极力设法才有试验可做。此时他已起首做一种特别研究，为1858年他的小册子（phamphlet）的基础。但政治上的变局，不久又使他的研究和教授同归停顿。

1861 Palermo大学请他做化学教授。此处本来也无试验室，二年后才稍有设备，坎氏在此凡10年。此10年中他的研究大概是关于有机芳香物体。

1871年起坎尼日娄就罗马新设大学之聘，做那里化学教授，直至他死的时候，共有39年。这大学虽在意国京城，其初也没有试验室。后来坎氏才将它创设起来，最后乃得与其助手等同做茵陈精（santonin）的研究。

1906年应用化学万国代表会在罗马开会时，坎氏被举为临时主席，他那时已80岁，然犹每次到会。又过了4年，1910年5月10日，他84岁时才死。他一共做了几乎60年的化学教习！

要知坎尼日娄生平不仅是个教授，他尝做过校长，尝提倡职业教育和女子教育，又尝参议宪法，并在行政上服务。至于他的工作，虽然属于有机化学者很多，但他之最足引人纪念者，在乎他能用实验使阿佛盖路的臆脱复活起来。1891他得有Copley奖章；1896他有法拉第讲演。这都可见他及身的成功。

292. **坎尼日娄的小册子**（Cannizzaro's Phamphlet）——当Karlsruche

会议以前，坎尼日娄所著小册曾于1858在意大利杂志上发表，题目是“化学原理的教授大纲”（Suntodi un Corsodi Filosofia Chimica），这小册的内容是叙他在Genoa大学教授时所用的方法和程序。不过外国的人几乎都不曾看见。当Karlsruche会议告终时，他将小册子散给到会的人。Lothar Meyer——那时是个Privat Docent——后来说道：

“我也接到一本，我将它放在衣袋里，留着回家时路上看看。到家以后我又读了几遍，觉得这小册子对于大家争辩的各要点都能大放光明，我不禁惊奇起来，好像眼帘之前一无障碍，于是疑窦消减，真理实现。假使将来我自己稍有贡献，能使化学上的状况加以改革，聚讼之点归于平熄，未始不是坎尼日娄的小册子之功。这小册子对于我的影响既如此，对于其他到会的人想必也是如此。自此之后，白则里昔日之原子量又渐渐流行。阿佛盖路的臆说和杜朗裴迪的定律表面上出入之处，经坎尼日娄一声除去之后，二者实际上都能普遍的适用。于是才立下基础，好作原子价的测定，不用这种测定，（有机中）原子结合的学说，恐怕永远不能发达。”

然则这小册子的内容究竟怎样，此处可略引数段。他起首就说：

“据我看来，近年化学之进步，似乎已经证实阿佛盖路、安倍和杜玛的臆说，……即假定等容气体，无论原素的或化合物的，都含等数分子。但它们绝不含等数原子……。因为要使我的学生折服于这个道理，我让他们照着我走过的能引我到这道理的路去走，即将化学各学说之历史，详细考察一下。”

他又说：

“从这种化学历史上的考察和物理上研究的结果，我的判断是：要使各部化学毫无冲突，则于测定分子量和分子数目时，阿佛盖路和安倍的学说有完全利用之必要。如此所得之结果与所有以前发现的物理上和化学上的定律完全符合，我的其次工作，就是要证明这桩事。”

293. **坎尼日娄对于蒸气密度和分子量的测定**——要测定分子量，须先测定蒸气密度，二者的关系，坎尼日娄说过：

“在我的第五讲演中，我起首将阿佛盖路和安倍的臆说用于分子量的测定，不论其成分已知与否。照这臆说，每一物质的分子量与其蒸气密度成比例。”

单讲测定蒸气密度，我们要首先了解3个可能的问题：（1）要不要一个气体作为标准；（2）如要这种标准，我们究意用什么气体；（3）定下来标准气体，它的单位又将怎样？以下让我将这些问题一一说明，至于它们的答案，最好请坎尼日娄自己说罢。

第一个问题，是因为气体密度本有两种计算方法。一种是论某容中某气实在之重，例如每立特中某气重若干瓦（grams per litre），用不着什么气体标准。一种是要用一个气体作为标准（而容量和重量的单位到可随便）。后法比前法更简便些，而且“为使蒸气密度可以表现分子量起见，将所有蒸气密度与择定作为标准的一个简单气体之重来比较，比与一个混合物，如空气之重来比较好些。”

第二，那标准本可随便选择。理论上什么气体都可以，实际上有用空气的，有用氢气的，后来又有用氧气的。坎尼日娄喜欢用氢气，其理由是：“因氢气是所有气体之最轻者，放在蒸气密度的测定中，可以作为标准。”

第三，是因为标准与单位有些分别。标准指实在物质，单位不过指数值。譬如虽拿了氢气做标准，拿它的什么数值做单位自然还是问题。读者要了解这一层，不可不读下方答案：

“如果一分子氢的蒸气密度当作=1，则其余蒸气密度将代表各该分子量。但我更喜欢用氢气的分子之重，不用其分子自己之重，作为整个分子之重或其一部份之重的公共单位；于是我以氢的蒸气密度=2为标准，来论其余各异气体的蒸气密度。如果蒸气密度原来是用空气为标准，只要用14.438来乘，即足改变氢=1为标准的价值；只要用28.87来乘，即足改作氢=2为标准时的价值。……我将代表此等重量的两宗数目排列如下式。”

物质的名称	密度或一容之重，氢的密度作为=1，或分子重以整个氢分子之重为单位	密度 以氢气的密度=2为标准 或 分子重 以半个氢分子之重为单位
氢	1	2
氧	16	32
臭氧	64	128
硫100℃以下	96	192
硫100℃以上	32	64
氯	35.5	71
溴	80	160
砒	150	300
汞	100	200
水	9	18
盐酸	18.25	36.5
醋酸	30	60

从上表可见，同质异形（allotropic）的物质，如氧和臭氧，坎尼

日娄已知其分子构成之各异。虽然臭氧的蒸气密度应当是24和48，不当是64和128，要知表中数目，他明明说尚待证实。此外他所列许多的表，其中数值错误的也不过几个。还有一件事情，此处应当郑重声明的，就是照坎尼日娄的思想和算法，所有分子量都可用二容之重来表示。

294. **原子量的测定**——普通原子量的测定有大概的和精确的两种。

I. 大概的原子量从分子量引出——测定大概原子量的方法，可分为3步。举氮的原子量为例。（1）先将许多——愈多愈好——可蒸发的含氮化合物，用蒸气密度方法测定其大概分子量。（2）分析（或合成）此等化合物，好知道每一分子含氮百分之几。（3）用每一分子量乘其百分量。如此所得之最小数值，即所求之大概原子量。

氮的化合物	大概分子量	氮之百分量	一分子重量中氮之重量
游离氮气	27.95	100%	27.95
次氧化氮	44.13	65.70	28.11
氧化氮	30.00	46.74	14.02
过氧化氧	45.66	30.49	13.90
阿莫尼亚	17.05	82.28	14.03
硝　酸	63.06	22.27	14.03

∴氮之大概原子量平均等于14。

II. **精确的原子量从当量算出**——原素的精确原子量，或恰等于其当量，或是其当量的简单倍数。氮之当量=7.01。但从上表氮的大概原子重既是14，即略等于7.01之二倍。故氮的精确原子量应当是

2 × 7.01=14.02。

读者注意：凡用此法测定的原子量，都是可能的最大原子量，将来或可证明其为某值之倍数。因为所谓原子量者，不过是指二容的所用各挥发化合物中某原素最小之重。仅所用可挥发的化合物不过少数，安见得其中必有一个分子只含某原素的一原子呢？因为这个原故，所以说必用愈多愈好的挥发化合物来试验。就原素言，炭、铜、铅、铁、铬虽不挥发，而它们有挥发化合物。炭的化合物尤多如此；其分子量和原子量可用上法测定。惟钾和钠自己虽然挥发，而其化合物往往不能；硷土金属和镁和银自己既不挥发，又无挥发化合物；当然不在此例。

295. **坎尼日娄对于分子量之测定**——坎氏当日测定氮之原子量所用的表，比上表所列举的格外详细。他的表中数值都是拿当量来改正过的。然而他的运算方法完全与以上相似。他测定氢、氧、氯和炭各原子量所用的表，亦复如是。他说：

“各异物质一分子中所含之氢之各异重量，既都是氯化氢中所含重量之整倍数，则选择比重量为分子和原子之公共单位，自然适当。在游离之氢中，一分子含二原子。”

他又说：

“一分子游离氯气所含之氯之重	71 份	=2 × 35.5
盐酸气所含之氯之重	35.5 份	=1 × 35.5
氯化高汞所含之氯之重	71 份	=2 × 35.5
氯化砒所含之氯之重	106.5 份	=3 × 35.5
氯化锡所含之氯之重	142 份	=4 × 35.5

游离氧气所含之氧之重　　32　份 =2 × 16

臭氧气所含之氧之重　　128　份 =8 × 16

水蒸气所含之氧之重　　16　份 =1 × 16

以脱所含之氧之重　　16　份 =1 × 16

醋酸所含之氧之重　　32　份 =2 × 16”

足见坎尼日娄根据正当理由，才认H=1，O=16，Cl=35.5。

讲到炭，坎氏的说法尤其透辟。此处只能摘择几句：

“使我的学生对于原子和分子的辨别有种印象，乃我的特别目的实在讲起来，我们可以知道一原素的原子量，用不着知道其分子量，其例如炭。因为炭之大多数化合物是可变气的，我们可比较其分子量和其成分，我们找出这些分子中所含之各异炭量（炭之重量）都是12的整倍数，所以12即炭的原子量，即用C表示之重。”

总而言之，坎尼日娄在分子量和原子量的测定上，实予我们以极多的资料和极详的理解。这些资料和理解，当然不是偶然的工作；而其绝大价值尤在能解决当时和以前化学大家不能解决之重大问题。自有坎尼日娄的测定，近世化学才算上了轨道。然而他自己却未发现特别的新学说或新物质，可见学术上贡献之道，原来没有一定。

第十八章　同分异性和有机的合成

（甲）同分异性（Isomerism）

296. 同分异性之起源——1820年以前，化学家都假定凡成分相同的物质必有相同的性格，虽然那时已经知道硅酸、氧化高锡和一些其他化合物可有不同的形状，然尚无人特别注意。直至1823李必虚和孚勒研究蜻酸爆炸酸时，第一对同分异性的物体才被他们发现（385页）。盖路赛极相信此种物体之存在，而白则里却不免迟疑。但是1825法拉第又发现一种液体炭氢化合物，butylene C_4H_8，成分与成油气（C_4H_4）相同而性格迥异。1828孚勒又发现尿素与蜻酸铔为异性体。但必等到1830年白则里自己研究过葡萄酸（racemicacid）和酒石酸以后，他才找出他所取得的葡萄酸与许礼取得的酒石酸有相同之成分，才完全相信以上事实，才介绍同分异性一名词。一年后白则里又将同分异性分2种，（Ⅰ）polymerism和（Ⅱ）metamerism。第一种论分子量不同但有倍数关系之异性体，第二种论分子量相同之异性体。第一种之例则

(1)	(2)	(3)
Ethylene，C_2H_4	aldehyde C_2H_4O	acetylene C_2H_2
Propylene，C_3H_6	butylic acid $C_4H_8O_2$	benzene C_6H_6
Butylene，C_4H_8		

第二种之例，下节可以细讲。

且说1780年许礼从酸奶（sour milk）中发现乳酸（lactic acid）ppppprgk，1807白则里从肉汁里又发现一种酸质，叫作sarcoor para-lactic acid,但当时对于二酸之真正本性知道的并不充分，直至1847李必虚尚误认二酸完全相同，次年才有人指出他们的差异。1863 Wislicenus又用合成法发现第三乳酸，并知道三酸对于旋极光有不同的影响。因为构造学说尚不够解释此种异性体性格之差异，所以Wislicenus当1873发表其关于乳酸之最后论文时，就下了一个结论，说各种乳酸之差异只能由于原子在空间（in space）排列之不同。这实在是范韬夫（van' t Hoff）和赖贝尔（Le Bel）的学说的先导。

297. 异基的同分异性和位置的同分异性（isomerism of different radicals and position-isomerism）——同分异性体数目之多，实为有机化学之一个特性。单就烷系（即短质系methane serises）炭氢质而论，一分子中含四炭原子者有2异性体，含五炭者有3，含七炭者有9，含十面料者75，十二炭者357，十三炭者799。依此类推，性体岂不要多至无限吗？要知这不过是同分异性之一种。此种中各个异性体含有各异之基。

在大家特别研究芳香化合物以前，多数同分异性可用基之不同来解释圆满，除上列之各炭氢异性体外，尚有下列五例：

Propyl iodide $CH_3—CH_2—CH_2I$
Iso-propyl iodide $CH_3—CHI—CH_3$ } (1)

Di-ethyl oxide $(C_2H_5)_2O$
Methyl propyl oxide $CH_3—O—C_3H_7$ } (2)

Allyl alcohol $CH_2—CH \cdot CH_2OH$
Acetone $CH_3—CO—CH_3$ } (3)

Propyl alcohol $C_2H_5 \cdot CH_2OH$
Iso-propyl alcohol $(CH_3)_2CH \cdot OH$
Methyl ethyl ether $CH_3 \cdot O \cdot C_2H_5$ } (4)

Propyl amine $C_3H_7NH_2$
Methyl ethyl amine $CH_3NHC_2H_5$
Tri-methyl amine $CH_3N(CH_3)_2$ } (5)

虽然，芳香物体之同分异性不是基之不同就能辨别的。因为要辨别轮质诱导物之同分异性，1866年凯古来首先利用其轮质学说的观念，假定各代基之相对位置可以不同。于是乃有在环中或在侧链中之区别，在环中者又有ortho, meta, para, 或其他位置之区别，于是异性体更加多了。这种异性体叫作位置的异性体（position isomers）。例如二溴代轮质共有3个，C_7H_7Cl所代表之物体共有4个（o-, m-, p-chloro-toluene和benzyl chloride）。

自凯古来提议此项问题后，许多人从各方面去研究，其尤著者则有Baeyer, Graebe, Ladenburg。等等的工作，而1874年Körner对于orientation之绝对方法（the absolute method）尤有价值。从这种研究，许多化合物才陆续发现，其构造才连带着明了。

298. 巴斯德的事略（Pasteur, 1822—1895）——巴斯德名Louis，法国人，生于1822年12月27日，死于1895年9月28日。他是生物化学大家，并是“微菌学之开山祖”[①]。但他的生物学或微菌学上的种种贡

① 十一年十二月科学中有“巴斯德传，”刘成作。

献，大都发轫于化学。1848他刚才在巴黎师范学校毕业，正充Balard的助手时，即首先做酒石酸盐的研究，发现晶体构造，旋极旋光性和不称炭原子三者之交互关系。这是他一生许多发现中的第一个。他又发明3种方法可将葡萄酸盐解析为能使极光左旋或右旋之二体——1850有机械方法；1853有化学方法，1960有生物学方法。从这种研究和从醋酸、乳酸和酒精之研究，才引起他的细菌学之发现，才引起他的发酵论和制酒改良法。巴斯德又从细菌学研究人类或其他动物的传染病和其治疗新法，如关于脾火病（splenic fever）、水泻病（dysentary）和狗癞病或禁水病（hydrophobia）之类。他又从避免传染病之理介绍种痘法。他是无数生命的救星！

因为巴斯德之有功于科学和人类至大且远，所以法国人不但于其生前（1888）特在巴黎创建巴斯德学院，并于他死后在他的墓旁罗列许多石碑，每一碑上镌勒他的一种发明或发现，以示敬慕不忘之至意！不但如此，前年（1922）恰值巴氏百年生日纪念大会，万国科学界各派代表与会，说者称为20世纪以来之盛典！

299. 晶体构造与旋极光性之关系——1848巴斯德发现酒石酸有半位面（hemihedral faces）——当18世纪下半叶结晶学已经成立。当19世纪之头15年，Malus和他的学生们Arago和Biot已发现了极光现象和旋极光性。Charles Kestner则发现过假性酒石酸，即葡萄酸；de la Provostaye 也研究过酒石酸盐和葡萄酸盐的结晶体。但必等到1848巴斯德才将晶体构造与旋极光性之关系联合起来。这个联合的线索，乃酒石酸盐有半位面的发现。

原来，1808年Malus发现极光现象之后，1811 Arago即假定石英之旋极光性与其结晶有关。1815 Biot 则证明不必固体，许多天然有机物体，如松柏脂油或酒石酸、樟脑、糖等溶液各有旋极光性。因此又知旋光作用与结晶无必要关系。1848年巴斯德重做de al Provostaye的试验，即考察酒石酸的结晶形状，巴氏首先发现酒石酸盐晶体有半位面。这个重要事实以前都忽略了。

因为已知酒石酸盐溶液是有旋光性的，巴氏就想到半位面与旋光性很有关系。其实Haüy已发现石英之晶体有半位面，并成对映体（enentiomorphs）；1820 John Herschel也在英国皇家学会发表一篇论文，指出半位面地位之相反与相反旋光性可有关系。

巴斯德以为所有能旋光之物体，如果结晶必有半位面。现在知此说不必尽然，并且在溶液中有旋光性者，在固体时不必有此性。

300. 巴斯德发现半位面、旋光性和不称（asymmetric）炭原子的关系——1844米学礼曾察知酒石酸钠铔和葡萄酸钠铔不但成分上，并且许多物性，包括结晶形成上都完全相同。不过前者溶液能旋光，而后者的不能。1848巴斯德既做上述之研究，于是指望那酒石酸钠铔的晶体有绝对相同。及他制取这二种盐加以考验之下，则见那酒石酸盐固然有半位面，但所奇怪者，那葡萄酸盐的晶体，其初没有半位面，经重新结晶后却也有了！不但如此，那些半位面很有分别；酒石酸的全偏于一边，葡萄酸的却有些偏于左边，有些偏于右边。他将向左和向右半位面的晶体一一分开，并进而考察每一种的溶液后，他说：

“我于是一惊一喜的看见半位面向右的晶体使极光平面右旋，向左的使之左旋，并且当我用等重的每种晶体时，那混合溶液因二相等而相反旋转之中和，对于光不生影响。”

米学礼已经知道酒石酸钠铔与葡萄酸钠铔为同晶（isomorphous），现在巴斯德又找出有两种葡萄酸钠，于是共有三个同晶体。

“但是”，巴斯德说道，“这种同晶自己表示一种以前未曾注意过的特点：这是一个不称晶体与其镜影（mirror-image）之同晶。”

巴斯德又制备那二种酸质。他找出一种与寻常酒石酸完全一样，在溶液中有右旋性；一个有左旋性，度数与右旋的恰好相等。于是他得了二个“完全相同但不能迭上（superposable）之产物，彼此好像左右手之产物。”他又将等重二酸之浓水溶液相混合，得了无旋光性的葡萄酸晶体。

统观本节和上节所述，可见巴斯德对于酒石酸和葡萄酸之同分异性研究得非常仔细，而且他似乎也有过旋光性由于不称炭原子的概念。不过这概念在他尚无稳固的基础；所以28年后，范韬夫和赖贝尔才各自独立的成立他们的学说。

301. 1874范韬夫和赖贝尔的学说（Van't Hoffand Le Bel's theory）——旋光的同分异性（optical isomerism）——范韬夫和赖贝尔尝同在巴黎Wurtz 的试验室中工作，本是同学。范韬夫当于1874年九月[①]赖贝尔于同年11月各发表一篇论文，其内容大略相同。他们都承认（1）因有4个不同的基围绕一炭原子之间体的排列，故成不称（asymmetric）状况；（2）因有不称状况，故有旋极光性；（3）镜影式的排列有相反相消之旋光性。虽然，他们学说完全是独立的，其相同之点是不谋

① 范韬夫所著的空间之化学（La Chimie dans l' Espace），1875年出版，1887再版时扩充许多，1894又有修改版。1891第一次英文译本出版；1898第二次译本出版，改名The Arrangement of Atoms in Space。

而合的。他们对于原子价的本性观点稍有不同。范韬夫假定此种原子之排列为四面体（tetrahedron），炭原子在其中心，四基在其角尖；所以炭之四价之方向是有一定的。赖贝尔则谓只要四基各不相同，则其之炭原子一定是不称的，不论各基排列之形式如何。但是如果四基和一炭原子同在一平面上，则CA_2B_2或CA_2BB'也可有二个异性体了。其实CA_2B_2或CA_2BB'各只一个。因为这种事实，我们不得不承认范韬夫的四面体的说法。因为这种说法，我们才有所谓固体的同分异性（stereo-isomerism）。

还有一层，赖贝尔的概念系从巴斯德的试验为出发点；范韬夫的概念系从Wislicenus 的乳酸之研究和凯古来的一炭四价之学说为出发点。这是读者应当注意的。

同体的同分异性之说，所以补构造学说之不足。譬如各乳酸或各酒石酸，其构造式都是一样。它们每种化学上性格几乎完全相同，所不同者，大概在乎物理上的性格，尤其是旋极光性。所以这种同分异性有时叫作旋光的同分异性，有时又叫物理的同分异性。不过欲说明这性格上的差异，势必假定固体的排列，所以又叫固体的同分异性。至于物理的同分异性一名词，未免不甚适用。

302. 变动的同分异性（tautomerism, desmotropism, or dynamic isomerism）——上文所讲旋光的同分异性，所以表示二个以上物体而有同一构造者之同分异性，但与此恰好相反，则有同一物体而可生两种反应，有时如此，有时如彼，好像一物而二构造式者。1877 Butlerow 所研究的 isodibutylenes和1833 Baeyer 所研究的 isatin 和 nitrophenol和1885 Laar 所研究的 acetoacetic ester，乃其很早之例。后来大家对于 acetoacetic ester 研究的尤其详细。

这种同分异性，1885年 Laar 叫作 tautomerism；1887 Jacobsen 又叫作desmotropism；1904年 Lowry 则更叫作 dynamic isomerism。

这种异性体彼此变化颇易，且不必同样安定，故有 stable 和 labile 之别。用化学方法处理，往往发生困难，故物理方法尤特别适用。20余年来，利用各种物理方法去研究此等现象者，则有

1892W.H.Perkin（父亲）——用磁铁旋转法（magnetic rotaton）；

1896 Traube——用分子容量法（molecular conductivity）；

1896 Hantzsch——用傳电度法（electrical conductivity）；

1896 Wislicenus——用溶液变色法 (colormetric method)；

1896 Bruhl——用折光和散光法（refractive and dispersive power）；

1894～1904 Knorr，Lowry 等——用溶度和熔点法（solubility and melting-point curves）；

1899～1903 Lowry 和 Armstrong —— 用旋光增减法（mutartation）；

1900～1905 Hartley，Baly，Desch 等——用吸收光带法（absorption spectrum）。

303. 几何的同分异性（geometrical isomerism）——还有一种同分异性，既非寻常构造式所能说明，又与寻常不称炭原子之物本不同，乃是几何的同分异性。有人将几何的同分异性和旋光的同分异性同属于固体的同分异性。诚然，有人用几何的同分异性一名词，指任何固体的同分异性，但用以专指各原子在同一平面上之同分异性体，

似乎更好。此处即采用后头的义意。

Maleic 和 fumaric acids 乃观察最早的几何异性体。这种异性体一分子中每有双连线（double bond），如>C=C<, >C=N—，—N=N—或—N=N≡之例。先就>C=C<之物体而论，其中二炭原子可与二对氢原子或基连合。假使每对之基不同，我们可有以下的排列：

```
a—C--b a—C—b    a—C—b a—C—b    a—C—b a—C—b
  ‖      ‖        ‖      ‖        ‖      ‖
a—C—b,b—C—a；   a—C—c,c—C—a；   c—C—d,d—C—c
 (1)    (2)       (3)    (4)       (5)    (6)
```

（1）和（2）中二对之基都是ab和ab，然而可有两个式子；（3）和（4）中二对之基都ab和ac，然而也有两个式子；（5）和（6）中二对之基都是ab和cd，然而也有两个式子。

姑就（5）和（6）而论，因为abcd不同之四基连于一炭原子者，可成旋光的物体，其初以为不同之四基连于二炭（>C=C<）者，即(5)和(6)所代表之物体，似乎也可有旋光性。及至赖贝尔和Walden各做许多试验之后，才知其不然。其根本原因，在乎这些物体并无不称炭原子，在乎每一分子中连于>C=C<之四基是在同一平面的。这个道理，1877年范韬夫的作品“空间之化学”中已经预言过了；1887Wislicenus的原子在空间之排列（Die Lagrung der Atome im Raume）中又加以发挥。据范氏的见解，饱透式的分子≡C—C≡中，两炭原子都能环绕一公共轴而旋转，非饱透的分子中之炭原子则不能。譬如有双连线之二炭分子可当作二个正四面体，以公共之一边相连接，其余之四尖则为四基所占据。既然如此，这四基在同一平面上与连于不称炭之四基占

据一个体之位置者不同。所以这分子只有同边和对边（cis和trans）的异性体，而无旋光性之可能。

关于这种分子，赖贝尔的观念不及范韬夫的远甚，因为他不能决定那四基在同一平面与否。

再者，这种同分异性，本来Wislicenus 研究得极其详细；1883V. Meyer和Goldschmit才起首研究oximes；1890年Hantzsch和Werner尝有重要论文发表，1892 Baeyer才介绍很方便的名词cis和trans。

304. 一些特别原素所成的同分异性——能成不称原子并能有旋光性之原素，除炭外还有其他三价之氮的化合物，如oximes等等，只是几何的异性体，上节已经说过。但一分子中如果有五价之氮，并与五个不同基相连，如NabcdX普通程序，却也有旋光的异性体。这是1891年赖贝尔首先取得的。范韬夫尝用正立方体（cube），Willgerodt用二个相迭（superposed）四面体，Bischoff用积锥体（pyramid），表示此种分子。1899Pope和Peachey也取过氮之光的异性体。自此以后数年之间，Pope，Peachey和他人又相继发现硫（1900）、锡（1900）、硒（1902）、硅（1904）等原素之旋光异性体。

此外还有一种特别的同分异性，是1897年以后，Werner专门研究的。原来他对于一些特别原素有一种原子价的学说。根据这个学说，他创出co-ordination和第一圈（zone）和第二圈等说法，以分别表示那些原素的正（principal）副(auxiliary)原子价。他于是发现有些金属如钴、铂、铬等可成同分异性的化合物。不但如此，这些金属可成不称原子，所以可有旋光性。实际上这种化合物也会经分离过测定过了。

305. 关于同分异性之结论——从以上所讲，我们已可彻底的了解同分异性之研究，与有机化学之发达有密切关系。现在再概括的举几个例证。各种terpenes包含一些位置的异性体；各种alkaloids包含一些旋光性的异性体；各种糖质中所已知和未知的可能异性体——旋光异性体——的数目更足令人惊讶不止。读者还可以注意：从广义上讲起，不但有机，无机化学中也有许多异性体；不但化合物，许多原素也有异性体。譬如氧和臭氧之同分异形（allotropy）、红磷和黄磷、余方硫和长针硫之多晶（polymorphism），其实也可算同分异性之一种。至于无机化合物中之多晶，或一物而有各异善者，也不在少数，不过比在有机化学中尚可车载斗量而已。所最特别者，新近原素中有许多同位体（isotopes）的发现，如果我们将同分异性的范围扩充起来，似乎也可说同位体是特别一种的异性体呀！

（乙）有机的合成

306. 概论——“合成”（“synthesis”）一名词，在有机化学中，以前系指从无机造成有机物体而言，这个义意近世已不适用，于是凡从原素或较简之物体变为繁复之物体者，皆得叫作合成。这样一来，合成的范围非常之广。所以现在已知的有机物体，用合成法得来者或者竟占大多数。可是合成的历史几乎无从讲起。即如各种alkaloids的合成，看是多么麻烦！本章故只叙述在这个领域中或一般有机化学中六大权威Berthelot, Griess, Baeyer, V.Meyer, E.Fischer, 和Ehrlich的传略，同时将他们对于合成或其他重要工作顺便提出。最后附以显微分析，尤其是有机的，前辈Pregl 的传略，所以表示分析与合成之密切关系。

307. 贝提老的生平（Berthelot,1827—1907）——贝提老名Pierre Engene Marcelin, 法国人，1827年10月25日生于巴黎。他父亲是个医生，乐善好施，母亲则以敏捷多才为世所称；二人各以其优点遗传于其子。他常在亨利第四学校（College Henri IV）读书，19岁时即得哲学荣誉奖品——全法国各Lycées中最优等学生都许竞赛奖品，他又尝入法国专门学校（College de France）习医，但渐渐专门化学。他少年时即勤于工作，善于记忆，富于思想，勇于试验。他尝在Pelouze试验室中学习。1851他25岁时即做法国专门学校中化学教授Balard的助教。他的薪水每年不过800佛郎。幸而职务不多，他得以试验着特别研究，3年后他的博士论文“甘油与酸的化合，和天然脂肪之人造法”乃告成。1859～1876他被聘为药品高等学校（École Superieure de Pharmacie）的教授。1861因为他对于有机物体的合成，法国科学院赠他Jacker奖品，同年法国专门学校特为他设一教授席，他担任之终其身。他在这里的职务不过每年40个自由讲演，而校中有个试验室专为他用，所以他更有特别研究的机会。

1873他被举为法国科学院会员；1889他继Pasteur的任做该院永久书记；1900他变为40Academicians之一。1877英国皇家学会举他为外国会员；1883赠他和Julius Thomsen——因为他们对于热化学的独立工作——兑飞奖章各一个；1900又赠他Copley奖章。

以专门科学之人而能同时置身政界为国服务者，乃法国化学家之特色。但普法战争以前，贝提老未尝与闻政事，直至1870巴黎被围时，法国政府求教于他，他乃特别研究炸药，其结果法国的火药一时特别胜利。1881他被举为终身参议员（Senator）；1886～1887为教育总长；1895～1896为外交总长，1901当他75岁生日，又是他初作法国专门学校的职员50周年时，有个纪念大会开于巴黎大学，法国总统为主席，各国科学界都有代表到会，济济一堂，贝氏夫人和其子孙都在座，贝氏备受热烈的庆祝。然而他毫不以此种虚荣自足，而汲汲的郑重声明：真正值得科学家的名称者必虔诚的，无私欲的至力于一切人类的幸福。

且说贝提老34岁在法国专门学校作教授的那年，他才与贤慧的旷代佳人Breguet 女士订婚。他们两家人本来相识，可是据说贝氏对于那位女士从来未属意。但有一天那女士戴着时髦的Tuscau 帽子正过巴黎最长桥的时候，忽然过着一阵狂风。她把头一回，为的是免得帽子被风吹看，哪知恰好撞在贝氏怀中！自此以后，他俩就订下婚约，当年并行了嘉礼。他俩伉俪之情始终不渝，甚且老而弥笃；从来家庭中没有比他们的家庭更快乐的了。他俩是同年同月同日——1907年3月18日——死的，而且所患的同是心病！贝氏享年80岁，其夫人也70岁。他俩是同以国葬似的典礼葬于Pantheon的。

308. 贝提老的工作——贝提老的研究是有一定领域的；从这种研究到那种，是有线索可寻的。他的工作约可分为6种：——（1）有机的合成；(2) 化学的或物理的平衡；(3) 热化学；(4) 炸药；(5) 化学史；(6) 农业化学。可是在他的所有功劳中似以有机的合成为最大。欲知这话的充分理由，只须记着虽则Wöhler, Liebig, Kolbe, Frankland等会先后合成过许多有机物体，但是19世纪上半叶通统过去，而有机和无机的界线尚未完全打破。诚然，合成（synthesis）一字，还是贝提老才起首用于此等程序呢。

贝提老的有机合成又可分为（a）醇的和（b）炭氢化物的两部。各醇中他所研究最早的是甘油。他不但证明甘油为醇之一种，并找出甘油能与三当量的酸化合，犹之燐酸能与三当量的盐基化合。从甘油与各酸的反应，他又先合成许多脂肪化合物，由简单的到繁复的。例如他用氢碘酸就得了allyl iodide 和 isopropyl iodide两种；从前者他又（第一次）造成芥末油（oil of mustard）。

1855贝提老合成了二烷醇（ethyl alcohol）；1857合成了一烷醇（methyl alcohol）。第一种的合成法系用成油气（C_2H_4）和纯硫酸在一大玻器（可盛32立特）中摇动之直至30立特成油气被吸，然后加水蒸溜。他居然得到45g的纯酒精。可是成油气本从酒精得来，所以贝氏又用从煤气得来的C_2H_4试之，结果略同。这是个不用发酵手续而取得酒精的第一次。第二种的合成系用沼气。1856贝氏先用CS_2+H_2S混合后通过红热之铜，再将如此合成之沼气变为CH_3C_1，最后则变为CH_3OH。不但如此，从C_2H_4和硫酸他既然得到二烷醇，从propylene和硫酸，他自然得到三烷醇（propyl alcohol）。至于propylene乃从propyl iodide 得来；propyl iodide自己又从甘油和碘化燐合成得来。他又证明更高的C_nH_{2n}可与盐酸化合，先成氯化物，然后可变成各种醇类。这是合成醇类的好法。此外1858贝氏认cholesterine, trehalose, 和meconine为醇类，1863又认thymol, phenol, cresol 为醇类。他又说acetylation为辩明醇类的好法，至今还常用之。

现在讲贝提老的炭氢化合物的合成。他尝用氢氧化钾吸收一氧化炭后，加水蒸溜而得蚁酸。1856他用蚁酸钡来蒸溜，其结果得了propylene, butylene和amylene。1860他用C_2H_4和HI合成了C_2H_5I；1867

他又利用HI在高温时之还原性格将benzene变成hexane诱导体。关于acetylene的研究，似乎还有几个特点可以注意。第一，这个炭氢化合物虽是Edmund Savy（兑飞兄弟）首先发现的，acetylene的名目却是贝提老给的。第二，1862他在电弧中将acetylene直接的从二原素合成。第三，1866他找出强热acetylene可使之结合变为benzene。

以下讲贝提老的其他工作。从甘油与酸质化合之需时间，就引起1861～1862贝提老和其学生St.Gilles研究有机盐化（esterification）的速度。1869他又研究一物体溶于二溶媒中之分配。例如琥珀酸（succinic acid）演于以脱和水时，无论溶解多少，其分配系数为一恒数，热化学是贝提老其初就研究的。及至1879他有关于热化学的书籍二本，后来（1898）又有二本出版。他完全证明Hess的定律，但完全成立个不确实的原理，所谓“最大工作之原理”（“The Principle of Maximum Work”）。自1870起，他特别研究炸药；他有个“爆炸波”（“L’onde Explosive,” 他所给的名字）学说。1869他到埃及参与开凿苏伊士河典礼，于是引起他的考古思想。1869人尝收集关于上古的化学纪载，翻译并考订些罕见的化学抄稿，连阿拉伯的在内，又分析些古币和古器。他著有（1）“点金术之起源”（Les Origines de l’Alchimie）和（2）“研究上古和中古化学之向导”（Introduction a l’Etude de la Chimie des Ancient et du Moden Age）。贝提老尝用无声放电（silent electric discharge）做许多工作，例如1868使氮与C_2H_2直接化合成HCN。恰好1883他得有一块空地，他就作为农事试验场之用。他不但首先指出空气中之氮可被微生物固定于土中，并尝实施电气于植物以助其生长。

309. 葛列斯的传略（Griess 1829～1888）。——葛例斯名彼得，德国人。1829年生于德国Cassel附近之Kirchhosbach。他幼年时虽然是个颇有希望之人，但在德国总难得安心用功。当他在Cassel Jena, Marburg, Munich和第二次在Marburg肄业之后，当第12学期时，他才起首用功，并偶尔在化学实验室中做些工作。他是Kolbe教授的学生。1856年，他很不容易的才得Kolbe 之推荐，在某染料工厂中有一位置。不料过了不久，一个粗心工作者竟不戒于火，将工厂烧掉了。于是葛氏被人解雇，乃回到Marburg在kolbe 手下工作；他此时乃从一个漫不经心的学生，一变而为勤奋之模范，其师长无不惊而异之。在1858年秋天，A.W.Hofmann到Marburg参观，Kolbe逐将葛例斯介绍给他。盖葛氏的父亲乃一寒素人家，不能继续供给他在大学中读书。

葛例斯于是随Hofmann到伦敦并在皇家化学院中做他的助理，但不甚久。1862年某公司聘他做工业化学师，他乃离开化学院，去到一个设在 Burton-on-Trent 的著名酿造厂中工作。他在这酿造厂中继续担任职务，共26年，一直到他死的时候。他在那里每日须在实验室中工作六七小时，并不准发表其工作的结果。虽然如此，他有一些最有价值的科学研究也是在那里做的。他恒于余暇即在他自己专有的实验室中研究diazo化学的反应。这问题是他在Marburg和在皇家化学院时已经引起兴趣的。

葛列斯证明用亚硝酸与芳香 amino 化合物反应可得 diazo 化合物；这是以前所未曾注意的。不但第一个 diazo 化合物是葛氏发现的，从1859～1863，他还发现了许多。它们的特殊性质，也是他首先研究出来的。所以当时他有接二连三的关于这种特别研究的论文。他的

diazo 化合物之发现与研究，又引他到 azo- 染料上去。他的工作，在染料工业上是根本重要的。他于是成功了一种大工业的父亲。

葛氏是个精巧的实验家，其观察力极富。1862他会发现 diazoamido benzene；1866发现 diazo benzene amide。1867他发现 Bismarck brown；1889发现Congo yellow。此外1867他有constitution of betaïenes的研究；1872有测定orientation的研究。他死于1888，时年59岁。

310. 巴雅的传略（Baeyer 1835～1917）——巴氏名Johann Friedrich Adolf，普通称为Adolf von Baeyer，或写作A.von Baeyer或v.Baeyer，德国人。1835年11月30日生于柏林。他母亲是犹太人。据Emil Fischer 告诉我们，巴氏因血统关系，颇能兼有两民族之特殊优点。当他年龄方才10余岁时，他就发现一种铜和钠的双炭酸化物。他又于少年时有蓝靛之实验；这就是引起他对于这染料的兴趣起点。及至经过20年的研究之后，这个天然植物染料竟被他在实验室中制造成功。这是有机化学史中一个最有价值的合成。

巴雅尝在柏林大学习物理及数学，但因在陆军中服务一年，他的学业不免间断。嗣后他就到 Heidelburg 后学于本生氏。那时本生的兴趣已完全不在有机化学，巴氏欲研究之，所以他的真正导师乃凯古来。不过1858他在木瓜林取得学位的论文题目“关于砒的有机化合物”一定是本生所提出的。要知在 Heidelburg 地方喜欢在凯古来手下研究的机会很少，巴氏只好在一个简陋的私有实验室中工作；当他发现那可怕的Arsenic mono methyl chloride时，几乎送命！此后不久，凯古来被聘到比国之Ghent，巴氏就跟他同去。

1860年巴氏回到柏林，不能在大学中得一位置，但因其父亲的关系，只在一 Gewerbe Schule 担任助教授，凡12年。那里的实验室，其规模与建筑虽说不及 Hofmann 及凯古来所在的大学中的实验室，然而设备等却也甚好。巴氏的重要工作如蓝靛、尿酸（uric acid）和生理化学的重要研究，即在那里做的。1872年巴氏被聘为Strassbourg的化学教授。他在此任职凡3年，学生中之杰出者有Emil Fischer。及1875，即李必虚死后两年，巴氏被聘为Munich 大学实验室主任。此实验室系依巴氏自己的计划而建筑的。他在此继续任职凡42年，直到1917他死的时候。

从1860年起巴雅先后担任化学教席共数十年；以他的努力，其影响之大在德国几乎无出其右。许多主要研究往往从他的实验室中做出。例如 Graebe 和 Liebermann 对于 alizarin 的研究，E.&O.Fischer对于rosaniline 的研究等等都是。总之巴氏和其学生Emil Fischer的工作不但训练出无数人才，并足使有机分析和合成在德国异常进步，尤其足使化学工业特别发达。

巴雅是个注重应用的实验化学家，但在理论上亦有相当贡献。例如1885年他有“Strain Theory”；1888他有轮质的 Steric 公式；1892又有 Central 公式。他一方面不断的研究化学中常常发生之现象所谓Condensation 的反应，一方面研究分解产物，如从尿酸所生者得到重要的结论。Condensation 一名词之意义，经巴雅说明后，大家咸利用之。关于这种反应，巴氏自己的努力及他的学生（如E.&O.Fischer, Königs, Knorr等等）的工作，颇占有机化学中重要地位。他对于轮质的学说，对于 quinoline, o-quinoline的生成，对于同质异性的阐明，对于安定或变动（labile）的状态之区别，对于 Condensation 与植物生成之关系之见解，对于（judrp-）phthalic acid之工作或indole之发现，各有可以赞赏之处。而尤以其1863～1870对于靛蓝之研究为最不朽。盖吾人对于此物之深切认识，多半皆受巴雅之赐也。此外他将 phthalic acid 变为有色物质（the phthëins）在实际上亦甚重要，因一则引起Caro之发现美丽的eosin染料，二则此种物质之组成在纯粹科学上亦有莫大关系。

311. 玛雅的传略（Victor Meyer 1848～1897）——玛雅名Victor。以种族论系犹太人；以诞生地方论却是德国人。他于1848年9月8日生于柏林，他的父亲是个犹太商人，而智识甚富。他自幼即受甚好的家庭教育，兼从塾师受课。10岁入一Gymnasium，性爱文学，尤酷嗜戏剧。15岁时，曾决心做一戏剧专家，其父母亦未尝强其专习化学。他之所以一变而专门化学，大概无形中受Hofmann和本生之薰陶而成功的。他在大学中尝考第一。19岁即得博士学位，惟当时不需论文。他是本生所最赏识的学生，所以一声毕业就做本生的助教。同时他做矿泉等分析凡一年。及至1868巴雅已有靛蓝之合成，Liebermann和Graebe有alizalin之合成，玛雅于是到柏林Gewerbe Schule在巴雅指导下工作。凡3年，深为巴氏所契重。1871年，他才23岁时，即由巴雅推荐，在Stuttgart多艺学院做有机化学非常教授。此处实验室主任乃H.v.Fehling。玛雅在此不过一年，Zürich多艺学院又聘他继Wislecenus之任做有机化学常任教授。因为该学院当局会到Stuttgart偶听玛雅之讲演即敬佩之。

玛雅在Stuttgart虽然不过一年，然已发现脂肪族之Nitro化合物。

这是他的第一种永可纪念之特别研究，他在Züricha 甚忙，除每周讲演12小时外，还有实验室中的职务。然而他的两种最伟大的贡献，即thiophene之发现和蒸气密度之仪器之发明，都是在此处成功的。

讲到thiophene之发现，确很奇怪。原来玛雅尝于讲演时做实验给学生看。一日讲到轮质诱导物，他想在堂上实验所谓indophenin反应，即与isatin可生蓝色者，那时认为这反应是轮质的试法。这个实验他也预先练习过。那知当场竟做得不零！仔细考察之下，始知练习时所用之轮质与在堂上时他的助教Sandmeyer递给他的有些不同，一系从煤膏制出之商业上用品，一系在教室用安息酸和石灰加热取得的。这个区别，在旁人也就轻轻放过，不再理会了，何况玛雅又非常忙碌呢！然而他却立刻作特别详细精密之研究。他拿Züricha 所有的各种轮质都试过了，结果从煤膏制成之轮质发生indophenin反应。其初他以为或者这种轮质中有同分异性之物质在内。不出半月，他居然用硫酸从这种轮质中提出一种新的东西，其量不过原来煤膏轮质的0.5%，其沸点及其他性格多与轮质相似，惟能生indophene反应者，就在乎这新的东西。这就是1882年玛雅的thiophene之发现。

自thiophene一声发现之后，玛雅和其学生以及他人，极争研究之。不出6年，研究材料如此之多，玛氏即于1888出版一本thiophene的专书，其中100余篇贡献系从他自己实验室中发表的。至于测定蒸气密度之仪器和方法，玛氏于1878改良的，那是实验室中及教科书中常见常用的，对于测定有机和无机物质之分子量都有莫大用处。

玛雅在Züricha13年后，到了1885，又被聘为Göttingen的化学教授。因为那里Wöhler的继任者Hübner适亦逝世，特聘他去承乏。他在此3年，非常努力，除继续以前的研究外，有两种工作最值得纪念。一是此处学生多而实验室小，他就极力筹款设计建筑一新的伟大的实验室，在他3年后与Göttingen告别前刚刚落成。一是他所组织创办的Göttingen化学会。因为当时在那里做特别研究的已有105位，这化学会之需要与效果，试问是何等重大呢？

1888年，Heidelburg的本生决计退休，一事实上要请玛雅去继任。本生是当时化学界最有威权者，他的学生非常之多，然而继任者非玛雅不可，足见雅氏的地位和成功。他在此一方面仍继续以前的研究，一方面有新的贡献，例如Steric Hindrance（1891～1894）；Esterification&Saponification“Laws”（1895）；Iodoso-. Iodo-, & Iodonium化合物（1895）。所可异者，他在Züricha时身体已经多病，此后永远不会全愈，且时常发作。他的记忆力本来特别的强，后来竟因用脑过度而受伤。最后病剧时竟至忍无可忍，服氢犄酸而自杀！这是1897年8月8日清晨的事，时年不过49岁。呜呼伤矣！

玛雅敏捷多才，长于辞令，婵于音乐，到处受人欢迎。他的讲演特别动人。寻常讲有机化学时，总以为无甚实验可做，而玛氏则每佐以实验，预备起来，毫不惮烦。他对于研究生，尤有指导师鼓舞之能力。故自成为一代大师。他自己或和他的学生所发表的论文，计有300篇之多。他尝和他的助教Jacobson著有机化学教科书，甚有价值。他生平备受推崇。英国皇家学会赠他兑飞奖章。死时正做德国化学会会长而E.Fischer副之。

312. 斐雪的传略（E.Fischer,1852～1919）——斐雪名Emil，德国人，1852年10月9日生于Euskirchen。他父亲是个富商。Emil17岁时

虽已考取某专门学校，却不由得的入了商界。幸而他志不在富，所以不到两年就入Bonn大学过他的学生生活。那学校里有Kekulé是化学教授，Zinke等是助教。斐雪先从他们学习，后来又从Rose学分析，最后从A.von Baeyer习有机化学，尤其得力。

斐雪尝与他的堂兄弟Otto Fischer[①]一同研究玫瑰色精（rosaniline）等化合物的组织，证明它们是triphenylmethane的诱导物。1874他不但得了博士学位，并立刻做Baeyer的助教。1875他发现一个重要物体，phenylhydrazine。利用这个物体，他才有辨别各种糖类的简便方法。同年Baeyer被Munich大学聘请，斐雪与他同去，但不担任任何职务，专门做特别研究，其结果非常优美。

1878斐雪在Munich做讲师，同年升为Baeyer的副教授，做试验室的主任。他此时特别研究caffeine, theobromine等物体。1882斐氏被聘为Erlangen的正教授，3年后乃改就Würzburg之聘凡7年。他在那里卢了个新试验室，设备非常的好——一切都依他的计划。于是他和他的学生继续做糖类和purine族的研究。

1892柏林大学化学主任侯夫门死了，继其任者就是斐雪。这是一个极其荣誉的事。因为柏林大学是德国最高学府，不是化学界头等人物，德国政府决不聘任。要知斐雪当时提出一个条件——不替他起个大试验室他不应聘。大学当局自然答应了他。他于是在柏林大学继续他的工作，但从糖类的研究渐渐转到enzymes的研究。及至1894，他已合成了左旋的和右旋的葡萄糖、左旋的和右旋的水果糖等等；他已证

①O.Fischer被聘为Erlangen的教授，即此种研究之结果。

明了20几种糖的构形法（configuration），尤其是蔗糖的、乳糖的和麦牙糖的。1894他又回头研究他以前研究过的尿酸和caffeine。从1897～1901的四五年间，他不但合成了尿酸，xanthine, theobromine, caffeine和其他，并发现了purine（他所给的名字），知道它是以上各物之母体，订出它的构造公式。

差不多从1900年起，斐雪又研究另外一个重大问题——昼白精（protein）的问题。蛋白精与动植物的营养非常有关系，然而非常复杂，往往一分子中含有1000以上的原子。要研究这个问题，其重要而困难可想而知。最近20余年来，斐雪的工作直为有机化学另辟一个新领域。大概现在知道的较为简单蛋白质约有50种，它们水化后的产物约有19种普通NH_2酸。自从斐雪于1899发现了并于1901合成了proline之后，这19种NH_2酸多半都会被他自己或他人合成过了。又，二个以上NH_2酸的凝合（condensatien）产物，他叫作polypeptides；他尝先后发明五种方法可以制造之。1907他尝拿15个glycocoll分子和三个leucine分子一个一个首尾相连的接合起来，成功一个最复杂的物体octodecapeptide，好像比移花接木还要容易！不但如此，合成出来的蛋白诱导体与天然的如此相似，就让是香味或旋光性，也可以人造法得之，你道巧妙不巧妙！

因为斐雪对于糖类和尿素体（purine）的工作，瑞典特于1902赠他诺贝尔（Nobel）奖金。英国皇家学会尝赠他兑飞奖章；化学会赠他法拉第奖章。他是1919才死的，时年67岁。他的作品计有3大本专书，为他生平不朽的贡献。一本论炭水化物，一本论尿酸母体，第三本则论NH_2酸，polypeptides和蛋白精。此外还有有机化合物的取法

（Anleisung zur Darstellung organischer Präparate）也是人所共读的。

313. 艾理治的传略（Ehrich1854—1915）——艾理治名Paul，德国人。1854年生于Breslau附近。他先后在Breslau，Strassbourg，Freiberg和Liepsiz各大学肄业，并于第10及第12学期时即应医药博士学位考试。他的论文，1878年所作，乃关于组织的色素（histological coloring）的学说和应用。在此论文中，这位年方23岁的学生，即有关于固定染料（fization of dyestuff）的贡献，很有趣的。艾理治一生都是顺着这些线索继续的研究下去。以内科医生而论，他对于临床实习之兴趣颇少，而对于科学药品之发达的兴趣较多。他的许多支练学说（Side-chain Theory），根据这学说，生物之原形质（protoplasma）中之类似的化合物在其化学组成中有一定“支练”。这些组成各有特殊之处，并因营养、毒质和疾病等关系，于生命大有影响。这个学说，颇为人所注意，并加以讨论。艾氏曾在柏林之Erste medizinische Klinik der Charité中服务，又于1887年担任教授名义。在柏林他自己专有一个实验室。他在那实验室中的工作颇有价值，足引起大家注意。为使这种研究益加精进起见，他于1896年被聘到steglitz，又于1898被聘到Frankfort-on-the-Main。艾氏可称为化学治疗术之鼻祖，他的最大发现乃一种治疗花柳病的Salvarson即所谓“606”者是也。这是一种砒的有机化合物，所以以如此命名者，因制此药时会经过606次改良试验方告成功。在一切治疗药品中没有比这一种研究得更详细的了。1915艾理治死于Frankfort-on-the-Main，时年61岁。

314. 普赖尔的传略（Pregl 1869~1930）——普赖尔名Fritz，乃奥国Graz地方医药化学院院长，生于1869年。他不是有机合成大家，乃是有机分析大家。他值得特别纪念者，因他系定量的有机显微分析（micro-analysis）方法之创始者；此方法在全世界上应用已广。普氏其初习医，但对于生物化学渐渐发生兴趣，并与K.B.Hofmann, Abderhalden及Emil Fischer同做些关于胆酸（bile acid）、蛋白质之组成和淀粉等的特别研究。当正做胆酸的研究时，因实验材料之缺乏，只有几个千分之一克的物质可供应用。于是非不得已而放弃工作，即必须独出心裁的发现精确分析之方法。利用了一个很精细的天平再加上改良了许多仪器以精确的测定甚小之数量，他居然发明些新法，其结果足使实验的时间和材料二者都非常经济。嗣后各国学者，为练习实验上特别技术起见，多到普赖尔那里，并乐于从他学习。他著有“定量的有机显微分析”。他曾得Nobel奖金。他死于1930年十二月13日，时年61岁。

第五编　　近世时代（下期）

第十九章 物理化学（Physical Chemistry）

315. 概论——上古每当自然科学为哲学之一种，更无所谓物理与化学的界限。可见物理与化学本来像一对双生小儿。到了近世，它们的关系被人研究得格外周到，于是这两位姊妹科学更有相依为命不能分开的趋势。不过我们为研究上便利起见，乃将二者分别论列，同时乃有所谓物理化学一门。真正的物理化学，虽是逐渐发展的，但其主要部分例如质量反应之定律、热力学之定律、稀溶液的学说和游子学说等等之成立，却在19世纪下半叶或以后。本章以篇幅所限，只将一般物理化学史之尤关重要且有特别趣味者，聊记其大纲。

（甲）爱力，平衡，质量反应之定律等

316. 贝叟来（1801）以前爱力的观念——希腊人尝用爱（love）和憎（hate）以表示物质化合或分解之倾向，直至13世纪点金家Magnus始介绍爱力（affinity）一名词，嗣后常沿用之。要知希腊人对于化合力或吸引力的主张，可分两派Heracletus（纪元前500）和Empedocles（纪元前490～430）一派，本假定相反物质乃相吸引。但Hippoclates（纪元前400）一派的观念恰好与之反对，以为相似物质乃相吸引。例如酒和水、金和银可以互相结合者各有相似之点。Magnus相信后说，而Boerhaave（1732）却改用前说，并将affinity与love二字

相比拟，同时他下love之界说为“结婚之欲望。”

以上二说虽不相同，但都认物质互相吸引之力为爱力。自从包宜尔时代，大家又当物质吸引之力即地心引力。于是爱力又为地心引力之同义歧字（synonym）。牛顿在他的“光学”（Optics,1701出版）中尝将化学上小小质点之吸引，与天体中之地心引力，电磁和电（gravity, magnetism, and electricity）之吸引仔细论列，互相比较，以为二者之不同在乎前者只于很小距离间有之，后者则可于很大距离间有之。他认爱力与距离之高幂数——比平方更高——成比例。白格门虽信地心引力为化学爱力之原因，却又承认二者之不同。

讲到爱力本身，固然是个很大问题，近世仍难解决。要知揣测工夫，古人早已有之。他们对于爱力之解释是奇怪的。大概他们见宇宙间物体之繁赜、现象之错杂，推原其故而不得，遂假定物质之构造根本上颇不相同——有圆的、螺旋的、直的、弯的、有角的、尖的等等。Lucletius尝说酒的质点比较小些或圆滑些，故通过筛子快些；油的质点比较大些或弯曲些，故通过得慢些。虽在17世纪下半叶，Lemery（1645—1715）尚笃信酸的质点是锐的，尖利的，而盐基的质点内有一种孔隙，好像能承受酸的尖利质点似的，故酸和盐基的爱力很大他如金属之溶解于酸以及沉淀之生成，他也有相似的解释。包宜尔的的corpuscular学说，与这种概念虽似稍有关系，他却不去盲从而务求真实。自此以后，各酸、各碱以及其他各物质的反应，渐有比较的实际观察。于是Geoffroy（1718），Stahl（1720），Bergman（1775）和Wenzel（1777）先后有爱力各表。

读者注意：Geoffroy和Bergman都将化学反应时一个重要因子——

质量(mass)——完全丢掉。可是利用时间为因子以测定爱力者Wenzel实为第一人。大概时间这个因子实际上与爱力发生关系者，必须1850年以后，然而Wenzel已能在差不多百年前如此利用之，这是多么奇怪！况且他又见到许多化学反应是可逆的吗？

Guyton de Morveau，犹之白格门，认爱力有一定次序，但温度，尝试或不尝试和过量的一成分能改变之。这也含有充分的真实在内。

317. **贝叟来的生平**(Berthollet，1748～1822)——贝叟来名Claude Louis，法国人，1748年生于Savoy之Talloire，24岁（1772）以后迁居巴黎。他先习医学，做Orleans的公爵的医生；1780被举为法国科学院会员，以后乃专治化学。1784他在植物园，1894以后在师范学校和多艺学校做教授。他是赖若西埃的学生，尝（1787）与赖氏等审订化学名词之统系。赖氏以后法国化学家当推他为领袖。但他其初相信燃素学说，所以他的早年工作略放弃可取。1785年起，他乃一变而为赖若西埃的信徒。可是他们有一不同之点：赖氏说氧为酸素，贝氏却不肯盲从。贝氏尝先后证明氢猜酸（1787）和硫化氢（1796）之组成，知其各为弱酸性而不含氧。

1785贝氏尝研究阿莫尼亚、爆炸酸金和从硝酸取亚氧化氮之法。那年他又研究氯气水；他虽误认氯为氧化物，同时却证明其无酸性。1788他研究氯酸钾的取法和性格；1785或1788又发现次亚氯酸钾，知其有漂白性略与氯气相似。这是漂白工业之起点。最后他还有生平最大的贡献，即1800年左右他的两种著作：“爱力之定律”和“静化学论。”

且说法国当革命之后尝被英国海军和德、奥陆军包围，不能轻入外国的硝和铁以供制造火药和军械之用。贝叟来于是教法国人如何取硝使洁，如何炼铁成钢。及他发现了氯酸钾，他就用之于火药，有个爆炸惨祸（见下炸药篇）正是法国火药中初用氯酸钾的纪念呢！

1792贝叟来做造币厂委员，会介绍改良造币法；1794又做农艺专使（Commissioner）。当拿破仑远征意大利和埃及时，他偿与之偕行。他始终是拿破仑的好友和科学顾问，得过伯爵，享有最高荣耀，晚年时他又迁居巴黎附近之Arceuil。贝氏父子与其他学者——La Place, Biot, Gay-Lussac, Humboldt, Thénard, De Candolle, Decostils 等——组织之Société d' Arçeuil 常在他家里开会。1822他死于Arçeuil，时年74岁。

318. 贝叟来的1801爱力之定律和1803静化学论——贝叟来和其他学者尝随拿破仑去埃及。他们在埃及京城立个学术机关，叫作埃京学院（Institut du Caire）。1799贝氏在那里宣读一篇论文，1801出版时乃扩充之名为“爱力之定律的研究”（Researches sur les Lois de l' Affinité）。1803他又将这论文格外扩充，并稍加以修改，于是有“静化学论”（Essai de Statique Chimique）出版。

此二作品中重要之论点有二：第一，化学反应不但视乎爱力，并视乎反应中每一物体之质量（mass），而且视乎质量的比视乎爱力的尤多。第二，反应之进行又视乎每一物体的品性和情形，尤其是挥发性和溶度或不溶度。

从这两个论点，则知（a）化学反应进行之方向常依质量之比较多寡而定；（b）单恃爱力不能用一物质将另一物质从其化合物中完全赶出；（c）在又一方面，用适当之质量可使反应倒逆进行；（d）因一物质之挥发性和不溶度能使其“活动质量”（active mass）大减，它们对于一种反应之最后结果，比爱力对之还有更大影响，或竟可使具较小爱力者将具较大爱力者完全赶出；（e）温度对于挥发性和溶度大有影响，故其在反应之方向上有重要关系。

贝叟来在其论文中极反对白格门的主张：物质各有一定之爱力。所有爱力各表根据这主张以成立者，贝叟来认为不能适用。白格门说设有三物质A，B和C，如A对于B之爱力比C对于B的大些，则加A于化合物BC时可使C完全析出，即BC+A→AB+C。据贝叟来则不尽然。他说：若在溶液中A的质点与BC的质点相接触，则B的质点将与A和C各有化合。倘化合时无挥发或沉淀发生，则当B以适当比例分配于A和C之间后，即有平衡；此适当比例须依爱力和比较的质量定之。

319. 贝叟来的（Ⅰ）质量（Ⅱ）挥发和（Ⅲ）不溶度的例子——（Ⅰ）关于质量者，贝叟来所举之例甚多，此处可引3个：

（1）$BaSO_4+2KOH \quad K_2SO_4+Ba(OH)_2$

（2）$CaCO_3+2KOH \quad K_2CO_3+Ca(OH)_2$

（3）$CaCO_3+2NaCl \quad Na_2CO_3+CaCl_2$

在（1）式或（2）式中，寻常总以为反应之进行自右而左。但是贝叟来从式之左边起首，继续加苛性钾于硫酸钡或炭酸钙的溶液，蒸发之使苛性钾更浓；又将右边产物移去，居然证明反应之进行可以自左而右。他也明知此乃一酸分配于二盐基，或说二盐基竞争一酸，之反应，其向一方向之进行不能完全。但他用上法处理后，大部分的物质已变为硫酸钾和氢氧化钡或炭酸钾和氢氧化钙了。（3）式尤其特别与贝叟来之履历有关系。寻常在试验室中若以炭酸钠与氯化钙二溶液相混合，则得炭酸钙之沉淀，如自右向左之（3）式。当贝氏与拿破仑在埃及时，他却另有一个发现。他看见埃及某湖边有多量炭酸钠之生成，就悟到是食盐沿河冲下时与湖岸上大宗石灰石互相分解的结果。若以同式表示之，则系自左而右之反应，与寻常试验之结果迥然相反。贝氏推究之下，乃知质量是化学反应之重要因子；爱力之小弱，可以质量之过剩补偿之。原来那湖上的炭酸钙常是大宗的过剩，所以那反应的方向与寻常不同；况且其产物又立刻冲去吗?

（Ⅱ）贝叟来又举种种挥发之例，证明弱酸之反应有时胜过强酸。因草酸是不挥发的，硫酸也不及盐酸挥发之易，故有

（Ⅰ）$H_2C_2O_4+2NaCl \rightarrow Na_2C_2O_4+2HCl\uparrow$

（Ⅱ）$H_2SO_4+2NaCl \rightarrow Na_2SO_4+2HCl\uparrow$

此外在相当温度之下，硫酸能将硝酸赶出，燐酸又能将硫酸赶出，也是因为这个道理。

（Ⅲ）欲知不溶度和反应方向之关系，我们可先将反应分为二种：第一是一酸与一盐的反应，第二是二中和盐的反应。贝叟来的第一种之例有

$H_2C_2O_4+CaCl_2=CaC_2O_4+2HCl$

此处他知道弱酸能与强酸抗衡者，因其能生成不溶盐。但同时他说这是不完全的反应；若用中和性的草酸盐，沉淀更加多些。这种反应在分析上非常重要。譬如$Pb(NO_3)_2+H_2S \rightarrow PbS+2HNO_3$，也是可逆反应，与上式颇相类似。

贝叟来对于二中和盐之反应，研究得尤其仔细，这有一个道理。当二酸竞争一盐基或二盐基竞争一酸时，相竞二物质之相对爱力很要

紧。但当二酸与二盐基足敷中和——即二中和盐——在水溶液中相混合时，其强弱几乎相等，其相竞之程度不大，故爱力不重要，而溶度或不溶度乃更重要。以下都是贝叟来的实在例子：

(a) 四盐中有一几不溶者，则反应时沉淀析出。这是分析上最常利用之反应，不消说了。

$K_2SO_4+Ca(NO_3)_2 \rightarrow CaSO_4+2KNO_3$

(b) 四盐中有二个的溶度其小虽略相等，但因此二盐在反应式之两边，则依浓度可使任何一个先结晶析出。

$2KNO_3+CaCl_2 \rightleftharpoons 2KCl+Ca(NO_3)_2$

(c) 二盐虽同在方程式之一边，但一个（KNO_3）最溶于冷液，一个（NaCl）最不溶于热液，则可用适当之温度，使反应向一边进行，并将此二盐完全分开。

$NaNO_3+KCl \rightarrow KNO_3+NaCl$

320. 贝叟来的学说失败之原因——统观以上所述，可见贝叟来的学说与甘德葆（Guldburg）和万格（Waage）之质量反应的定律颇为近似。然而他的学说不为世所信用者60余年，自有许多原因，其中三个如下：

第一，贝叟来对于“活动质量”（concentration）——某单位容量中之质量。他固然也叫这种“数量”为“mass”；但他所用“mass”一名词与现在我们所用的。意义上未免不同。他的“mass”乃指一物质的数量与其爱力之乘积。

第二，贝氏主张爱力之说太过，至与定比例和倍数比例之定律根本上冲突。他因质量与反应有比例，误会到二物质可以任何比例相化合成第三物质。例如当A与B化合成C时，倘A的质量（无限制的）逐渐加多，则C中所含之A亦如之。他承认任何情况，例如凝结（condensatian）、膨胀、次反应(secondary reaction)等都与化学反应有关系。所以照他的观念，定比例是例外，不是常则。

其实就普通而言，二物质互相反应时无论其质量之比例如何，所生第三物质之成分常有一定。这是定比例之定律傥二物质A和B能生成多种化合物C、D等者，则从C中某成分之质量到D中此成分之质量，固然是跳的，是猛然一变的，然毕究是有定的，有简单关系的。这是倍数比例之定律。

第三、贝叟来不能测算一物质分配于其他二物质，例如硫酸分配于钾和钠二盐基之比例率。化学分析方法本来不适用于此种测定；后来Julius Thomsen（1854），Ostwald（1878）等利用各种物理方法才测定之。

321. 1850Wilhelmy对于反应速度之研究——当质量反应之定律尚未发现以前，有二种工作已能应用此定律做定量的测定。第一是1850Wilhelmy的；第二是1861～1863 Berthelot和Gilles的。

要考察任何统系之平衡或化学反应进行之状况，自然必不可扰乱那统系的情形。譬如溶液必不可蒸发使浓，有反应的其他物质必不可加入，温度必不可增减，溶媒必不可改变。有些物理方法既能发现一统系之变化，又不至扰乱平衡；所以合乎此种需要。首先应用物理方法以测定反应之速度者是Wilhelmy。

讲到反应之速度，我们就介绍热力学所未论及的一个新因子——时间，讲到反应之速度，我们不但知道化学上变化之最后结果，并可以知道化学上变化时所经历的途径。要彻底了解化学的动学（chemical kinetics or dynamics）不可不讲反应之速度。

1835年Biot会从酒石酸旋光试验，指示用旋光法可测量化学反应之程度。但必至1850年，这问题始有详细的研究。原来蔗糖在含酸的水溶液中能起水化作用，渐变为其他糖质，其旋光性与蔗糖的不同。Wilhelmy 用旋光镜（polarimeter）研究之下，见其初极光平面右旋若干度；及化学反应逐渐进行，旋光方向亦渐渐变迁，最后则左旋亦若干度。他于是发现在调匀（homogeneous）统系中一物质渐变之速度与其质量有比例。他并首先用微分方程式表示之。设a为起首时蔗糖之数量，x为在时间t后已变的蔗糖之数量，则据Wilhelmy，

$dx/dt=k(a-x)$

式中之k名为此反应之速度恒数（velocity constant）。因x不能直接测定，故常积分之而用下式：

$k=1/t\ \log_e\ a/a-x$或$k1=1/t\ \log_{10}\ a/a-x$

他的试验给料足以证实此等式之适用。至于蔗糖水化之速度与其中酸质之力量成比例的事实，是后来（1863）Löwenthal和Lenssen证明的。

322. 1861～1863贝提老（Berthelot）和纪尔斯（Gilles）的研究——1861～1863 Berthelott St. Gilles精细的研究酸质存在时之有机盐化（esterification）。他们证明方程式

$CH_3COOH+C_2H_5OH \rightleftharpoons CH_3COOC_2H_5+HOH$

所代表之二反应都不完全而有一定限度；无论从式之那边为起点都可达此限度，最后有相同之平衡。此限度或平衡点达到时，溶液中

有醋酸和酒精各1/3，同时有水和二烷醋酸各2/3。Berthelot又察知依此等比例的混合液，虽经过17年后，其比较之数量不变，但此混合物之最后成分（composition）可用加增任一组分（constituent）之数量改变之。

Berthelot和Gilles又证明反应之速度与温度俱增，而反应之限度不受温度之影响。又二烷醋酸和水之反应是单分子的（unimolecular）反应，而二烷醋酸和氢氧化钠之反应则是双分子的（bimolecular）。后者反应之速度与前者不同。Berthelot尝指示此等反应速度之方程式，但未特别应用之。

此外则有1865～1867牛津大学教授Harcourt和Essen的工作。他们对于反应情形与反应程度之关系和对于接连的反应（consecutive reactions），颇有算学的和实验的贡献。又他们利用过锰酸钾氧化过剩的草酸时，找出过锰酸钾依对数式（logarithmic formula）而减去。这也都是值得注意的。

323. 搀杂（heterogeneous）统系之研究——以上所述只是调匀的化学统系。但在质量定律尚未出世以前，研究搀杂统系的已不乏人。譬如方程式$CaSO_4+K_2CO_3 \risingdotseq CaCO_3+K_2SO_4$所代表之可逆反应在第8世纪之早Marggraf已经知道，不过1855Malaguti才有相当的解释。G.Aimé(1837)，Deville（1857～1864）和Debray（1867）对于化合物加热的分解（dissociation）尤有大可纪念的贡献。他们先后证明（1）在一定温度时固体的“分解压力”（“dissociation pressure”）是个恒数；（2）分解压力随温度加增；（3）只要有尚未分解之固体剩下，分解压力与存在固体之数量无关。举个实在例子：Debray用试验证明在一定温度时二氧化碳有一事实上压力，与存在之炭酸钙和石灰二固体之绝对数量无关，犹之乎在一定温度时水有一定之蒸气压力，与存在的水之数量无关。这个二氧化炭的特别压力，所谓它的“分解压力”者，乃二氧化炭之惟一压力能与任何比例之炭酸钙和石灰成平衡者。

此处可以注意：Deville尝以为从他的试验可以证明质量对于反应无关，其实恰好证明其关系！这种道理后来甘德葆和万格又从纯粹理论方面证实。据甘万二氏，质量反应之定律可适用于搀杂统系，只要假定在某温度时固体的活动质量是个恒数，与存在固体之数量无关；换言之，固体之活动质量与其蒸气压力有比例。

324. 1867甘德葆和万格的“化学爱力上的研究”（Guldburg and Waage’s Études sur les Affinités Chimiques）——**质量反应之定律**——从贝叟来失败以后，到甘德葆和万格发现其定律的时候，共有60余年，中间虽稍稍有人在化学爱车上或平衡上做工夫，但完全无人理会，不消说了；及至1867两位挪威教授[①]甘万二氏将这定律完全成立起来，大家还不知道注意。因之1873Jellet,1869～1877Horstmann和1877范韬夫的工作，几乎可算是独立的发现这定律——后二位皆用热力学和数学的证法。要知威廉生（1850）以后，化学的动(chemical kinetics)渐成时尚的研究。贝提老（Berthelot）的工作和名誉，尤引起甘万二氏拿贝叟来的观念为根据，仔细的研究这问题，他们俩的工作系从1861年起首的。1867他们遂出版其“化学爱力上的研究”一书。这书

① 甘德葆是Christiania的应用算学教授，万格是那里的化学教授。

对于温度、容量和次反应（secondary reation）都有相当之注意。其讲换置（displacement）如 AB+C=AC+B和可逆反应尤详。又如A，B，A'，和B'四物质有以下之反应方程式：

A+B=A'+B'

他们说：

“生成A'B'之力（force）视A+B=A'+B'反应中爱力系数之比例而增加，但也与A和B之质量有关系。我们从自己的试验断此力与A和B之质量之乘积有比例。若用p和q表示A和B之质量，以k表示其爱力系数，则这力=kpq。

“如在A'+B'=A+B反应中A'和B'之质量为p'和q'，其爱力系数为k'，则复生A和B之倾向力=k'p'q'。

“当平衡时，以上二力相等，即kpq=k'p'q'。

“若用试验测定活动质量p,q,p',q',则爱力系灵敏之关系可以求出。在又一方面，若已知此项关系，则用四物质之任何选定之比例为起点，可预先算出反应之结果。”

这篇论文很能将质量反应之定律发挥得十分透辟。以下当再分别述其内容。

325. 甘万二氏的活动质量——质量反应之定律是：化学反应与每反应物质之活动质量——不是与绝对质量——有比例。所谓活动质量者，乃单位容量中的质量，或说是浓度。这种极其重的界说，是我们从甘德葆和万格得来的。

原来贝叟来坚决主张：欲比较爱力，则试验时物质之数量必须用相同比例。譬如欲比较苛性钾或苛性钠对于硫酸之爱力，必须用100份苛性钾或100份苛性钠，使与硫酸反应。如果反应后与硫酸化合者是60份苛性钾或40份苛性钠，则据贝氏，此二盐基之比较爱力，即有60和40之比例率。这种算法我们知道是不对的。

甘万二氏在其论文中所下活动质量之定义为“在吸引范围中”（“in the sphere of attraction”）或“在动作范围中”（“in the sphere of action”）的数量。他们因为不能决定比范围之绝对大小，故随意择定一种容量，例如1c.c.，中之数量以代表之。于是他们说道：

“让我们用P，Q，P’和Q'表示A，B，A'和B'四物质在反应起首前之绝对数量；让x为变成A’和B’的A和B分子之数，又让我们假定当反应时总容量是不变的并等于V；我们将有

P=P－x/V，q=Q－x/V，p'=P'－x/，q'=Q'－x/V

将此等价值代入前式（kpq=k'p'q'），并以V2乘之，我们得

（P－x）(Q－x)=k'/k(P'－x)(Q'－x)

用此式的帮助，x之值易于求出。”

当1867年时，甘万二氏在实验上系用当量的数目，即重量/当量，来表示P，Q，P'和Q'和x之数量。他们在其12年后（1879）之另一论文中，才用分子量和原子量来表示；才将反应式中各物质之活动质量各依其分子数目订其自乘幂数，略如现在所用之公式。

326. 甘万二氏论反应之速度——甘德葆和万格在其1867年的论文中，又从反应之速度论化学爱力之测定：

“当A和B二物质变为二新物质A'和B'时，我们叫单位时间中所生之A'+B'之数量为此反应之速度，并且我们成立个定律：速度与A和B之总力有比例。假定新物质A'和B'不互相反应，我们有V=øT,

式中v乃速度，T乃总力，ø乃一系数，我们叫它为速度系数。……用x代表在时间t中所生A'和B'之数量，要表示T为x之函数是可能的，并且既然V=dx/dt，要用t之函数测定x……也是可能的。在x和t中间找出之方程式，可用以测定爱力之系数和动作之系数（coefficient of action）。”

有此一段，甘万二氏的质量反应之定律可谓完全成立。1869范韬夫和1877Horstmann又各从热力学为根据，推出几乎相同的道理；然后大家才知道这定律之功用。1884范韬夫又发表他的“化学的动之研究。”自此以后，研究平衡和反应速度者不胜枚举，Menschkutkin, Ostwald, Arrhenius, Walker,Nernst乃其尤著名者。

327. 甘万二氏论文的结论——假定次反应可以不计，甘万二多项式尝应用其臆说于以下各种统系：——

（1）四可质之统系；

（2）二可溶和二不溶物质之统系；

（3）三可溶和一不溶物质之统系；

（4）随意若干可溶物质之统系；

（5）可溶各物质和气体物质可被溶液吸收者之统系；

（6）一固体溶解后所生各气体之统系；

（7）各气体之统系。

他们并且于各种中各拿几个特别例子，证明其反应之程度，实际测定的与从程式算出的大略相同。

他们1869年论文中之结论道：

“当1861我们起首研究时，我们想到，要于化学爱力之大小找出数目上的价值，或者是可能的。我们又想到，为每一原素和每一化合物，我们或可找出一定数目可以表示它们的比较爱力，如原子量表示它们的重量者。……虽然我们不曾解决化学爱力之问题，我们以为我们曾将有些化学反应——相反二力之间有平衡的状况之反应——之普通学说，指示出来。……此论文之目的是证明：第一，我们的学说能解释化学中普通各现象；第二，根据这学说的各程式，与试验所得的数目上的结果，足相符合。……”

“在这个领域中的研究，比现在大多数化学家所注意的研究，即新化合物之发现，一定是格外困难些，格外麻烦些，并且成功少些。虽然，我们认为除掉这种研究外，没有别的能使化学成个实在的确准科学如此之速者，假使此后化学家对于那自从本世纪开幕以来会被忽略太过之一部分的科学永远注意，我们之原足矣！”

这个结论，足令读者想见当时物理化学之状况如何落后，更足将甘德葆和万格二人之志趣如何远大、他们的识见如何卓越和他们的工作如何切实和重要，一齐形容出来！然则我们不得不承认1867为近世物理化学中一个新纪元，更不得不信仰甘万二氏为物理化学之中坚人物！

328. 纪不思（Gibbs ,1839—1903）和位相规则——质量反应定律之外尚有位相规则，无论对于调匀或搀杂统系都能普遍的适用。但在搀杂统系中，尤以位相规则之应用至大且广。很特别者，那定律是根据分子学说而成立，这规则是从热力学原理推出。热力学不论原子之变更，而论能（energy）之变更，故位相规则不依赖乎任何分子学说。这规则是论一切理化统系中各变份（components），即自由变更之constituents可用以测定一统系之compositions者，如何可以共存？是论当各变份之数（C）、位相之数（P）、或自由度（degree of freedom）之数（F）改变时，此统系受如何之影响，起如何之变动或变化，而归纳之于一个极方便极简单之方程式：

P+F=C+2

这规则是1876~1878美国耶尔大学（Yale）教授纪不思发现的。纪不思名Jossiah Willard,1839年生于Connecticut之New Haven,1858他在耶尔大学毕业；1871年起在那里做数学的物理学教授。1873他有两篇讲热力学的论文出版；1876和1878他乃分两部分发表他的格外不朽的论文“论搀杂物质之平衡”（“On the Equilibrium of Heterogeneous Substances”）。可惜他的论文太偏于抽象的、算学的和概括的学理，其中共有700个方程式，而拿实际上的例子来说明其结果者绝不多见。因此这篇后来称为名著的运气，至多也不过像贝叟来的“静化学论”的运气，在当时也是“赞者多而读者少”不但其内容之博大精深无人承认者大约10年以上，甚至其内容之一部分在此10年间居然被别人无意的从新发现了！范韬夫的“凝结统系之不适之定律”（“Law of Incompatibility of Condensed Systems”）有些地方与位相规则之一部分很相符合，不过前者不及后者之更普遍适用，故大众对于这种问题，这时仍不注意。

及至1887荷兰物理化学家Roozeboom在其“化学的搀杂平衡的各式”（“Sur les differentes Forms de l’Equibre Chimique hétérogene”）一书中，既将纪不思的抽象的算学去掉，又说明位相规则之应用——不但当时已知的统系可用位相规则分类，未知的也可用那规则为指南而研究之。1891 Ostwald又将纪不思的那篇论文译成德文，1899 Le Chatelier将它译成法文，于是位相规则乃受相当的欢迎，于是Willard Gibbs的名誉乃不可一世。1881美国波士顿学院赠他Rumford奖章；1901英国皇家学会赠他Copley奖章。他死于1903，时年64岁。

1890以后，关于位相规则之作品，一年多过一年，其尤著者，是1863Meyerhoffer的，1897Bancroft的，1901 Roozeboom的，1904 Findley的。1896 Ostwald在其“教科书”（Lehrbuch）中也用位相规则为根据去讲化学平衡。再者从1887到现在，利用位相规则以研究搀杂平衡者日众，而Roozeboom自己的贡献尤不一而足。例如冰，水，和水汽之统系，水和二氧化硫之统系，氯化高铁的或硫酸钠的各水化物之统系都是。

329. 位相规则之应用——位相规则可用于冶金学、地质学、和其他种种，其范围很广。它能使我们用制图法知道一统系中有无新化合物之生成，并能使我偿不用寻常分析，即知在各异情形之下一统系之各异的composition。至于统系之分类所以为位相规则之最大用处之一，以及分类之益处和分类法自己，以下都可稍讲几句。

先讲分类法。最方便的是先照各统系中变份之数目来分。例如有一，二或三变份者，分别叫作第一，第二或第三级（order）之统系。同级之统系，再用位相规则照自由度之数来分。Ostwald的“教科书”中说：“一变份之统系可成三组，有0、1和2自由度；二变份之统系可成四组，有0、1、2和3自由度；n变份之统系可成n+2组，有0、1、2……n－1自由度。”

更进一层可照位相之状态来分。例如气态位相之统系、液态位相之统系、固状位相之统系、气和液位相之统系、固和液位相之统系、气和固位相之统系。

一切物理的和化学的统系，无论已知或未知，往往有看起来很不相似而实际上相似者，也有看起来很相似而实际上不似者。用分类之未能，则关于各统系中之各平衡情形，自可得许多的确知识。所有自由度=0之统系，其性格大概相同；所有自由度=1者，其性格大概相同；余类推。

330. Le Chatelier-Braun的原理等等——从上文看来，那位相规则对于一切平衡好像个独一无二的定律；其初Roozeboom也有这样感想。要知（Ⅰ）若拿这规则与质量反应之下律比较，则相对之下，这规则只是定性的，那定律是定量的；（Ⅱ）这规则必与移动平衡（mobile equilibrium）之原理同时并用。那原理是1884 Le Chatelier和1887～1888Braun独立的发现的，故又叫作Le Chatelier-Braun的原理。关于这第二点，Pattison Muir和Bancroft各有一个说法，可以转述于下：——

Pattison Muir说：

"拉相规则能告诉我们一切化学的和一切物理的统系之平衡之普通情形；但当统系之外界情形变更时，不能使我们预料应有的变迁之方向。能作定性的这种预料者，须用van't Hoff 的移动平衡之定律和Le Chatelier的原理。……"

Bancroft在其"位相规则"之引言中说：

"关于平衡之一切定性的实验的给料，应当作为位相规则的Le

Chatelier原理之特别应用。同时各现象定量的分类，主要之原理，应当是质量定律和范韬夫的theorem（即$\frac{d \cdot \log K}{dT}=\frac{q}{2T_2}$）。”

此外还有1891 Nernst介绍的分配定律（distribution law），在搀杂统系中也非常有用，但是此处不必多讲。

（乙）气体定律，热力学的定律等分解（dissociation）和联合（association）

331. 气体各定律和运动学说——气体的许多物性，比液体或固体的物性研究得较早。不但研究，有些关于气体的重要定律也是很早就发现过的。原来，各种气体大概都服从相同之定律。1660我们即有包宜尔的定律，但1670马力熬（Mariotte）[1]也独立的发现过。1685我们有查尔斯（Charles）[2]的定律，但1802多顿和1808盖路赛各自研究过。1802则有亨利（Henry）的定律，1807又有多顿的部分压力之定律，1808又有盖路赛的化合容量之定律。阿佛盖路的定律是他1811年订下的臆说，而1814安倍又申说过的。气体播散之定律，是1831格雷亨姆（Graham）成立的，不过播散现象1804 Leslie和1820 Schmidt已考察过了。

在1837那么早的时候，Bernoulli就认气体各质点能以很大速率沿直线前后移动。1845 Waterson原有一篇论文，其内容深合近世的气体运动学说，可惜那论文当时并未付印，直至1892 Rayleigh才将它发现出来。所以必至1850 Clausius和1860Maxwell推广前说，并施以格外精密的运算，然后近世的运动学说乃有最稳固的基础。后来Boltzmann和O · E · Meyer等又各以著述发展这学说而集其成。

---

① E.Mariotte（1612～1684）法国最早的实验物理家之一。

① J.A.C.Charles（1746～1823）法国物理学教授。

气体定律，犹之一切其他定律只是大概真实的。许多学者既然考察过它们的精确程度和与它们差异的原因，其结果不得不将以前的式子加以修改。然必到了1881才有van der Waals的方程式出现。在一定状况之下而且为应用于单一（非混合的）气体时，我们尚有贝提老（Berthelot）的方程式。这些方程式如此精细，此处不便多讲。

332. 热力学的三定律——热力学（thermodynamics）不仅论热和动，乃论当一统系有物理的或化学的变更时，各种能（energy）的变更之数量和方向。它的范围极广。所以德国化学教授Sackur说过："人人应当承认只有用热力学为基础才能彻底了解物理的化学和其在科学上和工业上的效用。"

热力学中有三定律。第一是说一种能量不见时，必有另外一种或数种能量发生，或说一个独立统系之能量总是不变。这即能量不减（conservation of energy）之定律，又叫热力学第一定律。第二定律是说不藉外界工作之助，热自己不能从较热之物体移到较冷之物体；或说一个独立统系有任何变更时entropy总要加增（设S为entropy，Q为热量，T为温度，则$dS=dQ/T$）。第三定律是说在绝对零度时如果每一固体原素之entropy作为零，则在绝对零度时每一纯粹固体物质的entropy将等于零，但任何其他物质的将大于零。

第一和第二定律都是由经验成立起来的，其确准说法非用含有数量的方程式不可。但1842 Joule[①]所发现的热的机械当量（mechanical

① Joule（1818～1889）英国造酒者。他放水于隔离的瓶中，急速搅动之，见水的温度加增，于是发现热和力的关系。

equivalent of heat）可算代表第一定律；1824 Carnot[①]用循环式（cycle）所说的原理可算代表第二定律。至于第三定律不过是20世纪以来的新发现，大概以Nernst[②]的heat theorem为基础，而Planck[③]的能量学说（quantum theory）又引申证实之者。所谓那heat theorem者，乃Nernst1906首先提议以测定化学爱力与反应热之关系。所谓能量学说者，乃假定颤动原子或电子（electron）所放出之能（radiant energy）是不继续的，是有量可数的，其单位就叫作能量（quantum）

单用那第一和第二定律和反应热，要算出化学平衡，几乎不可能的。有了这第三定律，我们乃能单从热的给料算出化学平衡或free energy的价值。不但如此，Boltzmann和Clausius尝假定entropy可有任何正的或负的数值。Planck 则利用Nernst的heat theorem说明entropy永是有定的，正的数值，不过此值靠各物质的化学性格。Einstein还有一个学说，以为在固体中热能（heat energy）是由于各原子之颤动，那颤动的能永是quantum的整倍数。

333. 气体之变液——气体变液之可能，虽会经法拉第想到，并且他自己也会使NH_3和SO_2等变为液体，但必至1863 Andrews才说明气体变液之普通适用方法。他认每一气体各有一特别温度，叫作临界温度（critical temperature）。要使气体变液，温度必不可高于此点。在此温度之下，恰能使某气体变液所需之压力和那时该气的容量，叫作临界压力和临界容量。关于临界数值之理论，1884 Mendeleef 和

---

① Carnot（1796～1832）法国陆军中工程师，是个少年大思想家，可惜36岁时因患虎列拉死于巴黎。

② W.Nernst（1864～ ）以前G ttingen大学，近年柏林大学物理化学教授。

③ Max Planck柏林大学物理教授。

1894 Ramsay和Young很有研究。且说1873荷兰的van der Waals会从理论一方面，1877瑞士的Pictet和法国的Cailletet会独立的而几同时的从应用一方面发达之，于是氧气可以变液了。嗣后英国Dewers和荷兰Kammerlingh Onnes也研究此问题。1894～1895 Linde 和Hampsont 利用1852～1862 Joule和Thomson（即Lord Kelvin）的试验——故有Joule-Thomson's effect之称——制造一种机器，才能制大宗液体空气，而无须另用冷剂（refrigerating agent）。不久又能制大宗的液体氢气，然后一切气体几无一不可变为液体甚至变为固体。既然如此，不但昔日“永久气体”之名词当然不能存在，绝对零度现在也尽可达到，许多低温度的试验正足耐人寻味呀！

334. 反常的蒸气密度——从蒸气密度的试验，固然可以利用阿佛盖路之定律以测定分子量；但有些物质，其寻常分子量已经用别的方法知道得确实可靠，而从蒸气密度算出的，却竟与之大不相同——有时小至1/2或1/3，有时大至2倍。这并非阿佛盖路定律不适用，乃蒸气密度反常之故。至于蒸气密度之所以反常者，大概因为在某温度时各该蒸气分子之分解或联合（dissociation or association）。

335. 分解之各例——先就分解而论，1838 Bineau察知NH_4和PH_4之各固体盐类变气后，其蒸气密度乃其组分（components）的蒸气密度之中数，换言之，即各盐之分子量，从此等密度算出的，不过以下各式左边符号代表之重之一半：

(a) $NH_4Cl \rightarrow NH_3+HCl$

(b) $NH_4 \cdot HS \rightarrow NH_3+H_2S$

(c) $NH_4 \cdot CN \rightarrow NH_3+HCN$

（d）$PH_4Br \rightarrow PH_3 + HBr$

（e）$PH_4I \rightarrow PH_3 + HI$

1857坎尼日娄和1858 Kopp都假定这是由于NH_4盐或PH_4盐之分解。

1847 Cahours知道：

$PCl_5 \rightarrow PCl_3 + Cl_2$

同年Grove用白金加热发现水之分解：

$2H_2O \rightarrow H_2 + O_2$

以上是认一物质分为二物质之分解。尚有分解前后同是一物质而性格不同者，例如：

$N_2O_4 \rightleftharpoons 2NO_2$

这是普力司列所发现而1862 Payfiar和Wanklyn始详细研究的。此外尚有原素之分解，例如：

$S_8 \rightleftharpoons 4S_2$

这是杜玛所发现而1860 Deville和Troost 详细研究的。1857 St.Claire Deville 才介绍分解（dissociation）一名词，并下个定义，说dissociation为单用热能使物质“自解”（spontaneous decomposition）。照这定义，不可逆的（irreversible）反应如$2KClO_3 \rightarrow 2KCl + 3O_2$者，也可叫作分解了。但是1863以后，这名词之应用只限于可逆反应。

336. Deville的“热冷管”的试验——Sainte-Claire Deville（1818～1881），杜玛的学生，尝继Balard的任在巴黎师范学校做化学教授。他尝于1849年发现N_2O_5尝用孚勒法大宗制铝，又尝与其继任得Debray研究精制铂属之法。可逆（reversible）反应本来不易测验；有些反应在高温时虽有分解，及冷却又复原，自然看不出什么变化。1864～1865 Deville首先发明所谓“热冷管”（“hot-cold tube”）为这种试验之用。法以内外两管相套，外管要热，用瓷的；内管要冷，用黄铜或汞合银（amalgamated silver）的；使气体从二管中间通过，故能一方面使其温度很高至于分解，一方面冷的很快，分解的产物来不及复原。于是他证明水、二氧化炭、一氧化炭、二氧化硫和盐酸气的分解：

（1）$2H_2O \rightleftharpoons 2H_2+O_2$

（2）$CO_2 \rightleftharpoons C+O_2$

（3）$2CO \rightleftharpoons C+CO_2$

（4）$2SO_2 \rightleftharpoons S_2+2O_2$

（5）$2HCl \rightleftharpoons H_2+Cl_2$

炭和硫则凝结留下，氯则更与汞合银化合。

读者注意，Deville 为研究分解最早的人，但凡用骤冷法不能取得产物者，他不认为分解。例如NH_4Cl，PCl_5，N_2O_4，和醋酸皆是。

NH_3和HCl化合非常之快，一遇冷则立刻变为NH_4Cl，因此“热冷管”之法不足以测验NH_4Cl之分解。1862 Pebal始利用播散之速率将NH_3和HCl分开。

337. 联合（association）——现在我们知道，在150℃以下醋酸之蒸气密度略与（$CH_3 \cdot COOH$）$_2$之分子量相当，这个现象就叫联合又叫叠合（polymerisation）。在很早的时候，1844年，Cahours已发现这个例子，20世纪以来，Cuye, Tammann等的工作更有大可注意之价值。

大概水汽中多是H_2O之分子，液体水中多是（H_2O）$_2$，固体冰中多是（H_2O）$_3$。但是据Tammann1910～1913的研究，固体之冰可分为轻冰和重冰两种，每种又可再分为几类。

（丙）稀溶液和渗压、蒸压、沸点和冰点

338. 渗透压力（osmotic pressure）——所谓渗透压力（省作渗压）者此处可先说明。譬如溶糖于一杯茶中，不久满杯的茶都是甜的，搅之更快。因为在溶液中糖之质点犹之气体，具有扩散性，永远移来移去，故能使其溶液中之浓度到处都一样。此重扩散性就是渗透压力或溶液压力（solution pressure）。

但这压力如何测量呢？假使有个薄膜，使一种水溶液，例如糖水溶液和纯粹之水各在膜之一边；又假使两边水之质点能往来渗透此膜，而糖之质点则不能。那末，糖液一边——浓度较大的一边——有过剩之力，倾向于渗透薄膜而不得。所以这力叫作溶质（solute）的渗透压力，那薄膜叫作半透膜（semi-permeable membrane）。

渗透压力不但在化学上，并且在植物学和动物学上占一重要位置。膀胱（bladder）满装酒精放水中，则涨大甚至溃裂。此事实在第8世纪时Abbé Nolet已经知道，而不知其为渗透压力问题。首先研究这问题的是M.Traube。他当1867试验人造植物细胞时，发现一种半透膜，用低铁蜻化高铜（cupric ferrocyanide）制的。但欲直接测定渗压之绝对数值颇不容易。因为不但须用严格的半透膜，并须很坚固的才行。1877 Bonn大学植物学教授Pfeffer将低铁蜻化高铜沉淀于有孔盆上，才得适用的强固半透膜。他于是做了许多很有价值的测定。自此以后，研究渗压者颇多。稀溶液的学说，就是这种研究的最大结果。

20世纪以来，这问题还有二种进步。第一，Pfeffer不知PV=RT

式中之V究应代表溶媒（solvent）之V或溶液之V。1903美国Morse和Frazer用V代表溶媒之容量，其结果乃更精确些。第二，以前只能测量比较的稀溶液中之渗压，近来Lord Berkeley和Mr.Hartley特用一种器具能测定浓溶液的渗压至100以上大气压者。

339. 范韬夫的传略（van’ t Hoff, 1825—1911）——范韬夫[1]名Jacobus Henricus，荷兰人，1852年8月30日生于Rotterdam。他幼时入私塾读书，长于算学，但音乐及连动亦其风好。15岁后始入“Hoogere Burgerschool”习化学，尤注意试验。他和他的同学们尝于星期日私自到校中做试验——以少年好奇之故，特别拣爆炸或有毒的药品试验！及被校中查出禁止后，范氏乃在家中试验，并向观者收费若干，以为添买药品和器具之用。1869他入Delft的多艺学校两年，又入Leiden大学一年，然后才决意专门化学。他于是到Bonn大学从凯古来学习一年，又到巴黎从费慈学习一年。他非常崇拜凯古来。他在费慈的试验室中与Le Bel为同学，不久他俩几乎同时的发现一种重要学说。不过很奇怪的，他在Bonn的时候，并未得凯古来的赏识；在巴黎的时候，既未做什么实际研究，又未与Le Bel谈过四面体的只字！

1874年范韬夫回国后，以不甚重要的论文得了Utrech大学的博士学位。同年4个月后，他才用11页的小册子发表他的第一种不巧作品，即论原子在空间之构造。不过当时范氏才22岁，在科学界尚不著名，那作品又是用荷兰文写的，那里能使人信仰或注意呢？德国教授Kolbe

① 这名字的写法和拼法有（1）Vant Hof,（2)Vant Hoff,（3)Van’ t Hof,（4)van’ t Hof,（5)can’ t Hoff等多种，寻常用的是第五种。

甚至极力诋毁他不留余地。范韬夫那时非常不得意。他想在学校里谋个事，但是某校当局笑他道："他好像有点肮脏（slovenly）的样子。我恐怕学生要与他种种为难。"他在本国如此失望，乃想跑到外国去过个前途茫茫的生活。幸而他父母劝他耐心下去。他不得已乃登报要做私塾教习，但也没有成功。

那知等到1876年的时候，忽然另有一位德国教授Wislicenus（见后）写信给他，表示对于他的那篇作品很觉满意，并且说它不但能解释以前不能解决的问题，并能为有机化学开一新纪元。Wislicenus又请范氏让他的助教Herrmann博士将它译成德文，自己并替他作序。

自此以后，范韬夫的声价日增。1876他即做兽医学校的理化教员。1877他25岁时，对于质量反应之定律颇有贡献。那年他被聘为Amsterdam大学讲师，次年即被公举为教授。他一共在那里做教授18年。他的试验室很小（1891才另行建筑），所教功课又很繁重，然而同时他却有些重要研究——1878氮的固体化学（stereochemistry）之成立；1880气体定律和稀溶液的关系；1884化学的动学之研究（"Etudes de Dynamique Chimique"）之出版；1885化学的平衡之定律（"Lois de l'Équilibre Chimique"）之出版；1886沸点和冰点与蒸气压力之关系；1884~1892测定过渡点（transition points）的方法都是。

读者注意：范韬夫所以成个物理化学大家者，因为他是个思想大家，善运用他的算学知识——虽然不十分高深——于一切化学现象。他的化学的动学之研究可说是他的第二种不朽的著作。要知这次作品虽未受着冷酷的批评，却也没有立刻的欢迎。这是因为当时化学家不知应用算学于化学的原故。及这研究出版之次年，1886，瑞典Arrhenius才称赞道："虽然这位作者以前会在启发天然的秘密中得到卓越的成功，他以前的成功将被这个作品所掩了。"

当1887的时候，范韬夫如此驰名，Leipzig大学要请他去担任新设的物理化学教授一席。可是Amsterdam大学当局一得此种消息，立刻提出挽留他的办法，例如克日特为他建筑个理化学院！及至1894，柏林大学又三顾草庐似的请他去做教授——那大学中既专派代表去聘请，德国重要机关和重要学者也都特别劝驾。自然荷兰大学仍竭力留他；他其初也不肯离开本国。后来德国一定要请他去，只要他每星期担任一小时的功课[①]，并且代他设备随便他研究什么所需的私有试验室。最后1896他乃不得不"楚才晋用"了。

他到德国后研究的是Stassfurt地方的堆积物。关于这种研究，1896～1906他和他的合作者著有50篇以上的论文。1906他又转而研究生物化学中的emzyme反应。1900他被举为德国化学会会长。1901他得第一次的Nobel奖金。1909普鲁士科学院赠他最尊的Helmholtz奖章。

且说范韬夫的名誉既大，各国科学大会往往少不掉他，他也喜欢与他的同志们聚会，因此，1890他会到Leeds参与英国科学协会的集会；1893他到巴黎化学会讲演，二年后乃就柏林大学之聘。1898他会代表柏林大学、德国科学院和德国化学会，到Stockholm参与白则里50周纪念会；1901他到美国参与芝加哥大学10周纪念会；1903他又到英国Manchester参与多顿的原子学说的百年纪念会；1904他又做德国化

① 他在柏林大学的讲义共有三本。

学会代表，到Munich参与Baeyer70岁生日会；1906他被聘到Vienna去讲演，同年又到意大利去看Vesuvius的喷发。范韬夫的身体夙不强健；他尝患蒿草热症（hayfever）和肺痨病（tuberculosis）多年。1910他的肺病尤其利害。到1911年3月1日他就死了，年纪不过59岁。

340. 1885范韬夫的稀溶液学说——绝对渗压既然不易测定，故化学家其初特别注意于同渗溶液（istonic solutions），即渗透压力相同之溶液。1884 Amsterdam的（Hugo）de Vries特别研究同渗。及他将其研究告诉范韬夫后，范氏立刻知道渗压现象在理化上之重要，自己又加以详细研究。范氏既从Pfeffer试验的给料指出渗压合科包宜尔的和查尔斯的定律，又用热力学证明之。于是1885化学上乃有一新纪元之稀溶液学说——在某温度时，溶液中一溶质之渗压，与其若为气体占与溶液所占相同容量时之气压一样，只要溶液如此稀薄，溶质所占之容量可以不计；换言之，在稀溶液中渗压与气压同值。

341. 范韬夫的因子“i”——从这种结论，可见稀溶液中适用PV=RT公式，可见溶液与浓度有比例。不但如此，若溶质为同类的各异物质，则依其相当的分子量（equimolecular weight）溶于同容的同一溶媒后，其所生渗压相同，或说阿佛盖路的定律亦可适用于比重溶液。读者注意：必须同类物质，乃有比较。所谓同类者，譬如糖，醇、醚、可娄方和其他不电离之物质为一类；强酸、强硷和各盐另为一类。第二类的渗压有反常大之值。譬如盐酸、硝酸钾等在溶液中好像有程式所代表的二倍之分子数。当范韬夫初发表其溶液学说时，他不明白为什么有此现象，于是他用一个因子“i”放入气体方程式中，使成PV=iRT，以表示反常大的渗压。

342. 1881～1884娄尔特（Raoult）对于溶液之冰点和沸点之研究——盐水比淡水之冰点低些的事实，虽在1788那么早的时候已经凯文第旭之助手Blagden首先研究过。他知道凡同一化合物之溶液，其冰点之下降与浓度有比例。但此后几乎过了100年，这问题尚未有相当的解释。[①]直至1881娄尔特教授做了极多试验，才找出在同量的同一溶媒中溶液的冰点之下降，与其中溶质之分子数目成正比例，与它们的分子量成反比例。他并找出若将各异溶质依其分子量为比例之重溶于同量的同一溶媒，则冰点之下降各相等。

溶液沸点之上升也久已知道。1822 Faraday,1824 Griffiths，和1835 Legrand也都考察过，然尚不得要领。及娄尔特做过冰点的研究和其他试验后，才证明溶液沸点之上升与其冰点之下降结果相似。

又娄尔特试验所用的温度表是“洪水前的古式的”（“ante-diluvian”），1888 Beckmann为此种测定起见，发明了非常精细的温度表，现在叫作Beckmann的温度表，他自己和各化学家都利用之。

343. 冰点下降与有机化合物的分子量的关系——1882娄尔特特别研究有机化合物对于溶媒的冰点之关系。他求得数值可分为二种：（1）下降系数（depression coefficient），即1g溶质在100g水中所生之下降；（2）分子下降（molecular depression），即下降系数用溶质之分子量乘之。后他的种种试验，他发现有机化合物之分子下降乃其中各原子下降（atmic depression）之平均数。至于各原子下降，视乎各原子的本性，不视乎其在一分子中之地位。他算出C、H、O、N之原子

① 1861 Rudorff和1871～1872 de Coppet 都考察过溶液冰点之下降。

下降是15、15、30、30，譬如化合物$C_pH_qO_rN_s$之分子下降，他可以用

$$\frac{(p\times15)+(q\times15)+(r\times30)+(s\times30)}{p+q+r+s}$$

式算出。欲求一化合物之大概分子量，他说只要拿下降系数除分子下降即得。

试举草酸为例。从分析和分子量连算，草酸的可能分子式有CHO_2，$C_2H_2O_4$，$C_3H_3O_6$等等，但无论用那个分子式，算出的分子下降都是15+15+（2×30）/4=22.5。

娄尔特又求出草酸的下降系数是0.255。故其大概分子量22.5/.255=88.3，故知$C_2H_2O_4$（分子量=90）为草酸之正当分子式。

这种发现，立刻唤起有机化学家的注意。因为他们以前无可靠方法可以测定不挥发物质之分子量，现在可以在溶液中测定了。

又娄尔特做过的冰点下降和沸点上升之试验，极多极详，此处不暇枚举。所当注意者，他找出以下化合物在各异有机溶媒中，其分子下降大概可有两个数值，这个差不多是那个的二倍。醋酸之值有18和39，蚁酸有14和28，输质有25和49，nitrobenzene 有36和72，ethylene dibromide有58和118。这本来有点奇怪。不但如此，照娄氏的试验，许多盐类、强酸和强盐基何以每有反常大的冰点下降和沸点上升，其初尚有疑问，后来才从他方面得着解释。

344. 1887娄尔特对于溶液的蒸气压力之研究——在1822年那么早的时候，虽然已经知道溶液之蒸气压惫（省作蒸压），比纯粹溶媒的低些，但1855 Wüllner才用试验发现如果溶质是不挥发的，则溶液的蒸压之下降与溶解物质之数量有比例。1887娄尔特用以下5种化合

物，terpene, nitrobenzene, aniline, methyl salicylate和ethyl benzoate，取每种各异重量，在恒温时试验以脱的蒸压之下降。他又用各异化合物在十一个溶媒——水、三氯化、二硫化炭、可娄方、四氯化炭、acetone, amylene, benzene, methyl alcohol, methyl bromide——中试验。其结果都是：溶媒蒸压之下降与溶质之分子数目有比例，只要在溶媒每100分子中溶质之分子数不大于15。又以分子重量为比例之各异物质溶于等容的同一溶媒，则蒸压之下降各相等。他又从相对的下降（relative lowering）发现一个规则：相对的蒸压之下降（即实在的下降与原来蒸压的比例率）等于溶解物质之分子数与溶液中分子总数之比例率。

此时，范韬夫的溶液学说已经成立。他又从理论方面找出冰点之下降和沸点之上升与蒸压之下降的关系，又找出它们三者各与渗透压力的关系。于是在溶液中测定分子量之各方法乃有确切保障，而溶液学说乃大告成功。

（丁）传电度和游子学说

345. 1805 Grotthus的学说——兑飞的电化学说是1807、白则里的是1818成立的，法拉第的电解定律是1834成立的。但在他们以前，已于1805有个最早的学说，论电与化学之关系——特别讲传电液（electrolytes）。据Grotthus之意，一个盐类，例如食盐，虽在水溶液中，每一分子原来是受束缚不能自由的，因为一分子中总有两部分带有相反电荷可以互相吸引的原故。电流通过之作用，在乎先使各分子依秩序排列，阳游子向负极，阴游子[①]向正极；又使每一分子分裂

① 游子（ion）一名词系后来法拉第介绍的

为二。因两端之正负二游子在二电极析出，其余各游子势必顺序递换其配偶，从新排列。于是程序依旧进行不已。假定这学说是对的，即假使分子之分裂果首先需乎电能（electric energy），则当电动力（e.m.f.）在一定价值之下将无电流发生，欧姆定律（Ohm' s law）将不能适用于此。换言之，电流与电动仔将不能有严格的比例。但从子细测量的结果，知道欧姆定律不但适用于金属,并完全适用于传电液。那末在电解程序中，“电能”完全用于克服液中之阻力，并无使分子分裂之工作。

346. 1857 Clausius的学说——Grotthus的学说，举世公认者50余年，直至1857 Clausius根据上述观察才否认之。先是1851威廉生当讨论以脱之生成时有个观念，谓在一学统系中，分子和其原子是永动而有平衡的。Clausius又是提倡运动学说（kinetic theory）者，所以1857他说传电液之各分子是永动的，有一部分每于瞬息之间变为正负游子。在寻常状况之下，游子一经发生，即又合成分子，电流则能使之在两极析出。他知道未电离之分子与已电离之分子虽有平衡，但其本性是动的、非静的。他的结论是：

“传电液的‘半分子’（游子）不能固定的抱在一处以成整个分子而受有定有常之处置。”

347. 阿希尼俄司的传略（Arrhenius，1859～1927）——Arrhenius名 Svante August，瑞典人，1859年2月19日生于Upsala附近。他少年即长于算学、物理和生物学。17岁时，他考入Upsala大学肄业，凡5年，特别习数学和物理，兼习化学——Cleve是他的化学教授。当1881～1884之间，他才20多岁，即在Stockholm做传电度之试验，不久他就发现一种新学说。他于是将这学说作为他的博士论文。内容计分二部：（1）“极稀水溶液之传电度”；（2）“电离液（electrolytes）之化学学说。”他又于1883年5月17日夜间得了一个观念：“就电流而论是活动的分子在化学性格上也是活动的，并且那天在我将那问题完全解决以前，我不能睡觉。”

当他发表这学说时，他的论文后半部分颇讨论溶液之品性。他指出，盐类稀溶液之品性有许多是相加的：即当完全电离时，溶液之许多物理上的品性都是其游子之品性之和。除传电度、渗压、冰点下降、沸点上升等不计外，比重、比容、生成热、折光指示数（refractive index）、毛管现象等品性都是相加的例子。他说游子学说，足够很简单的、很圆满的将这些地方说明。

1884 Upsala大学虽然给他博士学位，但是他的教习总不信他的化学知识，疑惑他的学说犹之乎许多其他学说是不能长命的。后来阿希尼俄司曾告诉旁人道：

“我去见我的教授，我很赞仰的Cleve，我说，‘我有一个传电度的新学说可作为化学反应之原因。’他说，‘这是很有趣的，’但是他接着说道，‘再会罢！’”

阿希尼俄司既不得志于本国，乃写信给Clausius, Thomson和Ostwald。前头二位对于他也无特别表示，但是敖司沃（Ostwald）呢？那时敖氏已研究过酸质在化学上的活动，现在得了阿希尼俄司的论文，又研究电流上的活动，居然找出二者有比例。于是敖司沃亲从Riga到Stockholm去见阿氏，阿氏不久（1886）也到Riga去，并在敖司沃的试验室中研究。这是阿氏和敖氏订交之始。

大半年后，阿氏又到Wurzburg 去从Kohlrausch研究。他在那里时看见范韬夫的关于渗压的作品，足以补充他的论文之所不及。于是1887阿希尼俄司又写信给范韬夫，要到Amsterdam去，并在范韬夫的试验室中研究——他是那里的第一个外国学生。这是阿氏和范氏订交之始。

敖司沃和范韬夫也是挚友。自有这3位科学大家，阿氏敖氏和范氏互相携手，然后物理化学乃有一日千里之进步。

1887敖司沃被聘为Leipzig大学的教授；阿希尼俄司最后乃从Amsterdam转到那里，再去访他。同年阿氏有比以前更加完全的论文。这篇论文与范氏的那篇论气压和溶液之渗压者同在“物理化学期刊”（Zeitschrift fur physikalische Chemie）第一卷中发表。此外1888阿氏有hydration of ions的研究；1893有纯水的传电度之测定；他还有电离液之黏着性的研究和其他。

单讲游子学说，阿希尼俄司对于化学的贡献已有不朽之价值。但是最奇怪的：游子学说不但在1884或1888未受相当的欢迎，就让到1900年还有反对之者，例如美国Wiscomsin大学之Kahlenberg便是。可是到了1909，阿氏的学说发表后25周年时，那期刊（Zeitschrift）之编辑人敖司沃特出一本纪念号专载各国名人关于这个问题的著作，读者试思这学说之重要为何如！

阿希尼俄司又长于天文学和生物化学。关于前者他著有（1）“开辟中的世界”（Worlds in the Making）和（2）“宇宙间的生命”（Life in the Universe）。关于后者有（1）生物化学中的定量的定律（Quantitative Laws in Biological chemistvy）和（2）防病化学

(Immuno-chemistry)。

且说1891素以李必虚著名的Giessen大学早已要请阿希尼俄司做教授。但他辞而不就，偏就Stockholm高等学校（或叫大学）之讲师席，4年后（1895）才升为教授。1896他做那大学的校长（Rector）。他一连3次被举为Rector，最后一次他没就。1905德国大学敦请他第二次，条件一如待遇范韬夫的样子，即名义上为专任教授，每周只须教一小时的功课，并特为他设备私有试验室等等，他又不就。1802英国皇家学会赠他兑飞奖章；1903他得物理学上的Nobel奖金；1914他在英国皇家讲学社给法拉第讲演[①]，伦敦化学会赠他法拉第奖章。

348. 1887阿氏的游子学说——1887阿希尼俄司说一切传电液中虽无电流之通过，也常含两种分子：一种已经电离，他叫活动分子（active molecules）；一种尚未电离，他叫不活动分子（inactive molecules）。在某稀薄程度时之不活动分子，当溶液格外稀薄后可渐变为活动的。所以传电液中无论如何总有多少游子之存在。不但如此，他并证明传导电流者只是游子而非寻常分子。这个说法，乍听之下，似很简单，并似略含法拉第的观念为背影；其实是近世物理化学中最有势力之一学说，即游子学说或叫电离（ionic theory or electrolytic dissociation）。但是此处之所谓dissociation，与加热时物质之dissociation不同。此点阿希尼俄司当日已经指出，读者不可不辨。

然则这学说的原因安在？其结果如何？其种子更是何人种的？欲

① 这讲演每三四年举行一次，总是请外国著名科学大学担任。

彻底的求个解答，我们先要牢记：自1857～1887，中间恰好30年，这30年间物理化学已渐渐从各方面进步，而与游子学说具直接的密切关系者有二，一为传电度，一为渗透压力。以下将分别述之。

349. 1853～1859 Hittorf 的搬运数（transport numbers）——一种传电液中，游子之速度似乎相同而实不同，这是德国物理教授Hittorf（1824～1914）告诉我们的。他于1853～1859年试验传电液时，找出电解后电极周围之浓度不同，于是不但证明游子之速度是不相同的，并且算出它们的相对速率。一电极周围浓度之降落与离开此电极之游子之速率成比例。从游子之速率与其所带电量之关系，他于是订出所谓搬运数。

Hittorf的工作与游子学说有关系。无奈这工作在实验一方面大家既不注意，在理论一方面又颇受人攻击，必至1876才被Kohlrausch加以证实。

350. 1876～1885 Kohlrausch 的定律——Konlrausch尝做溶液传电度之试验多年。其初他用直接电流使溶液电解，致电极处往往有分极现象（polrization），故难得准确数值。后来他用交互电流（alternating current）才去掉这个困难。他证明，每一游子无论本来与什么化合在溶液中自有一定之迁徙速度（migration velocity）。又传电度之价值，随溶液之稀薄加增，到一定限度——溶液中所有分子完全电离——乃止。叫此时之传电度为M∞，正负游子之速率为u和v，则所谓Kohlrausch的定律（1876）者，即M∞=u+v。

总括来讲，Hittorf和Kohlrauschr的观念实暗含一个假定：游子原来是游离的和独立的。不过这假定或结论是后来阿希尼俄司才给的，

Hittorf 和Kohlrausch二人不曾给过。

351. 渗压与游子学说之关系——以前已经讲过，强酸、强盐基和盐类各有反常大的渗压，而糖、酒精、醚、可娄方、四氯化炭等液之渗压只有寻常之值。以范韬夫研究之透辟，尚不能明白其中的道理，然而少年阿希尼俄司从这个地方虽然发现渗压与游子之关系。

阿希尼俄司知道物质有反常大之渗压者，在水溶液中都能传电，其渗压只有寻常价值者则不能。例如盐酸水溶液善于传电，而纯洁之水或纯洁之氯化氢液都不传电，又四氯化炭不溶于水而溶于稀酒精，但其溶液变可传电。阿氏的判断是：在水溶液中有的物质可以电离，有的不能。电离者一分子分为几部分，即几游子，每一部分在溶液中各有游离的独立的存在，各有其渗透压力，略如气体之部分压力一般，故其渗压是反常大的。同时他说在水溶液中只有一部分质点负传电责任，就是说能传电者是游子而非分子。

352. 从（Ⅰ）传电度和（Ⅱ）渗压测定电离程度——阿希尼俄司之游子学说，不但是定性的，他并有定量的根据，略如下述。

（Ⅰ）现在我们知道传电度（a）与游子之数目，（b）游子所带之电荷和（c）游子之速率都有关系。若用同一传电度，我们可以假定稀薄时游子之速率不变，其电荷自然也是不变的，那末稀薄时传电度之加增，必只因为游子数目之加增，设Uv为稀薄v时，U∞为无限大稀薄时，即完全电离时之传电度，α为电离程度，我们有

$U_\infty = u + v$

$U_v = \alpha(u + v)$

故 $\alpha = U_v/U_\infty$ ……………………………………(A)

（Ⅱ）假定渗压与液中质点之数目有比例，我们有

$^P/_{P0}$=（1-α）+nα/1=1+α(n-1)

故 $\alpha = P-P_0/(n-1)P_0$

式中之P为有电离时之渗压，P_0为无电离时之渗压，n为一分子所生的游子之数目。

$^P/_{P0}$可用范韬夫的因子“i”代表之，换言之，“i”乃一数目，必用这数目来乘算出之渗压P_0，方能使之等于实际测得之渗压P。于是我们有

i=1+α(n-1) ……………………………………(B)

其初阿希尼俄司叫现在的电离之度为“活动系数”（“coefficient of ctivity”），说它是已电离之分子数与已电离和未电离之分子总数之比例率。设a为已电离之分子数，b为末电离者之数，则照他的定义，α=a/a+b。他又认i=a+nb/a+b，但其推算方法如上所述，其结果亦得上列之（B）式。

又1885年范韬夫曾证明

i=t°/18.5……………………………………(C)

式中之t°乃一末儿（mol）溶质在一立特（litre）水中所生之下降。所以i之值又可用冰点下降法从此式运算。

阿希尼俄司尝利用（A），（B），（C）三方程式，将90个化合物的α和i之值算出，并列表比较之。因从理论方面与从试验方面所得的i之值非常符合，然后游子学说乃有定量的，更稳当的，基础。

353. 敖司沃的传略（Ostwald，1853～1932）——敖司沃名Wilhelm，德国人，1853年8月21[①]生于Riga，他少时（1864）尝入当地实业学校（Realsruche），7年后才毕业——寻常只要5年。这不是因为别的，乃因为在校时他同时做许多课外工作如照像、油画、木匠工等等，他并自设一试验室做些化学试验。1871他18岁时，即入Dorpat大学。他其先不知用功，后来一声特别努力就得了学位。1875～1881他在Dorpat做助教凡六年；1881～1887在Riga多艺学校做教授6年；自1887年起被Leipzig大学之特聘，做那里物理化学教授。1909他得有诺贝尔奖金。

当在Riga甚至在Dorpat的时候，敖司沃对于物理化学已有种种贡献，震动一时，例如1878用物理方法研究一盐基在二酸中分配；1878—87各酸之传电度；1885以后各酸各盐基等之爱力恒数都是。到了1887，Leipzig大学新设物理化学教授一席，先请范韬夫，他既然没就，遂改请敖司沃担任了。

有人将敖司沃之在Leipzig比作李必虚之在Giessen,因为物理化学之在1890左右，犹之有机化学1830左右；敖司沃之提倡物理化学，犹之李必虚之提倡有机化学。Leipzig大学并特别为敖司沃建筑个物理化学试验室；各国欲研究物理化学者都去跟他学，其结果是各国物理化学教习多由Leipzig直接或间接的供给，好像以前Giessen供给各国有机化学家的样子。其初他的试验室的规模虽然不大，但是师生之间非常

① 或作9月2日。

富于合作的精神，并常常有些新的发现。敖司沃自己尤其以身作则，阐心研究。例如1891他将物体的性格分为三种：相加的（additive）、构成的(constitutive)和结合的(collgative)。1893年他又测定纯水的传电度。

读者应当注意：敖司沃所以在物理化学上有特殊影响者，不但在乎他的教授和研究，他的著作的功劳也不小。他尝创办并编辑[①]“物理化学期刊”（Zeitschrift für physikalische Chemie）和“自然哲学年报”（Annalen der Naturphilosophie）；前者是1887年起他和范韬夫合办的，尤足令人人纪念。此外他的重要作用，则有：

（1）“普通化学教科书”（Lehrbuch der allegemeinen Chemie），

（2）“普通化学大纲”（Grundriss Lehrbuch der allegemeinen Chemie），

（3）“理化测量实用书”（Hand-und Hilfsbuch zur Ausfuhrung physikochemitcher Messungen），

（4）“分析化学之科学上的基础”（Die Wissenschaftlichen Grundlagen der Analytischen Chemie），

（5）“电化学，其历史和课程”（Elektrochemie, ihre Geschichte und Lehre），

（6）“精密科学的范本”(Klassiker der exakten Wissenschaften)；

前5种如此畅行，所以都有英文译本，最后一种略与英国之

---

① 他的儿子Wolfgand Ostwald也是现代物理化学家，在Leipzig大学做Privat dozent，乃Kolloid Zeitschrift和Kolloid—Chemische Beihefte的编辑人。

Alembic Reprint相当。

354. 敖司沃和游子学说——其初，范韬夫的溶液学说有人以为不适用于传电液，而游子学说连带的足以证明其普遍的适用。要知分子和游子之辨别，不但Kohlrausch的定律成立时（1876）尚未被人承认，即阿希尼俄司初年（1883）犹无十分明了的判结。那时他只知他的活动系数（coefficient of activity）与范韬夫的系数“i”有比例。恰好1883以后数年之间，敖司沃仔细研究各酸在水溶液中之传电度，并测定30以上有机酸质之爱力系数（affinity constants），即各酸之比较力量可从蔗糖旋光或有机盐水化的速率以测定者。敖司沃找出他的爱力系数又与阿希尼俄司的活动系数有比例。于是游子的臆说，又加上一层保障。

更可引人注意者，有许多研究新途径是从游子学说开辟出来的，而敖司沃自己和其学生研究过的也不在少数。譬如传电液之稀薄定律（即所谓敖司沃的稀薄定律，1888），有机各酸之电离与特别基的关系，二传电液含有公共游子者（例如醋酸和醋酸钠）之反应皆是。

355. 董耐（Donnan）[①]氏薄膜平衡学说[②]——在复杂系统（heterogeneous system）中相遇之两个或以上位相（phases）所生之表面或对面（interface）影响，不可不知。W.Gibbs在其原来论文中，即指出这种现象。他说在此等系统中，除温度，压力和浓度之3个可变数外，还有表面或对面面积亦关重要。惟以联络此等可变数

---

① Frederick G.Donnan，英国人，先是利物浦（Liverpool）大学化学教授，近来是伦敦大学化学教授。他自1912年即在伦敦大学继William R msay 的任。本书作者曾从他受课，并在其指导下研究。

② 参考Donnan教授著作见 Chemical Reviews，1，73，（1925）。

之正当公式究有若干未能确定，此问题不易解决。虽然，自1911～1914年Donnan教授自己或和其合作者居然从理论方面用一半透薄膜（a semipermeable membrane）和二盐类如NaA和KA，将其平衡情况等等研究出来，于是我们乃有所谓薄膜平衡之Donnan氏学说。要知这学说并不是限于理论的，尽可用实在数字表示之。此学说与胶体（colloid）化学（或“表面化学”）有密切关系，而其应用之广大\关系之重要Donnan教授早已指出。他说在生物学及生理学中薄膜现象非常要紧，而此学说恰好适用。不但如此，即在工业化学方面，如制革\染色等等，此学说亦有相当用处。

356. 电离学说最近的进步——在第19章中,曾讲过阿希尼俄司的电离学说是近世物理化学中最有势力之一学说，但是这学说还有不完善的地方。我们知道阿氏的学说应用于弱电解质最为相宜，而不能应用于强电解质。虽然有许多人建议用实验的公式（Empirical formula）来表示强电解质的行为，但是这些公式都无理论上的根据。直到1923年才初次有个合理的学说出现，这学说就是Debye和Hückel的游子互吸学说（Interionic Attraction Theory）。这学说的主要意思是：因为阳游子与阴游子之间有电的吸引，所以，在溶液中每一游子的周围常是异性的游子比同性的游子多些。当溶液被稀释时，游子分离所需的工作（work）不但包括纯粹的渗透工作（osmotic work），并包括克服这种游子互吸力的内部工作(internal work)。照最新眼光看来，强电解质在溶液内是完全电离的；而种种与完全电离情形抵触的行为，乃是游子互吸作用所引起的。譬如用X-光线视察氯化钠的结晶，知道他的分子乃由钠的阳游子和氯的阴游子组成的。这点与原子价的电子学说符合。但是游子因被强大的互吸力所约束，不易自由行动；所以，氯化钠在固体状态下其游子虽已完全电离，而传电力极弱。倘使其溶于水中，则变为强电解质，因钠与氯的游子此时能自由行动而易分离之故。但是游子互吸子仍然存在，不过依浓度的大小而有强弱之分罢了。

要知在1923年前已有许多人发表过完全电离和游子互吸的意见，不过要等到近年来用X-光线视察结晶的技术和原子价的电子学说发达以后，游子互吸的学说才能渐形具体化，而Debye与Hückel集其成。譬如Milner在1912年时，因为质量作用的定理不能应用于强电解质，已曾运用过完全电离的学说。但因他用了太繁难的数字在内，所以没有引起当时人们的注意。

游子互吸学说应用于强电解质的稀溶液，结果极佳。因为在稀溶液内，游子相隔很远，所生的互吸力极弱，可略而不计，故符合完全电离的情形。但较浓的溶液中游子相隔较近，互吸力所引起的反乎完全电离的行为乃渐次增大。所以，游子互吸的学说虽是电离学说中的一大进步，而离完善程度尚远。要想有一个完善的学说能解释电解质的一切行为，还须待今后化学家积极的努力咧！

第二十章 原素的分类和排列

357. 1789赖若西埃的原素表——自1661年包宜尔的“怀疑化学家”出版之后，原素才有了定义，所谓三原素和四原素之说方才打破，这是以前已经讲过的。1789赖若西埃的“化学大纲”（Traité Élémentaire de Chimie）中列有一个原素表，表上有33个名称，就中分为以下4类：

Ⅰ.气体或假定为气体者——氧、氮、氢、热和光。

Ⅱ.非金属之能氧化成酸者——炭、硫、燐、盐酸（muriatic）基、氟酸（fluoric）基、硼酸（boric）基。

Ⅲ.能成盐类之土质——lime,magnesia,baryta,alumina,silica。

Ⅳ.能氧化成盐之金属——锑、银、砒、铋、钴、铜、锡、铁、锰、汞、钼、镍、金、铂、铅、钨、锌。

这33单体中本当去掉热和光而加入“soda”和“potash”。要知soda和potash不必是真正单体，当时虽尚未将二者分解过，然而赖若西埃很相信他们是氧化物，而不承认其为原素。这是他的精细的地方。所谓土质者，当时自然也未分解过，所以赖氏列为单体。要知他却也疑惑其中含的有氧。

358. 1829兑贝拉奈（Döbereiner）的三原素组（triads）——自19世纪开幕以来，即常常有人注意原子量之运算或测定以及它们在数目上的交互关系。譬如Prout的臆说，以前已经讲过。嗣后当1800～1830年间，碱金属和碱土金属、硼和矽、碘和溴等相继发现。原素之数目愈多，原子量之测定也愈精密。于是1829年Döbereiner乃发现原素中每有3个3个的自成一组，叫作三原素组。每一组里，中间一原素的原子量是其余二原素的原子量的平均数。例如

在氯、溴和碘一组中：80.97(溴)=35.47（氯）+126.47（碘）/2

在硫、硒和碲一组中：80.74（硒）=32.24（硫）+129.24（碲）/2

此外钙、锡和钡为一组；锂、钠和钾为一组；还有某某各组。每一组中各有以上关系，成算术的级数（in arithmetical progression）。

359. 1859杜玛的公差（Dumas' common differences）——Döbereiner的观念，经过恰好30年后，被杜玛大加扩充。杜氏从原素各组之级数关系仔细比较，于是找出他们的公差。他又将同组各原素的原子量与同系（series）各有机化合物之分子量相比较，更知其很有相似之点。譬如在有机物中，设a为首项，d为公差，则：——

CH_4=a　　=16

C_2H_6=a+d　　=16+14

C_3H_8=a+2d　　=16+2×14

在原素各组中设d和d'为差数，则：——

(Ⅰ)F=a　　=19　　=19

Cl=a+d　　=19+16.5　　=35.5

Br=a+2d+d'　　=19+33+28　　=80

I =2a+2d+2d'　　=38+33+56　　=127

(Ⅱ)N=a　　=14　　=14

P=a+d　　=14+17　　=31

As=a+d+d'	=14+17+44	=75
Sb=a+d+2d'	=14+17+88	=119
Bi=a+d+4d'	=14+17+176	=207
(Ⅲ)C=a	=6	=6① （注）
B=a+d	=6+5	=11
Si=a+3d	=6+15	=21
Zr=3a+3d	=18+15	=33
(Ⅳ)Li=a	=7	=7
Na=a+2d	=7+16	=23
K=a+4d	=7+32	=39
(Ⅴ)Mg=a	=12	=12（注）
Ca=a+d	=12+8	=20
Sr=a+4d	=12+32	=44
Ba=a+7d	=12+56	=68
Pb=2a+10d	=24+80	=104

设d=a，则

（Ⅵ）O=a	=8（注）
S=a+d或2a	=16
Se=a+4d或5a	=40
Te=a+7d或8a	=64

杜玛又找出氯组和氮组，或镁组和氧组，各有一种公差：

F	19	N	14	公差=5
Cl	35.5	P	31	
Br	80	As	75	
I	127	Sb	122	
Mg	12	O	8	公差=4
Ca	20	S	16	
Sr	43.75	Se	39.75	
Ba	68.5	Te	64.5	
Pb	103.5	Os	99.5	

自此以后，Pettenkofer（1850），J.H.Gldstone（1853），Cooke（1854）和Odling（1857）对于原素之分类，各有多少的贡献，不过在1860年以前，原素只有零碎之分组，而无继续之完全统系者。约有一个最大原因，即坎尼日娄的作品尚未出现，原子量之测定尚无详细的方法。及至那年以后，大家一声有了公共的原子量，英法德俄的化学家。遂各发现其中之奥蕴，以下可分别述之。

360. 项古橐的螺旋图（the helix of de Chncourtois）——1862项古橐曾有两篇论文，1863又有第三篇论文，交于法国科学院。他说“原素的性格乃数目的性格。”他又用他的地球式螺旋图（telluric helix）证明之。这图是：从圆筒式的底边上取16点，即分为16等份，由每点向上沿圆筒外面作16垂直线，再从底边作线使成45º角，于是得螺线。所以分底边为16等份者，因氧的原子量是16的原故。每一垂直线与螺线相遇之点，代表原子量之一单位；故每一原素之原子量，都可从各该交点看出。项古橐从此图找出在同一竖行之各原素每有极相类似之

① （注）表中镁组、氧组和炭等数原素之原子量只是现在的一半。

性格。他又分明知道原素有所谓八音律（见下）的关系。

可惜项古蓁的论文当时并未完全发表出来，直至1889和1891年间，才有人先后译述之。所以寻常总推Newlands为那八音律之发现者。

361. 1865牛伦的八音律（Newland’s law of octaves）——从1863年牛伦已研究原素和其原子量的关系。他分原素为11组。除承认许多三原素组（trids）外，他又说：

1Li+1K=2Na

1Li+2K=1Rb

1Li+3K=1Cs

1Li+4K=尚未发现之原素。后来他又找出

2Li(14)+3K(117)=Cs(131)

3Li(21)+5K(195)=2Ag(216)

Na(23)+Rb(85)=Ag(108)

余类推。

1865年，他照原子量之次序——有几处稍微颠倒一下——将原素分作八竖行排列成表（见下），每行7个，则见属于同组之原素常排列在同一横线上。他又给每原素一个数目，然后就拿这些数目来比较，于是发现他的八音律。他说：

H 1	F 8	Cl 15	Co Ni 22	Br 29	Pd 36	I 42	Pt Ir 50
Li 2	Na 9	K 16	Cu 23	Rb 30	Ag 37	Cs 44	Tl 53
G① 3	Mg 10	Ca 17	Zn 25	Sr 31	Cd 38	Ba V 45	Pb 54

① G=glucinum=berylium=Be。

B 4	Al 11	Cr 18	Y 24	Ce La 33	U 40	Ta 46	Th 56
C 5	Si 12	Ti 19	In 26	Zr 32	Sn 39	W 47	Hg 52
N 6	P 13	Mn 20	As 27	Di Mo 34	Sb 41	Nb 48	Bi 55
O 7	S 14	Fe 21	Se 28	Ro Ru 35	Te 43	Au 49	Os 51

“第八原素，从一指定者起，是第一个的重演，与音乐中octave之第八note相似。”

“相似原素常相差7个数目或7之倍数，……以氮组而论，氮和燐中间有7原素；燐和砒中间有14原素；砒和锑中间有14原素；并且最后锑和铋中间也有14原素。”

我们如果将上表之竖行改作横行，则见牛伦的统系与门德列夫（Mendeleeff）的统系相似。所以牛伦也可算发现一部分的周期律。要知此表之缺点太多，其最大者在乎无空隙位置以容纳尚未发现之原素。其结果是21年后皇家学会虽然因为这篇论文赠他兑飞奖章，但当时伦敦化学会竟不肯将他的论文在该会杂志上发表。最可笑者，当1866年那化学会开会时Foster教授滑稽的问牛伦道：“你曾依原素的起首字母以考察之否？”不过牛伦的答复也很有趣。他说在他采用八音律以前，他虽不曾依字母的次序，却也用过几个别的计划来试试，但除用坎尼日娄的统系外，无论用什么别的统系不能得着原子量的关系。

362. 露沙马雅的传略（Lothar Meyer,1830～1895）—露沙马雅德国人，生于1830年8月19日。他先在Breslau Neustadt-Eberswalde和Karlsruhe做教习；但从1876年起，他就Tubingen大学的第一任化学教授，一直到1895年4月29日他死的时候。他其初研究生理化学，后来专门纯粹化学，尤其喜欢理论或物理化学。他尝著“化学之近世学说”，1884年已出版到第5次，并有英文译本。当1864年此书初出版时，其中已顺着原子量之次序，详细讨论各原素之物理性格一可箔性、挥发性、电磁性、析光性、因热澎涨性、传热和传电性和原子容量等等。他的结论是这些性格大概总是原子量的函数。其最显著之例，则有他的原子容量曲线（atomicvolume curve），大家都知道的。1890年他又尝将各原素之原子量重新校正一番。从这些作品和工作，周期统系之基础格外打得稳固。至于他的详细传记，此处不必多赘，稍迟还要提及呢。

363. 门德来夫的传略（Mendeléeff[①]1834～1907）——门德来夫名Dmitri Ivanovich，俄国人，1834年1月27日生于西伯利亚之Tobolsk，有人说他有蒙古人的血统。他的父亲本是当地某校主任，但他诞生后他父亲即两目失明，不久也就死了。幸亏他母亲极其能干，一方面养活8个子女——门氏最幼也最被钟爱——一方面还供给他们读书[②]。因为想送门氏入大学，她乃将他带到莫斯科；最后1850年因为要送他入中央教育院（Central Padagogic Institute），不得已又搬到圣彼得堡。门德来夫17岁以前几乎不识俄文，但他自幼即长于数理化等科学，此时更专门化学。他毕业后历充俄国各地教职员，22岁时即做圣彼德堡大学的Privat-Docent。1859～1861他被派出洋留学，先在巴黎Regnauglt的后在Heidelburg本生的试验室中自做工作，在Heidelburg时并且自己

① 他的名字有6个拼法：（1）Mendel é eff,(2) Mend é l é eff,(3) Mendeleeff,(4) Mendelejef,(5) Mendeleyef,(6) Mendelejew。

② 她尝自己经理玻璃厂生意，不幸那厂后来被火烧掉。她临死教子的遗训是：“你须戒幻想，须笃信工作，不要信文字或空谈，你须耐心的搜寻神圣的和科学的真实。”

设备个试验室。1860年Karlsruhe开化学会议时，他曾躬逢其盛。这件事情与他的终身事业不无关系。次年他被聘回国，就做工业学院的化学教授。1866年起，他又在圣彼得堡大学做化学教授，直至1890年辞职。

门氏晚年备受各国科学界之推崇。以英国论，1882皇家学会将兑飞奖章赠他（和L.Meyer）；1889化学会赠他法拉第奖章；1905皇家学会又赠他最尊重之Copley奖章。此外Oxford,Cambridge,Göttingen,Prinston各大学也都赠他学位。那知俄国当局偏偏因为政见上的关系，待他非常的薄，竟使他于1890不得不辞去大学教授之职！从1893年，他被聘为度量权衡所所长，直至1907年1月20日他死的时候。他享年73岁。

门德来夫的著作一共有200余篇，其中自然以1869年和以后关于周期律的发现最为不朽。要知除此以外，他的化学原理（The Principle of Chemistry）两大本，也是那年出版的，也非常值得纪念。这部作品之特点在乎其中小注多于正文。从那些小注——大概都是他自己的心得——发生的新问题和新研究实在不少。他又因俄文教科书之缺乏，尝于两月之间写了一本约500页的有机化学，也颇有精彩。他尝研究俄国之天然油矿，做过很详细的调查和报告。

门德来夫是个头等教习。有位他的学生说得好：

“从1867～1869，我在工业学院当学生，门德来夫是我们的教授；1868他教有机化学。以前无机化学教授所教的功课，只将一些方式凑合起来，非常难记。但是，多谢门德来夫，我起首才知化学乃真正一种科学。……他常常说，‘我不愿拿事实来充塞你们的脑，但我要你们能读化学书籍和论文，能去分析它们，并在实际上真能懂得化学。你们必须记着臆说（hypothesis）不是学说（theory）。所谓学说者，我意系指从我们已知的许多事实所下的结论，那结论能使我们预料尚未知的新事实。’学生们都当他是个极其豁达大度的人，并当他是个侣伴。……”

门氏长发碧眼，像貌魁伟，望而知为俄国健族。他的脾气有点古怪。据说他每年只于春间剪发一次。他在家时常穿一种自订样式的便衣。虽见俄皇时，他也先要求让他随便穿什么衣服，头发也不肯剪。他旅行每坐3等车，但一声到了车站，他的马车总在那里等候着。他不但是个大化学家，在政体、教育、劳动、妇女的地位等问题上，他有特殊思想。他是个改造家和实行家。他尝说：

“我们现在用不着柏列图（Plato）也可以生活，但要发现自然之秘密，并要使生活与自然之定律相和谐，必需加倍的牛顿（Newton）。”

他无事时喜欢吃香烟[①]和看文学冒险书。他临死时还叫人念Jules Vernes的“北极游记”（Journey to the North Pole）给他听。他也雅好音乐。但他自己说过：“我生平心爱的一切事情莫过于小孩子们在我旁边。”他尝与其妻离婚；47岁时他续娶了一位长于美术的。他书房里所挂Descartes，Copernicus，Galileo，Newton，Lavoisier，Graham，Mitscherlich，Rose，Chevreul，Faraday，Berthelot，Dumas等的肖像，都是她的手笔。

---

① 尝1900普鲁士学院开200周年纪念会时，他有个吃香烟的故事。见Harrow's Eminent Chemists。

364. 1869露沙马雅的和1869～1871门德来夫的周期表——周期律是露沙马雅和门德来夫差不多同时而完全独立的发现的，但是寻常大家知道并且加以公认的，只有门德来夫一人是此律之发现者。这也很有理由。因为1869年3月间门德来夫先有一篇论文和第一周期表，同年12月间才有露沙马雅的作品；1870年这作品才在李必虚的Annalen中发表，其实，从1864年起，露沙马雅已研究这个问题，尝在他的“化学之近世学说”中指出各组原素之原子量之相差是有常的。但在另一方面，1871门德来夫又接连着发表第二篇论文，研究的尤其详细。因为有了他的——门氏的——这两篇论文，周期律才正式成立。况且露沙马雅的说法，大概都可包括在门氏的论文中。所以讲到周期律，我们不得不推门德来夫为功首。不过单就原子容量（atomic volume）与周期律之关系而论，门氏不能不让露沙马雅专美。

门德来夫和露沙马雅当初都不知道项古橥或牛伦的工作。门氏尝先就原子量在51以下的原素排列。排列的时候，他忽然找出周期的关系。于是进而排列原子量在100以上者，他又得出来这种关系。他更仔细研究，然后那统系极好、范围极广、用处极大之一自然定律乃出现于世。

在门德来夫和露沙马雅二人1869年所列表中，原素还都是顺竖行排的。但是1871年门氏就改作横行，并且他那年的表，大概与近世教科书中所载的一样，可算是很完备的。那表横着可分为系（Series）和期（periods）。系有单双，期有长短。短期只是一系，长期乃包括二系在内。竖着论那表共分8组（groups），每组又分为A和B二族（families）。各组中所有原素的性格大概相似，同在A族的或同在B

族的尤其如此，或说各组中同属于单系或双系的原素尤其相似（后说不及前说为尽善）。有所谓模式原素（typical elements）者，Li，Be，B，C，N，O，和F各占一组中之中间地位，不偏属于A族或B族。有所谓过渡原素（transitional elements）者，每3个同占一系之第8组。

365. 门氏从周期表发现的特点——门德来夫尝从他的周期表发现种种关系，本节可以列举者有二：——

Ⅰ.四旁（上下左右）原素之总平均——例如Se之原子量等于S，Te，As，Br四原子量之总平均。即

78（Se）=32（S）+125（Te）+75(As)+80(Br)/4

读者切记：此四原素，所谓atom-analogues，必须与那要测订的原素同属于“单”系或同属于“双”系才好些。

Ⅱ.邻系或本组二原素之比例率——就Be之例而论：则有(i) Be:Li=B:Be；(ii)Be:Al=Li:Mg=B:Si；或（iii）Be:Mg=Li:Na=B:Al。

所以说(i)Be:Li=B:Be者，因为一则Be的氧化物，其盐基性比Li的少些，恰如B和Be两氧化物之盐基性之比；二则Be的氯化物比Li的更易挥发，犹之BCl_3的挥发性比$BeCl_2$的更易。(ii)Be:Al=Li:Mg=B:Si者，因为Be和Al两氧化物之相似，犹之Li_2O和MgO之相似，犹之B_2O_3和SiO_2之相似。（iii）Be:Mg=Li:Na=B:Al者，因为第一对氧化物的盐基性强弱之比，犹之第二对或第三对的盐基性之比。又第一对氧化物之盐类非完全同晶的(isomorphous)，第二对或第三对之盐类也是如此。

366. 周期律与原素和化合物之性格——露沙马雅已知各组原素之原子价可顺其组数之次序由Ⅰ递增至Ⅳ，再进而递减至Ⅰ。门德来夫则发现原子价有时可顺序递增以至Ⅷ。门氏说各组氢化物之普通式有

RH，RH_2，RH_3，等等；氧化物之式有R_2O，RO，R_2O_3等等；氢氧化物有ROH，$R(OH)_2$，$R(OH)_3$等等；成盐素化合物（halides）有RX，RX_2，RX_3等等。

门氏又依他的统系研究原素或其化合物之性格。例如化学一方面的酸性或盐基性，物理一方面的比重或挥发性。甚至连各原素或化合物之来源或取法都可利用周期律指示其大略。然则门氏在这些地方研究的不为不到。虽然读者应当注意：从物理性格上发现周期律者，露沙马雅尤其擅长。他尝研究过各原素之可箔性、挥发性、电化性、电磁性、析光性、澎涨性、传热和传电性等等与原子量之关系。他的原子容量之曲线，正足代表这种研究之优美结果。

1879～1885年间有位英国化学家Carnelley也研究原子量与物理性格之关系。他尤其特别注意者是：（Ⅰ）各原素之成盐素化物（halogen compounds）之熔点或沸点，（Ⅱ）各金属有机化合物之沸点或比重；其结果足为周期律添些重要佐证。此外，1913年英国Dewar之原子热的曲线，以及最近美国Richards所制之各曲线以表示各原素之(a)被压性(compressibility)、(b)膨胀之系数和(c)绝对沸点之倒数，都与露沙马雅的原子容量之曲线大致相似。

367. 周期律与审订原子量之关系——周期律与原子量之关系有二。在归纳一方面，必须一般原子量有了相当测定，周期律乃有所根据而成立。但在演绎一方面，有了周期律以后，一些疑惑不决、或以前大错特错、或只稍有差异之原子量，每因而解决或加以修正。兹举几个实例于下：——

Ⅰ.铀(uranium)——其初只知铀之当量等于60，而不知其原子价。

牛伦以为铀是二价的，故其原子量=120。露沙马雅以为它是三价的，故其原子量=180。惟门德来夫因铀之最高氧化物或无水酸与CrO_3MoO_3和WO_3相似，它们的酸性递减，至UO_3为最小；他知道铀是六价的。他还有其他种种比较，知道Cr、Mo、W、U之原子量必是顺序递增的。于是铀之原子量才改为240。略如现在公认之值。

Ⅱ.铟（indium）——铟之当量虽已测定，但因其化合物之蒸气密度、比热和结晶体都完全不知道，故其原子量不能决定。其初牛伦当铟是二价的。露沙马雅将它改作三价，门德来夫又从而证实之。于是铟之原子量乃能决定。

Ⅲ.铍（beryllium）——因铍之性格有些与铝的相似，故其初以为是三价的。牛伦知道它是二价的。门德来夫用种种比较方法才证明铍与镁相似，于是知道它的原子量的确介乎锂(Li)和硼(B)之间。

Ⅳ. 钇（yttrium）和�(titanium)——1870年以前，yttrium的氧化物被人当作是YO，后来才改作Y_2O_3，这即是将yttrium从第二组改属第三组；其原子量当然随之而改Titanium的原子量，也因用周期律来观察，从52改作48。

Ⅴ.锇（osmium）、铱（iridium）和铂（platinum）——这三个原素的原子量的原来次序，恰好与现在的相反，门德来夫才改正之。

以上各例都是拿周期律来支配原子量。但是我们有三对原素（1）氩和钾，（2）钴和镍，（3）碲（Te）和碘，其原子量与周期表稍有出入。现在虽然没有最后方法以更改这些测定很准的原子量，不过以上出入之处，一定是原子量上的，而不是周期律上的错误。我们不能因为这几个例外，就说原子量不受周期律的支配。然则周期律为审订原子量之一个很好标准，可以毫无疑问。

368. 门德来夫预料的三原素和其化合物——门德来夫用周期律不但能指出若干尚末发现之原素，并能预料它们和其化合物的一切性格。他的eka-boron[①]，即后来1879年Nilson发现的scandium[②]；他的eka-aluminium，即1875年Lecoq de Boisbaudran发现的gallium；他的eka-silicon，即1886年Winkler发现的germanium。这些预料又如此详尽，如此精确，及至实际上发现以后果然一一应验，不过算有毫厘之差。这是有实在例子使我们不能不信的。兹为比较之便，特就那第三个原素将门氏之预料和后来之发现分为左右两行并列如下：

Eka-silicon(Es)	Germanium(Ge)
1. Es的A.W.=1/4（Si+Sn+Zn+As)=72；	Ge的A.W.=72.3
2. 原子容量必在Si的（13）和Sn的（16）中间，但只稍多于13；	原子容量=13.3
3. 比重=5.5；	比重=5.469
4. 用炭或钠易从EsO_2（因Zn和As之氧化物易还原）或K_2EsF_6取得Es；	用炭使GeO_2还原，或用钠使K_2EsF_6取得还原，曾取得Ge。
5. Es当是灰色金属；难于熔	

① Eka系梵文，意思等于一。

① Scandium，Gallium，& Germanium的命名，所以纪念出产含此三原素之矿石的三国，也是三位发现者所属的三国，Scandinavia，Gallia，和Germany。

解；炉烧时当成性很耐火之粉状EsO_2；

6. Es不能使水分解；对于酸很少反应，但对于硷质反应较易；

7. EsO_2的酸性比SnO_2的大些；

8. EsO_2的容量约等于22（与SiO_2的和SnO_2的比较），故其比重约=4.7；

9. EsO_2的盐基性虽比SiO_2的大，但比TiO_2或SnO_2的小；

10. EsO_2不溶于水，但大概溶于硫化溶液，与As_2S_3，SnS_2等相似；

11. Es当有能溶于酸之氩氧化物，不过此溶液易于分解，变为metahydrate；

12. EsF_4既与TiF_4和ZrF_4类似，自然不是气体；

13. 因为$SiCl_4$的沸点是57°，$SnCl_4$的是115°，故$EsCl_4$是能挥发之液体，其沸点约在100°或以

Ge现金属光泽，有灰白色；在空气中不能氧化，但强热时成GeO_2白粉，性很耐火。

Ge不能使水分解；对于盐酸不生反应，但易溶于王水；对于苛性钾液不生反应，但溶解后能氧化并发光。

SnO_2微有盐基性，GeO_2则完全没有。

GeO_2的比重=4.703。

GeO_2很少盐基性，溶于酸者不过少量。

GeS_2在矿物酸液中完全被H_2S沉淀，但溶于硫化。

从盐基性稀溶液，用酸不能使Ge之氩氧化物沉淀；但从浓溶液，酸或CO_2能使GeO_2或meta-hydrate沉淀。

GeF_4是白色固体，不过可以挥发。

下；	$GeCl_4$是液体，其沸点是80°。
14. 因为$SiCl_4$的容量=112，$SnCl_4$的=115，故$EsCl_4$的容量=113，其比重=1.9（0°）；	$GeCl_4$的比重=1.887（18°）。
15. 因为K_2SnF_6比K_2SiF_6易溶于水，K2EsF6必也比K2SiF6易溶；	
16. Es与Ti有一很不相同之处，在乎Es与Si和Sn相似，能成挥发的金属有机物，例如Es(C2H5)4.但双系中之Ti则不能；	K_2SiF_6几不溶于水，K_2GeF_6溶于34份沸水。 $Ge(C_2H_5)_4$易于取得。
17. 从与Sn和Si化合物之比较，Es（C_2H_5）$_4$之沸点=160°，其比重=0.96。	$Ge(C_2H_5)_4$的沸点=160°，其比重稍轻于水。

门德来夫对于eka-boron，则预料其能成双硫酸盐，但其结晶体不与寻常明矾同晶；对于eka-aluminium，则预料其能成矾类，又预料其可用光带镜（spectroscope）来发现。还有关于这二原素和其化合物之其他种种性格，他也早于1891了如指掌的言之凿凿，后来几乎照样证实。我们如何能不佩服门德来夫的先见之明，如何能不拿周期表当作化学家之金科玉律！

369. 原素排列的其他方法——1886柯鲁克司（W.Crookes传略见22章）有篇论文，讲“原素之发生”（Genesis of Elements）。他的观念与prout的相似，是想象各异原素都从一简单东西发生。这东西他叫Protyle，不是寻常我们所说的物质。当他冥想宇宙原始和地球甚至日球尚未凝结之时期时，他说：——

“我暂时冒着险下个结论：我们所谓原素或单体者，其实是繁复（complex）分子。……那个在我们的原素以前就存在的东西，我提议叫作protyle。”

为表明原素之发生起见，柯鲁克司用钟摆式的螺线（spiral）图[①]。那螺线绕一中心轴线旋摆，由上而下，其振幅（amplitude）以次渐减。沿中立线可平分为若干份以表示原子量。轴线两旁各有四弧线与那螺线相交，每交点代表一原素和其对待的原子量。每一原素之有负电性或正电性，视螺线旋摆时对于中立轴线之向背。

这个原素排列法，犹之其他各法大概脱胎于周期律，但又从而旁徵曲引而成。我们还有1888年J.Stoney的套圈式的螺线图。图中另有16直线从一中心点发出，其间角度都相等。此等直线与螺线相遇各点，即各原素所占之地位。至于各原素之原子量，可用此统系上之容量代表之。这种螺线乃所谓对数螺线（logarithmic spiral）。近年Soddy和Harkins和Hall各有一种螺线图；但与以上所讲的几种有多少类似之点，此处不必细述。

---

① 此图原系E.Reynolds教授所制，Crookes稍加以修改，见Chermcal News,55, 1887.

370.1887柯鲁克司的原始元素（Meta-elements of Crookes）——从上面所说读者可以注意：柯鲁克司之主要论点，不在原素之排列，而在它们的生成。他尝将yttria（见下章）用部分分离法（fractionation）分为七或八部分，其差异只在乎有不同的図光带（phosphorescent spectra），假定不同的原子量和对于阿莫尼亚有稍微不同的溶度，而化学性格上几乎毫无区别。然则寻常所谓原素之yttrium，岂不是又从几个极其互相类似之原素生成吗？这些类似原素，柯鲁克司叫作meta-elements。从yttrium他推想到其他寻常原素也适用这个道理，不过寻常分离之法未能如此精密，故实际上未得每一原素之meta-elements而已。

他说每一寻常原素各有一种meta-elements；每一种meta-elelments是一些原子所成；这些原子彼此类似的，比他们与任何其他原素之原子几乎无限度的更加类似。所以，每一寻常原素的性格大概是其meta-elements的平均性格。就让是原子量吧：譬如我们说钙之原子量Ca=40，其实或者有些原子之原子量Ca_1=39.9，有些Ca_2=40.1，还有些Ca_3，Ca_4等等，其比较重量都在40左右之很窄范围以内。但是平均起来，其数值仍恰好等于40。总之寻常一原素的原子量，在一定范围中可以稍有差异。这个说法就是最近同位体（isotopes）的预言。

参考Quam：Types of Graphic Classifications of the Elements，Ⅰ，Ⅱ，Ⅲ.见J.Chem.Educ.11，27-32，217-223，288-297（1934）。

第二十一章 希罕土质和希罕气体

（甲）希罕土质（Rare Earths）

371. 本生的传略（Bunsen，1811～1899）——本生名Robert Wilhelm，德国人，1811年5月31日生于Göttingen，他父亲是那里大学中图书馆馆长兼教习。他17岁入那大学，跟Stronmeyer习化学；两年后毕业，得博士学位，著有关于湿气表（hydrometer）的论文。他尝游历巴黎、柏林、维也纳等处，回国以后，就在Göttingen大学做助教半年。1836年继Wöhler的任在Cassel的工艺学校教化学。1839 Marburg大学聘他做化学教授；他在那里几乎12年。1851他被聘到Breslau。但从1852起，他又在Heidelburg大学继L.Gmelin的任做化学教授37年，一直到了1889他告休的时候。自此以后又过10年，到了1899年8月16日才死，他享年88岁。

本生一生做化学教习55年。他学生不但敬他，并且爱他。当他在Heidelburg大学时，许多化学大家如Lothar Meyer，Beilstein，Volhard，Adolf Baeyer，Roscoe等都出其门。本生是个试验家和发明家。他自己不注重学说，讲授时也不去讨论学说，但专门从实验方面耐心观察，以求解决各问题。同时他又独出心裁，发明种种器具，为各项试验之用。他最早的工作是讲用氢氧化高铁之新鲜沉淀为解砒毒之剂。1837～1840他研究砒的有机化合物，发现砒臭基并证实其百分量。这发现与有机化学中基的学说很有关系。虽然他试验时cacodyl cyanide爆炸起来竟将他的右眼炸坏了，他并且几乎死于砒毒，但这种极毒而且极易爆炸的物质寻常大家都不敢去动手，而本生偏偏从此有了伟大贡献，更足见他的研究的精神和试验的手术！

1838～1845年间，本生研究鼓风炉放出之气体。因为这个问题，他曾到英国铁厂调查，（与Playfair）算出热量之耗费。他著有气体分析专书，流行各国者数十年。1852他介绍测碘法（iodimetry）于容量分析。1841他发明他的电池，用炭和锌为电极制的。他曾用电解法提取镁、钙、鋁、cerium、lanthanum、didymium各金属。他又用他的电池44个制成电灯。因为要测定电弧之光，1844年他发明他的蜡点测光器（grease-spot photometer）。1855～1863他又与他的学生Roscoe[①]研究光线与化学之定量上关系；1857他们有测光术（actinometry）。1859他又与Kirchhoff发现光带分析之原则。利用这种分析，他不久就发现caesium 和rubidium。那年他又发明他的大名不朽的气灯（gas burner），凡有煤气的地方无不利用之者。1868年他分析了铂组金属。1870年他发明用冰测热器（icecalorimeter），1887又发明蒸气测热器（vapour calorimeter）1846—50年间他又尝研究地质学，尤注意喷泉（geyser）现象。他尝做过种种矿水分析。

总括言之，本生是个实验家自然毫无疑义，但我尤喜欢称他为分析大家。因为不但气体分析、泉水分析和容量分析他都擅长，他还

① Sir Henry Roscoe（1833—1915）英国人，做过Manchester Owens College化学教习几乎30年，1780做伦敦化学会会长；著有化学大小教科各书，流行很广。

是介绍光带分析最早的一人呀。至于他的发明，除气灯、电池、用冰测热器等等如以上论列者外，还有water(filter)pump，thermostats，Bunsen’s valves等等，也都是极简单而极适用的器具。他的发明天才，古今来实不多见。

372. 光带分析和原素之发现——18世纪时Marggraf和Scheele已知钾和钠各有特殊火焰。1850年左右本生已特别注意定性分析中之火焰试验；他常常证明经过三棱镜可分别看出同时存在之几种原素变气后之焰色。恰好1854年Kirchoff和Heidelburg做物理教授，他不久就和那里的化学教授本生共同研究。1859他们既成立一个原则——每一化学原素各有它自己的特殊光带，又说明Fraunhofer lines的真正原因。这些贡献的结果，一则可以证明太阳的大气中什么原素之存在；二则从混合物中可以查出地球上极微的新原素，当时立刻的例子就是本生和Kirchhoff从Durkheim矿水中发现了二个罕见硷金属caesium和rubidium。后来用光带分析发现的原素还不一而足。兹将它们的光带的特色、发现的年分和发现者列表如下：

Cs(caesium)………蓝线	1860	Bunsen and Kirchhoff
Rb(rubidium) ……暗红线	1861	Bunsen
Tl(thallium)………绿线	1861	Crookes
In(indium) ………靛蓝线	1863	Reich and Richter
Ga(gallium)………紫蓝线	1875	Lecoq de Boisbaudran

这种分析非常精密。用近世之光带镜（spectrometer）0.00001mg的锂或0.0000001mg的钠都可察出。果然，40吨Durkheim矿水中只含CsCl和RbCl之混合物16.5g，假使不是用光带分析，恐怕Cs和Rb至今尚

无发现之可能！至于希罕土质、希罕气体和一些其他原素，虽不必是纯用光带镜发现的，但光带上所给的佐证每有极其重要的价值。这是人人必须承认的。因光带的用法逐渐推广，所以近世和最近化学杂志中关于研究光带的论文，好像比任何其他一部分的研究都多。

373.希罕土质（the rare earths）——有种原素——数目在20上下——和其化合物，无论在试验上、理论上、或应用上都占一特别地位，值得学者的注意和专门研究者，乃所谓希罕土质。就普通言，尤其是从历史的观点，每将希罕土质分为yttrium和cerium两组。故以下首先话分两头，以叙述它们的历史，然后综合起来，稍微讨论它们的试验、理论、和应用。

原来，18世纪之末，Gadolin从矿物gadolinite（命名之义所以纪念该化学家）发现一种新土质。因这矿物出产于瑞典之Ytterby，故叫这土质为yttria。其初大家总当yttria为一单体，差不多过了50年后，到了1843，Mosander才找出yttria是三种土质所成。一种仍叫yttria，其余二种叫作erbia和terbia。1880 Cleve找出erbia不但含有erbium，并含有一新原素thulium；1886 Lecoq de Boisbaudran又找出其中含有dysprosium。再者，从terbia中Marignac也于1889找出不但terbium，并且另外一个新原素gadolinium。且说8年之前，1878，他已从gadolinite中发现一个新原素ytterbium之氧化物ytterbia；次年，1879，Nilson当正提取ytterbia时，又用光带分析法发现了scandium。

Cerium组之出发点是Ceria，犹之乎yttrium组之出发点是yttria一般。Ceria是1803年Klaproth[①]和1804年Berzelius和Hissengen从cerite发现

① Gadolin，Mosander，Cleve，和Nilson，都是瑞典人。Boisbaudran是巴黎教授，Marignac是Geneva教授，Klaptoth是柏林大学化学教授。

的。1839 Mosander从ceria发现lanthanum，二年后，他又从lanthanum找出didymium。差不多40年后，1879，Lecoq de Boisbaudran从didymium分出samarium；1901 Demarcay又从samarium分出europium。还有一层，从didymium中Welsbach已于1885分出praseo-dymium和neo-dymium。

以上各种土质，往往天然多种混在一处。因其化学的和物理的性格大概很相类似，故非常难于分离。在化学一方面，常用部分沉淀和部分结晶为分离它们的手续，氢氧化铔，脂蜡酸钾（potassium stearate）或琥珀酸盐（succinate）乃部分沉淀的一些药剂；双硫酸盐、双硝酸盐或双氟化物乃部分结晶之一些产物。但部分沉淀或部分结晶犹之乎部分蒸溜，只是大概的分析方法；因为沉淀或结晶的最后产物大概可说与恒沸混合物（constant boiling mixture）仿佛，在化学上究非纯粹的。幸而光带分析在这个领域里常能大概的帮助我们来解决非常困难的问题。

讲到理论一方面，其初，希罕原素之发现本予门德来夫和其前辈以排列原素之方便。无奈近年以来，所谓“希罕土质”者自原子量139之lanthanum至原子量174之lutecium，中间至少有15个原素，其氧化物大概都合乎M_2O_3公式，其他性格亦极其类似。因为这些原故，它们在周期表上势必同在第三组而且占一共同位置，即将这十几个原素一齐放在第二组之Ba和第四组之Ce中间。这与排列此表之规则绝不相合，较之各过渡（transitional）原素之属于例外者，尤不可同日而语。姑且放胆的讲一句：这种反常，不但与1889年Crookes所谓的meta-elements有关系，恐怕与近世的同位学说（isotopy）更有关系。

再者，其初希罕土质只供科学上研究的材料。自1885年Welsbach

发现用ThO_2百分之98—99和CeO_2百分之1—2制成的气灯纱罩非常光亮而后，昔日之所谓“希罕”土质，近年已属“寻常”之物。它们的用途亦逐渐推广，成为特种的大宗工业了。

兹将Yttria及Ceria两组各土质之发现分别列表如下：

（Ⅰ）Yttria组土质发现表

年份	发现者或研究者	从何物或何处	发现或其他	发现物	备考
1788	Lieutenant Arohenius	在Stockhelm附近小镇Ytterby	发现	一种特别黑色矿物	希罕土质此后乃逐渐发现
1794	Gadolin	Gadolinite矿物	发现	新土质	此矿物因Gadolin教授得名
1798	Ekeberg	将这新土质	命名	Yttria	纪念那矿物出产地
1843	Mosander	从Yttria	发现	另二土质，即Erbium和Terbium之氧化物	取Ytterby地名
1878	Marignac	从Gadolinite	发现	另一新原素他叫Ytterbium之氧化物	取Ytterby地名
1879	Nilson	从Exenite提Ytteria时	发现	Scandium	纪念他本国Scan-dinavia即那矿物找出地方
1880	Cleve	从Erbium土质	发现	Thulium和Holmium	
1886	lecoq de Boisbaudran	从Yttria	发现	Dysprosium	希腊字，困难之义，表示分开程序之困难
1886	Mariganac和Boisbaudran	从Terbium土质	发现	Gadolinium	

（Ⅱ）Ceria组各土质发现表

年份	发现者或研究者	从何物或何处	发现或其他	发现物	备考
1803	Klaproth	从Cerite	发现	Ceria	——
1804	Berzelius和Hisinger	从Cerite	发现	Ceria	——
1839	Mosander	从Ceria土质	发现	Lanthanum氧化物	命名取隐藏之义
1841	Mosander	从lanthanum土质	发现	Didymium土质	字义双生，表示与Lanthanum之关系
1878	Lecoq de Boisbaudran	从didymium土质	发现	Samarium	从矿物Samarskite得名，此矿物又从俄国人Samarsky得名
1901	Demar ay	从Samarium土质	发现	Europium	——

又为便于参考起见，特将所有15个希罕土质之原子数、中文及英文名称和符号列表如下。Illinium发现之历史见下。（P.D）

原子数	符号	英文名	中文名	原子数	符号	英文名	中文名
57	La	Lanthanum	镧	65	Tb	Terbium	铽
58	Ce	Cerium	铈	66	Dy	Dysprosium	镝
59	Pr	Praseodymium	镨	67	Ho	Hofmium	钬
60	Nd	Neodymium	钕	68	Er	Erbium	铒
61	Il	Illinium	钾	69	Tm	Thullium	铥
62	Sm	Samarium	钐	70	Yb	Ytterbium	镱
63	Eu	Europium	铕	71	Lu	Lutecium	镏
64	Gd	Gadolinium	钆				

（乙）希罕气体（Rate Gases）

374．空中各气体之发现者——各种气体之研究以18世纪为最盛，空气成分之较早发现尤完全是这个时期的事情。不料19世纪之末，数年之间，忽然从大气中发现了5个希罕气体原素，氩（A）、氦

(He)、氖(Ne)、氪(Kr)和氙(Xe)。最奇怪的是：所有大气成分的发现者或最初特别研究者，没有一个不是英国人——氧的发现者是普力司列，氮的是Rutherford，炭酸气的特别研究者是卜拉克；水或水汽的是凯文第旭，氩的发现者是雷一赖(Rayleigh)[①]和雷姆赛(Ramsay；)，氦的发现者是雷姆赛，氖、氪和氙的发现者是雷姆赛和托拉若司(Travers)。以下将从历史观点上叙述这最后5原素之发现。至于氡(niton)，实在也是一个希罕气体原素，其性格也是英国人——并是也少不掉雷姆赛在内——首先详细研究的。不过氡自有它的特别历史，须等下章再讲。

375. 1894氩(argon)之发现——从1892年起雷一赖爵士即精细的测定各种气体之密度。他找出从大气所得的“氮”，比从硝酸或阿莫尼亚所得的约更重1/2%。他疑惑这有氮的同质异性的关系，但化学家雷姆赛则疑惑大气中之氮或者不纯。要解决这个问题，他们同时各用各法去试验。

雷姆赛因尝于讲演时察得镁燃于空中后，加水处理则有阿莫尼亚放出，于是知氮与镁可以化合。所以他的方法是：将空中之氮通过热镁后，再检察剩下来的有没有别的气体。他找出氮气通过的愈多，所剩气体之密度愈大。可是氧比氮重，氮14而氧16。如果比重在16以下，不能就说另有新气体之存在。及他继续试验之下，那比重之值，

---

① Rayleigh原名John William Strutt，因系男爵，故称Lord Rayleigh，英国物理学家，生于1842年11月12日。他尝在剑桥大学继Clerk Maxwell的任做Cavendish Professor of Physics (1879～1884) 和Chancellor，尝做皇家讲学社的教授乃皇家学会的秘书和会长。皇家学会尝赠他Royal，Rumford和Copley三种奖章，他得有诺贝尔奖金 (1804) 和O.M.称号。

居然随着通过的氮气之量逐渐增加，不但16，并且超过17，18，最后几乎达到19乃成恒数。那末，最自然的结论是：原来大气中的“氮”至少必另含有一种新气体。因为这新气体与镁、氧或任何其他物质都不化合，故叫它为Argon（氩），取懒惰之义。

雷一赖所用之方法有二：（1）播散法和（2）电火花法。其实，第二个乃凯文第旭的方法，不过凯氏的磨电机（frictional machine）须费三星期手转之力，雷一赖则用较为精细较为方便之器具而已。不但如此，1894雷一赖和雷姆赛所发现的氩，凯氏早于百余年前（1785）不知不觉的发现过了，不过直至19世纪之末大家方才注意而已。

376. 1895铀矿中氦（helium）之发现——1888Hillebrand曾考察一种铀矿uraninite，见其用硫酸处理后放出之气之光带，略似氮的光带，于是就认那气为氮气而不再研究了。雷姆赛发现氩气之后，对于Hillebrand的氮有点怀疑。1895他用硫酸与clevite，即uraninite之一种，加热取出些气体。他将此气与氧混合，在荷性钠液上通电火花炸之，见其容量收缩很少。他于是用没食子酸钾（potassium pyrogallate）吸去氧气而用光带法检察剩下之气。他见那光带是一光亮黄线，与钠光带之二黄线D_1和D_2之地位很近。其初雷姆赛疑惑他的光带镜有点毛病；特将它拆下另造。及至重新试验之下，仍见这黄线与钠的黄线不能恰好符合，乃知其由于新气体之存在。但此气体或已经前人遇见过，好像凯文第旭之于氩亦未可知。雷姆赛想到这里，遂将那气送给柯鲁克司（W.Crookes）检察。柯氏果然找出那气体所生的黄线，与太阳光带中D_2线相符。D_3是1868 Janssen 和Lockyer首先发现的；因为那时只知太阳系中有此气体，故就叫它为helium（氦），取太阳之意义。

377.1898氪（Krypton）之发现——氦和氩之原子价等于零。它们的性格与当日已知之其他原素的性格完全不同。而且氦的原子量等于4，氩的等于40，以前的周期表上无容纳它们之地位。欲容纳之，雷姆赛乃在表上另辟一竖行，叫作零组（zero group）。但若仔细考察氦和氩在此组中之地位，即知二者中间缺一原素，其地位适在钠的前面。雷姆赛和托拉若司极力去找这个原素，几乎各种试验都做过了，几乎所有应用物质都用过了。他们考察过7种陨石（meteorite），20种矿泉水、150种矿石，还有若干种化合物，但总不能达其目的；他们几乎无成功之希望了。幸而液体空气刚才出现、1898雷姆赛和托拉若司乃用液体空气来试验。他们使大宗液体空气渐渐蒸发后，居然找出一部分之气体，其密度约合氩的密度之二倍，故知其必系较重之新气，是为氪（kr）。

378. 1898氖（neon）和氙（xenon）和空气中氦之发现——同年雷姆赛和托拉若司又从不纯之氩——从空气中得的——借液体空气之作用，行部分蒸溜之手续。他们又发现两个气体原素，一个较轻，乃他们早已预料而正在寻求者，叫作氖（Ne）；另外一个虽只占极少数量，但比较的最重，叫作氙（Xe）。

利用液体空气虽然能使氩、氪和氙彼此分离，并能使它们与氦和氖分离，但不能使氦和氖二者彼此分离。所以以上取得之氖含有些氦。欲分离之，还得用物理方法。雷姆赛乃遍找比液体空气更冷之剂，这剂就是液体氢气。当时用某种机器本可以制液体氢气，可惜产生之量太少；用Dewar方法可得多量，无奈他又视为秘密，连雷姆赛也不肯告诉！托拉若司不得已乃另造一种新机器，在伦敦大学本校试验室中试之，他居然也能取出100c.c.液体氢气！雷姆赛和托拉若司至是乃将氦和氖之混合物压入一管，再将管放液体氢气中，温度冷至零度下250º，此时氦仍是气体，但氖已经结成固体了。于是大家才知道除太阳系中和铀矿中以外，大气中也有氦之存在，于是大气中所有气体原素之发现乃完全告成。

379. 雷姆赛的传略（Ramsay，1852～1916）[①]——雷姆赛名威廉（William），英国人，1852年10月2日生于Glasgow。他本是中等社会人家。他的父亲爱谈科学，母亲笃信宗教。他们40岁左右结的婚，并没有别的子女，自然钟爱威廉，所以威廉雷姆赛自小就是很快乐的。他的天才发达得很早，性情也非常活泼。他喜欢划船，泅水，和音乐，尤长于外国语，尝（常）在教堂中读法文或德文的圣经。1863，他11岁时，即入Glasgow学院习拉丁文凡3年；14岁时即入Glasgow大学习文学，功课中有拉丁、希腊、名学、算学等，但是绝无化学一门。

雷姆赛习化学的动机谁也料想不到！他尝（常）因为踢足球伤了腿。当养伤的时候，他偶然看Graham著的一本化学书，一则消遣，二则也不过要学学烟火的制法。那知自此以后，他的寝室里放的全是药瓶和试管，有时满屋都是些奇怪的气味和炸裂的声音！他的同学Fyfe说过：

“我们在那学院里不久就订交。……在理论一方面，他那时全不懂得化学，但是他早已在家中做各种试验，我们叫作的试验。他尝

① 雷氏是作者留学伦敦大学的老师，作者之入此校，即因慕他的大名；曾从他习化学3年，极其相得，他是作者最崇拜的一位外国教授或化学大家。

（常）在他的寝室里工作，并常有许多瓶子盛着酸、盐、水银和其他，当我初遇见他时，我发现他对于化学上应用的药品和器具已很熟悉。我们尝（常）于下午在我家里相会，并做我们所能做的实际工作，取氧气、氢气和各简单化合物如从糖取草酸之类。我们尝（常）用玻璃做许多工作。……除烧瓶、曲甑和玻杯之外，我们所用的器具几乎都是自制。”

一直等到17岁时（1869），雷姆赛才正式习化学——先在Tatlock的试验室中做化学分析，一年后又上Anderson教授和他的继任者Ferguson的课堂。同时他中William Thompson（后来叫Lord Kelvin）习物理，他学了化学一年之后，就打算专门去研究它。所以1870普法战争的那年，他18岁时，他父母就送他到德国去留学，先到Heidelburg大学本生教授那里，几个月后，又改到Türbingen大学从有机化学家Fittig学习。

雷姆赛在Türbingen2年之间，非常用功，也就得了博士学位。他给他父亲的信中说道：

“我今早5点半钟起来，从6点到7点我自修并吃早饭——7点到8点有一堂功课，8点到9点又有一堂，从9点到下午3点乃在化学试验室里做试验（我只稍吃点中饭，好省出些工作时间，不到6点钟不吃晚饭）。从3点到5点我自修，从5点到6点上堂，然后才吃晚饭。现在8点，我必须又起首了。”

所奇怪者：雷姆赛少时所习的拉丁、希腊等文字之学，与他后来研究的化学即无密切关系；也在德国时习的多是有机化学，与他最著名的工作的本性也颇不相同。他的博士论文是关于有机化学的。

雷姆赛回国后即在Glasgow的Anderson’s College，不久（1874）又在Glasgow大学做助教。这大学的试验室中收藏的有许多“dippel oil”的标本，他再三要求拿来试验，其结果是1877年pyridine的合成。自此以后，他几乎永与有机化学告别。1880年他在Glasgow大学做了6年助教之后，他被聘为Bristol的University College中的化学教授一年，后又做该校校长。他在Bristol凡7年。此7年中他的职务很忙，但同时他做却了许多研究。例如：气体密度之测定；在沸点时液体比容（specifie volumes）之测定，液体之蒸气压力和临界恒数（critical constants）之测定。其次他又研究固体和液体与热量之关系，又研究蒸发和分解（dissociation）。这些研究大概是他与他的助教Sydney Young合作的。

1887雷姆赛接威廉生的事，做伦敦大学本校（University College，University of London）的化学教授。他到伦敦后仍继续物理化学的研究。例如1893年他和Shields合作的表面张力的研究，其结果有他们的公式。可是雷姆赛的最不朽的工作是1894～1898氩、氦等希罕气体原素之发现。因为要研究为什么氦只从含铀（U）或钍（Th）之矿石中找出，于是他又起首做放射性的试验。1903他和Soddy证明从镭能生出氦来，后来他又相信从铜能生了锂来，于是千余年前原素互相变换之问题又复活起来，惹人注意。1910他又与Gray博士用绝对的精巧方法测定了氡（niton）——他给的名称，现在新改叫radon——的原子量。

雷姆赛在伦敦大学本校做化学教授25年[①]，1912年暑假后，他以告休辞职。他一面在High Wycombe附近之Halzemere买了一个别墅，自己设个试验室，预备在家里继续他的研究。欧战起后，他尚有所建议于政府。不幸他尝（常）患鼻症，屡治未痊，竟于1916年7月23日溘然长逝！他享年64岁。

除许多科学论文不计外，雷姆赛著有“近世化学”[②]，“大气中之各气体”，“传记的和化学的文集”等书。他是古今大化学家之一，生平备受科学界之荣耀。1888他被举为皇家学会会员，1895那学会赠他兑飞奖章，1897化学会赠他Longlstaff奖章，1902被封为K.C.B.，并以此得有爵士（Sir）之称；1904他得化学门诺贝尔奖金（同年Rayleigh爵士得物理门奖金）。他尝（常）做英化学会的，化学工业会的，大英科学联合会的，和万国应用化学议的，会长当那会议在伦敦开会时（1909），他接连着用英、法、德、意四国文字致开会词，全场无不叹服其天才。他喜欢旅行，尝（常）在英，法，美各国讲演；尝（常）被聘到印度考察教育。他对于大学中考试制度和研究的办法，尝（常）有改良的意见。

他做事敏捷善断，待人和蔼可亲——常常好说笑话、几乎无论什么人和什么事，他遇着总肯帮助。他是个极好教习之一，讲授时往往做许多试验。在伦敦大学时他自己的试验室只有一间屋子，又旧又小又在楼上，除掉他为特别形容自己制之器具外，设备简单已极；

---

① 他是无机和一般化学主任，J.N.Collie教授是那里的有机化学主任。他的继任者是F.G.Donnan，所以Collie和Donnan二教授都是本书作者的业师。

② 原书一大厚本，名“Modern Chemistry, Theoretical and Systematic.”有撮要本，Macmillan公司出版。

他要用天平时，还得走下楼去[①]。然而他居然在那里做些空前绝后的发现和测定，怎能不令人佩服？如果我们现在到伦敦去逛Westminster Abbey，我们可以看见“化学家威廉雷姆赛”的铜像，已经和那些帝王的或诗豪的一般巍巍然动人瞻仰了！

---

① 近年伦敦大学本校已从新建个大化学试验室，规模与前不同了。

第六编　最近时代

第二十二章　放射性、原子构造

最近发现的元素和其他

380. 柯鲁克司的传略（Crookes，1832～1919）——柯鲁克司名威廉，英国人，1832年生于伦敦。他父亲和祖父都是裁缝。他少年时如此喜欢试验，当他16岁时，他父亲就依他的要求，送他入那时新成立的皇家化学专门学校——侯夫门正在那里做教授。1851，他19岁时就发表他的第一篇论文“论硒腈（氰）化物（selenocyanides）”，不久就做该校助教至1855年。1855他在Chester Traiaing College做化学讲师。1859他创办"化学新闻"（Chemical News）周刊，并做该报编辑人直至1906，共45年。

1861，即本生刚才发现铷（Rb）和铯（Cs）之次年，柯鲁克司也用光带分析发现了鉈（Tl），等到1873他又精细的测定了鉈的原子量。因为这个发现，他于1863被举为皇家学会会员（F.R.S.）；但是那测定尤其是他生平大事业之线索之起点。

因为当测定鉈的原子量时须用真空天平，于是此起柯鲁克司研究一种特殊现象——电火花在真空中之现象。从这种研究，我们才知道负极光线之本性，我们才有“柯氏管”（“Crookes tube”）和“柯氏暗空间”（“Crookes dark space”）等名称。1875他有放射计

（radiometer）的发明；1876又有“物质之第四状态”和“幅射物质”（“radiant matter”）的学说。最后当研究放射物体时他又发明火花镜（spinthariscope）。用此器具，可数出闪光（scintillations）的数目，或说α质点的数目，因为每个α质点发生一个火花。

从大约1880年起，柯鲁克司研究希罕土质至于25年以上。其结果除关于鈧（钪）（scandium）和（yttrium）鈚（钇）的贡献外，他有protyle和meta-elements的学说。此外他还于1892研究氮之固定；于是他乃以“小麦问题”唤起全世界人士之注意。

总括起来，从他发表他的第一篇论文那年（1851）起，到最后一篇那年（1918）止，即从他19岁到83岁，柯鲁克司无时不做些特别研究——除理化外，还有灵学（Spiritualism）的研究！他的各种贡献，在近世或最近科学界中，几乎又无一不有重要关系和伟大价值。诚然，讲到希罕土质、元素之生成和其排列之统系等问题，他是个后起之秀；讲到电子、放射性、同位体（isotopy）或光带之分析，氮之固定等问题，他要算是先进之英！

因为这些和其他工作，法国科学院尝（常）（1880）赠他3000佛郎和一金质奖章；英国皇家学会尝（常）赠他皇家（1875）、兑飞（1899）和寇博来三种奖章。1897英王封他为Knight，得称爵士（Sir）；1910又赠他动位（O.M.即Order of Merit）。他尝（常）做化学会（1887～1889）、电气工程师学会（1890～1904）、大英科学联合会（1808），化学工业会（1913），和皇家学会各会长。他死于是1910年4月某日，时年84岁。

381. 负极光线、X光线和电子——从19世纪的头几年起，我们才有原子学说；从那世纪的末尾几年起，我们又有了电子学说。这电子学说与最近化学之进步有密切关系，而其渊源则在乎1870年前柯鲁克司发现的负极光线。

且说1860年左右，已有人做电火花通过气体之试验，1870柯鲁克司首先考察，不久Goldstein（1876）、柯鲁克司（1879）等又先后证明管中压力渐小时可有特别现象发生。及至压力送到1/1000mm以下，管中可算真空，此时若用高电位差之电气通过之，则见光线从负极沿直线发出，其途径与正极之地位无关，故叫这种光线为负极光线。那时虽然找出负极光线有些特性，能被磁石引之向旁，能射影于负极对面，能使许多物体发磷光，但直至19世纪之末，这些不相连贯之事实还无学说以统驭之。

1859伦得根（Röntgen）[①]发现负极光线射于固体上时，能发生新光线，叫作X光线或伦得根光线。这光线能使照相片起反应，能使许多物体发萤光，而其特别可惊之性格与负极光线不同，尤在乎能通过暗处，能穿透玻璃、皮肤、肌肉和许多其他物质，又不似负极光线之易被磁铁所屈曲。这个新奇发现遂引起大家格外注意到负极光线。

其初负极光线被人当作是低压管中负电荷之分子或原子所成。Varley（1871）和柯鲁克司（1879）当作是“物质贩第四状态”之质

---

① Prof. Von R ntgen (1845—1923) 名Wilhelm，德国人，常在Würzburg做助教；在Hohenheim做数学和物理学教授，Strurbourg，Giessen，Würzburg，最后在Munich做物理教授，直至于1919年告诉休。死于1923年，年纪78岁。

点。这种状态柯鲁克司叫作“幅射物质”（“radiant matter”）。1899年正月Wiechart和同年4月汤姆生（J.J.Thomson）[①]才认负极光线为带负电荷之电子所成。原来电子（electron）一名词是1881Stoney用以指单位之电荷，1897以后才用以指带负电荷之电子。

因为电子之质量（mass）比寻常分子或原子之质量小得多（只是氢原子之质量的1/1700或1/1830），而其从负极放出之速率极大（每秒10，000~99，000英里），故汤姆生当电子为原子破裂而成的。又因无论用何电极或气体所生之电子都是一样，故当电子为一切气体之公共成分。据汤姆生的臆说，在普通状况之下，寻常原子中所含正负电荷恰好相等，故是中和的。可是一原子中之负电荷可与另一原子相结合，使那另一原子变为正电荷的。

最近关于原子之构造，大家承认原子是带正电荷之仁（nucleus）与沿着一定轨道环绕旋转或往来摆动之许多电子联合而成，稍迟当再另讲。

382. 1896柏贵烈（Becqueral）的试验——法国有姓柏贵烈者，四代都是物理学家，四代相传的都做巴黎国立天然历史博物院中的物理教授！第一代名叫Antoine César，第二代叫Edmond，第三代叫Henri，第四代叫Jean。且说Henri柏贵烈以1852生于巴黎；19岁入多艺学校；1878在那博物院做他父亲的助手；1892接他父亲的任做该院教

① Thomson和Joseph John，英国人，生于1856年。他先在Owens College和剑桥大学读书，后来尝（常）（1884）继Rayleigh的任在剑桥大学做物理教授（Cavendish Professor），又是伦敦皇家讲学社的物理教授，他尝（常）（1915）继W.Crookes的任做皇家学会会长，那学会尝（常）赠他Royal，Hughes和Copley奖章。美国Smithsonian Institute赠他Hopkins奖章。他得过诺贝尔奖金（1906），并有爵士和O.M.的称号。

授；1895又做多艺学校教授；1908年死的。

以下所要讲的是Henri柏贵烈对于磷光问题——尤其是关于铀盐的——的试验。所最特别者，他祖父自1839即起首在放电荷（electric discharge）之下研究磷光物体，他父亲自1875即起首考察铀盐之磷光性；而他父亲自已夙以研究光带学，照像术，和磷光现象著名。到了1896即X光线刚才发现之后，Henri柏贵烈因为发生X光线之玻管常有萤光现象（fluorescence），指望一切萤光物体或者都能放射与X光线相同或相似之光线。他乃用各种萤光物体来试验，就中有些是铀盐，例如他十年前制取的铀钾双硫酸。

他先将铀盐放照像片上，用黑纸包好，再放日光中，找出铀盐能使照片起变化，好像X光线一般。但不久他又偶然找出不必放日光中，即在暗处铀盐也有此种作用，证明其能自动的继续的发出力透黑纸并使照片变化之光线，即所谓"柏贵烈光线，"好像X光线一般。他又找出无论是燐光与否的一切铀盐和非燐光的金属铀都能放出光线，使照片变化，可见这是铀之作用。其初大家以为感光后所生之燐光方有此种效力，此时知其不然。燐光与此等效力本不相干。

柏贵烈又进而发现一种非常重要性格，即上述光线能使附近空气变为游子化的（ionised），或说从不传电的变为传电的。他的试法是用金叶试电器（electroscope）预先使之感电，然后使铀其化合物近之，则见原来相驱之二金叶复合。

383. 居里夫人的传略（Madam Curie，1867～1934）——居利夫人本波兰女士，姓Sklowska，名Marie，1867年11月7日生于Warsaw。她父亲是个教习，他母亲死得早，所以她幼时全靠父教。她也天性喜欢科学，常在她父亲的试验室中学习。那时Warsaw归俄国管，很受虐待。她自幼就有爱国思想。后来因为与革命党案有关系，并且因为求学的原故，她乃与她的父亲分离，自己跑到法国去。她初到巴黎时，境遇非常的窘，日用多靠私塾教授，后来又靠在Sorbonne大学做些烧炉子和洗衣瓶子的苦工，一方面还在那里读书。

1895，即X光线发现的那年，那在巴黎与一学者Pierre Curie结了婚。他们俩穷于经济而富于同情，彼此实行互助主义。居利先生那时正研究电流表和蓄电瓶之构造，夫人一面帮助他，一面预备她自己的学位功课。不到3年，她先得物理学的、继得算学的学士学位（Licencié）。至1898她做绝大发现——镭之发现——的试验时，她的丈夫也帮助她不少。1903年她的博士论文才发表。

1903以前，法国尚都不知居利夫妇为何如人。但自她的那篇博士论文一声出世，她立刻名震全球！1903居利夫妇被Kelvin爵士特意请到伦敦皇家讲学社中，讲演镭之发现。英国皇家学会赠她和他兑飞奖章。不久科学界中最有荣耀之诺贝尔奖金也分赠于柏贵烈和居利夫妇。巴黎大学又特为居利先生设物理教授一席，并请夫人为试验室主任。

居利夫妇志同道合，伉俪极笃，过了10年极快乐的共同生活。不幸1909年居利先生竟偶然在巴黎街上被汽车轧死了！嗣后居利夫人乃接她丈夫的事在巴黎大学做教授，一面仍继续研究。1910年她著有“放射性通论”（Traité de Radioactivité），全书约千余页，乃关于镭的一个最详作品。1911她又得诺贝尔奖金。自有诺贝尔奖金以来，一人而得二次者，只有居利夫人！足见她在科学界之资望。近年巴黎大学新设一个镭学院（Rraium Institute），内分二部：一部叫居利试验室，专门做放射物体之理化研究；一部叫Pasteur试验室，专门研究放射物体对于医学之应用；二部主任统归居利夫人兼领，那条街也改叫居利先生街（Rue Pierre Curie）以示纪念。

居利夫人一方面是个科学专家，一方面是家庭女子的极好模范。她生平不尚修饰，而自饶端庄温雅之致。她自己穿的并不考究，而极其整洁。据说只有总统夫妇请她吃饭的时候，她穿过一次漂亮衣服——有人疑惑是她结婚的衣服！她有二女，她们小时的衣服是她做她洗。她的长女习音乐和美术；次女习科学。

居利夫人于1934年7月4日逝世。享年76岁。其次女名Irène，即现在Joliot夫人。她尝（常）帮助她母亲做实验。最近曾助其丈夫Joliot及Chadwick发现中子（Neutron，见下）。然则居利夫人之女及婿皆科学大家，夫人虽死，可以无憾矣！

384. 1898～1902居利夫人的钋（Polonium）和镭的发现——当1894～1898英国雷姆赛和其合作者正接连着发现希罕气体时，德国伦得根则于1895发现X光线，法国柏贵烈则于1897发现柏贵烈光线，居利夫人则于1898发现钋和镭特别二原素。自此以后，放射性和放射原素乃不断的传入我们的耳鼓，或竟明明白白的实现于我们的眼帘之前；于是科学上空前绝后之大革命，遂先20世纪而开幕了！

利用柏贵烈的试验法，居利夫人乃于1897年起，拿许多原素和化合物自做试验，看那个能放出特殊光线。她找出除铀外，只有钍（thorium）可以如此；她进而察之，才知道沥青石（pitchblende，

U_3O_8）之放射力，比其中所能存在之金属铀之放射力大四或五倍。原来照像片上变化之程度，视乎放射力之大小，而放射力又与所用化合物中铀之百分量成比例。一切铀的化合物固然都有放射性，而金属铀之力更大。偏偏有种铀矿沥青石（或chaloclite，即天然的copper uranyl phosphate），其效力比金属铀自己的还大得多（而用人工制的copper uranyl phosphate的效力又较小），故知天然铀矿中当有尚未发现之质量极微而效力极大的新物质。

一直到了这一步，此项试验是居利夫人个人做的；她的丈夫嗣后才加入与她合作。

她和他合作之结果是发现两个新原素，钋和镭。读者注意：镭在沥青石中不过一千万分之一或一千万分之三，钋则更少，不过百万万分之一而已！然则要发现这两个原素，势必利用（1）大宗的沥青石和（2）试验放射物体的灵巧仪器。关于第一点，因私人和公家的帮助，居利夫人既然得到价值约800金镑之沥青石，又承奥国政府从Joachimsthal（在Bohemia）的国立工厂供给一吨的铀渣。关于第二点，柏贵烈已经发现放射物质能使附近空气有传电性，所以那灵巧仪器就是金叶试电器。有了那材料和工具，她于是仔细的实施定性和定量的分析。

案沥青石中除含有80%U_3O_8外，尚有铅，铜，铋，铁，铝，钙，钡等金属。她先用炭酸纳和稀硫酸分别处理那铀矿和铀渣，使铀溶去，再用种种手续，乃从硫化铋Bi_2S_3，首先发现一个原素，其化学性格与铋极似，而其放射力却比铀的大400倍。她叫这原素为钋（polonium），所以纪念她的祖国波兰的意思。其次她又从所得之氯化钡用的部分结晶法（使镭盐和钡盐分离之惟一方法，前者的溶度比后者的稍微小些）发现另外一个原素，其化学性格与钡的极似，而其放射力却比铀的大200万倍。她叫这原素为镭。

此处可以连带声明者，尚有3端：（Ⅰ）钹和镭的化合物虽在1898已经发现，但金属钹是1903Marckwald首先分离的。金属镭是1910居利夫人和Debierne分离的。（Ⅱ）1899Debierne从沥青石尝（常）发现第三放射原素，叫作锕（actinium），其化学性格与鑭（lanthanum）相似。（Ⅲ）还有一个事实不可不知，即钍之放射性是1893居利夫人和Schmidt独立的同年发现的。

385. 镭的放射（radiation）和α－，β－，和γ－光线——镭的来源之希罕、分离之困难、但其放射力之非常雄厚，上节已经讲起。要知镭之特点尚多，譬如每瓦[①]镭约值13万元。全世界上所有取出之镭，统计不过几十瓦，寻常化学大家试验时所用者则仅仅几个千分之一瓦（miligrams）之镭盐——溴化镭——而已。以下单就放射而言。

镭能自于暗处发光，镭之放射能使钻石、红宝石（rubies）、萤石、硫化钙、硫化锌、铂氰化钡（barium platino-cyanide）等等发燐光。镭与钻石接触多时后，能使钻石呈绿色及永远放射性，好像钻石自己是镭一般。此事经罗瑟福（Rrtherford）[②]和柯鲁克司自己各于无意中试验过。当天然硫化锌受镭之感触自发燐光时，若用火花镜（spinthariscope）观察之，则见硫化锌之光由于许多火花之发出，与

---

① 瓦即gram，约合中国二分之厘。居利夫人常戏言愿得一瓦之镭以自娱，1921年夫人到美国亲爱Gibbs奖章时，美国妇女特为集资买一瓦之镭赠她。

② Sir Ernst Rutherford（1871— ）英国剑桥大学实验物理学教授

镭愈接近，火花数目愈多。镭之放射如此之强，若将两眼闭着，而将镭盐少许用玻管盛着放在额前，则眼之网膜（retina）将变为燐光的；其结果是眼虽闭而能见光。又1901柏贵烈偶然将中盛镭盐之小管放在背心的袋中数小时，后来那靠近镭自找皮肤发痛，红肿了多时才好，这叫作“镭烧”（“radium burn”）。因为它极其灵验而且与生理大有关系，莫说镭不易多得，多得了也不宜多用。

据罗瑟福，从镭放射出来的有三种光线，他叫α-、β-和γ-光线。它们对于穿透力略有10:103:105之比例。此外它们的特性大概如下：

α-光线——这种流水线之穿透力既然最小，甚至不能穿透厚玻璃或厚纸，其使照像片起变化之力自然也最小，但使气体起游子作用之最大，它们被磁石吸引之力很小，但被屈引之方向与β-光线相反，可见其带正电荷。进而言之，α-光线之质量略等于氢原子之质量之四倍，所以α-光线乃带二正电荷（2e）之氦原子，其速率大每秒20,000英里。

β-光线——这种光线带有负电荷；易被磁石引之向旁，故β-光线与负极光线相似，乃许多电子所成。其穿透力较大（大部分线能透过玻管），但游子作用力较小；其质量不过氢原子的1/1800；其速率大约每秒100,000英里。

γ-光线——这种光线不能被磁石吸引，故只是光线，不是实在质点。它们与寻常X光线，或任何α-或β-光线射于物质上所生之X光线相似。它们的速率比β-光线的还大，差不多与光的速率，每秒186,000英里相当。它们的穿透力最大，能透过皮肤和肌肉，与X光线一般，又能透过数寸铅或数尺铁，故其游子作用力最小。

386. 氡（Niton or Radon）的发现——1899 Owens正考察钍化合物的放射时，找出其结果不能一致；仔细研究起来，知道药品在闭器中试验时结果不错，但在空气流通处试验则大有差异。于是他认钍必然发生一种与气体相似之物质，能被空气吹去。此事罗瑟福曾证实之。

1900 Dorn从镭也发现一种与气体相似之新物质，但也具有放射性。所以罗瑟福不叫它气体而叫作“radium emanation.”从来雷姆赛和葛来（Gray）证明那“emanation”在寻常情形之下完全是气体。他们二人又曾将它变为液体和固体，液体的“emanation，”在有光处看起来，是透明无色的，但在暗处能必燐光，其色视所用玻管而异，寻常是绿色和紫色。固体的radium emanation也能发燐光，比液体发出的尤其好看。因为这些发光现象，所以雷姆赛叫radium emanation为氡，取照耀之义。

387. 氡的原子量——从一瓦镭所能得之氡，最多不过0.6立方米里密达，因为氡是自能分解的，但其放射力如此之大，想证明其存在，丝毫不难，实际上并且仅可掺入空气试验之。案0.6立方米里密达的容量，不过针眼的大小，但此量千分之一已足使硫化锌在暗室中发萤光，使千人都能清清楚楚的看见。又从一瓦镭发出之氡之1/1000，若与十万立方英寸之空气混合后，每一立方英寸中之氡尚能用金叶试电器试出。这个数量几乎很难相信，但在科学上没有比这个现精密的测定了。

现在要讲一件很奇的事实——氡的原子量的试验。其初氡的原子量，只知用播散法测定。用密度法测定的，1910年以前还没有。因为从少许镭所得的氡甚微，其容量比较的尚易测算，其重量却难于直接去称。1910—11雷姆赛和葛来[①]才发明直接称这气体的方法，做了这种试验。他们所用氡的容量不过0.1立方米里密达，仅仅一小针眼的大小，其重量还不到1/1,000mg，寻常最精细的天平还不适用，所以他们用Steele教授制的特别天平，叫作细微天平（micro-balance），这天平不用法码，重量之变迁要看天平中空气压力之大小；因之居然能称到5/1,000,000 mg。他们试验的手续，系用毛细管盛氰称之，然后将管打破，让氰逃出，再称之，其差异即某容氰的重量。如此试验了5次，他们的结果是氡的原子量平均等于233。

用这细微天平，雷姆赛和葛来又测定了镭的原子量=226.36，与居利夫人的数值很相符合。

从原子量的精确测定和其余一切性格，雷姆赛才将氡在周期表上的位置定下。

388. 从镭放出的氦——氡的光带曾经雷姆赛和高力（Ccollie）（1930）考察过，知其与氙（xenon）的相似。雷姆赛和苏德（Soddy）尝（常）溶溴化镭于水，而收集其放出之气体，除将大部分之氢氧二气去掉不计外，居然察出有氦的光线。他们又将些氡放入真空管中，数日后见稍有氦的光带的线。此线渐渐更显。后来证明一月之后，氡几乎完全变了，管中只剩氦的气体。

罗瑟福曾用两种巧法数出从一瓦镭放出的氦或α-质点之实在数目，第一法在乎利用柯鲁克司的火花镜数出硫化锌屏上星点（scintillations）的数目。第二法在乎利用α-光线对于空气之游子作

① Dr, Gray是伦敦大学雷姆赛的助教授，本书作者曾从他受课并做实验

用。后法中所必要者，是连二金属片于电流表（galvanometer），使二片间有少许空气，再使之多带电荷。当每一α-质点从一小孔通过片中空气时，电流表移动一下。如此算出的数目是每秒有3.4×1010，即34万万氦或α-质点从一瓦镭放出！所更奇者，用以上两种迥不相同的方法，居然都得着这样差不多相同的数值。

389. 半生周期（half-life period）——用玻管盛氭虽只数分钟后，即使再将其中气体完全赶出，那玻管已具有放射之力，可见必有固体存积物（deposit）存积在玻管上面；可见除氦外，氭必然自动的变为其他物质。仔细考察起来，这现象非常复杂。氭能变为固体RaA，RaA变为RaB，RaB变为RaC，……，RaE变为RaF。不但如此，氡之放射力无时不正在衰败，然其衰败却有一定的速率。大概那放射力每4天，其实3.85天，减去一半，只剩一半；8天后只剩原来1/4，12天后只剩1/8，余类推。就普通而言，设n为任何整数，则氭之原来放射力，在（n×3.85）天之末尾，将只剩（1/2）n了。因为这个原故，所以那3.85的期间叫作半年周期。这样看来，氭之放射力是随时递减的，同时其“生命”又是无限的。可是在8×3.85=30.8天的末尾，那最初的放射力只剩（1/2）n=1/156，其少可以想见。故实际上我们可以说氭之放射力一月几乎完全失掉。

每一放射物质各自有其半生周期；短期者不过几分钟或几秒钟，长期者乃至几十万万年。例如Th.emanation的半生周期是54秒，镭的2000年，铀的5,000,000,000（即50万万年）。

如果我们将时间与一物质之数量或其放射力之百分量为纵横轴作图，则得一种曲线；如果一轴上不用那物质之数量而用那数量的对数代之作图，则那曲线变成一种直线。所以这种曲线叫作对数的或指数的曲线（logarithmic or exponential curve），所以我们有个原则：一物质之放射力是依指数的公式随时间递减的。这公式

$$I_t/I_0=e^{-\lambda t}$$

式中之It为时间t时的放射力，I0为其初的放射力，e为对数的自然根，λ为一恒数（1.44=log2×loge）。这原则是1900年罗瑟福发现的。利用这原则，不但可算出镭和铀的平均生命，并可算出地球的年龄！

390. 原子分裂的学说（Theory of Atomic Disintegration）——1902～1903年罗瑟福和苏德有个重要学说，叫作原子分裂的学说。据这学说和其他相关研究，镭，氡，RaA，RaB等等都是原素——虽然有些只有顷刻之存在。可是它们与寻常原素有许多大不相同之点：（1）它们都有放射力。（2）这力量减少后仍可还原。寻常原素总是永远不变的，放射原素则无时不各依一定速率而生成，亦无时不各依一定速率而衰败。（3）这些生成和衰败的因果在乎原子的分裂或变换。（4）这些分裂或变换是由此至彼，由重原子至轻原子，顺着次序进行的。（5）它们分裂或变换时放出α-，β-，γ-光线。（6）以上各项程序是继续的自动的，人力不能更改，催促，或阻滞之。

据原子分裂的学说，我们可有以下各方程式：

Ra （226） =Nt （222） +He（4）

Nt （222） =RaA （218） +He（4）

RaA （218） =RaB （214） +He（4）

RaB （214） =RaC （214） +一个或多个电子

RaC （214） =RaD （210） +He（4）+一个或多个电子

RaD (210) =RaE (210) +一个或多个电子

RaE (210) =RaF (210) +一个或多个电子

RaF (2104) =RaG (206) +He (4)

以上各括弧中只是大概的原子量（小数点以下之数目皆省去）。RaF似乎即钍，RaG似乎即铅。因铅有固定性，所以是原子分裂的最后产物。

寻常原素中有放射性者只有二个，钾和Rb，这是1906Compbell和Wood找出的。现在至少有30个放射原素，而钾和Rb不在其内。它们可分为三组：铀组、钍组和锕组。大概三组的最后产物总是铅的同位原素。

当放射原子分裂时，尝（常）有很多热量放出。譬如每瓦镭每点钟放出之热约在118° 左右。因为这个原故，镭盐的温度常比其周围空气之温度高3° 左右。这是居利夫人的丈夫Pierre Curie和Laborde首先发现的。

391. 同位原素或同位体（Isotopes）——放射原素在周期表上之地位如何，其初很是疑问。1913Fajans[①]和Soddy[②]才说明当原子分裂时每放出一α-光线，那原素之原子量减四，而其在周期表上之地位左退二位；每放出一β-光线，那原素之原子量不变，而其在周期表上之地位向右进一位。此说曾经Fleck，Russell等证实；因为那α-光线乃带二正电荷之氦，那电子乃从原子中的仁（nucleus）放出来的。

---

① K.Fajans是Munich的Bavarian科学院中物理化学教授。

② F.Soddy（1877— ）是牛津大学化学教授。

既然如此，则必有二个或以上原素，例如Pb，RaB，ThB，AcB，RaC等同占周期表上之同一地位。这些原素名为同位原素。它们的原子数（atomic number）只有一个。它们的物理的和化学的性格几乎完全相同，故不能用这些方法将它们分开。不过它们的放射力（如果有些）和原子量却各不相同，寻常所谓原素之数目不过92个，但是同位原素可有几百。又每一原素的同位体的数目虽有限制，可是原子数愈大者同位体的数目亦愈多。例如锂和硼现在只知有2个同位体，镁有3个，硒有3个，锡则至少有7个。

各原素的同位体之确曾分开者不过汞和氯。就氯的同位体而论，除一个原子量是35和一个是37外，它们几乎是完全没有分别的。要想将两种分子一一分离而测定其重量，本来是绝对困难的问题，然而1919（？）Harkins？居然分出氯的同位体。最近1922Mulliken曾讨论分离同位原素的方法，计分（1）播散法，（2）蒸发法，（3）离心（centrifugal）法和（4）正光线（positive ray）法，就中以第四法为最适用。可惜无论那一个方法现时都不完全，所能分出之数量仍嫌太少，不够详细试验之用。

392. 黎查兹（Richards，1868～1928）和原子量的测定——黎查兹是当代化学大家之一，因为他在原子量的测量上是古今来第一把高手。他的以及他和他的学生联合发表的论文，现在已有200余篇。他名叫Theodore William，美国人，1868年1月31日生于Philadelphia。他父亲是个油画大家，母亲也是个文学家。黎查兹少时自然要习美术，但不久就渐渐的更科学。他15岁入Pennsylvania的Haverford College，过了两年，他已读熟了哈佛（Harvard）大学教授教授J.P.Cooke（1827

~1894）的“新化学”。此时他已决定以习化学为目的。但美国那时可以研究化学之大学，除哈佛外实不多得；所以1885黎查兹就入哈佛做插班生。次年他毕业时，化学一门取列最优等。1888，他才22岁时，又得了博士学位。可是当他年纪还不满20岁以前，他已测定过氧的和铜的原子量。

哈佛大学尝（常）派黎查兹到德国去留学。他先后到过德国多次；第一次他在Göttingen，跟Victor Meyer和Walter Hempel学习。不久回国后，他在哈佛大学里做助教，同时继续他的专门工作——原子量的测定，此次是关于钡，鎴（锶），锌，等等的。1894他升为助教授；次年他又到德国的Leipzig跟敖司沃习了半年。这次回国后，他颇有室家之累，幸亏他父亲的接济，他才得仍旧继续他的特别研究——仍是原子量之测定。及至1901年德国Göttingen年大学居然也请他当教习，但他不肯到那里去，于是在哈佛做化学教授，二年后做该系主任。1907柏林大学和哈佛大学交换教授，他乃应聘前往，过了一年。1910年英国皇家学会赠他兑飞奖章。1911年他在英国化学会讲演，该会赠他法位第奖章。1912年起，他被聘为新成立的Walcott Gibbs纪念试验室的主任。

以前大家总说原子量是不变的，其差异是由于某种原因试验上的错误。后来英，德学者要求黎查兹试试放射原素的原子量。德国Fajans甚至派他的助教带些含铅的珍贵放射矿物去帮着黎氏研究。1914黎查兹居然发现从放射矿物所得之铅其原子量比寻常铅的小些，前者是206.6，后者是207.2。因为这个发现，他得了那年诺贝尔奖金。他曾两次被举为美国化学会会长。

读者注意：黎查兹的名誉不是偶然的，因为他的工作不是偶然的。（Ⅰ）他的试验是再精细没有。他假定什么物体都是不纯洁的，除非证实其不然。湿气和灰尘二者的踪迹最是寻常谋划地所不能免的；他则发明特别方法，利用特别工具，以免之至于可能性的最大程度，并尝（常）从此找出前人错误之所在。（Ⅱ）他所做试验是有一定步骤的。他首先测定了氧的原子量，证明当时承认的数值太大。因测定氧的原子量时尝（常）用氧化铜，于是他又测定铜的原子量，证明前人所用之氧化铜中含的有氮。其结果以前铜的原子量也是太大，于是从Cu=63.2变为Cu=63.6了。因为做铜的测定时用过钡的化合物，他于是将钡的，其次将鎴（锶）的，钙的，又次将锌，镁，镍，钴，铁，银等等的，还有那炭的和氮的，原子量一一从新测定而修改之。（Ⅲ）他首先发现同是一个原素的，例如铅的，原子量可以不这。这个发现直为化学开一亘古未有之新局面，怎能不震动一世？况且还有那（Ⅳ）除原子量外，原素之其他性格如压度（compressibility），熔点，澎涨系数等等，也都在黎查兹研究范围之中吗？

393. 质量光带或正光线光片（Mass spectrum or positive ray spectrograph）——1920年Aston[①]曾用正光线法测定各原子之质量，于是不但同位原素之存在，并且它们的原子量都连带的指示出来。原来负极光线通过气体时，能使之起游子作用。那气体各原子于是带正电荷；又因负极吸引之故，立刻以高速率向负极射去。如果那负极是有孔的，各原子将继续向负极后面进行。因为这些气体原子是带正电荷

① F.W.Aston是剑桥大学中物理家。

而向负极进行，所以叫作正光线。正光线的质点，若受电场或磁场的影响，则屈折成一定角度，与电荷和质量之比率e/m有关系。所以利用正光线法可以测定气体原子之质量。这种光带叫作质量光带。因其可以射在照片上，故又叫作正光线光片。

此外，同位原素的系光带（series spectra）、条光带（band spectra）和红内光带（infra-red spectra）近年也各有特别研究，此处不能多述。不过读者可以注意：关于同位原素的质量，近来发现有一种数目上的关系——除氢气外，其余每一原素的最轻同位体的原子量，不能小于其原子数（stomic number）之二倍。

394. X光线光带和原子数（X ray spectra and atomic numbers）——其初大家总以为我们不能使X光线反射（to reflect）、折射（to refract）或绕射（to defract）。其实所以不能使之绕射者，不过因为不知道什么可作精密的绕射格子（defraction grating）而已。1913年瑞士Zurich大学物理教授Laue起首做X光线通过结晶体的试验，才找出结晶体中各分子之距离略与X光线之浪长——极短之浪长——相当，所以结晶体为天然适于上文所说的格子。不久英国Bragg父子[①]也做这种试验，其结果能使人实在看出结晶体中各原子之存在和它们之如何排列。

且说1913，英国少年物理大家Moseley（1888～1915）[②]当正用各异原素为来源以试验所得之X光线时，竟发现个空前绝后的发现：每

① William Henry Bragg（1892— ）近年是伦敦大学本校物理教授主任，其子W.Lawrence Bragg是Manchester大学物理教授。

② 可惜1915年欧洲大战时，Moseley从军报效，竟中了土耳其的流弹，死于Dardanelles，年纪不过才27岁。

一原素的原子有一个特殊数量，“这数量只能是（原子）中心正仁上的电荷。”要知简单言之，这数量不过一种自然数目，叫作原子数。如果我们给每一原素一个一定的数目，或说将周期表上每一地位顺着次序用一个一定数目代表之，这些数目仅可算是原子数。

原子数与原子量不同。因为“周期表上第一地位”可被一个原素或几个原子量各异的，同位素占据。况且原子数都是整数，而原子量不必如此；现在知道的原子数从1到92是连续递增的，但每一原子数所代表之原素，其原子量不必都顺着原子数的次序递增，虽然大概总是如此，例如氩的原子数=18，钾的=19，可是前者的原子量比后者的大些。各种原子的物理上或化学上的性格，根本上不靠着原子量而靠着原子数。所以原子数比原子量更加紧要。

寻常负极光线射于一金属斜片上，则得X光线。这个斜片叫作“反负极”，（“anti-cathode”）。1913～1814Moseley用每一原素为“反负极”，并用与Bragg所用的相似之器具，测定放出光线之浪长。他找出原子数与颤动频度（vibration frequency）即浪长之倒数，之平方根有一定关系。若用二者为纵横轴作圈，则得一种直线。从这些研究，我们可下几个重要结论：（1）普通周期表上各原素之次都不错；（2）至少十几个希罕土质有分别独立的存在；（3）从原子数=1之氢起，至原子数=92之铀止，中间只空5个位子，可以表示尚未发现的原素是有限的。

395. 最近（1923～1932）发现的原素[①]——最近有些原素是利用

① 参考Weeks：Discovery of the Elements

X-光线分析及其他物理方法发现的；或说是利用原子（序）数的原则发现的。当1913～1914年Moseley发现原子数与X-光线光谱之关系时，周期表上尚未发现的原素，除原子数等于零及92以上者外，计有6个，其原子数为43，61，72，75，85和87。这6个原素已于最近10年间都发现了。试依发现年份之先后列表如次，并分别述之。

年份	原子数	元素名	符号	周期表中某组	发现者	来源
1923	72	Hafnium	Hf	4	Hevesy和Coster	Zr矿物
1925	43	Masurium	Ma	7	Noddack，Tacke和Berg	Pt矿物
1925	75	Rhenium	Re	7	Noddack，Tacke和Berg；又Loring和Druce；Heyrovsk 和Dolejsěk	Columbite Mn的化合物
1926	61	Illinium	Il	—	Hopkins，Harris和Ynmeta；又Rolla和Fernandes	Monazite Sand
1930	87	Virginium	Va	1	Allison和Murphy	Li和Cs两种化合物
1931	85	Alabamine	Ab	7	Allison，Murphy，Bishop，和Sommer（女士）	Monazite Sand

396. Hafnium的发现——这原素是Hevesy和Coster两教授发现的。Hevesy名Georg，寻常称为von Hevesy，匈牙利人。1885年生于Budapest，乃Freiburg大学物理化学教授关于用X-光线法做化学分析、放射性、希罕土质、电液传导以及同位素等问题，他著有许多论文。Coster名Ddirk，荷兰人，是Groningen大学物理教授及实验室主任。关于X-光线光谱、原子构造、在X-光线之L-Series中之Stokes的定律等问题，他著有许多论文。

据Bohrr的原子构造的量子学说（Quatum Theory of Atomic Structure），他知原素72之性格与希罕原素的迥不相同，而与Zn的非常类似，故常劝Hevesy从Zn矿物中求之。Coster尝用Moseley的X-光线分析法。当1923 Hevesy和Coster同在丹麦京城中Bohr氏理论物理学院（Bohr’s Institute of Theoretical Physics）用X-光线来研究博物馆中年代已久之Zn化合物（此等到化合物乃Marignac，Tulius Thomsen和其他Zn专家所制）时，才发现原素72。他们命名为Hafnium（指Copenhagen）所以纪念丹京之意，而他们两位都非丹麦人。

要知Hf迟至1923才发现者，并非因其希罕，乃因其与Zn太相似了，然而上述二教授居然从所用Zn的化合物中找现象—5%的Hf，究用什么方法呢？除物理方法略如上述外，在化学方面，Hf和Zn的盐类之社会溶度原来稍有不同。例如Hf和钾的氟化物（$K_3\ Hf\ F_7$）之溶度大于Zn和钾的氟化物之溶度。Hf和铵的草酸化物之溶度，大于Zn和铵的草酸化物之溶度它们和铵的双硫酸化物也是如此。又因Hf的盐基性比Zn的大些，它们的盐基性盐类之溶度，也有上述之差别。要使Hf与Zn分开，可将它们的oxychlorides溶于酒精后加醚，则盐基性盐$Zn_2O_3Cl_2\cdot_5H_20$析出，而Hf仍在溶液中。

397. Ma和Re的发现——原素43和75都属于Mn组，原来分别叫作Eka-Mn和D-M。发现后原素43命名为Masurium，所以纪念东普鲁士之Masurenland地方，75命名为Rhenium所以纪念德国之Rhine。它们是1925年7月德国化学家Walter Noddack和Ida Tacke女士和Otto Berg发现的。这些发现并非偶然，乃从Pt矿物及Columbite煞费工夫之成功。所有困难提炼程序大都Noddack和Tacke做的，不过X-光线光谱之实验，却颇借助于Berg。在此种发现以后，Noddack和Tacke女士结为婚姻，格外同心合作的研究着。

德国Noddack等所以从Pt及Columbite去求原素43和75者，因P矿物含有原素44和76（即Ru和Os）而Columbite中却含42和74（即Mo和W）。但在另一方面，因原原素43和75都属Mn组，所以英国的L oring和Druce[①]及捷克斯拉夫（Czechoslovakia）的Heyrovský[②]和Dolejs ě k也各从Mn的化合物去研究。其结果他们也于1925年独立的发现原素75。现在Ma虽尚未精制过，而Re之产品增加如此之速，在1928年每克值美金一万元者，在1930年每克仅值三元矣！

Re之氧化物有ReO_2，Re_2O_5，ReO_3，Re_2O_7和Re_2O_8或ReO_4数种，其中Re之原子价依次为四，五，六和七。最后一种乃七价Re之过氧化物，其式为O_3Re-O-O-ReO_3，加热至150°则变为Re_2O_7黄色固体，易溶于水，成per-rhenicacid（$HreO_4$），其盐类为per-rhenates，与过锰酸化物相似，惟系无色。ReO_3当系红色，虽尚未提出过，而其盐类乃黄色之rhenates。性不安定，易变为per-rhenates。Re_2O_5当系暗色，ReO_2黑色，惟我们亦有蓝色的和紫色的。前者以系ReⅣrhenate Re（ReO_4）$_2$，后者系ReⅣper-rhenate Re（ReO_4）$_4$。至于Re之硫化物有安定之ReS_2及不安定之Re_2S_7均黑色。

---

① J.G.F.Druce和J.Heyrovsk 二人都是本书作者在伦敦大学时之同学。前者曾到Prague大学特别研究，并任Chemical News刊物编辑，论文甚多。后者现任P大学物理化学教授，著有“Introduction to Radioactivity，”又为Collection of Czechoslovak Chemical Communitations月刊编辑之一。此月刊系用英法文字发现，所以使他国之不谙Slovanic文者知捷克国家对于化学之贡献。

② 同上

398. Illinium之发现——原素61乃1926年从Monazite sand发现的。所以用此来源者，因其含有原素60和62（即Nd和Sm二希罕土质）。美国之Hopkins，Harris和Ynmeta和意大利之Rolla和Fernandes均其独立的发现者；其先后日期甚供研究者之参考，此处不必赘述。惟首功要推美国的3位。要知Prague大学Brauner（对于分析化学，希罕土质及原子量甚有研究），在1902年早预料原素61之存在。而美国之Cork（Michigan大学教授）和Charles James和Fogg（均New Hampshire大学教授）与此发现亦有独立的工作。

B.S.Hopkins乃Illinois大学教授，他自1912年起即在Illinois（先是并在他处）任教。他为人谦和，从学者众，其著作亦甚富。他对于分析化学、希罕土质及原子量等研究甚有名。Rolla乃Florence大学化学教授。Hopkins尝先后用Il和Mg的双硝酸化物及溴化物研究，从所生光谱，知除Nd和Sm外有新原素。它们命名为Il所以Illinois州及该校。此原素之发现足使所谓希罕土质的数目完成起来。

399. Virginium 和Albamine之发现——原素87属于碱金属组，原名Eka-Cs；85属于成盐原素组，原名Eka-I。此二原素与放射原素颇有关系。87似可由89失去α-光线，或由86失去β-光线得之，85可由84失去β-光线得之，略如下列：

组	VI		VII	0	I		II	III
		β				α		
原子数	84	→	[84]	86	[87]	←		89
原素	Po		Ab	Rn	Va			Ms-Th-2

但实际上此种实验尚未成功。虽然Albama Polytechnic Institute之

Allison在1927～1930年恰好完成其化学分析上所之用Magneto-optic方法。用此仪器，Allison和Murphy遂于1930年从Li的和Cs的矿物发现原素87命名为Virginium，因Allison系Virginia人。次年1931，Allison和Murphy和Bishop教授及Sommer女士从Monazite sand发现85命名为Alabamine。它们并制出hydroalabamic acid HAb和Peralabamic acid $HAbO_4$

自Ab发现以后，所有周期表上原子数1—92之原素遂庆完成。只剩原子数大于92者尚未发现而已。然已有些化学家正在那里试验着。不过我们此后研究之方向或在同位素和放射性等等问题矣。

400. 放射各系（Radio-active Series）——以前研究放射性者，常将放射性原素分为四系，即钍（Th）系，铀（U）系，镭（Ra）系和锕（Ac）系。现在我们知道不但Ra系，即Ac系亦属于U之一支系。各系之历史甚长而繁。兹为方便起见，姑仍照上列四系，分别略述其一二。

（1）钍（Th）系——钍系比较简单。此系中之变迁顺序为Th，Meso-Th1，Meso-Th 2，Radio-Th，ThX，Thron，ThA，ThB，ThC等等。

溯自1899年Owens研究Th物时，查出其放射性因空气经过其仪器而改变，疑有一种气体放出。1900年Rutherford用种种实验证明此现象，决定其为气体，叫作Th Emanation，现在叫作Thron。1902年Rutherford和Soddy发现ThX。其发现经过是：用XH_4OH于加Th溶液，将所生沉淀滤过，即找出滤液蒸发后有放射性，比原来钍盐的更强。

1905年 Hahn，当在Rrmsay指导下工作时，从一锡兰矿物

Thorianite发现Radio-Th。1907他又发现Meso-Th是一中间分裂产物。因后来又找出Meso-Th有两种，故又分别叫作Meso-Th 1和Meso-Th 2。Meso-Th 1可自Monazite sand之产物中提出，其价廉，故用于夜光表上。

（2）铀（U）系——1900年 Crookes即发现一放射物质。其发现情形是：他先配一含U盐及少许铁盐之溶液，再加入过剩的NH_4OH及（NH4）$_2CO_3$之溶液。他找了那Fe（OH）$_3$之沉淀有大放射性。他那时叫这U盐中之未知物质为UX。现在叫作UX_1。所以别于另外一种我们叫作UX_2者。后来又找出U有两种，于是U也分别叫作UⅠ和UⅡ。

1911年Antonoff当在Manchester在Rutherford指导下工作时，发现UY。1913年Fajans和Göhring发现UX1放出β-光线，变为UX_2。（当时他们叫作Brevium）。此原素Mendeléeff于1877年早预料过了。1921年Hahn又发现UX_1能放出两种β-光线，除变为UX_2外，还能变为Uz。不过Uz乃此族之分支。计从UX_1所生之UX_2有99.65%而所生之Uz只0.35%

（3）镭（Ra）系——镭和氡（Niton，现在叫Radon）等以前已经讲过。1900Brooks女士（即Frank Fitcher夫人）曾研究各物露置于Radon中所生之“短命的活动堆积物”。从这种研究，她和Rutherford断定Radon发生RaA，RaB和RaC。1907Boltwood曾发现Ionium即Ra所从出。Hahn和Marckwald亦独立的发现之。1900 Curie夫人和Ddebierne提出发光白色金属镭。但因需用之于实验，未保留之。1910 Ramsay和Gray测定氡（Rn）之原子量（见页588），知其为最重之气体。1915 Soddy和Hitchins女士研究Ra与U之关系。

（4）锕（Ac）系——1899 Debierne即发现Ac。其发现经过，是

用pitchblende溶解后，加NH4OH，从那沉淀中即发现锕。1902 Giesel也独立的发现之。1904～1905 Giesel，Godlewski独立的发现AcX。其经过是：用Fe和Ac之溶液，加过剩（NH4）$_2CO_3$，从那沉淀中发现AcX。1906 Hahn发现Radio-Ac为Ac和AcX之中间产物。1917 Hahn又和Meitner女士发现Proto-Ac（= Pa）即Ac所从出。同时Soddy和Cranston亦独立的发现之。

为参考起见，试将放射各系列表于下。惟应当声明（1）因为ThC可放出α-或β-光线，故可为ThC′及ThC″两种支系；RaC亦然。各支系分别附于各该表下。（2）因Ra系与Ac系不过都是U总系中之二支系，此处分为二表，故与寻常总系统表稍有出入。

钍（Th）系（注）

（注）本表及以下数表，参考Stewart：“Recent Advances in Physical & Inorganic Chemistry”。

元素	原子量	平均生命	光线	组	原子数
Thorium	232	1.86×10^{-10}年	α	Ⅳa	90
Mesothorium—1	228	9.67年	β	Ⅱa	88
Mesothorium—2	228	8.9时	β	Ⅲa	89
Radio—thorium	228	2.91年	α	Ⅳa	88
Thorium X	224	5.25日	α	Ⅱa	88
Thorin	220	78秒	α	0	86
Thorium A	216	0.2秒	α	Ⅵa	84
Thorium B	212	15.3时	β	Ⅳb	82
Thorium C	212	87分	α和β	Ⅴb	83
Thorium—C′	212	10—11秒	α	Ⅵb	84
Thorium—C″	208	4.5分	β	Ⅲb	81
ThoriumΩ′和Ω″	208	—	—	Ⅳb	82

铀镭（U-Ra）系

元素	原子量	平均生命	光线	组	原子数
Uranium—I	238	6.75×109 年	α	VI a	92
Uranium—X1	234	35・5日	β	IV a	90
Uranium—X2	234	1・64分	β	V a	91
Uranium—II	234	3×106 年	α	VI a	92
Ionium	230	105 年	α	IV a	90
Radium	236	2440年	α	II a	88
Radon	222	5・55日	α	0	86
Radium—A	218	43・2分	α	VI b	84
Radium—B	214	38・7分	β	IV b	82
Radium—C	214	28・1分	α和β	V b	83
Radium—C′	214	10—6 秒	α	VI b	84
Radium—D	210	23・8年	β	IV b	82
Radium—E	210	7・20日	β	V b	83
Radium—F	210	196日	α	VI b	84
Radium—Ω′	206	——	——	IV b	82
Radium— C″	210	2.0分	β	III b	81
Radium—Ω″	210	——	——	IV b	82

锕（Ac）系

原素	平均生命	光线	组	原子数
Proto—Actinium	1.7×104 年	α	V a	91
Actinium	28・8年	β	III a	89
Radio—Actinium	28・1日	α	IV a	90
Actinium—X	16・4日	α	II a	88
Actinon	5・6秒	α	0	86
Actinium—A	2・9×10—3 秒	α	VI b	84
Actinium—B	52・1分	β	IV b	82
Actinium—C	3・10分	α	V b	83
Actinium— C″	6・83分	β	III b	81
Actinium—Ω″	理想的	——	IV b	82

401. 原子构造（Atomic Atructure）的略史——原子是如此之小的：最好显微镜所能看见的最小质点中所含的原子之数目，大约与地球上人口之数目相等。即就气体中的分子而论，譬如寻常一个电灯

罩，假如是真空的。假如在灯罩上穿一洞，其大小足使每秒钟有中国全国人口那样多的分子进去，要使这灯罩装满空气，至少也得20万年的时间！虽然，每一原子好比一个太阳系；中间有个带正电荷的核（Nucleus）好比太阳自己，周围则有一层一层的带负电荷的电子，各顺着一定轨道环绕旋转（或往来摆动）好比许多行星。

此种概念，1902年凯尔文爵士（Lord Kelvin）即有之，1904年Nagaoka曾在“哲学学报”（Phil.Mag.）中讨论此问题。同时汤姆生（J.J.Thomson）也有一种学说，而不切于事实。1906年以后，原子构造在实验上和理论上才有惊人的发展。在一方面，1906 罗瑟福（Rutherford）用α-质点“分散”（Scattering）之实验，证明原子核系具正电荷的；1911他又与其学生等证明原子质量集于核。1913这问题更有多方面的佐证和解释。一是Van den Broek提出来的原子核电荷与周期表的关系；一是Moseley发现原子数的实验；一是Soddy，Fleck等成立的变组规则或定律。等到1919～1921罗瑟福等发现质子以后，于是核之构造几乎活现于吾人之眼前。在又一方面。Rudberg（1914），Kossel（1916）N.G.Lewis（1916）、Langmuir（1919），Bary（1921）等等从理论上创造一种臆说，并逐渐发挥而推阐之，于是核外各层电子之排列分布及许多化学性质，亦几可按图而索于掌上。最近数年间我们还有中子（Neutron，1932），氢的同位素（Hydrogen Isotope 1932）和阳电子（Positive Electron，1932～1933）之发现，则更是原子构造史中的新纪录。

402. 原子构造的大纲——据近来一般所公认的，一切原子皆由某数质子与同数电子（包核内的和核外的总数）组成。此数等于各原子之质量（mass weight）或原子量（atomic weight）。一质子带一单位之正电荷，一电子带一单位之负电荷。因在一原子能其数目相同，故原子为中性。以上说过，每一原子好比一个太阳系，然可假定分为两大部分。一部分是中间的核，一部分是核外层，氢原子核中含一质子，一电子则运行于其核之外层。所有其他原子皆以全数之质子与一部之电子组成其中间的核。所余电子（亦称游电子，以与核电子区别）则各于核外循着相当轨道绕核运行，好比行星之绕太阳。

原子均为中性的，故原子之净正电荷（由质子之总数减去核电子之数）当与轨道上游电子之总负电荷相等。表此量之数值即为原子（序）数。核中（除氢核外）质子之数既多于核电子之数，故核为正电的。所多出或过剩质子（即净质子）之数等于原子数。但核外电子之数既等于核中过剩电子之数，故亦等于原子数。

游电子之轨道可分为若干层，最多层数为七。自最近于核者为始，可依次称为K，L，M，N，O，P和Q等层，或简分为第一，二，三，四，五，六和第七层。层数即周期之数，每层中电子之最大数为2，8，18，32，50，72和98，即2×12，2×22，2×32，2×42，2×52，2×62和2×72。但照现在所知者，最外三层并不完全。各层中游电子之总数等于原子数。最外层叫作“原子价层”。此层轨道上之电子叫“电子价电子”，与各原子之化学质有密切关系。

氢核含一质子，为组成一切原子之基础。故纯原子之质量当为质子之整倍数。但一原素常由同位素（isotopes）之原子混合而成。实用上之原子量，即同位素混合原子之平均质量表之，故不必为整数。

读者注意：以上固然为一般所公认，但尚有许多假定在内，因此有些物理家和化学家尚正在研究讨论着。例如所有质子全在核中之说，最近（1934）Tutin在其所著“The Atom”书中仍有一种异议。他并举有下例：设原子（炭）之原子量为12，其原子数为6，则

	照Rutherford等	照Tutin
核中质子之数	12	0，1，2，3，余类推至12
核外质子之数	0	12，11，10，9，余类推
核中电子之数	6	6，7，8，9余类推
核外电子之数	6	6，5，4，3余类推

总之，原子构造是个极其重要而极复杂的问题，是个常常进步常常革新的问题。此时当然还不能完全解决，以下试再将原子核中之质子、核外各层之电子以及核之本身分别述之。

403. 1919年质子的发现——Ramsay尝首先认原子核甚固定，须用具有大能（energy）之α-质点方足打破之。及至1919罗瑟福用从镭B与镭C所生的α-质点冲击氮，得出一种质点，其质量为一而带一个阳电荷。这种质点显然是从氮原子核分裂而来，名质子（proton）。此后几年内（1921～1925）经Rutherford，Chadwick，Kirsch，和Pettersson诸人用许多种的原素——由锂（Li）到钾（K）——来作同样的研究，结果皆能得出质子。这证明质子是原子核的组织分子和一种。

404. 核外各层的学说——讲核外各层电子之轨道和其分布者，原来学说甚多。例如物理家多认各电子顺着相当轨道绕核旋转，化学家多认各电子在一定限制的地位中摆来摆去。要知无论如何，此处首须办明二事：（1）原子数和（2）周期律。前者是纯粹继续的，后者是继续而兼周期性的。骤观之，二者似相矛盾。其实后者不过因有原子

价的关系。

且说能将原子数与周期律打成一片者，首推瑞典大学教授黎伯（R）。1914黎氏对于原子数即认为颇有级数上的规则。他将天然数目给所有原素，包括当时尚未发现的希罕土质和其他原素在内，将它们排列起来。计分各有2个原素者二周期，各有8个者二周期，各有18个者二周期和各有32者二周期。他谓2，8，18和32之数可写作2×12，2×22，2×32和2×42，故叫此种排列为“Rule of Quadratic Groups”。现在我们知道核外层电子之最大数目恰与以上数目相合。不过最外三层之最大原子数须再将上列级数引申为2×52，2×62和2×72。

又1914J.J.Thomson曾将原子中之电子分为两种。一种是固定的，在核中；一种是流动的（mobile）在核外各层。

1916Kossel和鲁意士G.N.Lewis各有一种关于原子构造的学说。惟Kossel的说法不及鲁氏的说法之博大精深。故当今言原子构造者，多半采用鲁氏之学说。鲁氏学说之特点甚多，其尤重要者有三：（1）当化学反应时，外层电子有自0至8之变换。这即暗含8为周期之意义。所以他的学说有时叫作Octet Theory，虽然这名词他自己不甚满意，因不足完全这学说。（2）原子有接受双数电子，尤其是8个电子于其外层之倾向。这些电子寻常列于立方形之八角上。此特点非常要紧。因这种倾向乃化学上之根本重要问题。例子如许多化学反应，即在电子之结合，变为成双成对的（in pairs）（3）二原子层可互相透过（interpenetrable）。这个特点和此处不及叙述之特点，在有机化学中颇有用处。

1919Langmuir有将鲁氏学说推广之处。有些他的说法虽颇受人指谪，但亦仅有可取。他认各层都是同中心的（concentric）他用Rydberg的数目为出发点，谓各层中电子数为2，8，8，18，18，32和32。现在我们知道各层中电子之最大数为2，8，18，32，50，72和98，不过最后3层并不完全。鲁意士则谓最外层为“原子价层”。此层中电子之最大数只有8个，叫“原子价电子”。

1921Bury又将Langmuir臆说大加修改，即是我们Bury氏型原子。他的论文之最大特点是：用最外二层电子调换着排列，为可变的（variable）原子价之解释。这个方法非常巧妙。例如锰之原子价可用以下最外层中电子之数表示之。

化合物	Mn之原子价	各层中电子数	最外层电子数
Kmn04	7	2—8—8—7	7
K2Mn04	6	2—8—9—6	6
Mn02	4	2—8—11—4	4
MnCl3	3	2—8—12—3	3
MnCl2	2	2—8—13—2	2

此外从事此种研究者更仆难数，此处不遑备举。但从上述的逐渐进步，我们即可略窥原子构造之一斑。兹将所有原子之各电子在其核外各层之分布，列表如下，以便参考。

电子在各个电子核个各层之分布表

原子数	原子	层1	层2	层3	层4	层5	层6	层7
1	H	1						
2	He	2						
3	li	2	1					
4	Be	2						

5	B	2	3					
6	C	2	4					
7	N	2	5					
8	O	2	6					
9	F	2	7					
10	Ne	2	8					
11	Na	2	8	1				
12	Mg	2	8	2				
13	Al	2	8	3				
14	Si	2	8	4				
15	P	2	8	5				
16	S	2	8	6				
17	Cl	2	8	7				
18	A	2	8	8				
19	K	2	8	8	1			
20	Ca	2	8	8	2			
21	Sc	2	8	8	3			
22	Ti	2	8	10,9,8	2,3,4			
23	V	2	8	11,10,9,8	2,3,4,5			
24	Cr	2	8	12,11,8	2,3,6			
25	Mn	2	8	13,12,11,9,8	2,3,4,6,7			
26	Fe	2	8	14,13	2,3			
27	Co	2	8	15,14	2,3			
28	Ni	2	8	16,15	2,3			
29	Cu	2	8	18,17	1,2			
30	Zn	2	8	18	2			
31	Ga	2	8	18	3			
32	Ge	2	8	18	4			
33	As	2	8	18	5			
34	Se	2	8	18	6			
35	Br	2	8	18	7			
36	Kr	2	8	18	8			
37	Rb	2	8	18	8	1		
38	Sr	2	8	18	8	2		
39	Yt	2	8	18	8	3		
40	Zn	2	8	18	8	4		
41	Cb	2	8	18	8	5		

42	Mo	2	8	18	12,11,10,8	2,3,4,6		
43	Ma	2	8	18	……	……		
44	Ru	2	8	18	12,13,12,8	2,3,4,8		
45	Rh	2	8	18	15, 14, 13	2,3,4		
46	Pd	2	8	18	16,14	2,4		
47	Ag	2	8	18	18	1		
48	Cd	2	8	18	18	2		
49	In	2	8	18	18	3		
50	Sn	2	8	18	18	4		
51	Sb	2	8	18	18	5		
52	Te	2	8	18	18	6		
53	I	2	8	18	18	7		
54	Xe	2	8	18	18	8		
55	Cs	2	8	18	18	8	1	
56	Ba	2	8	18	18	8	2	
57	La	2	8	18	18	8	3	
58	Ce	2	8	18	19	8	3	
59	Pr	2	8	18	20	8	3	
60	Nd	2	8	18	21	8	3	
61	Il	2	8	18	22	8	3	
62	Sm	2	8	18	23	8	3	
63	Eu	2	8	18	24	8	3	
64	Gd	2	8	18	25	8	3	
65	Tb	2	8	18	26	8	3	
66	Dy	2	8	18	27	8	3	
67	Ho	2	8	18	28	8	3	
68	Er	2	8	18	29	8	3	
69	Tm	2	8	18	30	8	3	
70	Tb	2	8	18	31	8	3	
71	Lu	2	8	18	32	8	3	
72	Hf	2	8	18	32	8	4	
73	Ta	2	8	18	32	8	5	
74	W	2	8	18	32	10, 8	4, 6	
75	Re	2	8	18	32	……	……	
76	Os	2	8	18	32	14,13,12,10, 8	2,3,4,8	
77	Ir	2	8	18	32	14, 13	3, 4	
78	Pt	2	8	18	32	16,14	2, 4	

79	Au	2	8	18	32	18	1	
80	Hg	2	8	18	32	19,18	1,2	
81	Tl	2	8	18	32	18	3	
82	Pb	2	8	18	32	20,18	2,4	
83	Bi	2	8	18	32	18	5	
84	Po	2	8	18	32	18	6	
85	Ab	2	8	18	32	18	7	
86	Rn	2	8	18	32	18	80	
87	Va	2	8	18	32	18	8	1
88	Ra	2	8	18	32	18	8	2
89	Ac	2	8	18	32	18	8	3
90	Th	2	8	18	32	18	8	4
91	UX2	2	8	18	32	18	8	5
92	U	2	8	18	32	18	10,8	4,6

405. 原子价的电子学说（Electronic Theory of Valency）——与原子构造有密切关系，而在最近进步极速的是原子价的问题。虽然在1904年之早，已有许多学者，特别是汤姆生（J.J.Thomson）已经悟到核外电子与原子价有关系，但近代关于原子价的具体学说的建立，不能不归功于Kossel和Lewis（1916）。他二人独立的倡出所谓原子价的电子学说，根据这学说，可以用新的眼光来研究化学反应和分子构造，并解释许多从前未能解决的问题。1916年以后，对于这学说有贡献的人，尚有Langmuir，Lowry，Sugden，Sidgwick，Fajaus，Heitler和London等。

简单的说来，化学的化合至少能有两种方法。其一，至少有一个电子从其元素中移到另一元素中。譬如钠与氟化合为氟化钠时，因为钠原子的最外圈含一个电子而氟原子的最外圈含7个电子，所以钠的这一个电子很容易移到氟那边，使各成为含8个电子的稳定圈

（Octet）。这种化合叫作电原子价化合（electrovalency）。由电原子价化合所成的物质，如盐类系电解质（electrolyte），容易传电；其融点、沸点和蒸发热（heat of vaporization）普通都很高，能溶于重合的溶媒（associated solvents）而不溶于不重合的溶媒（non-associated solvents）中。

在第二种化合法中，电子被两个元素分用，叫作共原子价化合（covalency），在有机化合物中极为普通。譬如一个碳原子与四个氢原子化合成一个甲烷分子时，因为碳原子的最外圈含四个电子，而氢原子的最外圈含一个电子，所以碳原子可供给四个电子而四个氢原子共供给四个电子彼此分用。由共原子价化合所成的物质，普通都不能电解，不能传电；能溶于不重合而绝缘常数（dielectric acnstant）较小体中，但在水中之溶度甚低；其沸点、融点和蒸发热都比由电原子价化合所成的物质低。

共原子价化合中还有一种特别方法，叫作并原子价化合（co-ordinate valency）。当甲乙两种原子化合时，甲原子供给电子与乙原子分用，而乙原子并不供给电子与甲原子分用，所以和共原子价化合中甲乙互相供给电子彼此分用者不同。

406. 原子核和其分裂（Disintcgration）——核乃非常微小的。最重原子核之半径约只5 × 10～12cm，其容量约只10～35cm3。而其所含之质子和电子却甚多。例如U核中含238个质子和146个电子。可见其构造之复杂和细密。核虽极微，科学家虽也都证明化学性质要看今外原子价层之电子，然而化学家对于核切不要忽视。核者所以决定（1）质量、（2）各个原子之区别和（3）同位素及所有放射性之存在。最后如何能使原子变换与否或破坏与否，必须看我们能力果否及核并使核之构造改变。

借人工的方法冲击原子核使其分裂，而研究原子的构造，是个很得力的方法。尤其是最近几年中，关于这方面的研究有许多值得注意的发现，增进我们对于原子构造的知识不少。故特简单记述于下。

407. 1932中子（Neutron）的发现——1930年，Bothe和Becker发现有些轻元素，例如铍（Be）被由钋（Po）所生的α-质点冲击时，放出一种类似γ-线的放射线。氢、氮、碳、氩和空气被这种放射线冲击时，有质子急射而出。经Curie[①]，Joliot，和Chadwich的研究（1932），断定这种放射线系由一种质点组成。这种质点的质量与质子的质量约略相等，但不带电荷，所以取名中子（Neutron）。中子是被当作一个质子与一个电子（electron）合并而成的，其质量约为1.005～1.008。

不但可以用α-质点冲击原子核生出质子和中子，反过来也可用高速度的质子冲击原子核而生出α-质点。这是由Cockroft和Walton（1932）的研究证明的。Feather（1932）亦曾发现用中子冲击原子核可以生出α-质点或质子。

408. 1932双氢（Deuterium）的发现——除掉中子外，最近二三年内又有两种质点被人发现。这种发现，对于物质的根本组织问题或有重要的贡献。第一种被发现的质点是氢的同位素。在这发现以前，就有许多学者测臆测原子核的组织分子中或有一种质点，其质量为2

① 乃居利夫人之次女，即Joliot夫人。

而带一个阳电荷。果然，经Urey①，Brickwedde和Murphy的研究，于1932年发现质量约为2的氢的同位素即双氢，符号为D，或写作H_2。在每3万分普通这氢中，才有一分这个同位素。这同位素的质量约为2.0136±0.002，并且是被认为由一个质子与一个中子组成的。有了双氢，乃有所谓重水（“heavy water”）。这发现又引起另外的重要发现了。

409. 1932~1933阳电子（Positive Electron）的发现——第二种被发现的质点是阳电子（positive electron），是Anderson（1932）首先发现的而经Blackett和Occhialini（1933）证实的。这种质点会从空气、玻璃、铅和铜中得出，但他的来源和对于原子核构造的关系现在尚不十分明了。因为这种质点带一个阳电荷，但其质量不近于质子的而近于电子（electron）的质量，所以叫作阳电子。

① 尤赖（Harold C.Urey）乃美国哥仑比亚大学化学教授，因双氢之发现，新得1934年诺贝尔化学奖金。

第七编　特别化学史

第二十三章　实验化学[①]

410. 化学器具之改良——一个近世化学家每在如此状况之下去工作；这状况若与数代前的比较，是或应当是，合乎理想的，在设备甚好的试验室中，他有宽敞地位可以占据；有许多洁净、广大的抽屉可收放他的仪器和药品；还有自来水、煤气和电；就让是"真空"，也放在他的试验桌上。点金家和大多数燃素家（phlogistonists）乃"配药师傅"，他们做特别研究时顶好也不过在药店的背后房中，拿酒精灯或炭火，一些自家制造的玻璃器具和供给城市的水，来相助。富足的化学家（例如Cavendish或Priestley）设备较好的试验室以供自己之用，还有好些与财力雄厚之贵族相结识，得其庇荫，这都是诚然之事，但我们科学中的老前辈的生平大半靠着转移，因此他们易于变成实行的化学家，与近世一般习化学而不能吹成一个蒸溜圆球者不同。近世的特别研究试验室发轫于德国，在Göttingen地方Wöhler的（1830），和在Marburg地方Bunsen的（1840）试验室，或者可作为第一和第二个近世教授化学之实验机关。自此以后，此等试验室自然大大的遍布于各国；及至今日，除纯粹学术机关外，各大厂中每有它们

① 本章完全是从Hilditch的化学史中译出。这并不是我认他所编的怎样的好，不过一时我没有工夫去创作一章更好的，虽然这是我早晚必要创作的！

自己的特别研究和各项试验室（testing laboratory），悉和专门化学家管理之。

从前化学家每销耗许多时间来预备他们特别研究上所应用之药品，近来此层可以多少免去，因为有些工厂专门制造纯粹药品为此项之用的原故。

各项化学仪器除其详细尚待参考者外，下所列举仅可表示现在似不可少的许多小小发明都是比较上很晚近才介绍的：

Marggraf——显微镜对于结晶体之用法，钾和钠之火焰试法。

Bergman——吹管在矿物分析中之用法。

Berzelius——完成吹管之用法（内层和外层火焰，用硼砂，钴，等等）；介绍橡皮管，水浴锅，等等。

Liebig——介绍寻常玻璃制之凝集器（condenser），Kolbe和Frandland首先用作“reflux”。

Bunsen——介绍本生氏煤气灯、节热器（thermoregulators）、水面永平的浴锅、水唧筒（water pump）、分光镜之详细用法，等等。

Beckmann——精细温度计，等等。

Anschütz——第一次在低温下做蒸溜。

Crafts——在负极光之真空中蒸溜。

411. 化学方法之改良——Dioscorides（约纪元后100年）尝（常）从石朱砂用蒸溜法取汞，嗣后点金家和燃素家尝（常）先后改良蒸溜之法，前者能使醇和醚纯洁，后者又从此能提取各种挥发油和有机盐。

上古化学家和点金家也知道双分解的反应：这可于当时苛性

碱质的、炭酸铔的（从锅灰和氯化铔）和氯化银的取法知之。Basil Valentine尝（常）将各异金属以不溶盐类分离出来。试举个较晚的例子，则Scheele尝（常）用石灰或一氧化铅使许多有机酸质从其所从出之植物汁中发生沉淀。

用还原使炭氢化合物生成之法，以前已经讲过。其他还原程序，在乎利用（1）硫化氢（在酸性或盐基性溶液中，Zinin，1842）；（2）氢碘酸，或与燐并用（Baeyer，1870），或否（Berthelot，1867）（3）钠，或以金属丝的（Hofmann，1874），或以ethylate的（Baeyer，1879），或以amylate的（Bamberger，1887），或以汞膏的（Lippmann，1865；Baeyer，1892）形式；(4）铁屑（Béchamp，1854）；(5）锌，或在酸性（Girard，1856），或在中性（Lorin，1866），或在盐基性（Zogogumenny，1876）溶液中（6）锡（Beilstein，1864）；和（7）氯化低锡（Böttger和Petersen，1870）

氧化剂中，除臭氧和过氧化氢外，过锰酸钾和硝酸（Debus，1858）乃有机化学家所常常欢迎者。还有应用铬酸（用铬盐者，Penny，1852；用铬酸自己者，Graebe，1880）；苏达石灰（首先制取并如此应用者是Dumas和Stas，1840）；溴（为糖质用的，Blömatrand，1862；E.Fischer，1886）；盐基性氯化银（Tollens，1882）和硫酸（为mercaptans用的，Erlenmeyer，1861；为变piperidine成pyridine用的，Königs，1876）。

代替程序在有机化学中既然有非常重要的作用，我们可将用于此等程序之主要方法列表如下：——

（a）硝酸化法（nitration）——$NHO_3+H_2SO_4$——Schönbein，

1846；修改之者有Martius，1868；有Nölting，1884；有Nietzki，1887和其他。HNO_3+CH_3 · COOH——Cosak，1880.Nitroso化合物之氧化——Schraube，1875.$AgNO_2$（为脂肪化合物用的）——V.Meyer，1874。

（b）一烷基化法（methylation）——Dimethyl sulphate——Badische Anilin-Soda Fabrik。

（c）溴化法（bromination）——在可娄肪，二硫化炭（Michael，1866）成醋酸（Graebe和Weltner，1891）中用溴。

（d）氯化法（chlorination）——用氯之气体——四位荷兰化学家，1795；用氯之液体——Badische Anilin-Soda Fabrik，1890；用diazo chloride——Griess，1885；用Cu_2Cl_2和diazo物体——Sandmeyer，1884；用还原的酮和diazo物体——Gattermann，1890；用PCl_5——Dumas和Péligot，1836；用$POlC_3$——Chiozza，1853；用PCl_3——Béligot，1856；用$SOCl_2$——Heumann，1883。

（e）碘化法（iodination）——在二硫化炭中用碘（Schwald，1883）或用碘化钾之水溶液（Baeyer，1885）。（应用之处有限。）

（f）成盐素介绍剂（halogen carriers）——碘（为氯和溴用的）——Muller，1862；Kekulé，1866。各种氯化金属——Perkin和Duppa，1859；L.Meyer，1875；Beilstein，1876；Gustavson，1881。燐（为溴和碘用的）——Serullas，1848；Personne，1861。

（g）氟化法（fluorination）——各种方法Reinsch，1840；Frémy，1854；Borodine，1862。

（h）硫酸化法（sulphonation）——（NH_4）$_2SO_3$——Piria，

1850（为nitro物体用的）；发烟硫酸——Barth，1868（与P_2O_5同用，1871）；百分之100硫酸——Lunge，1889；$K_2S_2O_7$——E.Fischer，1877（为phenylhydrazine的诱导物用的）；加入酸性亚硫酸化物——Bertagnini，1853（aldehydes），Messel，1871；$Cl\cdot SO_3H$——Limpricht，1885。

（i）亚硫酸化法（sulphination）——铜末，SO_2和diazo化合物——Gattermann，1899；$AlCl_3$，SO_2' 和芳香诱导物——Smiles和Le Rossignol，1908。

最后我们必须论及水化作用（hydrolysis）或分子的劈裂（molecular fission），此种作用可用碱之水溶液或酒精溶液，baryta（Baeyer，1881）氧化银（Hantzsch，1886）做成之，但不能用阿莫尼亚，因数有副反应（Liebig，1834）的原故。硫酸或盐酸（Lautemann，1863；Gal，1865）也曾被用为铁化剂（saponifiers），但为格外利害的分解起见，则常须借助于三氯化铝（Harimann和Ggttermann，1892，为phenol ethers用的）氢碘酸（Zeisel，1885，用意同上），或将alkaloids等与苛性碱质相熔化（Pelletiers，Laurent和其他）；1860 Kolbe对于水杨酸（salicylic acid）之合成；1878 Weselsky和Benedikt之使nitro变为azo-phenols；1888 Liebermann所发明之器具为碱质熔化用者；也都值得注意。

412. 分析方法之进步——用适当之酸或盐基为沉淀剂，Basil Valentine尝（常）将几种金属分开，即如合金中含有金、银、铜，和铁者，他尝（常）以此法辨别之。嗣后Tachenius利用沉淀反应，尤其是靠着沉淀物的颜色，才能订出不完全的矿物分离表。从Boyle

起，分析（analysis）一名词才用来表示这种程序，他和他的继起者Hofmann，Marggraf，Scheele和其他曾发明各金属、各酸质和各矿物土质的许多不相连贯的试法。

(a) 无机定性的——直到燃素时期之末叶，已知之散漫反应，才被Bergmann合拢起来他尝（常）订出一种有统系之试药，而且他又与Cronstedt和他人对于吹管之介绍颇有力量。Berzelius和Klaproth在这一部分的化学上也有很多工作，其范围可从19世纪初年出版的Lampadius和他人所著的矿物分析书中得之。Berzelius又将近世各金属和各酸之分组法介绍下来。研究这种分组法者，19世纪以来大有人在，尤其是Rose，Fresenius和Noyes。此处值得特别注意者，还有那极其相关之金属，譬如各种希罕土质的分离法，用硫酸化物、硝酸化物、草酸化物、铬酸化物、溴酸化物（James，1907）或acetyl acetone诱导物（Urbain，1896）的结晶法。1895以后，Fenton对于普通分析的工作，也是可以注意的。

(b) 无机定量的——宁从某物质之化合物不从其原素以测定其重量，这件事首先赞成者是Bergmann。他用草酸化物来称钙，用钡盐来称硫酸，用硫化物来称铅和其他。在此以前，Marggraf曾用氯化银来测定合金中之银，Black也曾表明如何用炭酸化物来测订（定）氧化镁。注意矿物的定量分析者有Klaproth和Bergmann。他们尝（常）用盐基性熔化法使矽酸化物分解，但使此种分析有最大进步乃Berzelius。他所用物质比前人所用的更少，因之手术上格外便利。他教导我们以近世用细纸滤过的方法及随后将滤纸焚去而测定其灰烬的方法。他又介绍分解矿物之新法，如用新生氯气氧化和与浓盐酸蒸发之例。无机定量之完全新法以及旧法之改良，大概多得之于Wöhler，Rose和Fresenius。近来电气化学的方法甚为重要，此系由于Classen的介绍而利用旋转电极（Gooch和F.Mallwo Perkin）更使此法适于应用。S（1907）曾完成锑和锡之分离捷法及重量分析上难施手术之其他金属分离法。我们应当注意近来矽石（silica）的坩埚和矽石的燃烧管之应用，比玻璃的或瓷器的更好。因为矽石的能耐温度之忽然变更；还应当注意Gooch所发明之坩埚，用此坩埚可以捷法定量而无需乎滤纸，那末滤过后使滤纸干燥和焚去之手续就省掉了。

（c）有机定性的——在有机物质之燃烧程度中，虽然van Helmont和Boyle已知有水之生成，Priestley已找出有炭酸气，Scheele则察得产物中二者都有，但必等到Lavoisier在他的氧学说已经成立之后，才肯定地说明一切有机物体中都含炭和氢，有时此二原素外兼含氧和氮。检察氮之存在之法，Berthollet用的系将它变成NH_3，Lassaigne（1843）用的是将它变成NaCH（用钠与有机物体同熔）。成盐原素也是用此法检察，但Berzelius寻常试验燐和硫之法系用硝酸将它们氧化使变成燐酸或硫酸。除此等检察原素的方法外，关于有机定性分析者此处不必多讲。所当特别注意的即各种新化合物既与日俱增，各种新基（radicals）亦日益发现，那末鉴定它们的方法自然要从它们的本性和反应生出来了。

（d）有机定量的——Lavoisier尝（常）将有机物体与氧气或氧化汞或氧化铅加热，然后用相当吸收剂将燃烧的产物收集起来，以测订定有机物体中炭与氢之量。（有人说他曾用吸黑纸来吸收生成之水！Saussure和Thénard（1870）曾用氯酸钾为氧化剂，但如此发生的利害反应，未免深感困难。Berzelius欲从而变通之，于是加入食盐以缓和氯酸钾之性情。1815 Gay-Lussac乃介绍用氧化铜以代氯酸钾，最后当1830左右Liebig乃发明一种燃烧炉子，实际上略与现在常用者相似。就收集那些产物而言，Berzelius用氯化钙代吸墨纸，已较Lavoisier为进步，近来（1882）Matnesius则起首用浸于浓硫酸有浮石（pumice），而1895 Collie所发明的器具要算是最便的了。寻常每用苛性钾吸收炭酸气，可是Liebig（1843），Geissler（1880），Delisle（1891）和他人所发明的吸收球（bulbs）种种不同。用其他方法使炭氧化者则有Kapfer（蒸汽和氧通过海绒似的白金，1876）、Messinger（用铬酸以湿法氧化，1888）和Dennstedt；最近Dennstedt曾完成一种炉子可为以捷法分析有机化合物之用。

以氮气自己测定氮者有Dumas（1830）的燃烧方法，以阿莫尼亚测定之者有Will和Varrentrapp的方法（与苏达石灰加热，1841）和Kjeldahl的方法（与硫酸加热，1883）。最后方法在工厂中化学分析上甚为便捷适用。

测定成盐原素之法，系将其变成金属盐化物（halides），或与石灰加热（Piria和Schiff，1879），或在压力下与发烟硝酸加热（Carius，1860）均可。依同理，若将硫和燐的化合物与苛性钾和硝石同熔（Liebig，1849）或用C的方法，则可使变成硫酸或燐酸。还有一法必须注意，即用过氧化钠与有机物质同熔以测燐定其中之硫和燐（Edinger，1895）。

此外我们还得论及各时期所介绍的各种方法所以测定特别化合物或特别基者：——

醇——比重法（Réaumur，1733；Brisson，1768），折光法。

糖——旋极光法（Clerget，1870）；近来又用折光法。

Methoxyl，$—OCH_3$ } —— { 与HI加热，得AgI称之。Zeisel，1885；
Ethoxyl，$—OC_2H_3$ } —— { Perkin所改良的器具，1904

Nitro，$—NO_2$ } —— { 用锡使试验物质还原，然后以容量
Nitroso，—NO } —— { 法测定过剩之锡（Limpricht，1878）。

Phenols和一些其他含（OH）之化合物（i）Benzoyl诱导体之生成和水化（Schotten，Baumann）。（ii）与acetic anhydride和醋酸钠加热，再使所生之acety诱导体水化（Liebermann，1874）。

COOH基——（i）酸性亚硫酸化物之生成（Bertagnine，1853）。（ii）Phenylhydrazone之生成（E.Fischer，1877）或semicarbazide之生成（Baeyer，1894）。

Amino基——（i）用亚硝酸之反应再测量放出之氮（Heintz，1866）。（ii）用分析盐类或acetyl或benzoyl化全物的方法。

（e）容量分析——这个很有用的分析方法的发现人是Gay-Lussac。他从1823～1832曾发明滴定方法为测定酸和盐基（alkalimetry）、漂白粉、氯和银（chlorimetry）之用；银之测定视乎一种氯化物和一可溶银盐之反应。Volhard（1874）对于银之滴定又发明硫猜化物（thiocyanide）法，Marguerritte（1849）对于铁之测定曾发明过锰酸化物的方法，Bunsen（1853）对于碘之测定曾发明酸性亚硫酸化物的方法。至于必需的各种器具如滴管、吸管和其他，自然也各有人发明，尤可注意者是Bunsen的和Mohr的贡献。近50年来，各种基本的方法和器具经一些化学逐渐改良，不能枚举，到了今日，几乎

没有一原素或一化合物、无机的或有机的、不能直接或间接使就范围者。

关于“指示剂”（“indicators”）的学说（即在alkalimetry中所用的物质，其颜色可以指示反应溶液是酸性或盐基性），此处应当提及。此等学说得之于Hantzch，A.G.Green，A.G.Perkin，Hewitt和Veley者，尤其特别。

（f）气体分析——当燃素时期几个气体的定性分离法才被人知道，例如用苛性钾以吸收二氧化碳和过氧化氮，用潮湿的氢氧化低铁以吸收氧气，皆是检验各种气体之顺序是从Priestley，Lavoisier，Dalton和Gay-Lussac起首的。在定量一方面，首先研究者乃Cavendish。他尝（常）用爆炸方法测量氢和空气、氮和氧、氢和氯，等等。重要的工作与近世方法相接近者则有Henry所做的、Gay-Lussac所做的和Bunsen所做的。最后欲测定一种混合气体之成分，须将各该组成分用相当吸引剂一一除去之，而此项实验之可能在乎利用Winkler，Hempel和Lunge（1875～1890）之气体滴管（gas burettes）和吸收管（absorptometers）。

413. 原子量之测定——原子量之测定以前各章曾连带的讲过，例如应用Dulong和Petit的定律，或Mitscherlich的发现都是，近来还有利用拿van der Waals的恒数改正过的气体密度来测定分子量者，还有利用Cannizzaro 的规则以选择当量的正当倍数作为分子量或原子量者。

以下只就化学当量之（精准）测量约略述之。

多顿的原子量系根据于少数而且不精细的实在给料。当时各原素的当量所以有许多可靠之价值者，我们应当感激白则里。如果我们记得他于10年之间居然仔细的分析过2000种以上的化合物，我们对于他的自强不息的工夫方可了解。

其次著名分析家就是杜玛。他既找出白则里的数目与他自己的（从蒸气密度所得）有些差异，又察知白氏对于炭的价值有了错误，于是就费数年的工夫去测定几种当量，特别用硝酸银使各该盐素之盐化物（halides）沉淀之法。Marignac（1843～1858）和Stas（1840～1865）对于这些问题，更有格外有统系的研究。Stas之预防错误如此审慎周到，所以差不多50年间从无人怀疑他的试验上容有不尽准确者。他的研究的目的，在乎从下列二个或二个以上原素Na，K，Ag，Cl，Br，I之某种数目（非常仔细求得者）求出每一原素的一种独立的价值。

虽然，近来气体恒数之应用曾使Leduc（1895）、Guye（1902）、Gray（1905）和他人从Stas的基本数值中察出有些错误来，此等错误虽则细微，但很可以辨别。因为如此，大家曾从事于原子量之后新测定，有的用密度方法（Gray，1905—；Guye，1905—和其他），有的用化学方法。在此种重新测定中，美国化学家以Clarke和Richards为领袖，近来很有声名。

每年万国原子量委员会由法、德、英、美四国之著名化学家组织之。他们寻常选择最可靠的原子量所用的方法，假如不稍加论及，我们的结论尚有缺陷。

以下特将适用于重量上当量测量之重要方法略举数例作为结论：——

(a) 用$AgNO_3$使盐化物沉淀——

Ba，Sr，1888，Marignac；As，Sb，Sn，Pb，1856～1859 Dumas；Li，1860，Stas；Al，1880，Mallet；Ti，1885，Thorpe。

(b) 使氧化物变为硫酸化物——

Al，1812，Berzelius；Be，Th，1880～1882，Nilson；Cr，Cu，Zn，1884，Baudigny。

(c) 使氧化物变为硫酸化物——

Mn，1883，Marignac；Sc，1880，Nilson。

(d) 用热使氯酸化物等变为盐化物——

Cl，Br，I，1842～1846，Marignac和Stas；K，1842～1846，Marignac；Ag，1860～1865，Stas。

(e) 使原素变为氧化物——

C，1882，Roscoe；1885，van der Plaats；P，1885，van der Plaats；In，1867，Winkler。

(f) 使氧化物还原为原素——

Fe，1884，Erdmann和Marchand；Mo，1859，Dumas。

(g) 用盐类加热使剩原素——

Au，1887，Thorpe和Lawrie；S（从硫酸银），1860～1865，Stas；Pb，Ir，Os，1878～1888，Seubert。

(h) 从金属和酸所生氢之容量——

Zn，1884，Ramsay和Reynolds。

许多其他方法自然也曾用过，不过以上乃一些最趣味者。

我们还可以注意：A和K；Fe，Co和Ni；I和Te（tellurium）三

组，各有特别仔细之测定，因为照现在的原子量，它们在周期表上各占反常之地位。以上各组之缺点都没去掉；在那第三组之例中，曾有许多试验想证明tellurium究竟是不是多数原素之混合物，但Barker的和Marckwald的（1907）最近和最彻底的工作都否认这个观念。

第二十四章　工业化学

414. 引言——化学工业分门别类，各有各的历史，本书未便一一论列之。要知硫酸和碱质（alkale）可以代表较早的、染料和炸药多少也可以代表晚近的工业化学。硫酸和碱质乃一切化学工业之命脉。人造染料不但是煤膏产物——许多化学工业之中心——中的重要出品，其巧夺天工的地方，最足以证明纯粹科学与工商业之密切关系，至于炸药则尤国际间武器和平之关键，而完全为应用化学上的问题。以下故随便就（甲）硫酸、（乙）碱质、（丙）染料和（丁）炸药之历史约略述之。

（甲）硫酸

415. 硫酸之发现和最早的制法——寻常总推Geber为发现或叙述硫酸最早之人，他说有种“Spirit”可从矾赶出，有溶解他物之力。不过贝提老常说，975年以前，阿拉伯的作者并不知道硫酸。有人以为发现硫酸者是第10世纪左右的波斯点金家，此处也无从论定。总之13世纪以后，大家才渐渐晓得硫酸，等到15世纪时，B.Valentine说硫酸为烬烧绿矾和矽石（silica）或燃硫和硝石于潮湿空中所成。但必至1559 Libavius才公认用二法所得者同是硫酸。

当16和17世纪时，硫酸几全在普鲁士Hartz山之“北屋”（Nordhausen）制造，用的是第一方法，即用绿矾蒸溜之法。所以制成之酸叫作“北屋酸”（Nordhausen acid），又叫发烟硫酸，或

Oleum。第二方法（用硫和硝）是较为改良的。1740英国Ward在伦敦附近之Richmond实行利用硫和硝同燃，使所得蒸气凝于含水之玻器，然后再蒸发使浓。如此制成之酸叫作“oil of vitriol made by the bill”以与用绿矾制者有别。因为利用这第二方法，硫酸价格居然从每两二先令六便士跌到每磅二先令！

416. 铅房法——因为Ward所用的玻器蒸发时常常破裂，于是1746 Birmingham的Roebuck乃介绍改用铅房。房之正中放一炉子，将硫酸和硝轮流加入以发生SO_2和HNO_3。1772伦敦设有一厂中有71个圆铅房，每房直径和高各式各6英尺。1797单在G已有七八个硫酸工厂。1805单在Burntisland一厂中计有360铅房，每房19立方英尺。法国最早的铅房是1766立于Rouen的，德国最早的是1820立于Dresden附近的。

1774 De la Follie说介绍水汽于铅房，结果可以好些。1793 Clement和Desormes说用继续不断之气流则可省许多硫酸和硝石。他俩又说明燃硫仅得亚硫酸，而硝石之作用在乎发生氧化氮；此气体与空中之氧化合，再使亚硫酸氧化，于是氧化氮遂被认为此等反应中重要之物。

硫之来源本来几乎全靠天然者。1818英人Hill乃提议用黄铁矿（iron pyrites）以代之。但必等到1838（1858？）Sicily政府将其硫产全卖于法国以后，黄铁矿乃为硫酸工厂中通用之品。

使铅房法更加改良者尚有Glover（葛氏）塔和Gay-Lussac（盖氏）塔。盖氏塔系他1827所发明以吸收过剩的氧化氮者。1835第一个盖氏塔建于法国，于是所省硝石不少。1861第一个葛氏塔建于New-castle以重新使盖氏塔中所吸收之气体放出。

最后有所谓板塔（plate towers）法者不可不知。为使各种气体格外接触及反应格外迅速起见，1887 Lunge提议完全用塔来代替铅房，不过所用的叫作板塔。板塔系用陶制板片紧铺于塔中而成，板上有孔。近来板塔方法逐渐改良，实际上已有用此法以大宗制造硫酸者。

417. 制造硫酸之理论——首先说明硫酸为二氧化硫、空气、氧化氮和水反应而成者，乃Clément和Desormes（1806）。他们的学说可用以下3式代表之：

（a）$2NO+O_2 \rightarrow 2NO_2$

（b）$SO_2+H_2O+NO_2 \rightarrow SO_2 < \begin{matrix} OH \\ ONO \end{matrix}$

（c）$2SO_2 < \begin{matrix} OH \\ ONO \end{matrix} + H_2O \rightarrow 2H_2SO_4+NO_2+NO$

式中之$SO_2 < \begin{matrix} OH \\ ONO \end{matrix}$，即所谓铅房晶体(chamber crystals)。他们的学说1812兑飞会引申之；1852 Gmelin, 1867 Winkler和1884～1903 Lunge仍采用一部分。1835 Berzelius和其后来他人以为铅房晶体之生成并非必要，故将以上（b）（c）二式省作（d）式：

$SO_2+H_2O+NO_2 \rightarrow H_2SO_4+NO$

1844 Peligot承认SO_2须被HNO_3氧化之说，但1867 Weber却否认之；1867 Winkler又说铅房晶体与热稀硫酸接触乃分解为硫酸而放出氧化氮，于是（c）式又可改为（e）式：

$SO_2(OH)(ONO)+H_2SO_4 \rightarrow 2H_2SO_4+NO$

1884～1885 Lunge和Naef用分析法证明反应中无NO_2而有N_2O_3之作用。那末，硫酸之生成可用以下二式代表之：

（a）$2SO_2+H_2O+O_2+N_2O_3 \rightarrow 2SO_2(OH)(ONO)$

（b）$2SO_2(OH)(ONO)+H_2O \rightarrow 2H_2SO4+N_2O_3$

但自Sabatier发现所谓“蓝酸”（“blue acid”）H_2SNO_5以后，Raschig也证明其的确为一中间产物，于是1907 Lunge又认其（a）式反应可分为二步：

（a1）$2SO_2+H_2O+NO_2 \rightarrow H_2SNO_5$

（a2）$2H_2SNO_5+O \rightarrow 2SO_2(OH)(ONO)+H_2O$

此外尚有许多其他学说，本书不必赘述。

418. 发烟硫酸——硫酸之生成在能使SO_2变为SO_3，故请先讲SO_3之历史。SO_3似于15世纪时被B.Valentine取过，叫作“philosophical salt.”1777 Scheele和1786 G.de Morveau叫作无水硫酸。1875以前，SO_3总是从发烟硫酸蒸溜得来，而发烟硫酸又从蒸溜干燥绿矾得来。大概除掉碱金属和碱土金属的以外，一切硫酸化物在红热时均分解如下式：

$2FeSO_4 \rightarrow Fe_2O_3+SO_2+SO_3$

为免除SO_2起见，先将绿矾烘焙（roasting）以氧化之使变为盐基物，然后再用蒸溜手续，故其结果除Fe_2O_3可用作红色颜料（pigment）外，适得发烟硫酸，即SO_3溶于H_2SO_4而成之浓酸：

（a）$4FeSO_4+O_2+2H_2O \rightarrow 4FeSO_4(OH)$

（b）$2eSO_4(OH) \rightarrow Fe_2O_3+H_2SO_4SO_3$

此法阿拉伯人久已知之，17和18世纪时普鲁士之“北屋”厂中即利用之（见上）。可是1792以后，商业上发烟硫酸几全从黄铁矿造成。原来黄铁矿在空中经历气候（weathering）变为高铁和低铁硫酸化物后，烘焙之可使全变为硫酸高铁，再蒸溜之，则得无水硫酸：$Fe_2(SO_4)_3 \rightarrow Fe_2O_3+3SO_3$

419. 接触法——Dulong, Thenard, Dumas和Mitscherlich会发现一些物质有触媒作用。白则里才介绍触媒（catalysis）一名词。1821（1831？）英国制造家Philips说不用硝石和铅房，但将SO_2和空气通过装有铂线之热管后溶于水中，即得硫酸。他并将此法在商标局注册。1852 Petrie提议用铂镀石棉，1875 Winkler教授又改良之，1878他有铂制石棉法之注册。虽然，接触法中能用黄铁矿为原料者，尚有1878以后，有了较为经济之SO_2此法乃能渐逐应用。恰好19世纪之最后二三十年间，煤膏染料厂中需用浓硫酸者很多，1900年以后，德国Badische Anilin und Soda Fabrik对于接触法又加以种种改良，例如设法去掉SO_2中砒之足迹，加希罕土质等的化合物为接触剂之类，然后接触法乃能与铅房法竞争。1905德国用接触法所制之硫酸计有100000吨。1909有用radio-active emanation，1910又有用外紫光线（ultra-violet ray）为接触剂以制取硫酸者。

（乙）碱质

420. 赖卜郎（Leblanc）以前的制碱法——古时炭酸钠系以海洋植物灰、炭酸钾系以陆地植物灰为来源。虽然阿拉伯人早将苏达介绍于西班牙，其他欧洲各国对于苏达也渐渐熟悉，可是直至法国革命的时候“锅灰”（potash）比苏达尤为通用。18世纪之末，碱质求过于供。埃及虽有天然之碱输入欧洲，但其价较昂。木灰淋得之碱虽然较为经济，无奈林木日少而碱之用途日增。自此以后，非有从天然食盐直接制碱之法不可。

且说1736即有人证明食盐和苏达中含同一金属。1775许礼指明先用一氧化铅处理食盐溶液，然后通入炭酸气，即有炭酸钠发生。1778

Malherbe用铁和煤与硫酸钠加热也得炭酸钠。二法皆会试用于制碱工业，但都不能大宗有效。嗣后De la Métherie提议单用煤来分解硫酸钠，再设法使所得的硫化物变为炭酸化物。此法繁杂，不能实行，但据说1787赖卜郎的程序正是从此法改良出来的。

421. 赖卜朗的传略（Leblanc, 1742～1806）——赖卜郎名Nicolas，法国人，1742年12月6日生于Ivoy-le-Pré。17岁时他到巴黎入法国专门学校（Collège de France）习医，与赖若西埃等同学。1775法国科学院悬奖[①]征求制碱新法，不久赖卜郎乃发明他的程序。他本是某公爵的医生，1781以后，得公爵资助290，000 livres或8000镑，他乃创办一制碱工厂。1791他用他的程序取得专利之权，于是他乃去实行制造。不出数年，该厂独利甚丰，前途更有无限希望。那知因受法国革命的影响，他的工厂被占充公，他的专利权被夺，连他所应得之奖也永远不会给他！尤可惜者，当时盐税太重，助他公爵又被害，于是他的企业乃不得不失败了。一个实业界发明大家，辛辛苦苦的发明了一种程序，此程序在各国制厂中独擅威权者七八十年，然而他不但及身未食其报，反而穷困得不堪言状，等到1806年1月16日，卒以失望自杀，齐志而殁，天下伤心之事孰有甚于此者！

1814 Losh首先介绍赖卜郎程序于英国，但必等到1823 Muspratt才在Liverpool利用之来大宗制造。直至1875英国Mond公司乃用Solvay程序。德国制碱工厂首先用赖卜郎程序者是1843以前成立的Hermann公

① 此奖系2400 livres或作12，000镑。当拿破仑禁止英美船只入口时，法国碱之来源断绝，拿氏尝悬十万佛郎以为新法制碱之奖励。

司。嗣后其他工厂也相继采用之。除机械一方面已逐渐大加改良外，现今这程序在原理上大概与赖卜郎当日所指示者无异。然而他的贡献在法国承认很晚，直至1886他的纪念肖像才立于巴黎。

422. 赖卜郎程序中的副产品——赖卜郎程序计分二步。第一，用食盐与硫酸加热则得盐酸和硫酸钠；第二，用硫酸钠与煤末和白垩共烧之则得炭酸钠（即碱）和硫化钙。故盐酸和硫化钙二者为此程序中之副产品。欲知一般副产品之重要，请姑就此二物之故事述之。

盐酸在今日本甚有用之物，而当初赖卜郎程序最惹人厌恶者实惟盐酸。因盐酸气闻之既令人掩鼻，植物过之不能生长，铁器过之又要发锈。有人说工厂中用长烟筒可免盐酸气味。不知盐酸气比空气重，用长烟筒则气味散布尤广。有人奇想天开，谓用浮的“盐饼”炉，当制造时将炉驶至海中即可免盐酸之害，英国并有人注册得造浮炉之专利权。无奈实际上此法也不能行。最易处理盐酸之法，乃将其溶解于水。惟一时盐酸水多而用处少，势必流入沟渠，其害与前正同，甚且殃及鱼鳖。幸而1661年纸张之销路大增，稻草蒲草等皆用为造纸原料，而制造时必须漂白，漂白须用氯气。易于发生氯气者实惟盐酸。于是此副产品一转移间竟化无用为有用，在卫生上和工业上不但无害，反有大利。

至于那第二副产品硫化钙CaS_2乃是固体，其初亦属废物。有一制碱工厂，当1888年每天出此副产品1000吨，占面积450英亩。如此堆积如山，弃置地面，既嫌不便，而且经风雨后常有一种臭气发生，民间苦之。后来化学家设法从此废物中将硫提出，其害乃绝。不但如此，用Hargreave和Robinson的方法，则可不用硫酸而得硫酸钠；用Claus和

Chance的方法，则残渣中的硫可以完全复原而所费无几。总而言之，赖卜郎程序所以能维持不废并与其他程序竞争者，端赖利用以上两个副产品。

423. 氨碱程序（ammonia soda process）——最近50年来能与赖卜郎程序争胜于商场者要推氨碱程序。此程序发明得很早，及至1838伦敦化学家Dyar和Hemming已注册专利。在他俩以前，Fresnel（1811）、Vogel（1822）和Thom（1836）多少都知道此法；在他俩以后，Schlösing（1853）、Heeren（1858）和他人也各有关于此法的理论或实验。但在商业上必等到1861～1865 Solvay的时候，此程序之效用乃显。诚然，Solvay也是屡经失败后方才成功呀！

424. 苏尔维的传略（Solvay，1839～1922）——苏尔维名Ernest，比国人，生于1839年，其父以精制食盐为业，其叔乃煤气厂经理。苏氏年20被其叔招去，研究煤气废液的用途。他想从那废液提取炭酸铔，但试验无效。1861他又用铔溶液与食盐相混合制成纯碱，而不知此反应已为前人发现过了。自那年比国政府许以专利之后，苏氏即在比京设一小厂从事试验，结果颇佳。1863，苏氏24岁即创办一制碱工厂于比国Couillet城，资本13.6万佛郎。他此时乃知以前已有人取得用此法制碱之专利权，但是实际上都失败了。苏尔维于此数年间惨淡经营、备尝艰苦。幸亏他眼光远大，自信力强，不灰心。不失望；其家人亦深信他的能力，为之后盾；其兄更倾家助之；他才达到他的最后之目的。1872他又在Nancy附近添设大厂。同年英国L.Mond特地去请教于他，于是Messrs Brunner，Mond and Co.，近来世界上最大制碱公司乃以1873年宣告成立。该公司和后来许多其他公司都用氨碱或苏尔维程序。后来苏尔维富甲全国，名誉赫赫，然而他却乐善好施，对于各大学各教育或慈善机关尤多所资助。欧战起后，他尝被德人监禁3月。1922年5月26日他死于比国京城，时年83岁。

425. 电解程序[①]——自有氨碱程序，赖卜郎程序已渐渐归于淘汰；自电解方法成功之后，以上两种程序同受莫大影响。电解制碱法可分为（Ⅰ）从溶解食盐和（Ⅱ）从熔融食盐之两种，前法尤其重要。溶解食盐经电解后，先得氯气和苛性苏达。碱是用炭酸气通入苛性苏达的溶液成功的。虽然1800年Cruickshand已知电解食盐溶液之法，1851英国也有人将此法注册专利，但必至1880左右此法乃应用于大宗制造。电解食盐溶液之法又可分为膈膜程序（diaphram process）、水银程序和其他。

426. 膈膜程序——氯气和苛性苏达同是很利害的东西，电解食盐时欲将此二产物分开，实际上极感困难。其初膈膜能不受氯气和苛性苏达的影响者总找不出，后来才发现一种适用膈膜，可用洋灰（即水泥，Portland cement）和含酸之盐水制成，干后浸于水中则食盐等质溶去，膈膜上则微有孔隙可使电流通过。1890Griesheim Elektron电池中即利用此处膈膜，又用炭（后来改用，magnetite，Fe_3O_4）为正极，铁器为负极。此程序对于氯化钾较为适用，经英国Electrolytic Alkali公司大改良之以为制碱之用，于是1892我们乃有Hargreaves和Bird程序。1905 Townsend在美国Niagara等处又介绍比以上更加改良之法，在乎用矿物油kerosene于负极房使苛性苏达由油之下面流出。1906 Billiter和

---

① 吴承洛。应用电气化学，北京工业大学出版。

Siemens又利用OH′游子从负极迁徙于正极之原理，用石棉为膈膜，制成一种电池，其程序就叫作Billiter Siemens程序。及至1910 Billiter和Leykam又发明一种不用膈膜之电池。

427. 水银程序——寻常总不能将电解食盐之产物完全分开，即使利用膈膜也有好些困难。1892 英国Castner在Birmingham和奥国Kellner在维也纳附近，才用与以上迥不相同的方法而达到同一之目的。他们不用膈膜而用水银。按1807兑飞早有钠汞膏之发现，1882才有人提议用之于电解食盐的溶液，但是又过了10年之后，1892，Castner和Kellner的程序乃告成功。

此程序分为二步。第一，将正极安置盐液上面，下面有水银一层可以旋转。通电后，氯气自正极用管道出，钠则与汞合变成钠汞膏。第二，将汞膏移出另置一器，其中有水和一铁制电极。如此则器之内容自成一个电池。当电线连接时，水或稀氢氧化钠液被电解，氢由铁极放出，氧由汞膏放出。于是引起汞膏分解，而氢氧化钠之溶液变浓。最后再将汞用于第一步，程序即周而复始。

膈膜程序多用于德国，水银程序则英美和大陆各国皆用之。此外还有其他程序，此处不能备述。

（丙）染料

428. 煤气和煤膏——1792英国William Murdock始用煤气点灯。路灯用煤气者伦敦始于1812，巴黎始于1815，柏林始于1826。自1885奥尔博士（Dr.Aarl Auer现在称为Baron Auer von Welsbach）发现他的纱罩之后，煤气灯之亮能使黑夜如同白昼。此系就发光一方面而言。在生热一方面，煤气之应用尤广，例如关于烹饪、暖屋和供给试验室之类。

要知煤当破坏蒸溜时能发生气体、液体和固体等物。除煤气为混合气体外，其浓黑奇臭之液体与阿莫尼亚同留于“水管”（hydraulic mains）者乃所谓煤膏。大宗煤膏在炼冶厂中也从制造焦煤（coke）得来。

429. 煤膏较早的用途和其产物——其初煤膏不但无用，反是最讨人厌之物。它的最早用处在乎油漆（paints and varnishes）。其次从煤膏生出之石脑油（naphtha）可作为溶解橡皮之剂。1825 Glasgow的Mackintosh发明雨衣的制法，即利用此性质。1838 Bethell又发明煤膏涂于木料上可以使之耐久，铁路的枕木上尤往往用之。虽然，非等到1856年以后，煤膏的莫大用处尚不显著于世界。

原来煤膏乃极其复杂之物，当部分蒸溜时它可以分为轻油、重油等部分，就中又可分为benzene，toluene，xylene等液体和phenol，naphthalene，anthracene等固体。此等煤膏产物，乃近世染料和其他有机化学工业之起点。

430. 轮质等等的发现——煤膏的蒸溜——煤膏产物的用途——1815伦敦某公司尝制燃灯煤气，装入圆桶送给用户。一天，圆桶中适有似油的液体（石脑油）发生。那时法拉第正研究压力对于气体的影响，那公司乃送这液体给他检察之。他发现此液体只含炭和氢，其重量之比为12∶1。他叫此物质为bicarburet of hydrogen，给它个公式C_2H_2，现在的名称和公式则是benzene和C_6H_6。自此以后，恰好过了20年，到了1845 Hofmann才发现煤膏中也有轮质。又过了20年，直至1865 Kekulé才给轮质一个构造公式。

煤膏中有naphthalene $C_{10}H_8$，是1819 Garden发现的；其中有anthracene $C_{14}H_{10}$，是1832 Dumas和Laurent发现的；有phenol和aniline，是1834 Runge发现的。且说1834德国Mitscherlich既从轮质首先取得硝酸轮质（nitrobenene $C_6H_5NO_2$），1854法国Bechamp又用新生（nascent）氢使硝酸轮质变成生色精（aniline，$C_6H_6NH_2$）。及至1856 Perkin偶然从粗糙生色精制成非常贵重之紫色染料，于是煤膏和其产物之价值顿增，其蒸溜遂变为大宗工业。

但是煤膏蒸溜之研究，是1848由Hofmann的学生George Mansfield起首的。他有见于此项工业之重要，因用大宗的石脑油去蒸溜。不幸一天（1855年）那石脑油失了火，连那位少年化学家的性命都牺牲了！

要知煤膏经蒸溜手续后既得上述各产物，此等产物再经化学手续遂变恶劣为神奇。不独染料，即最甜的糖、最浓艳的香水、最灵的药品或最毒之杀菌剂、最猛的炸药或最毒的毒气和许多其他，无不可由煤膏产物造成之。不过染料尤有其特别历史，以下故特别述之。

431. 裴钦的传略（Perkin，1838—1907）—裴钦名William Henry，英国人，1838年3月12日生于伦敦。他父亲是个建筑工程师和经理人。他先（于13岁时）入伦敦城市学校。除重要功课外，他尝（常）看见教员做些化学试验，心甚喜之，遂立志要习化学。15岁时他改入皇家化学专门学校（Royal College of Chemistry），那时侯夫门正做该校化学教授，柯鲁克司正做助教。他一面上堂听侯夫门的讲演，一面在试验室做定性和定量以及气体的分析。他在那里还不到两年，然而他的进步如此神速，成绩如此优美，当他17岁时，他已起首由侯夫门指导着做特别研究，同时做他的助教。

他所研究的第一个问题是anthracene，没有什么结果，第二个是naphthyl amine，其结果较好，第三个才是他生平最不朽的工作。这第三研究之目的，本来是要用人工制造金鸡纳霜（quinine），不料却因此发现了世界上第一个人造染料，叫作“aniline purple，”或用法国的名字叫作“mauve”！

以17岁的少年，居然有了莫大的发现，难说有点靠着机会，但这机会却不是偶然的。原来裴钦如此酷好化学，对于试验尤其高兴，他尝（常）在自己家里设个试验室，每于晚间或放假的时候去做试验。那莫大的发现就是当春假时在那里辛勤试验的结果。

当研究上述第三个问题的时候，裴钦先用toluidine，失败了，后来改用不纯的aniline（中含toluidine）他才成功。要知mauve虽然是从金鸡纳霜的硫酸液加上重铬酸钾取出的，他其初所得的不过一种肮脏的黑色沉淀，寻常没有不拿它丢掉的，就让是侯夫门也曾这样劝他！幸而裴钦特别精细，偏要拿它来考察一下。他于是用naphtha煮之使洁，干燥后再用酒精提取之，最后他居然得到一种鲜丽的紫色，即所谓aniline purple溶液。

“Mauve”是第一个煤膏染料，裴钦是第一个煤膏工业制造家。他一声发现了这个染料以后，就设法试之于丝和棉花，知道染丝的效果尤其好些。次年，他就拿定主意要离开那学校，冒着险自办一个工厂好大宗制造那染料，虽然他自己并没看见过一个化学工厂的内容，虽然侯夫门和他人都劝阻他，替他对于他的前途担忧。1857他毕竟在Harrow附近之Greenford Green建一工厂。这厂中的原料、器械和实施手续不消说都经过许多困难。要知不久不但他个人在商业上大告成功，同时有机化学上其他研究接二连三的出现，其应用之广一天扩张一天。单就煤膏染料工厂而论，当欧战前有一个可容纳一万以上的工人和300以上的化学技师。这都是以裴钦的工厂为第一模范，这都是受裴钦的特别研究之赐！

1868裴钦又研究anthracene，介绍从anthracene制造alizarin的更好方法，但实际大宗制造起来他所遇的困难略与制造aniline purple时相似。可是他的营业如此发达，1869他的厂中只制那染料（浆糊状的）一吨，次年就加到40吨，再次年又加到220吨，而且直到1873德国也起首制造时，裴钦的工厂简直操世界染料市场之牛耳！

虽然，裴钦只是实业家的先导，而不是投机市利的人，诚然，他始终是个热心研究的学者。当他投入实业界的时候，他所最怕的不是别的，乃是实业或者妨碍他继续他的特别研究。所以1874他将他的工厂卖掉，将以前的住宅改作试验室，从此再做特别研究——与染料完全无关的特别研究——终其身。先是他尝合成草酸（1891）和coumarin（1895）。Coumarin本是tonka bean中的香料，裴钦的合成法是从煤膏产物制造植物香料的第一个例子。1875他又合成coumaric acid；他所用的反应如此重要而又适于普遍之用，所以叫作“裴钦氏的反应”（Perkin’s reaction）。1881以后，裴钦又改变方针，专门研究物理与有机化学，尤其是电磁旋光力（magnetic rotatory power）与化学构造之关系。他一共有80篇以上的论文。

1866裴钦被举皇家学会会员。1879该会赠他皇家奖章；1889又赠他兑飞奖章。1869～1883他做伦敦化学会秘书；1883～1885做该会会长。他也做过英国化学工业会和其他学会会长。1906，当裴钦68岁时，第一煤膏染料之发现恰好50周年，所以那年伦敦开个纪念大会。各国——连日本都在内——化学家和化学工业家到会的无不向裴钦表示敬意，同时英王赠他爵士（Sir）尊称，德国化学会赠他侯夫门奖章，法国化学会赠他赖若西埃奖章。那年他又被聘到美国去，美国化学界赠他第一个裴钦奖章，嗣后那奖章乃每年一次赠于美国化学家之在应用化学上有最大贡献者。

裴钦死于1907年7月14日。他有3子，在化学界或实业界都著名。3位中有一位与其父同名，也叫William Henry，他是个有机化学大家，也尝做过伦敦化学会会长。读者应当注意：各书籍或杂志中所说的W.H.Perkin究竟系指那一位，当代的一位是牛津大学的（以前是Manchester大学的）教授。他对于polymethylenes，terpenes，alkaloids和camphor等有很多的作品。

432. 茜草色精（alizarin）或土耳其红（Turkey red）——茜草（madden）要从上古即用为染料，埃及、印度、波斯、土耳其各国都知之，埃及干尸中并尝（常）用之，可见其早。茜草先从东方介绍于意大利，叫作lizari或alizain，16世纪时荷兰盛种之，其根中之重要色素叫作alizarin。这染料有鲜丽红色，叫作土耳其红，但亦可制成其他颜色。

有种染料须用定色剂（mordant）方能使其色固定于所染物质。其与定色剂化合所成的化合物，寻常叫作“lake”，大概不溶于水。此种染料叫作定色剂染料，茜草色精即其一例。但用各异定色剂即可使茜草色精染成各色。茜草色精尤有一个特点，在乎染成后对于酸质、氯气、胰皂和日光都不退色。

1868以前，茜草色精之输入法国一国者，每年约值200万磅，1868德国Graebe和Liebermann第一次合成了茜草色精，1869他们又有较好的合成法注册，同时（只晚一天）英国Perkin也有人造茜草色精的方法。Graebe和Liebermann二人证明茜草色精和锌灰（zinc dust）加热，则得anthracene，故知合成时须用anthracene为原料。其初anthracene本是煤膏中无用的副产品，每吨不过几先令，此时忽然涨价到100镑一吨，而天然的茜草色精的销路则从此一蹶不振了。

433. 天然的和人造的靛（indigo）——有种染料本来不溶于水，其还原物则无色而能溶于水，尤易溶于碱液。寻常欲染时每预备一缸（vat），中含碱液和还原剂。故此种染料叫作缸染料，靛即其最好之一例。靛是16世纪从东方介绍于欧洲的。但其用处被人反对甚久，因为种woad（一种植物能产比靛蓝较次的染料）者散布谣言，说靛蓝不但是不好的染料，并且有毒。这种反对之力如此利害，英、法、德各国政府曾禁用之。可是自1844以后，靛已为化学上研究的问题渐有片段的结果；等到1865 Baeyer[①]乃起首有一种重要的工作。他特别研究了15年后，及至1880他乃能将靛完全合成。1890 Zurich 教授Heumann的合成方法比Baeyer的尤其简便，这些合成乃有机化学中理论和试验互相联合最可赞叹之成功。

---

① Adolf von Baeyer（1835～1917）德国人，1835年11月30日生于柏林。他是Bunsen和Kekulé的学生，是Graebe，Liebermann，Victor Meyer，F.and O.Fischer，Konigs，Knorr，Willstatter等的先生。自从1860以后，他即是个大教授——先在柏林，1872～1875在Strasburg，最后1875起在Munich。Munich大学中的试验室即依他的计划建筑的，他是那试验室的主任。他在那里系接Liebig的任，近来Willstatter又接Baeyer的任。

虽然，Heumann所用的原料未免太贵，所得的产物亦不多，故在商业上尚无效用。Badische Anilin und Soda Fabrik公司又特聘专家先后研究了20年之久，研究费用了200万镑之多，最后才找出naphthalene可为比较经济之原料。

欲用naphthalene制靛，须先它氧化使成phthalic acid，无奈虽用浓硫酸加热，那反应仍然进行很慢。极力研究之下幸而有个无意中之发现，一天正做此种试验之某化学家去吃午饭，回来后见所得phthalic acid特别的多，不胜诧异，再三考问助手，乃知他曾用寒暑表搅naphthalene和硫酸之热液；不料那寒暑表忽然折断，管中水银有些竟落于液中！这即使那出产物特别加多的原故。从此制靛厂中总用汞为触媒剂，而在商业上第一成功者却1897年7月某日Badische Anilin und Soda Fabrik公司之出货。及至1900该公司一厂那年所出之靛计有2，000，000磅，比印度25万亩(acres)地所产者还多。

434. 一些其他染料的历史——玫瑰色精（rosaniline）又叫作fuchsine或magenta（一品红），乃1859法国教授Verguin发现的。此种染料颜色极多而且鲜明。因为玫瑰色精系生色精（aniline）用氯化锡氧化而得之诱导物，又有玫瑰红色，故以命名。其所以叫作fuchsine者，因为Verguin发现此物时正在Lyons之Renard公司做事，而德文之Fuchs（等于英文之fox）即英文Renard的意义。所以又有第三名字者，为的是要纪念1859法人在Magenta战胜意大利的意思。至于玫瑰色精之组成是1876 E.and O. Fischer研究出来的。

Azo（从氮气的法文名词Azote引出，因那种染料每一分子中总有－N：N－基）染料虽系1858 Griess发现的，但必至1876才起首大宗制造。1874 H. Caro会发现一个染丝非常好的染料叫作eosin（粉红），同年（？）又有人发现第一个直接染棉之染料所谓Congo red染料。硫染料系1873第一次制过的，但实际上硫化物（sulphide）染料是从20年后，1893，Vidal所制的“Vidal black”起首的。到了1905遂有thio-indigo之介绍；于是靛之制造又别开生面。

435. 染料工业之结论①——现在可举出几个统计：

（Ⅰ）欧战前世界上人造染料之产额共值2000万镑以上，且其中3／4以上是德国制的，其余1/4所用之原料亦大半仰给于德国。

（Ⅱ）当1913时德国 Baeyer染料工厂中用的有10位医生、40位工程师、330位化学家、1300司书生和经纪人，还有10000左右的工人。此系单就一个工厂而言，其他染料工厂中所能容纳的人员可想而知。

（Ⅲ）1914美国染料工厂只有7个，1917已增至78个。又1914美国染料厂中所用专门技师只13位，1917已增至1733位。这种增加速率岂不令人诧异！

（Ⅳ）欧战刚完，英国财力不可谓不窘，然而1919～1920年之间，英国政府居然补助制造染料工业费150万镑。

统观这些事实，可见其中必有些特别原故。在商业一方面呢！就英国而论，往年纺织一业有2亿万镑的生意靠着德国染料。欧战一开，其损失为何如！在军事一方面呢？制造染料与制造炸药有直接连带的关系。大概近世的炸药皆可于染料厂中制造之，因所需之原料和机器染料厂中皆有之。所以德国一声对协约各国宣战后，其国中各大染料

① 张迭生：染料学。上海染业公会出版。

厂遂尽变作炸药厂了！至于染料对于医学和其他之功用犹其小焉者也！但是染料之进步完全靠科学的研究。数十年来德国政府和其实业家有见于此，故对于此种特别研究所以奖励鼓舞之者无微不至。欧战以后，英美等国乃恍然大悟而已。

（丁）炸药

436. 希腊火药（Greek fire）——最早的炸药大概是所谓希腊火药。利用希腊火药，君士但丁有数百年未被敌人攻下。不但如此，罗马人所以于668和716～718年能使土耳其海军，又于941和1043年使俄国海军大败者，都是藉着希腊火药之力。希腊火药中大约有硝和硫。硝为东方的特产。埃及叫硝为“中国雪”（“Chinese snow”），可见中国之硝在世界上自古著名。但13世纪时才有详细的硝之纪载，据说是1218元成吉思汗攻波斯时将硝之秘密传去的原故。

437. 枪药（gun-powder）——枪药乃硝与硫和炭的混合物，也是中国人首先发明的，其初尝用于中国的烟火，嗣后乃变为惟一的军用品。有人说13世纪之英人Roger Bacon，或说14世纪之德国和尚Berthold Schwarz为枪药之发现者，其实都不足信。R.Bacon对于枪药的知识大概系从阿拉伯人得来，阿拉伯人又从中国人得来。至于那位和尚的生平完全不可考，连姓名也是想象的。枪是14世纪发明的。1338法国和1344英国已都知用枪药和枪了。

438. 氯酸钾——Glauber似乎已经知道氯酸钾，但寻常要以贝叟来为其发现者，至少他始证明如何精制之并详述其性格。1788贝叟来提议枪药中之硝可用氯酸钾代替，并知代替后所成之新枪药炸力更大。此处有一段故事：法国第一次试验新枪药的那天，去看的群众中有贝叟来赖若西埃夫妇、M.de Chevreul和其女公子和工程师Lefort等要人。当那枪药正在混合时，大家去吃早饭。那知他们还未全回，已经爆炸。因为那女公子和那位工程师回来早些，竟被立刻炸死！

439. 棉花火药（gun-cotton）——棉花火药即各种硝酸化纤维质（nitro-cellulose）例如$C1_2H_{14}O_4(NO_3)_6$,为近世炸药之第一种。其所以优胜于枪药者，因其（1）只发生气体产物和（2）原来是化合物而非混合物。棉花火药系1823 Braconnot和1845～1846 Basle（瑞士）化学教授Schönbein先后发现的，尤其是后者之功。1844 Schönbein会发现过臭氧。嗣后他正试验氧化物体时，乃有棉花火药之发现。1846 Frankfort教授Bötger虽独立的也发现棉花火药，但他与Schönbein订有共享发明权利之约。Schönbein尝严守秘密，而卖其术于各国政府英法尝起首制造，但不久屡屡爆炸失事，以致工厂停办多年。1849～1853 von Lenk证明此等爆炸由于硝酸作用之不完全和棉花纤维中剩有游离之酸未去干净。英国陆军部中化学家 F.Abel又加以特别研究，乃能使制造和运用时非常安全。1865他有浆制棉花火药并压成块状法注册，1866～1867他又有“棉花火药之研究”（“Researches on Gun-Cotton”）出版。

440. 无烟火药——火药之所以有烟者，大概因燃烧时发生固体的原故。譬如枪药，燃放后所发生者则有炭酸钾、硫酸钾和硫化钾；三者都是固体，故为有烟火药。无烟火药都是用棉花火药或硝酸化纤维质制成的，有时完全不含别的，有时稍含硝酸化甘油（nitro-glycerin）。因其点着后只发生无色气体，所以无烟。不过棉花火药须先经特别处理，使其炸性稍缓，然后始能作为无烟火药用于枪炮。这是1865年才成功的。

441. 硝酸甘油（nitro-glycerin）——硝酸甘油，$C_3H_5(NO_3)_3$，与棉花火药同是1846年发现的，发现硝酸甘油的是意大利化学教授Sobrero。它是用浓硝酸和甘油化合而成，其初只是个化学物品，毫无实际上的应用。1859～1861 Alfed Nobel和他的父亲做些试验，知其可用爆炸酸（fulminate）汞引着。1864他们起首在Stockholm附近制造之，但常失事。1864他们的工厂炸坏，A.Nobel的兄弟被炸而死，其父也受伤永未治好。不但如此，当运输或处理硝酸甘油时，失事如此之多且大，许多政府都禁止之。可是Nobel仍竭力研究做其安全之法。最后他乃有Dynamite之发明。原来硝酸甘油乃一无色液体，那末运输时和整理时自然要有许多危险，至是则可用一种含矽土质所谓kieselguhr者吸收之际。计25% kieselguhr能吸收75%硝酸甘油。Dynamite即如此混合之物体所成。

442. 硝酸胶体（nitro-gelatin）——从硝酸甘油所生之炸药有二：（A）与不活动之物kieselguhr相混合则得dynamite；（B）与另一炸药棉花火药相混合，则得“硝酸胶体。”二者皆A.Nobel之重要发明，而后者的影响更大。因为硝酸甘油有流出之倾向，他尝用些物质溶于其中以使之浓。Dynamite之发明，固然可算很大的成功，但必至1875这问题才完全解决，原来棉花火药为一种硝酸化物，大概不溶液于以脱和酒精之混合液。其所含硝酸较少者，则可溶解。如此所得之溶液叫作collodion。1875Nobel偶然发现collodion与硝酸甘油相和则变成黏糊状之胶体，叫作“硝酸胶体”或“轰炸胶体”（“blasting gelatin"）。Cordite即其一例，此项产物系不透水的，比dynamite更好。以前棉花火药或硝酸甘油只能单独用于炸药，至是则可将二者联合的用于枪炮了。

443. 苦味酸（picric acid）和T.N.T.(triniro-toluene)——苦味酸和T.N.T.二者为今日交战各国所通用，亦都可于人造染料工厂中变通制造之。苦味酸为最早的人造有机染料。1771 Woulfe因见硝酸对于丝之反应，首先发现苦味酸的生成。杜玛尝分析之，并就其苦味命名；Laurent尝证明其为石炭酸（phenol）之诱导体。1871此物始用于炸药。这是Sprengel和Turpin先后提倡之力。

1880 Hepp首先在试验室取得T.N.T.，1880～1890十年中之德国化学家又研究之不遗余力，及至1900以后，各国都制造之，欧战时双方尤大宗利用之。近世炸药中每用T.N.T.代替苦味酸者，因为前者（1）无酸性，(2）熔点较低，（3）格外安全。

444. 毒气(poisonous gases)——枪炮中所用子弹固然是战争的利器，但有比枪炮子弹更利害者要算所谓毒气。毒气本为海牙和平会中所禁，但欧战时德国居然于1915年4月20日首先大用特用以侥幸于一时！其实寻常所谓毒气者有些并非气体，不过易于挥发之有毒液体或固体而已。毒气大概可分为5种：

（1）窒息毒气（suffocating）

（2）流泪毒气（tear-producing or lacrymatory）

（3）打嚏毒气（sneeze-producing or sternutatory）

（4）呕吐毒气（vomitting）

（5）攻血或攻皮毒气（toxic or vesicatory）

窒息者则有氯、溴、carbonyl choride $COCl_2$和其他；流泪者则有benzyl bromide，xylyl bromide 和其他；打嚏者则有diphenyl arsenous cyanide，diphenyl chlorarsine和其他；呕吐者则有chloropicrin和其他；攻血或攻皮者则有芥末气（mustard gas）和其他。有些毒气兼含以上两种或多种特性。例如芥末气，学名为dichlor-diethyl sulphide，兼有窒息、流泪和攻皮的作用。此气可算最毒的毒气，然而德国军队竟于1917年在Ypres第一次用了2500吨，共惨无人道一至于此！此外尚有一种气体名叫Lewisite者，据说比任何毒气更毒得多，因其发现稍迟，未及用于欧战。要知毒气犹之其他化学物品，其发大抵纯为一种学术事业，本非为战争而设。况且有了杀人不用刀的毒气，同时即有科学万能的防御方法，谁道物质文明真是人类幸福和世界和平之敌呢！

西文化学史书目

表中首列作者姓名，其次书名，又次出版公司，最后则加以短评或备考。有志研究化学史者，尽可酌量参阅。

又下列各书，大概皆本书曾用作参考者．要知本书所用参考，原来不止此数，不遇此处不能备举而已。

丁绪贤谨志

1．Various Authors：Alembic Club Reprints(Alembic Club)．共十八本，每本载最著名论文一二篇，大概皆十八和十九世纪上半的著作。

2．F．P．Armitage：History of Chemistry(Longmans)．小本概论，文笔活泼，颇能引人入胜，但无近世部分。

3．Hugo Bauer，R．V．Stanford：History of Chemistry(Arnold)。一小薄本，只合中学教科之用，未免太嫌简单。

4．J．Campbell Brown：History of Chemistry(Churchill)。书中叙被古代史非常详细，近世的则稍不完备。至其插入关于上古和中古的图书甚多，最为难得。

5．Ida Freund：Study of Chemical Composition(Cambridge University Press)．有本有源，自成统系，但非历史性质．

6．T．P．Hilditch：Concise Hi story of Chemistry(Methuon)。此书大致了了。表册独多，是其特点．

7．E．J．Holmyard：Chemistry to the Time of Dalton(Oxford University Press)。作者对于古代化学史夙有研究；此书1925出版，自有其独到之处。

8．Benjamin Harrow：Eminent Chemists of 0ur Time (Nostrand)。专载十一位近世化学大家传记，津津有味，可作小说读。

9．D．H．Killeffer：Eminent American Chemists (New York) 。像

片为主，稍列工作，1924出版。

10. T. M. Lawry：Introduction to HiBtorical Chemistry (Macmillan)。分门别类，引证详明，可惜范围稍狭。上古及近世多未论及。

11. Ernst von Meyer, G. McGowan：History of Chemistry (Macmillan)。内容丰富，议论宏通。全书六百页，分通史专史两部分。不过一切表册，皆未列入。

12. Pattison Muir：History of Chemical Theories8 and Laws (Wiley)。范围太狭。

13. F. J. Moore：History of Chemistry（McGraw-Hill）。应有尽有。教科适用。

14. William Ramsay：Essays Biographical and Chemical (Constable)。七位理化家传记之外，尚有关于科学的论文多篇。

15. Edgar F. Smith：Chemistry in America(Appleton)此书似为美国读者而作，其中叙述个人事迹甚详，然多半无关宏旨，非美国人可以不读。

16. Rose Stern：Short History of Chemistry(Dent)。1924出版，尚称简要

17. T. M. Stillman：Story of Early Chemistry(Appleton)。1924出版。

18. Edward Thorpe：History of Chemistry(Watts)。言简意赅，通论体裁。然非参考较详书籍，恐难领会。

19. Edward Thorpe：Essays in Historical Chemistry(Macmillan)。中有十余位较早的化学名人传记，饶有趣味，与（8）Harrow的作品可以互相补充。

20. William A. Tilden：Famous Chemists(Dutton)。专载二十余位化学大家传记，古今兼收，其趣味与（8）或（19）相同。

21. Mary Eloira Weeks 女士：Discovery of the Elements。（Journal of Chemical Education，Easton，Pa）叙述动听，插入图像甚多，尤觉引人入胜。全书二十一章，每章后载有参考。

中西名词对照表
（以比较常见之人名为限）

外文名	古译名	今译名
Ampero	安培	安培
Anaxagoras	安那塞葛拉	阿那克萨戈拉
Anaximenes	安耐西米尼	阿那克西米尼
Aristotle	亚力士多德	亚里士多德
Arrhenius	阿希尼俄司	阿伦尼乌斯
Aston	艾司敦	阿斯顿
Avogadro	阿佛盖路	阿伏伽德罗
Baeyer	巴雅	拜耳
Becher	柏策	贝歇尔
Becquerel	柏贵烈	贝可勒尔
Bergman	白格门	贝格曼
Berthelot	贝提老	贝特洛
Berthollet	贝叟来	贝托莱
Berzelius	白则里	白采里乌斯
Black	卜拉克	布莱克
Boltwood	包尔梧	博尔特伍德
Boulley	卜莱	布莱
Boyle	包宜尔	玻意耳
Brussels	不拉赛尔	布鲁塞尔
Bunsen	本生	本生
Cannizzaro	坎尼日娄	坎尼扎罗
Cavendish	凯文第旭	卡文迪什

Chaldea	克尔第	卡尔迪亚
Chancoutois	项古橐	尚库图瓦
Charles	查理斯	查尔斯
Le Chatelier	沙提利	勒夏忒列
Collie	高力	柯利
Coster	考司特	科斯特
Couper	库贝	库珀
Crookes	柯鲁克司	克鲁克斯
Curie	居礼（或居利）	居里
Dalton	多顿	道尔顿
Davy	兑飞	戴维
Democritus	德谟可利他	德谟克利特
Debereiner	兑贝拉奈	德贝赖因讷
Donnan	董耐	唐南
Dulong	杜朗	杜隆
Dumas	杜玛	杜马
Edward	爱德华	爱德华
Epicurus	艾皮苦辣	伊壁鸠鲁
Fajans	法强斯	法扬斯
Faraday	法拉第	法拉第
Fischer	斐雪	费希尔
Frankland	弗兰克伦	弗兰克兰
Gay-Lussac	盖路赛	盖-吕萨克
Geber	贾博	格贝
Gerhardt	盖哈	热拉尔
Gibbs	纪不思	吉布斯
Gilles	纪尔斯	吉尔斯
Glasgow	葛拉斯科	格拉斯哥
Gmelin	格米林	格麦林
Gray	葛来	格雷

Lucippus	刘西巴	卢西普斯
Lucretius	刘克利他司	卢克莱修
Lyons	里昂	莱昂斯
Mayow	梅猷	梅奥
Mendeleyer	门德来夫	门捷列夫
Meyer	马雅	迈耶
Miller	靡勒	米勒
Mitscherlieh	米学礼	米切利希
Moissan	毛逊	穆瓦桑
Mosander	毛山德	莫桑德尔
Moseley	莫司来	莫塞莱
Nernst	奈音司特	能斯特
Newlands	牛伦	纽兰兹
Newton	牛顿	牛顿
Nobel	诺贝尔	诺贝尔
Ostwald	敖司沃	奥斯特瓦尔德
Paracelsus	裴雷塞耳洒	帕拉切尔苏斯
Pasteur	巴斯德	巴斯德
Perkin	裴钦	珀金
Petit	裴迪	珀替
Pherekides	菲利卡迪	菲雷基德斯
Phoenicia	腓尼亚	菲尼西亚
Plato	柏列图	柏拉图
Pliny	蒲拉奈	普林尼
Pregl	普赖尔	普雷格尔
Priestley	普力司列	普里斯特利
Proust	卜老斯	普鲁斯特
Prout	卜老特	普劳特
Pseudo-Geber	假贾博	伪一格伯
Ramsay	雷谟赛	拉朗齐

出版说明

《中国文库》是由中国出版集团公司发起并组织实施的一项重大出版工程，主要收选出版我国20世纪以来产生过重大积极影响且至今仍具有重要价值的学术文化著作。《中国文库•第五辑》是在《中国文库》的总体框架下，为纪念辛亥革命90周年推出的特辑。《科学家谈21世纪》、《化学史通考》和《竺可桢科普创作选集》经专家遴选推荐，由此被收录其中。

由于《科学家谈21世纪》涉及作者面较广，连同《化学史通考》和《竺可桢科普创作选集》，我社无法一一取得联系，敬请作者或者家属见书后尽快与我社总编室联系，以便及时奉上样书和稿酬。

联系电话：010 - 88390642。

中国大百科全书出版社

中国文库·科技文化类

（已出书目）

【第一辑】

20世纪科学技术简史（上下册）
　　李佩珊　许良英主编 …………………………… 科学出版社
中国考古学——走进历史真实之道　　张忠培著 ……… 科学出版社
科学的魅力　　余翔林主编 …………………………… 科学出版社
科学的未来　　余翔林主编 …………………………… 科学出版社
科学的挑战　　余翔林主编 …………………………… 科学出版社
科学的前沿　　余翔林主编 …………………………… 科学出版社

【第二辑】

世界数学通史（上下册）　　梁宗巨等著 …………… 辽宁教育出版社
科学之旅　　路甬祥主编 …………………………… 辽宁教育出版社
中国地理学史（先秦至明代）　　王成组著 ……………… 商务印书馆
历史地理学四论　　侯仁之著 ………………… 中国科学技术出版社
万古奇观——彗木大碰撞及其留给人类的思考
　　卞德培编著 ……………………………………… 科学普及出版社
华罗庚的数学生涯　　王元　杨德庄著 ………………… 科学出版社

【第三辑】

中国古代星占学　　卢央著 …………………… 中国科学技术出版社
中国古代历法（上下册）　　张培瑜等著 ……… 中国科学技术出版社
中国古代天文学思想　　陈美东著 …………… 中国科学技术出版社
中国传统数学思想史　　郭金彬　孔国平著 …………… 科学出版社
天学真原　　江晓原著 ……………………………… 辽宁教育出版社

【第四辑】

北京城的生命印记　　侯仁之著 ……… 生活·读书·新知三联书店
说园　　陈从周著 ……………………………………… 同济大学出版社
古海荒漠　　许靖华著　朱文焕译 …… 生活·读书·新知三联书店
科学发现纵横谈　　王梓坤著 ………………… 北京师范大学出版社

中国科学思想史　　席泽宗主编……………………… 科学出版社
系统论——系统科学哲学
　　魏宏森　曾国屏著…………………………… 世界图书出版公司
科学的历程(第二版)　　吴国盛著…………………北京大学出版社